만물 과학

만물과학

마커스 초운
김소정 옮김

교양인
GYOYANGIN

비범한 편집자 닐 벨턴이 있었기 때문에 이 책은 빛을 볼 수 있었습니다. 사실 나는 닐의 스토커입니다. 조너선케이프 출판사부터 파버 출판사에 이르기까지, 계속 닐을 쫓아다녔습니다. 닐은 재주가 아주 많은데, 그중에서도 저자의 장점을 알고 저자가 어떻게 해야 더 잘 쓸 수 있는지를 파악하는 능력이 뛰어납니다.

나에게는 25번 버스를 타고 가면서 누군가—25번 버스에서 내 옆에 앉을 정도로 **충분히 운이 나쁜 누군가**—에게 복잡한 물리학 개념을 설명하는 기술이 있습니다. 하지만 물리학 외에도 내 관심사는 다양합니다. 소설도 많이 읽고 역사에도 관심이 있습니다. 달리기도 좋아합니다. 사실 2012년에는 런던 마라톤에도 출전했습니다.(누구를 만나든 이 사실은 거의 3분 안에 내 입에서 나옵니다.)

비범한 닐은 나에게 이 둘을 합치라고 했습니다. 보통 사람이 사용하는 용어로 복잡한 물리학을 설명하는 내 재주를, **모든 것**을 설명하는 데 사용하라는 것이었습니다.

　사실 닐의 말을 처음 들었을 때는 당황했습니다. 이 세상 모든 것에 관해서 쓰다니, 그게 가능한 일이긴 할까? 어디서부터 시작해야 할지 감도 잡히지 않았습니다. 처음에는 광대한 범위를 논리적으로 정리할 방법을 고민했습니다. 하지만 밑그림을 그렸다가 지우는 일을 반복해야 했습니다. 그런데 아이패드용 앱북(app book)인 《태양계의 모든 것》을 쓰면서 모든 것이 바뀌었습니다. 그때 나는 고작 9주 만에 행성, 위성, 소행성, 혜성에 관한 이야기를 120편이나 써내야 했습니다. 따라서 그저 풍덩 뛰어들어 그 일을 해내는 법을 배우는 수밖에 없었습니다. 《태양계의 모든 것》이 상을 몇 개 받은 걸로 보아 그 일을 잘해낸 게 분명합니다. 그래서 나는 이 책도 그렇게 하기로 했습니다. 두려움을 잊고 그저 뛰어들기로 말입니다.

　하지만 너무나도 어려운 일이었습니다. 알아야 할 내용이 물리학이라면—노벨상을 받은 사람일 수도 있는—물리학자를 한 명 떠올리고 그저 전화를 걸면 됐습니다. 물리학자들이 내가 던지는 바보 같은 질문에 즉시 답해준 경우는 95퍼센트에 달했습니다. 그 즉시 대답을 하지 못한 경우에도 그분들은 결국 답을 찾아 알려주셨습니다. 하지만 돈이나 성(sex)이나 사람의 뇌 같은 전혀 모르는 분야의 의문들은, 아주 기본적인 질문이라고 해도 자문을 구할 적당한 사람을 알지 못했습니다. 더구나 간신히 적당한 사람을 찾아서 전화를 해도, 그분들은 이제 아장아장 걷는 아기도 못 되는 내가 이해할 수 있게 설명해주지 못했습니다. 끔찍하게도 우리가 전혀 다른 언어를 사용한다는 생각이 들 때도 있었습니다. 내 의문을 해소해줄 사람을 만나려고 두 명, 세 명, 네 명까지 찾아다녀야 할 때도 많았습니다. 아무리 애를 써도 해답을 주는 사람을 만나지 못할 때도 있었습니다. 그럴 때는 여러 사람에게 들은 정보와 내가 읽은 내용을 토대로 삼아 직접 구성할 수밖에 없었습니다.

결국 닐이 옳았습니다. 이 책을 쓰는 동안 나는 안락하게 안주해 있던 공간에서 나올 수 있었고, 아주 유쾌하고 즐거운 경험을 할 수 있었습니다. 전혀 모르는 온갖 것을 배우는 과정을 사랑하게 되었고, 우리가 사는 이 세상은 정말로 근사하고 우리가 발명할 수 있는 어떤 것보다도 경이롭다는 사실을 깨달았습니다. 그리고 다음과 같은 놀라운 일들도 알게 되었습니다.

- 2008년에 전 세계 경제를 위기에 빠트린─부채담보부증권 같은─위험한 투자 상품은 한 가지 상품만 이해하려고 해도 **10억 쪽**이나 되는 문서를 읽어야 한다.
- 점균류의 성은 열세 종류이다.(따라서 짝을 찾고 관계를 유지하는 것은 상당히 어려운 일이다.)
- 각설탕 한 개의 부피에 모든 인류를 집어넣을 수 있다.
- 사람은 3분의 1이 버섯이다. 왜냐하면 사람의 DNA 가운데 3분의 1은 균류의 DNA와 동일하기 때문이다.
- 당신은 건물 꼭대기에 있을 때보다 맨 아래층에 있을 때 덜 늙는다.
- 현생 인류가 네안데르탈인과 다른 운명을 걷게 된 결정적인 장점은 **바느질**을 할 수 있었다는 것이다.

- 한때 IBM은 지구에서 컴퓨터를 팔 수 있는 시장은, **다섯 곳밖**에 없을 거라고 예측했다.
- 우리 몸은 매일 약 3천억 개에 이르는 세포를 새로 만든다. 우리 은하를 이루는 별보다 많은 수이다.(내가 아무 일도 하지 않는데 지치는 이유를 알겠다.)
- 믿거나 말거나, 우주는 거대한 홀로그램일 수 있다. 그러니까 **당신도** 홀로그램일 수 있다.

우리가 사는 과잉 정보 사회에서는 모든 것이 정말 순식간에 스쳐 지나갑니다. 이 책은 여러분이 21세기가 작동하는 법을 쉽고도 **빠르게** 이해할 수 있도록 도와줄 것입니다. 결국 이 책은 이 세상 모든 것을 이해하려는 한 남자의 시도입니다. 아니, 사실 그렇게 주장할 수는 없을 것 같군요. 이 책은 이 세상 모든 것을 이해하려는 한 남자의…… **첫 번째** 시도입니다.

2013년 3월, 런던에서 마커스 초운

1부

생명은 어떻게 움직이나

1장

우리 몸,
100조 개의 세포로 된 은하계

[세포]

"나는 내 세포가 나를 위해 일하고
나를 위해 숨 쉬고 있다고 생각하고 싶지만,
어쩌면 매일 아침 공원을 산책하고
내 음악을 듣고 내 생각을 생각하는 것은
세포들인지도 모르겠다."
– 루이스 토머스

"움직일 때마다, 생각하고 감정을 느낄 때마다,
듣고 말하고 냄새 맡고 맛을 볼 때마다
당신의 세포들은 다른 세포와
그리고 우주의 나머지 부분과 소통한다."
– 애덤 러더퍼드

* * *

나는 나를 나라고 생각합니다. 하지만 그렇지 않습니다. 나는 은하입니다. 사실은 천 개의 은하입니다. 내 몸을 이루는 세포는 은하 천 개를 이루는 별보다 많습니다. 그런데 그 많은 세포 가운데 내가 누구인지 알거나 나를 신경 쓰는 세포는 하나도 없습니다. 이 글을 쓰는 것도 내가 아닙니다. 실제로 생각을 하는 건, 전자 신호를 방출하고 그 신호가 척수를 지나 내 손의 근육세포에 이르게 하는 뇌세포 다발입니다.[1]

내가 하는 모든 일은 100조 개에 달하는 어마어마한 수의 세포가 함께 작용한 결과입니다. 미국의 생물학자 루이스 토머스(Lewis Thomas, 1913~1993)는 "나는 내 세포가 **나를** 위해 일하고 **나를** 위해 숨 쉬고 있다고 생각하고 싶지만, 어쩌면 매일 아침 공원을 산책하고 내 감각을 느끼고 내 음악을 듣고 내 생각을 생각하는 것은 **세포들**인지도 모르겠다."[2]라고 했습니다.

사람은 누구나 단 한 명의 예외도 없이 거대한 세포 집단이라는 것을 알려면 세포가 무엇인지부터 알아야 합니다. 세포는 네덜란드의 아마천 상인 안톤 판 레이우엔훅(Anton van Leeuwenhoek, 1632~1723)이 발견했습니다. 레이우엔훅은 작은 확대경으로 천이 조밀하게 짜였는지를 살펴보다가 세계 최초로 살아 있는 세포를 **발견했습니다.** 런던왕립학회가 발간한 1673년 4월자 〈철학회보(the

Philosophical Transactions》에서 레이우엔훅은 "내 손에서 뽑은 피를 들여다보니 작고 동글한 덩어리들이 보였다."라고 했습니다.

사실 '세포'라는 용어는 그보다 20여 년 전에 영국 과학자 로버트 훅(Robert Hooke, 1635~1703)이 만들어낸 말입니다. 훅은 1655년에 식물 조직을 관찰하다가 작은 방(죽은 세포)이 겹겹이 쌓여 있는 모습을 발견했습니다. 그러나 로버트 훅도 레이우엔훅도 세포가 생명의 레고 블록이라는 사실을 깨닫지는 못했습니다. 하지만 세포는 정말로 생명의 레고 블록입니다. 세포는 '생물학적 원자'라고 할 수 있습니다. 우리가 아는 한, **세포로 이루어지지 않은 생명체는 없습니다.**

원핵생물 : 자루 속 작은 우주

가장 오래된 세포의 흔적은 약 35억 년 된 화석에서 나왔습니다. 그런데 다소 불확실하지만 또 다른 더 오래된 생명의 증거가 있습니다. 38억 년 된 암석에서 화학 물질의 균형이 깨진 곳을 발견했는데, 거기에 생명체의 특성이 담겨 있었습니다. 원핵세포라고 알려진 최초의 세포들은 기본적으로 세포 지름이 1천 분의 1밀리미터보다 작고 찐득거리는, 아주 조그맣고 투명한 자루에 불과했습니다. 내부에 물질을 농축함으로써 이 자루는 에너지 생산 같은 중요한 화학 반응을 재빨리 해낼 수 있었습니다. 이 자루는 또한 화학 반응으로 만들어진 단백질 같은 연약한 생성물을 산과 염분 같은 외부의 독성 물질과 분리해 보호하는 역할을 했습니다. 찐득한 자루는 무질서하고 혼란한 바다에 떠 있는 지상 낙원이자, 세포 내부가 질서를 갖추고 복잡하게 분화할 수 있게 보호해주는 작은 우주였습니다.

　원핵세포가 복잡하게 분화하게 된 것은 주로 단백질 때문이었습니다. 단백질은 아미노산 분자가 모여서 만들어지는 거대 분자인데, 단백질 분자 하나는 수백만 개의 원자로 이루어집니다. 스위스 군용 칼처럼 다재다능한 단백질은 모양과 화학적 성질에 따라 화학 반응을 촉진하거나 세포의 토대를 세우거나 돌돌 말린 스프링처럼 수축되어 있다가 세포의 운동에 동력을 주는 등 수많은 일을 해냅니다. 생식을 할 때 필요한 단백질처럼 가끔씩만 발현되고 생성되는 단백질도 있지만, 구조가 단순한 세균도 4000개에 이르는 단백질을 가지고 있습니다. 단백질의 구조는 DNA(디옥시리보핵산)에 입력되어 있습니다. DNA는 원핵세포의 내부를 채운 세포질 안에서 자유롭게 헤엄쳐 다니는 이중나선 분자입니다.

　세포는 구조가 아주 정교합니다. 먼저 세포질을 담는 자루인 세포막이 있습니다. 세포막은 지방산으로 이루어져 있습니다. 지방산의 한쪽 끝은 물을 좋아하는 친수성이고 다른 쪽 끝은 물을 싫어하는 소수성입니다. 이런 지방산이 아주 많이 모이면—대략 10억 개 정도가 되면—소수성인 부분은 안쪽으로 들어가고 친수성인 부분은 바깥쪽으로 나오면서 자연스럽게 두 층을 형성합니다.

　세포를 둘러싼 지방산 층은 수동적인 막이 아닙니다. 사실은 아주 능동적입니다. 두 겹으로 이루어진 지방산 층은 세포 안으로 드나드는 물질을 관리합니다. 세포를 성벽으로 둘러싸인 고대 도시라고 상상해봅시다. 생쥐처럼 작은 생명체는 쉽게 성벽을 드나듭니다. 마찬가지로 작은 분자는 세포막을 쉽게 통과할 수 있습니다. 그러나 사람처럼 큰 생명체는 성문을 지나야만 도시 안으로 들어올 수 있듯이, 커다란 분자도 세포막에 있는 '문'을 통과해야만 세포 안으로 들어올 수 있습니다. 예를 들어, 세포막에는 커다란 분자가 세포 안과 밖으로 이동할 수 있도록 세포막 전체를 관통하는 관 모양의 단백질이 있습니다. 또 커다란 분자를 세포막 안팎으로 나르는 수송 단백질도 있습니다.

세포 안으로 들어가는 분자는 에너지를 생산하거나 단백질을 만들거나 외부 정보를 얻는 데 필요한 분자들입니다. 예를 들어, 주변에 새로운 세포를 만드는 데 필요한 분자가 충분하면 그런 환경이 세포로 하여금 생식을 시작하도록 촉발합니다.[3] 한편, 세포막을 통과하는 물 분자가 부족하면 그것이 세포에게 말라 죽을 수도 있다는 경고가 됩니다. 그러면 세포 내부에서는 연속해서 화학 반응이 일어나고, 궁극적으로는 DNA 가닥이 계속해서 RNA(리보핵산)라는 분자를 복제하기 시작합니다. 이렇게 만들어진 RNA는 리보솜이라고 하는 세포소기관으로 이동하고, 리보솜은 그 RNA 주형(template)을 이용해 세포의 탈수를 막을 점액 성분이 되는 단백질을 합성합니다.[4] 단백질은 너무 커서 세포막을 빠져나갈 수 없기 때문에, 세포질에 떠 있는 단백질 분자 수백만 개는 주머니(소낭vesicle)에 담겨 세포막으로 옮겨집니다. 이 주머니는 세포막과 융합하기 때문에, 세포막을 찢거나 구조를 바꾸지 않고도 단백질을 세포 밖으로 내보낼 수 있습니다.

세포는 주변을 둘러싼 분자들에 반응할 뿐 아니라, **다른 세포** 안에 들어 있는 분자에도 반응합니다. 스트로마톨라이트(stromatolite)라는 미생물 군집 화석으로 확인할 수 있듯이 심지어 아주 단순하고 원시적인 원핵세포도 다른 세포와 협력했습니다. 지금도 오스트레일리아 서부의 얕은 열대 바다 같은 곳에서 살아 있는 스트로마톨라이트를 볼 수 있는데, 가장 오래된 스트로마톨라이트 화석은 대략 35억 년 전에 만들어진 것입니다.

세포는 환경 변화에 맞추어 자신을 보호하는 단백질을 만들 뿐 아니라 같은 종류의 세포에게 자신과 같을 일을 하라고 경고하는 단백질도 만듭니다. 이런 화학 신호는 구조가 단순한 원핵세포의 생존에 아주 중요합니다. 원핵세포는 생물막(biofilm)이라고 하는 거대한 군집을 이루어 살아가는 경우가 많은데, 이 생물막이 지구에 등장한 첫 번째 조직적 구조물일 가능성이 큽니다. 생물막을 구성하는 세포들 중에서 안쪽에 있는 세포들은 세포막과 세포막을 잇는 당단백질을 분비하고, 바깥쪽에 있는 세포들은 생물막을 환경 독성 물질로부터 보호하는 단백질을 생산했을 것입니다. 심지어는 동료들에게 귀중한 질소를 제공하려고 스스로 죽음을 맞은 세포도 있었을 것입니다. 한 집단을 구성하는 세포들이 서로 다른 역할을 수행하는 이런 식의 협동은 우리 몸의 세포들을 연상시킵니다. 생물막은 세포가 수십억 년 전부터 복잡한 협동 작업을 했을지도 모른다는 단서를 제공합니다.

하지만 원핵세포의 크기와 복잡성에는 한계가 있습니다. 우선 세포 내부에서 천천히 떠다니는—확산되는—DNA만으로 단백질을 만들어내야—발현해야—한다는 것이 문제입니다. 일정 크기 이상으로 자라면 원핵세포는 환경의 위협에 반응하는 속도가 느려지기 때문에 자멸할 수밖에 없습니다. 그런데 1997년에 발견한 희귀한 원핵생물 '티오마르가리타 나미비엔시스(*Thiomargarita namibiensis*)'

는 이 문제를 해결했습니다. 지름이 0.75밀리미터나 되고 육안으로도 쉽게 볼 수 있는 이 거대한 황세균*의 DNA는 하나가 아니라 **수천 개**가 세포질 곳곳에 균일하게 퍼져 있습니다. 따라서 DNA가 느리게 움직인다 할지라도 가까운 곳에 있는 DNA가 발현해 단백질을 만들기 때문에, 세포의 모든 부분으로 단백질이 재빨리 도달할 수 있습니다.

원핵세포의 크기를 제한하는 심각한 문제는 또 있습니다. 더 크게 자라려면 더 많은 에너지가 필요합니다. 티오마르가리타 나미비엔시스 같은 전략을 구사하려면 DNA를 대량으로 생산하는 데 많은 에너지를 쏟아야 합니다. DNA를 늘리는 데만 에너지를 전부 소비하면 세포는 다른 대사 작용을 포기해야 할지도 모릅니다. 결국 더 복잡한 세포가 될 수 있는 길은 완전히 막혀버리고 말겠지요. 하지만 더 크게 자랄 수 있는 다른 방법이 있습니다. 바로 포식자가 되는 것입니다.

진핵생물 : 복잡해질 자유를 얻다

18억 년 전쯤에 한 원핵생물이 다른 원핵생물을 집어삼켰습니다. 원핵생물에는 세균과 더 특이한 고세균이 있습니다. 이들은 펄펄 끓은 유황 온천 같은 극한의 환경에서도 살 수 있는 미생물이며, 아마도 지구상에 출현한 최초의 생명체 중 하나였을 것으로 추정됩니다.[5]

황세균 황이나 무기 황화물을 산화해 에너지를 얻는 세균을 통틀어 이르는 말. 유황세균이라고도 한다.

그러니까 18억 년쯤 전에 실제로 벌어진 일은 '고세균이 세균을 삼킨' 것이었습니다.

사실 그런 일은 그 이전에도 여러 번 있었을 겁니다. 하지만 그때까지는 삼켜진 세균은 모두 소화되거나 다시 밖으로 튀어나왔습니다. 그런데 이번에는 달랐습니다. 이유는 알 수 없지만, 고세균 안으로 들어간 세균은 살아남았습니다. 아니, 그저 살아남은 것이 아니라 **번성하기까지** 했습니다. 분명히 삼킨 자와 삼켜진 자 모두에게 이로운 점이 있었기 때문입니다. 삼켜진 자는 안전한 보호막 안에서 거친 외부 환경과 만나지 않아도 됐고, 삼킨 자는 새로운 에너지원을 얻은 것입니다.

이런 일이 실제로 일어났다는 증거를 제시한 사람은 미국의 생물학자 린 마굴리스(Lynn Margulis, 1938~2011)입니다. 그 증거는 지금도 우리 주변에서 볼 수 있습니다. 진핵생물인 모든 동물의 세포 내부에는 에너지를 생산하는 소기관이 있는데, 바로 미토콘드리아입니다. 미토콘드리아는 독자적으로 살아가는 세균과 크기가 같을 뿐 아니라 **생김새도 같습니다.**[6] 더 놀라운 것은 미토콘드리아가 세포의 DNA와 뚜렷하게 구별되는 자체 DNA를 가지고 있다는 점인데, 이 DNA는 원핵세포의 DNA처럼 고리 모양입니다.

실제로 진핵세포 안에는 미토콘드리아가 수백 개 혹은 수천 개 들어 있습니다. 자가 발전소인 미토콘드리아는 음식에 들어 있는 수소를 산소와 격렬하게 반응시켜 생명체의 휴대용 건전지인 ATP(아데노신3인산)를 만듭니다.[7] 생물학자 루이스 토머스는 "미토콘드리아는 내 몸에서 아주 많은 부분을 차지한다. 내 몸을 완전히 건조시키면 사실상 미토콘드리아만 남을 거라고 생각한다. 이런 식으로 본다면, 나를 움직이는 아주 커다란 호기성 세균 군집이라고 생각할 수도 있다."[8]라고 했습니다.

세포 안에서 반(半)자율적인 미토콘드리아가 에너지 생산을 담당하면, 세포는 에너지 생산에 DNA의 상당 부분을 할애하던 수고를 덜 수 있습니다. DNA가 에너지를 생산하는 일에서 해방되어 다른 일을 할 수 있게, 다시 말해 소기관을 만들 다른 단백질을 생성할 수 있게 된 것입니다. 결과적으로 세포는 18억 년 전에 미토콘드리아를 확보함으로써 별안간 훨씬 크고 복잡하게 자랄 수 있는 자유를 얻게 된 것입니다.

평범한 원핵세포가 벼룩만 하다면 진핵세포는 고양이만 합니다. 이렇게 거대한 진핵세포 안에는 막으로 둘러싸인 자루가 수백 개, 심지어 수천 개 있습니다. 이 세포소기관들은 세포의 일을 나누어 맡는데, 오늘날 도시의 공장이나 우체국의 우편물 분류실처럼 특수한 역할을 합니다.

예를 들어 리소좀(lysosome)은 세포의 쓰레기 처리반이라고 할 수 있습니다. 리소좀은 단백질 같은 분자를 다시 활용할 수 있도록 기본 구성 요소로 분해합니다. 햄버거에 넣은 상추가 시드는 이유는 쇠고기에서 나오는 열기가 상추 세포의 리소좀 막을 분해하기 때문입니다. 리소좀 막이 분해되면 가수 분해 효소가 세포 안으로 흘러나와 세포막을 녹이고, 세포막이 녹으면 세포 내부에서 수분이 밖으로 빠져나와 상추가 시드는 것입니다. 화물 운송 전문 업체처럼 단백질을 운반하는 거친면 소포체(rough endoplasmic reticulum) 같은 세포소기관도 있습니다. 리보솜이 점점이 붙어 있는 거친면 소포체는 핵이 준 RNA를 번역해 세포 밖으로 나갈 단백질을 합성합니다. 포장센터 역할을 하는 골지체(Golgi apparatus)도 세포소기관입니다. 골지체는 단백질을 가공하고 포장합니다. 예를 들면, 물에 녹을 수 있도록 단백질 위에 당분을 덧씌웁니다. 당분을 덮어쓴 단백질은 혈액세포의 표면을 미끄럽게 만들어 혈액세포가 훨씬 쉽게 이동할 수 있게 합니다.[9]

사실 진핵세포는 단일 유기체라기보다는 단독으로 생존하는 능력을 오래전에 상실한 유기체들의 집합이라고 할 수 있습니다. 리처드 도킨스(Richard Dawkins, 1941~)는 "지질 시대의 처음 절반 동안 우리 조상은 세균뿐이었다. 지금도 여전히 생명체는 대부분 세균이고, 우리 몸을 이루는 수조 개의 세포 하나하나는 세균의 집합체이다." 라고 했습니다. 도킨스는 이 모든 일이 우연히 발생했다고 말합니다. 미국의 생물학자 스티븐 제이 굴드(Stephen Jay Gould, 1941~2002)는 이렇게 말했습니다. "애초에 미토콘드리아는 미래에 생겨날 이득 때문에 세포 안으로 들어가 협력하고 통합한 것이 아니다. 그저 험난한 적자생존의 세상에서 살아갈 방법을 찾아낸 것뿐이다."[10]

세포소기관들은 세포핵이 하는 일을 돕습니다. DNA가 들어 있는 핵은 세포의 거의 모든 활동을 조직하고 관리합니다. 1831년에 영국 식물학자 로버트 브라운(Robert Brown, 1773~1853)은 복잡한 구조를 가진 세포들에는 공통적으로 핵이 들어 있다는 사실을 발견했습니다.[11] 세포막이 세포라는 도시를 둘러싼 벽이라고 한다면 핵막은 도시 안에 있는 성, 즉 핵을 둘러싼 성벽이라고 하겠습니다. 핵막은 핵 밖에 있는 분자가 핵 안으로 들어오고 DNA가 발현해 만든 단백질이 핵 밖으로 나가는 과정을 통제합니다.

다양한 세포소기관이 있다는 사실과 마찬가지로 핵막이 있다는 것은 진핵세포의 특징입니다. 원핵세포에는 핵막도 없고 세포소기관도 없습니다. 실제로 원핵세포를 뜻하는 영어 단어 'prokaryote'는 '핵(알맹이) 이전에'라는 뜻이고, 진핵세포를 뜻하는 영어 단어 'eukaryote'는 '진짜 핵'이라는 뜻입니다. 진핵세포처럼 복잡한 세포가 세포핵을 만든 이유는 격렬한 활동이 일어나는 공간에서 귀중한 DNA를 분리해 보호할 필요가 있기 때문일 가능성이 큽니다.[12]

세포핵이 있고 세포소기관이 많다는 점 외에 세포 골격(cytoskeleton)이 있다는 점도 진핵세포가 원핵세포와 다른 점입니다. 예를 들어, 튜불린(tubulin)이라는 단백질은 연속으로 결합하여 세포를 교차하며 가로지르는 길다란 관 형태를 이룹니다. 이 미세 소관 덕분에 흐물흐물한 자루 같았던 세포는 단단한 골격을 유지할 수 있습니다. 또 미세 소관은 세포소기관을 세포막에 고정해줍니다. 세포 안에서 세포소기관이 자리를 잡고 배열하는 방식은 사람의 몸속에서 내부 장기(기관)들이 자리를 잡고 배열하는 방식과 비슷합니다. 미세 소관은 세포 내부에서 골격을 이루는 역할뿐만 아니라 세포와 관련된 물질을 재빨리 운반하는 내부 철도망 역할도 합니다. 미세 소관은 한쪽 끝을 분해하는 동시에 다른 쪽 끝을 늘리는 방법으로 물질을 운반합니다. 그렇기 때문에 특이하게도 미세 소관은 **동력을 공급하는 기차라기보다는 기차 선로입니다.** 새로 만든 단백질을 자루(소포)에 넣고 가까운 미세 소관에 올려놓기만 하면 곧바로 세포 내부에 있는 멀리 떨어진 목적지를 향해 질주합니다.

진핵세포는 세포의 내부 철도망 덕분에 원핵세포의 성장을 가로막던 커다란 장애물을 뛰어넘을 수 있었습니다. 바로 세포 안에서 물질을 운반할 수 있게 된 것이지요. 진핵세포는 단백질이 세포질에서 천천히 확산되기를 기다릴 필요 없이 곧바로 필요한 단백질을 필요한 곳으로 운반할 수 있습니다.

하지만 원핵세포보다 훨씬 발달한 형태라고는 해도 진핵세포에도 한계는 있습니다. 세포소기관의 활동을 조정하는 일은 아주 복잡합니다. 세포 안에 소기관이 수천 개가 넘게 있다면, 이를 조정하는 일은 핵의 능력을 벗어나는 것일지도 모릅니다. 원핵세포가 그랬듯이 진핵세포도 결국 생물학적으로 막다른 골목에 다다를 수밖에 없습니다. 이제 복잡성을 증가시키는 방법은 전혀 다른 길로 나아갈 수밖에 없습니다. 전례 없이 엄청난 규모로 협력하는 길 말입니다.

단세포에서 다세포로, 30억 년의 여정

분명히 이 세상에 모습을 드러낸 순간부터 진핵생물은 아주 복잡한 방식으로 다른 개체와 협력해 왔습니다. 그리고 약 8억 년 전에 진핵생물은 아주 중요한 문턱을 넘었습니다. 자연은 공생하는 원핵생물 집단을 한데 묶어 진핵생물을 만들었습니다. 그리고 이제 이 전략을 한 번 더 사용합니다. 공생하는 진핵생물 집단을 한데 묶어 다세포생물을 만든 것입니다.

지구 생명체가 단세포 단계에서 다세포 단계로 나아가는 데 30억 년이라는 긴 시간이 걸렸다는 것은 그 과정이 아주 어려웠다는 뜻이겠지요. 외계 생명체를 찾을 때도 이 같은 사실을 염두에 두어야 합니다. 지난 50년 동안 천문학자들은 우리 은하에서 지적 생명체를 찾으려 노력했지만, 아직 어떠한 흔적도 찾지 못했습니다. 어쩌면 우리 은하에 생명체가 존재하는 것은 보편적인 현상일 수도 있습니다. 하지만 그 생명체가 모두 단세포생물이기 때문에 우리 눈에 보이지 않는 것일지도 모릅니다.

다른 동물이나 식물 혹은 균류처럼 사람도 다세포생물입니다. 사람은 누구나 세포가 100조 개 정도 모인 세포 집단입니다. 이 세포들은 뇌세포·혈액세포·근육세포·생식세포에 이르기까지 약 230 종류로 나눌 수 있는데, 세포 하나가 세포막이라는 일종의 그릇에 담겨 있는 것처럼 사람을 이루는 모든 세포는 피부세포로 만들어진 자루에 담겨 있습니다.

한 생물체를 구성하는 세포는 모두 동일한 DNA 사본을 가지고 있습니다.(완전히 성숙한 혈액세포는 예외인데, 혈액세포는 핵이 없어도 아주 실용적입니다.) 한 세포가 신장세포가 되느냐 췌장세포가 되느냐 피부세포가 되느냐 하는 것은 DNA의 어떤 부분이 발현되느냐—어떤 부분을 판독하느냐—에 달려 있습니다. DNA 발현을 조절하는 역할은 조절 유전자(regulatory gene)가 담당합니다. 자신도 역시 DNA의 일부인 조절 유전자는 목표 지역에 특정 화학 물질의 농도를 조절하는 방법으로 DNA 판독 스위치를 켜거나 끕니다.

한 사람을 이루는 세포 100조 개는 각각이 대도시만큼이나 복잡한 미시 세계이며, 그 안에서는 나노머신 수십억 개가 끊임없이 부산하게 움직이고 있습니다. 세포 안에는 저장 창고도 있고 작업장도 있고 관공서도 있고 자동차로 꽉 찬 도로도 있습니다. 미국의 언론인 피터 그윈(Peter Gwynne)은 세포에 대해 이렇게 말했습니다. "발전소에서는 세포가 쓸 에너지를 생산하고 공장에서는 화학 무역에 꼭 필요한 단백질을 만든다. 특별한 화학 약품을 세포 내부의 여러 지점과 세포 외부로 운반할 복잡한 수송 체계가 발달해 있다. 방어벽을 지키는 보초는 수출입 시장을 통제하고, 위험 신호는 없는지 외부 세계를 감시한다. 군기가 바짝 든 생물 부대는 침입자에 맞서 싸울 준비를 철저히 한다. 중앙 집권적인 유전자 정부는 질서를 유지한다."[13]

우리는 전혀 의식하지 못하고 생활하지만, 우리가 살아가는 매일 매 순간 세포에서는 엄청난 일들이 벌어집니다. 생물학자이자 작가인 애덤 러더퍼드(Adam Rutherford)는 "움직일 때마다, 심장이 뛸 때마다, 생각을 하고 감정을 느낄 때마다, 사랑하고 미워할 때마다, 지루하고 신나고 고통스럽고 좌절하고 즐거울 때마다, 술을 마실 때마다, 숙취로 힘들 때마다, 멍이 들고 재채기를 하고 코가 간지럽고 콧물이 나올 때마다, 듣고 말하고 냄새 맡고 맛을 볼 때마다 **당신의 세포들은 다른 세포와 그리고 우주의 나머지 부분과 소통한다.**"[14]라고 했습니다.

사람은 누구나 우리 몸에서 가장 작은 세포인 정자와 실제로 육안으로도 보이는 가장 큰 세포인 난자가 결합해 만들어지는 단 한 개의 세포로 삶을 시작합니다. 실제로 모든 사람은 세포가 둘로 갈라지기 전까지 30분 정도는 단세포생물로 삽니다. 한 세포가 둘로 나누어지는 과정은 정말 경이롭습니다. 30분이라는 짧은 시간 안에 세포는 DNA를 복제하고—이 과정은 빨라야 할 뿐 아니라 DNA의 모든 부분에서 동시에 일어나야 합니다—100억 개에 달하는 복잡한 단백질도 만들어야 합니다.

60분 안에 두 개의 세포는 네 개의 세포가 되고, 여덟 개의 세포가 되고, 또다시 분열합니다. 몇 번에 걸친 분열이 끝나면 성장하는 배아는 각 부분마다 다른 화학 물질을 분비해 세포를 분화합니다. 그러니까 이 과정은 각 세포들이 자기가 콩팥세포가 될 것인지, 뇌세포가 될 것인지, 아니면 피부세포가 될 것인지를 자각하는 과정입니다. 그리고 몇 년이 지나면 단 한 개의 세포는 세포들로 이루어진 은하 하나, 아니, **세포들로 이루어진 천 개의 은하가** 됩니다.

우리 몸을 이루는 세포 가운데 영원히 사는 세포는 거의 없습니다 (뇌세포는 예외입니다). 위벽을 덮고 있는 세포는 면도칼도 녹일 만큼 강한 염산에 노출되어 있기 때문에 끊임없이 새로 만들어져야 합니다. 실제로 사람의 위벽은 3~4일에 한 번씩 새로 만든 세포로 채워집니다. 혈액세포의 수명은 그보다는 길지만, 네 달 정도 지나면 스스로 파괴됩니다. 보통 우리 몸은 7년에 한 번씩 완전히 새로운 사람이 됩니다. 결혼 7년 차에 겪는다는 권태기는 어쩌면 새롭게 바뀐 몸 때문일 수도 있습니다. 그러니까 갑자기 배우자를 보면서 이런 생각이 드는 거지요. '이 사람은 내가 알던 그 사람이 아니야!'

우리 몸을 이루는 세포는 엄청난 수가 죽어 가고 또 엄청난 수가 만들어집니다. 우리 몸은 매일 3천억 개에 달하는 세포를 새로 만듭니다. 우리 은하를 이루는 별보다 많은 수입니다. 그러니 아무 일 안

해도 피곤할 수밖에 없는 겁니다.

우리 몸의 97.5퍼센트는 외계 세균

우리 몸에는 천문학적 숫자에 가까운 세포가 있지만, 이 세포들만으로는 우리가 생존하는 데 필요한 기능을 모두 수행할 수 없습니다. 원생생물이라고 일컬어지는 원핵생물, 균류, 단세포생물과 같은 외계 세포 군단의 도움이 꼭 필요합니다.[15] 예를 들어, 우리 위장에는 끊임없이 음식물에 든 영양소를 추출하는 수백 종류의 세균이 있습니다. 의도한 것은 아니라고 해도 항생제를 먹고 이런 '좋은' 세균을 일부 죽이면, 설사를 비롯한 문제가 생길 수 있습니다.

외계 세균들은 우리 몸속에 병원균이 서식할 수 있는 곳을 먼저 차지함으로써 우리가 질병에 걸리지 않게 지켜줍니다. 이것은 미국 정부의 지원을 받아 2008년부터 진행된 인체 미생물 군집 프로젝트(The Human Microbiome Project) 연구 팀이 2012년에 발표한 내용입니다. 프로젝트를 진행한 연구원들은 전체 인구의 29퍼센트에 이르는 사람들의 비강(코안)에 'MRSA 슈퍼 버그(메타실린 내성 포도상구균 초병원체)'로 더 잘 알려진 황색포도상구균(*Staphylococcus aureus*)이 서식한다는 사실을 알아냈습니다. 황색포도상구균이 있는 사람들에게서 특별한 병적 증후가 나타나지 않는다는 것은 이 세균이 건강한 사람의 비강에서는 해로운 병원균을 차단하는 좋은 세균으로 작용한다는 뜻입니다.

놀랍게도 인체 미생물 군집 프로젝트에서 우리 몸에 서식하는 것으로 밝혀진 미생물은 1만 종이 넘습니다. 우리 몸을 실제로 구성하는 세포의 종류보다 40배나 많은 수입니다. 지금 이 책을 읽고 있는 당신은 2.5퍼센트만 사람입니다. 실제로 1제곱센티미터당 500만 개체에 달하는 세균이 우리 피부를 자신들의 집이라고 부릅니다. 세균이 가장 많이 사는 곳은 귓속, 목 뒤, 코 옆, 배꼽입니다. 우리 몸에 사는 외계 세균이 하는 일은 아직 제대로 밝혀지지 않았습니다. 인체 미생물 군집 프로젝트에 따르면, 우리 콧속에 사는 세균 종 가운데 77퍼센트는 그 역할을 정확하게 알지 못합니다.

외계 세균은 그 수가 엄청나다는 사실 때문에 중요성이 오히려 과소평가되고 있는지도 모릅니다. 인체 미생물 군집 프로젝트에 따르면 우리 몸에 서식하는 미생물이 가지고 있는 유전자를 모두 더하면 최소 800만 개에 달하는데, 각 유전자는 특별한 기능을 하는 단백질을 지정합니다. 반면 사람의 게놈(genome)을 이루는 유전자는 2만 3000개뿐입니다.[16] 결국 우리 몸에 영향을 끼치는 유전자는 사람의 유전자보다 외계 미생물의 유전자가 400배나 많은 셈입니다. 그렇다면 어떤 의미로는 우리는 2.5퍼센트만큼도 사람이 아닙니다. 고작 0.25퍼센트만 사람인 셈입니다.

우리 몸에 서식하는 외계 세포는 거의 대부분 진핵세포보다 훨씬 작은 원핵세포이며, 무게를 모두 합해도 몇 킬로그램밖에 되지 않습니다. 우리 몸의 질량에서 차지하는 비율이 고작 1~3퍼센트 정도밖에 안 된다는 뜻입니다. 외계 세포는 우리 DNA에 의해 지정되는 것이 아니라 출생 후에 감염되는 것입니다. 모유를 통해 전해지거나 주변 환경에서 곧장 들어오지요. 세 살 무렵이 되면 외계 세포는 우리 몸의 거의 모든 곳에 서식합니다. 결국 우리는 100퍼센트 사람으로 태어나지만 97.5퍼센트 외계인으로 죽는다고 해도 틀린 말이 아닙니다.

최초의 세포는 어디서 왔을까?

모든 세포는 다른 세포에서 태어납니다. 1825년에 프랑스의 화학자 프랑수아뱅상 라스파일(François-Vincent Raspail, 1794~1878)이 처음 알아낸 것처럼 '모든 세포는 세포에서 나오는 것(*Omnis cellula e cellula*)'입니다. 따라서 우리 몸을 구성하는 모든 세포—사실상 지구에 존재하는 모든 세포—의 조상을 추적하면 38억 년 전쯤에 처음 지구에 출현한 단 하나의 세포까지 끊어지지 않고 거슬러 올라갈 수 있습니다. 이 첫 번째 세포를 보통 '궁극의 보편 공통 조상(Last Universal Common Ancestor, 이하 공통 조상)'이라고 부릅니다. 공통 조상이 정확하게 어떻게 탄생했는지는 밝혀지지 않았습니다. 분명한 것은 자연은 적절한 디자인을 완성하기 전에 엄청나게 많은 실험을 했을 것이라는 점입니다. 수없이 많은 진화의 전 단계를 거쳤을 테지요.

유전자에 나타난 실수, 즉 변이는 일정한 속도로 일어나고 시간이 갈수록 축적됩니다. 따라서 한 종에서 일어난 특정 유전자의 변이가 다른 종보다 두 배 많다면, 그 종은 공통 조상에서 두 배 먼저 갈라져 나왔다고 할 수 있습니다. 이것이 바로 생명의 나무*가 구축되는 방식입니다. 생명의 나무를 처음 생각한 사람은 찰스 다윈(Charles

---

생명의 나무 지구에 한때 살았거나 지금 살고 있는 모든 생물 종의 진화 계통을 나무 줄기와 가지로 나타낸 것이다. '계통수'라고도 한다.

Darwin, 1809~1882)입니다. 그런데 세균은 DNA를 자손에게 전하는 것뿐 아니라 DNA를 교환하는 곤란한 버릇이 있습니다. 그 때문에 공통 조상 가까이 거슬러 올라가면 생명의 나무는 나무라기보다는 뚫고 들어갈 수 없는 덤불처럼 보입니다.

물리학자들은 블랙홀 안으로 떨어진 물체가 밖으로 빠져나올 수 없는 경계를 블랙홀의 '사건 지평선(event horizon)'이라고 부릅니다. 사건 지평선이 블랙홀을 가려버리기 때문에 블랙홀 안에서 벌어지는 일은 관찰할 수 없습니다. 생물학자들도 그 너머로는 어떤 일이 일어나는지 알 수 없는 생물학적 경계를 '생물학적 사건 지평선'이라고 부릅니다. 안타깝게도 공통 조상은 생물학적 사건 지평선 너머에 있습니다.

공통 조상이 등장한 뒤에 지구는 다세포생물에 잠시 손을 대기는 했지만, 본질적으로는 세균들 세상이었습니다. 우리 행성에 10^{31} 개체나 되는 세균이 산다고 믿는 사람들도 있습니다. 그 사람들이 옳다면 지구에는 우리가 관찰할 수 있는 우주를 구성하는 별보다 10억 배나 많은 세균이 사는 것입니다. 하지만 이런 식으로 설명하면 지구 생물계의 실상을 제대로 전달하지 못할 수도 있습니다. 바이러스를 생각해봅시다. 루이스 토머스는 "우리는 바이러스들이 활개치는 공간에서 살고 있다. 바이러스는 흡사 벌처럼 날아서 이 유기체에서 저 유기체로, 식물에서 곤충으로, 포유류에서 나에게로, 그리고 다시 거꾸로, 그리고 바다 속으로 옮겨 다니며, 이 유전체(게놈)를 끌어당기고 저 유전체를 묶고, 접목한 DNA를 판독하고, 엄청난 파티를 하는 것처럼 유전자를 여기저기 나누어준다."[17]라고 했습니다. 세포의 부품을 갈취하지 않으면 번식할 수 없는 바이러스를 세포로 이루어진 생명체의 전신이라고 생각하는 사람은 많지 않습니다. 하지만 아무도 장담할 수는 없습니다.

2장

우리는 매일
태양 에너지를 먹는다

[호흡]

✳

✳

"우리가 사용하는 모든 에너지는 음식에 갇혀
있다가 풀려난 태양 광선이다."
– 닉 레인

"우리는 태양의 광자가 전자를 들뜨게 하는 순간
그 전자를 잡아채서 살아간다.
전자가 도약하는 순간에 방출하는 에너지를
낚아채 우리를 위한 복잡한 고리에 저장하는 것이다."
– 루이스 토머스

✳

✳

*　*　*

로켓 한 대가 흰 연기 기둥과 주황색 불기둥을 남기고 솟구쳐 오릅니다. 한 아기가 발을 구르며 좋아합니다. 이 두 가지 일은 전혀 공통점이 없어 보입니다. 하지만 눈에 보이는 겉모습에 속지 마세요. 로켓이 솟구치고 아기가 발을 구를 때 필요한 에너지를 공급하는 화학 반응은 본질적으로 같습니다. 둘 다 '로켓 연료'로 움직입니다.

잠깐만 생각해보면 두 반응이 같다는 사실이 전혀 놀랍지 않은 이유를 알게 됩니다. 무거운 로켓을 우주로 쏘아 올리려면 지구에서 구할 수 있는 연료 가운데 가장 강력한 연료를 써야 합니다. 같은 무게라면 당연히 가장 많은 에너지를 내는 연료를 쓸 것입니다. 지구 생명체는 38억 년 동안 시행착오를 겪으며 발전해 왔습니다. 따라서 살아 있는 유기체가 에너지를 획득하는 과정에서 가장 강력한 에너지원을 활용하지 않는다면, 그것이 오히려 이상합니다.

지구에서 활용할 수 있는 가장 강력한 에너지원은 수소와 산소의 화학 반응입니다. 동물은 모두 섭취한 음식에서 수소를, 호흡한 공기에서 산소를 추출해 반응을 일으킵니다. 로켓은 액화 수소와 액화 산소를 이용합니다.

그런데 수소와 산소는 어떻게 반응할까요? 막대한 에너지는 정확히 어디에서 오는 것일까요? 이런 의문을 해결하려면 배경 지식이 조금 필요합니다.

수소 원자와 산소 원자를 포함해서 모든 원자는 아주 작은 원자핵과 그보다 훨씬 작은 전자로 이루어져 있습니다. 행성들이 중력이라는 힘의 영향을 받아 태양 주위를 도는 것처럼, 전자도 원자핵이 보유한 힘에 사로잡혀 원자핵 주위를 돕니다. 원자핵의 힘은 막강한 전기력입니다. 원자마다 전자는 다양한 형태로 원자핵 주위를 돕니다. 하지만 일반적으로 전자는 에너지가 가장 적은 행복한 상태를 원하기 때문에 최대한 원자핵 가까이 붙으려고 합니다.

이것이 바로 일반적인 물리 원칙입니다. 예를 들어봅시다. 높은 언덕에 놓인 공은 중력 에너지가 큽니다. 이 공은 기회만 있으면 에너지를 낮추려고 합니다. 다시 말해서 중력 에너지를 낮추기 위해 언덕 아래로 굴러 내려오는 것입니다. 원자핵 주위를 도는 전자도 마찬가지입니다. 언덕 위에 있는 공처럼 전자도 자기가 가진 에너지를 낮추려고 애씁니다.

두 원자가 함께하려면 두 원자의 전자들을 새로 배열해야 합니다. 따로 있을 때보다 두 원자를 합쳐서 새로 배열한 전자의 전체 에너지가 낮다면 두 원자는 공이 언덕을 굴러 내려가는 것처럼 자연스럽게 합쳐져서 분자가 됩니다. 실제로 모든 화학 반응은 전자가 재배열되는 과정입니다.

각각의 원자를 합친 에너지양보다 분자가 된 뒤의 에너지양이 적기 때문에 원자들이 결합하면 남는 에너지가 생깁니다. '에너지는 새롭게 생성되거나 파괴되지 않는다.' 이 명제가 바로 물리학을 지탱하는 토대입니다. 에너지는 전기 에너지가 빛 에너지가 되는 식으로 형태가 바뀔 뿐입니다. 그 결과, 남은 에너지로 일을 할 수 있습니다.[1]

로켓의 경우를 예로 들어봅시다. 수소 원자와 산소 원자가 반응(실제로는 수소 원자 **두 개**가 산소 원자 한 개와 반응해 H_2O, 즉 물을 만듭니다)하면서 엄청난 양의 에너지를 방출합니다. 그 에너지가 물을 가열하고, 가열된 물은 수증기가 되어 엄청난 속도로 로켓의 뒤쪽으로 빠져나갑니다. '모든 힘에는 같은 크기의 힘이 반대로 작용한다'는 작용 반작용의 법칙에 따라 로켓 역시 엄청난 속도로 앞으로 나갑니다.

수소와 산소가 반응해 막대한 에너지를 방출하기 때문에 인류가 우주 끝까지 로켓을 날려 보낼 수 있는 것입니다.[2] 또 이것이 마라톤 선수가 파스타 한 그릇만 먹고도 42.195킬로미터를 달릴 수 있는 이유이며, 지구에 사는 동물이 한 마리도 빠짐없이 이 반응을 활용하는 이유입니다.

사실 수소와 산소의 반응 외에도 에너지를 방출하는 화학 반응은 더 있습니다. 지구 대기에서 산소가 차지하는 비율이 지금보다 낮았을 때는 유기체들은 발효처럼 효율이 훨씬 낮은 방법을 이용해 에너지를 얻었습니다. 효모는 당분을 발효해 알코올을 만듭니다. 산소가 부족하면 단거리 주자의 근육에서는 발효 과정이 일어나 젖산이 만들어집니다. 발효 과정을 거치면 일하는 데 쓸 수 있는 여유 에너지가 1퍼센트 정도 발생합니다. 수소와 산소가 반응할 때 생성되는 여유 에너지가 40퍼센트라는 사실을 생각해보면 정말 보잘것없는 양이지요.

1과 40이라는 숫자는 생물계에 관한 흥미롭고도 중요한 정보를 말해줍니다. 육식 동물이 출현하려면 먹이 사슬에 최소한 세 층(식물, 식물을 먹는 동물, 식물을 먹는 동물을 먹는 동물)이 있어야 합니다.

식물을 먹는 동물이 식물에서 섭취한 에너지를 1퍼센트밖에 이용하지 못한다면, 식물을 먹는 동물을 잡아먹는 동물은 1퍼센트의 1퍼센트, 즉 0.01퍼센트의 에너지만을 이용할 수 있다는 뜻입니다. 이 비율은 먹이 사슬 위로 올라갈수록 훨씬 낮아집니다.

따라서 대기를 구성하는 산소의 양이 지금과 거의 비슷해지는 5억 8천만 년쯤 전까지는 육식 동물이 없었습니다.(사실 세균은 20억 년도 전에 산소를 활용하는 방법을 깨우쳤지만, 그때는 사용할 수 있는 산소의 양이 아주 적었습니다.) 실제로 생물이 산소를 사용한 뒤부터 지구의 생물량은 놀랍게도 1000배 정도 증가했습니다. 먹이 사슬의 영양 단계가 둘이 아닌 다섯, 여섯 단계까지 갑자기 늘어난 것입니다. 오늘날 놀라울 정도로 다양하고 복잡한 지구 생명체가 태어날 수 있었던 이유는 모두 산소를 이용할 수 있게 되었기 때문입니다.

우리 몸은 에너지 전지다

그렇다면 생물은 산소를 어떻게 이용할까요? 로켓의 경우에는 산소와 수소가 결합해 물을 생성할 때 엄청난 에너지를 방출하지만, 생물은 분명히 그런 격렬한 반응을 일으킬 수 없습니다. 그런 격렬한 반응이 우리 몸에서 일어나면 우리 몸은 산산조각 나고 말 것입니다. 생물은 훨씬 온화하고 정교한 방법을 사용해 점진적으로 에너지를 방출합니다.

로켓에서 수소와 산소가 반응할 때 일어나는 일은 실제로 모든 화학 반응에서 일어납니다. 화학 반응은 전자들이 벌이는 '의자에 먼저 앉기 놀이'입니다. 정확하게 말하면 산소 원자가 수소 원자 두 개의 전자를 와락 잡아채는 것입니다.[3] 그 결과 산소 원자와 수소 원자는 한데 합쳐져 물 분자가 됩니다.[4] 그런데 수소 원자가 산소 원자에게 전자를 내주기는 하지만 **수소 원자와 산소 원자가 실제로는 서로 접촉하지 않는다면** 어떻게 될까요? 바로 생물계가 채택한, 수소와 산소의 비폭발성 반응이 일어납니다.

비폭발성 반응을 위해 생물이 가장 먼저 할 일은 수소를 확보하는 일입니다. 수소는 지구에서 홑원소 물질로 존재하지 않습니다. 수소 기체는 세상에서 가장 가볍기 때문에 만들어지는 족족 하늘로 올라가 우주로 나가버립니다. 그러나 세포는 놀랍도록 정교하고 에너지 효율이 높은 크레브스 회로(Krebs cycle) 덕분에 음식(탄수화물(포도당 $C_6H_{12}O_6$)이나 지방 분자)에 들어 있는 수소 원자를 빼낼 수 있습니다. 산소 원자 한 개당 수소 원자 두 개가 전자를 기증합니다. 하지만 이 반응은 로켓에서와 달리 직접적으로 일어나지는 않습니다. 수소 원자와 산소 원자는 단백질 복합체로 만들어진 긴 사슬로 연결됩니다.[5] 그리고 수소 원자가 기증한, 과잉 에너지로 가득 찬 전자는 단백질 사슬을 타고 이곳에서 저곳으로 이동합니다.

이제 단일 전자에 초점을 맞추어봅시다. 언덕 위에서 공이 필연적으로 굴러 내려오는 것처럼, 전자가 단백질 사슬을 타고 가버리면 수소의 원자핵(혹은 양성자)[6]은 세포막에 있는 구멍(이온 통로)으로 빠져나갑니다.[7] 전자와 반대 전하를 띠는 양성자가 세포막을 빠져나가면 세포막 양쪽의 전하가 달라집니다. 이 같은 일은 건전지에서도 일어납니다. 그렇기 때문에 건전지의 양극 사이에 전기장이 형성되는 것입니다. 그리고 이런 현상은 막강한 에너지를 지닌 전자가 단백질 사슬을 지나 산소 원자로 돌진할 때 어떤 일이 생기는지를 암시합니다. 전자가 사슬을 따라 이동하면 세포막은 충전한 건전지로 바뀝니다. 세포막 주변에 엄청나게 강력한 전기장이 형성되는 것입니다. 세포막에 형성된 전기장의 세기는 공기에 있는 원자를 분해해 수백만 볼트의 번개를 내리치는 뇌우가 만든 전기장의 세기와 비슷합니다.[8]

이런 말을 들으면 여러분은 세포가 번개를 맞아 우지끈 갈라지는 모습을 상상할지도 모르겠습니다. 하지만 그토록 엄청난 전기장이 영향을 끼치는 범위는 정말 보잘것없습니다. 세포 주변에 형성된 전기장은 불과 500만 분의 1밀리미터 정도밖에는 영향을 끼치지 못할 뿐 아니라 다른 분자가 있으면 앞으로 나가지도 못합니다. 그런데 흥미롭게도 이미 예정되어 있는 세포의 죽음—세포 자살(apoptosis)—이 진행될 때는 이 방어 작용이 멈추기 때문에 결국 세포는 자기 내부에서 발생한 번개 때문에 죽습니다.

세포 건전지 주변에 형성된 강력한 전기장은 아데노신3인산(ATP)을 만드는 화학 반응을 촉진합니다. ATP 같은 분자는 마치 휴대용 건전지처럼 에너지를 저장합니다. 따라서 전자는 단백질 사슬을 타고 가는 동안 에너지를 잃고, 전자가 지나간 자리에는 에너지를 저장한 많은 ATP 분자가 남습니다. 야생에 방목된 ATP 분자들은 언제 어디서건 세포의 신진대사에 에너지를 제공할 능력을 갖추고 있습니다.

결국 우리는 에너지를 저장한 전지인 것입니다. 우리 몸에는 10억 개에 달하는 ATP 분자가 있는데, 이 분자들은 1~2분마다 모두 사용된 다음 재생됩니다. 장난감은 몇 시간이면 닳을 건전지 몇 개만으로도 작동하지만 우리 몸은 **매초마다** 1천만 개에 달하는 충전지를 사용해야 합니다. 우리 몸에 전지가 있다는 건 정말 다행스러운 일입니다.

마침내 단백질 사슬 끝에 도달하면 전자는 에너지를 모두 잃습니다. 여기서 전자는 자기를 기다리는 산소 원자와 결합합니다. 두 번째 전자가 도착하면 산소 원자는 최외각 전자껍질을 모두 채우고 아주 바람직한 상태가 됩니다. 하지만 아직 이야기는 끝나지 않았습니다. 크레브스 회로에서 음식에서 수소를 떼어내면 탄소 원자가 남는데, 이 탄소 원자에 산소 원자가 전자를 주면 아주 안정적인 이산화탄소 분자가 됩니다. 이산화탄소 분자는 산소로 호흡하는 동물이 수증기와 함께 몸 밖으로 배출하는 배설물입니다.

호흡에서 산소의 역할

호흡에 얽힌 화학 이야기는 이쯤하고, 이제부터는 생리학 차원에서 호흡에 관해 살펴볼까요? 먼저, 우리는 산소가 20퍼센트 들어 있는 공기를 들이마십니다. 들이마신 산소는 실제로 4분의 1만 사용되기 때문에 우리가 내뱉는 공기의 15퍼센트는 산소입니다. 그래서 의식을 잃은 사람에게 구강 대 구강 인공호흡을 실시할 수 있는 것입니다.

우리가 들이마신 공기는 나뭇가지처럼 상당히 작은 규모까지 가지를 친 허파의 내부로 깊숙이 들어갑니다. 허파꽈리(alveoli)라고 하는 말단 조직을 모세혈관이 촘촘히 둘러싸고 있어서 허파꽈리에 있는 산소가 적혈구로 전달될 수 있습니다. 허파꽈리는 나뭇가지처럼 퍼져 있기 때문에 산소 이동이 일어나는 표면적을 최대로 넓힐 수 있고, 따라서 혈관으로 들어가는 산소의 양도 최대로 늘릴 수 있습니다. 놀랍게도 사람의 허파 표면적 넓이는 테니스장의 넓이와 비슷합니다.

혈구로 옮겨진 산소 분자는 그곳에서 헤모글로빈이라는 거대한 단백질에 붙잡힙니다. 혈구는 산소를 결합한 형태 그대로 세포까지 운반하는데, 세포는 혈구가 운반한 산소와 음식에서 빼낸 수소를 결합해 에너지를 만듭니다. 중요한 것은 헤모글로빈이 주변의 산성도에 따라 행동을 바꾼다는 점입니다. 목적지인 세포에 다다르면·산성도가 달라지는데, 이때 헤모글로빈은 태도를 바꾸어 산소 분자를 끌어당기는 대신 **밀어냅니다**. 헤모글로빈은 운반해 온 산소를 세포 쪽으로 떨어뜨리는 한편, 이번에는 이산화탄소 분자를 **끌어당깁니다**. 이산화탄소 분자가 헤모글로빈에 달라붙자마자 혈구는 다시 허파로 돌아가고, 헤모글로빈에 붙은 이산화탄소는 허파꽈리를 거쳐 몸 밖으로 배출됩니다.

우리가 생존하려면 호흡하는 데 필요하고 모든 생체 작용에 동력을 제공하는 산소가 반드시 있어야 합니다. 우리는 음식을 먹지 않아도 한 달 정도는 버틸 수 있고 물을 먹지 않아도 일 주일은 버틸 수 있지만, 공기를 들이마시지 않는다면 3분 만에 죽고 맙니다.[9] 다시 말해 우리 삶은 매 순간 고작 3분 만에 죽을 수도 있는 위험에 노출돼 있는 것입니다. 이 같은 사실은 심장이 털털거리다 멈추어서 동맥과 혈관에 산소가 공급되지 않아 심장마비로 숨을 거둔 이들을 생각해보면 놀라우리만큼 분명하게 알 수 있습니다.

광합성, 태양 에너지 낚아채기

그럼 우리가 들이마시는 산소는 어디에서 왔을까요? 당연히 식물입니다. 산소를 들이마시고 이산화탄소를 내보내는 동물과 달리 식물은 이산화탄소를 들이마시고 산소를 내보냅니다.

지구 생명체가 사용하는 에너지는 거의 대부분 궁극적으로는 식물이 직접 받아 저장한 태양 광선 에너지입니다.[10] 식물은 정말 믿기 어려운 놀라운 전략을 구사했습니다. 식물이 그런 전략을 구사하지 않았다면 인류는 아주 오래전에 지금 식물이 사용하는 전략과 비슷한 방법으로 태양빛을 이용해 문명에 동력을 제공하는 방법을 직접 찾아냈을 것입니다. 빛 입자(광자)의 에너지는 식물 내부에 있는 엽록소의 전자로 옮겨 갑니다. 생명체는 녹색이 아닌 다른 형태도 이용하지만, 식물이 녹색으로 보이는 이유는 엽록소 때문입니다. 엽록소에 들어 있는 전자가 에너지를 얻으면 화학 반응이 일어납니다. 광합성은 아주 복잡한 과정이지만, 본질적으로는 호흡의 정반대 과정입니다.

호흡이 탄수화물 같은 음식에서 얻은 수소의 전자를 산소에 전달하고 그 과정에서 발생한 이산화탄소를 밖으로 내보내는 작용이라면, 광합성은 물에서 가져온 수소와 이산화탄소에서 가져온 탄소를 결합해 탄수화물을 만들고 그 과정에서 발생한 산소를 밖으로 내보내는 작용입니다. 잠깐만 생각해봐도 알겠지만, 광합성은 정말 놀라운 과정입니다. 식물은 물, 이산화탄소, 태양 광선만 있으면 고에너지 음식을 합성할 수 있습니다.

식물이 만든 탄수화물은 본질적으로 태양 에너지를 담고 있습니다. 따라서 우리는 결국 식물을 먹을 때마다 그 속에 들어 있던 태양빛의 에너지를 꺼내는 셈입니다. 그런데 기적은 거기서 끝나지 않습니다. 나무와 같은 식물이 죽은 뒤에 땅속 깊이 묻히면 열과 압력을 받아 석탄 같은 화석 연료로 변형됩니다. 석탄을 태울 때, 우리는 과거에 지구를 찾아온 태양빛을 방출합니다. 결국 지구 위의 모든 것은 지구가 붙잡은 태양 광선으로 움직인다고 할 수 있습니다.

광합성은 사실 아주 비효율적입니다. 대부분의 식물은 흡수한 빛 에너지의 1퍼센트 정도만 탄수화물로 바꿀 수 있습니다. 따라서 현재 인류는 인공으로 광합성을 하는 방법뿐 아니라 자연보다 **훨씬 효율적으로** 광합성을 하는 방법을 찾기 위해 노력하고 있습니다. 인류가 목표로 삼은 광합성 효율은 20퍼센트입니다.

로켓을 발사하거나 호흡할 때처럼 수소는 산소와 결합할 때 엄청난 에너지를 방출합니다. 따라서 이 원리를 적용한 연료 전지(fuel cell, 수소나 메탄올 같은 화학 연료가 산화할 때 생기는 화학 에너지를 전기 에너지로 직접 변환하는 전지)를 쓰면 자동차부터 컴퓨터에 이르기까지 모든 기계에 동력을 공급할 수 있습니다. 인공 광합성은 크게 세 단계를 거쳐야 합니다. 첫 번째 단계는 빛 에너지를 잡아 그 에너지를 전자에 전달해 전자의 에너지를 높이는 단계입니다. 두 번째 단계는 에너지를 얻은 전자를 모체인 원자에서 벗어나게 하는 단계입니다. 세 번째 단계는 엄청난 에너지를 가진 전자를 물 분자에 충돌시켜 가장 중요한 수소를 분리하는 단계입니다. 태양 광선으로 수소 연료를 만드는 인공 광합성에 성공하면 인류는 석유처럼 엄청난 속도로 줄어드는 화석 연료에 의존할 필요가 없어집니다. 인공 광합성이라는 획기적인 기술로 말미암아 이 세상은 완전히 바뀔 것입니다.

3장

돌연변이가
개척한 진화의 길

[진화]

＊

＊

"진화라는 개념을 빼면 생물학에서
이해할 수 있는 건 아무것도 없다."
– 테오도시우스 도브잔스키

"진화는 미래를 향해 몸을 뒤로 돌려
거꾸로 걷는 것이다.
어디로 가게 될지도 모른 채 말이다."
– 스티브 존스

＊

＊

***

'비행기, 텔레비전, 가로등'과 '개구리, 고래, 사람'의 공통점은 무엇일까요? 답은, 모두 물질이 믿기지 않을 정도로 놀라운 형태로 배열되어 있고, 모두 기가 막히게 잘 작동한다는 것입니다. 먼저 나열한 기계 무리는 사람이 설계했습니다. 따라서 두 무리의 유사성을 바탕으로 하여 두 번째 생물 무리도 당연히 누군가가 설계한 것이라는 결론을 내릴 수 있습니다. 그런데 이 명백해 보이는 결론은 사실상 명백하게 틀렸습니다.

자연을 누군가가 설계했다는 환상은 너무도 강력해서 19세기가 되기 전까지는 그것이 환상이라는 사실조차 눈치채지 못했습니다. 그때까지 유럽에서는 거의 누구나 초월자가 모든 생명체를 지금과 같은 형태로 만들어 지구에 풀어놓았다고 믿었습니다. 당시 과학자들은 대부분 종교인이었고, 초월자가 존재한다는 믿음에 의문을 품었다가 교회의 분노를 사고 싶은 생각은 전혀 없었습니다. 하지만 명백한 증거 앞에서는 그들도 어쩔 수 없었습니다. 지구에 사는 엄청나게 다양한 생명체—세균에서부터 흰긴수염고래, 곰팡이, 박쥐, 고릴라, 세쿼이아에 이르는—는 전적으로 자연의 메커니즘으로 만들어졌다는 증거가 너무나 강력했습니다.

중요한 단서는 화석에서 나왔습니다. 화석은 고대 생명체의 사체가 호수나 바다 밑바닥에 가라앉아 퇴적물에 덮인 뒤에, 왜 그렇게 됐는지 모르지만―정확히 아는 사람은 없었습니다―돌로 변한 것으로 보였습니다. 화석은 현재 지구에 살고 있는 생명체와 옛날에 살았던 생명체가 같지 않다는 것을 보여줍니다. 화석 중에는 공룡처럼 완벽하게 지구에서 사라진 고대 생명체도 있지만 현생 생물과 관계가 있다고 여겨지는 생명체도 있습니다. 가장 오래된 퇴적물에 가장 형태가 단순하고 원시적인 생명체의 화석이 들어 있습니다. 화석이 들어 있는 지층의 나이가 젊어질수록 그 속에 있는 화석의 생명체는 좀 더 복잡하고 정교합니다.

그 때문에 과학자들은 화석이 지구 생명체의 **시간을 기록하고 있다는 사실**을 깨달았습니다. 화석 기록은, 엄청난 시간이 지나면서 생물 종이 차츰 형태를 바꾸고 다른 모습으로 변해 가다가 결국에는 오늘날 우리가 볼 수 있는 종으로 정착되었다고 말합니다. 창조주가 모든 생명체를 만든 첫날 이후로 영원히 같은 모습으로 살아가는 것이 아니라, 아주 단순한 원시 생명체가 점진적으로 진화해 오늘의 생명체가 만들어진 것이라고 말입니다.

진화의 원동력

진화는 사람과 침팬지처럼 놀랍도록 비슷한 현생 생물 종이 존재하는 이유를 설명합니다. 지구에 사는 모든 생명체가 먼 과거에 살았던 공통 조상의 후손이라면 현재 살아 있는 모든 생물은 분명히 서로 관계가 있을 것입니다. 그렇다면 진화가 일어나는 원동력은 무엇일까요? 무엇 때문에 생물 종은 시간이 흐를수록 변해 가는 걸까요? 어떻게 모든 생물 종은 각자에게 맞는 모습으로 놀라울 정도로 제대로 기능할 수 있게 된 걸까요? 그 대답을 찾은 사람이 바로 찰스 다윈입니다.

다윈은 1831년에 비글호에 올랐고, 5년 동안 비글호에서 박물학자로 일하면서 생물계를 살짝 엿보았습니다. 남아메리카 대륙에서 서쪽으로 1000킬로미터쯤 떨어진 곳에 있는 갈라파고스 제도에는 섬마다 부리 모양이 다른 핀치가 삽니다. 핀치의 부리는 핀치가 사는 섬에 서식하는 견과류의 모양과 정확하게 일치했습니다. 크고 단단한 견과류를 먹는 핀치의 부리는 짧지만 단단했고 부드러운 씨앗을 먹는 핀치의 부리는 가늘었습니다.

갈라파고스 제도에 서식하는 동식물 종이 남아메리카 대륙에 서식하는 동식물 종과 상당히 비슷하다는 사실을 관찰한 다윈은 그 이유를 곰곰이 생각했습니다. 갈라파고스 제도는 근처 대륙에 사는 생물 종이 만든 식민지처럼 보였습니다. 갈라파고스 제도에서 충분히 살 수 있을 것 같은 남아메리카 대륙의 몇몇 새와 동물이 보이지 않는 것이 이상할 정도였습니다. 바람을 타거나 바닷물에 떠내려가는 식물을 타고 대양을 건널 수 있는 생물은 극히 적습니다. 이런 강인한 생물들은 곧 생태계의 빈 공간을 차지합니다. 갈라파고스 제도에 있는 모든 섬으로 퍼져 나간 핀치는 원래는 단일 종이었지만 각 섬에 서식하는 먹이 식물의 종자에 따라 부리가 변했습니다.

다윈은 이제 진화에 관한 새롭고 중요한 단서를 찾았습니다. 하지만 종에 변화를 일으키는 정확한 원인은 알지 못했습니다. 각각의 생물 종이 자신의 환경에 완벽하게 적응하는 이유는 알지 못한 것입니다. 1836년에 영국으로 돌아온 다윈은 책상에 앉아서 여행하는 동안 모은 사실을 펼쳐놓고 생각하기 시작했습니다. 그때 다윈은 아직 스물일곱 살밖에 되지 않았습니다.

다윈은 일반적으로 사람들이 어떻게 생물 종의 후손을 바꾸는지는 알고 있었습니다. 바로 선택 교배를 하는 것입니다. 식물과 가축은 부모의 형질을 물려받는데, 이 형질은 강화할 수 있습니다. 예를 들어 털이 두툼한 양이 태어나기를 바란다면 털이 두툼한 양을 골라 교배하는 과정을 여러 번 반복하면 됩니다.

그러나 다윈이 보기에, 사람은 자신들이 바라는 대로 동식물의 형질을 선택하는 반면, 자연은 생물 종이 살아가는 환경에서 생존할 확률을 최대로 높이는 형질을 선택하는 것 같았습니다. 자연의 이런 선택은 사람이 하는 인공 선택 교배와 달리 효과는 느리게 나타나지만 똑같이 효율적입니다.

18개월 동안 이 문제를 집중적으로 고민한 끝에 다윈의 뇌리에 불현듯 한 가지 생각이 떠올랐습니다. 갑자기 자연 선택(natural selection)이라는 오묘한 원리를 깨달은 것입니다. 그 원리는 기가 막힐 정도로 단순했습니다.

유기체는 낭비가 매우 심하다는 것, 이것이 자연계가 가진 놀라운 특성입니다. 언제나 동물은 새끼를 아주 많이 낳고 식물은 엄청나게 많은 종자를 생산합니다. 하지만 이 세상에는 태어난 자손이 모두 먹을 만큼 충분한 양의 음식이 없습니다. 결국 언제나 많은 생명체가 굶어 죽고 맙니다. 결정적으로 다윈은 자기가 처한 환경에서 가장 잘 살 수 있는 형질을 가진 개체만이 살아남아 자손을 번식한다는 것을 알아차렸습니다.[1] 생존에 유리한 형질은 자손에게 전해집니다. 따라서 시간이 흐르면 생존에 기여하지 않는 형질은 점차 사라지고 유익한 형질이 개체군에 넓게 퍼집니다.

이런 다윈의 생각이야말로 퍼즐의 사라진 조각이었습니다. '진화는 **자연 선택** 때문에 일어난다!' 다윈의 열렬한 지지자였던 생물학자 토머스 헉슬리(Thomas Huxley, 1825~1895)는 "그렇게 생각하지 않는 사람은 엄청난 바보이다."라고 했습니다. 다윈은 자연계의 엄청난 복잡성을 넘어서, 그 중심에서 조용히 복잡성을 창출하는 원리를 발견한 것입니다. 다윈은 정말 대단한 업적을 세웠습니다.

리처드 도킨스는 '자연 선택에 의한 진화'라는 발상은 과학사에서 가장 위대한 생각이라고 했습니다. 다윈의 생각에는 분명히 현상을 설명하는 힘이 있습니다. 현대 생물학은 그야말로 자연 선택에 의한 진화 이야기입니다. 1937년에 미국의 유전학자 테오도시우스 도브잔스키(Theodosius Dobzhansky, 1900~1975)는 "진화라는 개념을 빼면 생물학에서 이해할 수 있는 건 아무것도 없다."라고 했습니다.

전기 작가들에 따르면, 다윈은 자신의 생각이 '신이 이 세상에 있는 모든 생명체를 최종 형태로 만들었다'는 교회의 가르침에 정면으로 위배된다는 사실을 잘 알았기 때문에 출판할 생각이 없었다고 합니다. 하지만 1858년에 다윈을 깜짝 놀라게 한 사건이 벌어졌고, 결국 다윈은 20년 동안 묵혀 두었던 혁명적인 발상을 급하게 출판하기로 결정합니다. 앨프리드 러셀 윌리스(Alfred Russel Wallace, 1823~1913)라는 젊은이가 인도네시아와 말레이시아에서 자연을 관찰하고 자연 선택에 의한 진화라는 다윈의 생각과 정확하게 일치하는 발상을 했다는 편지를 다윈에게 보내온 것입니다.[2] 윌리스의 편지를 받고 깜짝 놀란 다윈은 서재에 틀어박혀 미친 듯이 글을 써 나갔습니다.

1859년에 출간된 다윈의 기념비적 업적은 흔히 《종의 기원》이라고 불립니다. 사실 책 내용은 '생명의 궁극적인 기원'과는 전혀 상관이 없는데도 말입니다. 생명의 궁극적인 기원은 지금도 여전히 풀지 못한 수수께끼입니다. 훨씬 더 적당하고 상당히 장황한 이 책의 원래 제목은 '자연 선택에 의한 종의 기원, 혹은 생존 경쟁에서 선택받는 종의 보존에 관하여(On the origin of species by menas of natural selection, or the preservation of favoured races in the struggle for life)'입니다.[3]

다윈은 오늘날 지구에 사는 생명체들이 공통 조상인 한 유기체에서 억겁의 시간 동안 자연 선택 과정을 거쳐 진화해 왔다고 했습니다. 다윈의 주장은 창조가 단 한 번에 일어났다는 성서 내용과 충돌할 뿐 아니라 사람은 조물주의 형상을 본떠 만든 특별한 존재라는 교회의 설명과도 어긋납니다. 다윈은 사람이 창조의 정점도 아니고 특별한 점도 없다고 했습니다. 사람도 그저 동물이다, 이것이 다윈의 주장이었습니다.

16세기에 폴란드의 천문학자 니콜라우스 코페르니쿠스(Nicolaus Copernicus, 1473~1543)가 지구는 우주의 중심도 아니고 특별한 위치를 차지하지도 않는다는 사실을 보여준 것처럼, 다윈은 사람이 만물의 중심도 아니고 생물계에서 특별한 위치를 차지하지도 않는다는 사실을 보여주었습니다.[4]

용감하게도 다윈은 굳건하게 버티고 있는 종교 교리에 맞서는 이론을 제시했습니다. 그러면서도 다윈은 자신의 이론이 지닌 결점에는 정직했습니다. 그는 자신의 이론이 완벽하지 않다는 사실을 기꺼이 인정했습니다. 그는 사람들에게 자신은 잘 모르지만 반드시 후대 생물학자들이 밝혀줄 세부 내용에 관해서는 판단하지 말고 자신이 옳다고 확신하는 부분, 즉 이론의 개괄적 주장만 판단해 달라고 부탁했습니다.

다윈의 주장에서 빠진 부분을 살펴보면 크게 두 가지가 두드러집니다. 첫째는 변이의 메커니즘을 밝히지 못한 것입니다. 사람은 분명히 양쪽 부모에게서 형질을 물려받습니다. 그렇기 때문에 엄마처럼 머리카락이 붉고 아빠처럼 턱이 각진 아이가 태어날 수 있는 겁니다. 하지만 자연 선택이, 그러니까, **선택**이라는 걸 하게 만드는 새로운 형질이 나타나는 이유는 무엇일까요?

다윈의 이론으로 설명할 수 없는 두 번째는 유전의 메커니즘입니다. 처음에 다윈은 양쪽 부모의 체액이 섞일 때 후손에게 형질 정보가 전달된다고 생각했습니다. 하지만 빨간색 페인트와 노란색 페인트를 섞으면 주황색이 되면서 빨간색과 노란색이 영원히 사라져버리는 것처럼, 체액이 섞일 때 형질도 섞인다면 어떤 형질은 영원히 사라져야 합니다. 즉, 눈동자 색이 푸른 사람과 갈색인 사람이 아이를 낳는다면 그 아이의 눈은 분명히 푸른색과 갈색이 섞인 색이어야 하는데, 그런 일은 일어나지 않습니다. 유전 형질이 담긴 체액이 섞인다면 결국 시간이 흐르면서 한 개체군의 모든 생명체는 아주 비슷해질 테니, 자연 선택이 작동해야 하는 변이는 크게 줄어들 수밖에 없습니다. 다윈은 체액 가설에 이런 결점이 있음을 깨달았고 크게 좌절했습니다.

유전과 변이의 메커니즘

지금은 체코공화국인 브르노에 그레고어 멘델(Gregor Mendel, 1822~1884)이라는 수도사가 살았습니다. 바로 그가 유전의 은밀한 비밀을 처음으로 엿본 사람입니다. 멘델은 1856년부터 1863년까지 다양한 완두를 교배하면서(완두는 수만 종이 넘습니다), 완두에서 나타나는 유전 형질을 모두 기록했습니다. 예를 들어, 멘델은 꽃잎이 자주색인 완두와 흰색인 완두를 교배했습니다. 그런데 자손 완두의 꽃은 분홍색이 아니라 흰색과 자주색이 일정한 비율로 나타났습니다. 멘델은 자손의 특성은 양쪽 부모에게서 똑같이 한 개씩 받지만, 어떤 형질은 다른 형질보다 우세하다는 사실을 발견했습니다. 결정적으로, 멘델은 형질이 섞이는 액체가 아니라 다시 작게 나뉘지 않는 **입자**로 유전된다는 사실을 알았습니다. 자신도 모르게 현재 우리가 유전자라고 부르는 물질을 발견한 것입니다.

멘델은 자신이 발견한 내용을 정리해 1866년에 〈브르노 자연사학회지〉에 발표했습니다. 하지만 이 잡지는 널리 보급되지 않았기 때문에, 20세기가 될 때까지 멘델의 연구를 아는 사람은 별로 없었습니다. 이 논문과 관련해 사람들 입에 자주 오르내리는 이야기가 하나 있습니다. 멘델이 쓴 완두 논문의 사본이 115부가 있었는데, 그중 한 부를 다윈이 지니고 있었다는 것입니다. 다윈이 죽은 뒤에 다윈의 서재에서 봉인된 봉투에 들어 있는 멘델의 논문이 발견되었다는 겁니다. 만약 사실이라면 아주 끔찍한 비극일 테지만, 이 이야기는 그저 낭만적인 신화일 뿐입니다. 다윈이 모은 방대한 수집품에 멘델의 논문은 없었습니다. 서로 상대에게 없는 중요한 퍼즐 조각을 손에 쥐고 있던 두 천재 생물학자가 어떤 식으로든 교류했다는 증거는 없습니다.

멘델의 저작은 다윈이 죽고 8년 뒤인 1900년에야 재발견됐습니다. 그리고 얼마 지나지 않아 미국의 생물학자 토머스 헌트 모건(Thomas Hunt Morgan, 1866~1945)이 초파리 교배 실험을 시작했습니다. 모건은 초파리도 멘델의 완두와 비슷한 형태로 자손에게 특성을 전달한다는 사실을 발견했습니다. 심지어 모건은 형질을 전달하는 물리적 구성 요소가 염색체라고 하는 아주 가느다란 실 같은 구조물 위에 놓여 있다는 사실도 발견했습니다. 이로써 새로운 과학이 탄생할 수 있었습니다. 유전학 말입니다!

유전이라는 그림은 20세기 말에야 완성되었습니다. 모든 생명체의 기본 구성 단위는 화학 물질을 담고 있는 작은 세포입니다. 화학 반응을 담당하는 작은 세포소기관들로 가득 찬 자루 말입니다.[5] 모든 세포의 중심에는 더 작은 세포인 세포핵이 있습니다. 그리고 세포핵 안에는 DNA로 이루어진 염색체가 있습니다.

DNA는 나선형으로 비틀린 사다리처럼 보이는 분자입니다. DNA 이중나선 구조의 핵심은 네 개의 분자로 이루어지는 염기 서열입니다. 네 가지 염기는 아데닌(A), 구아닌(G), 시토신(C), 티민(T)인데, 이 염기들은 둘씩 쌍을 이룹니다(A-T, G-C). A, G, C, T는 유전자 암호를 이루는 네 가지 문자입니다.[6] 염기가 세 개 모이면 특정 아미노산을 지정할 수 있습니다. 아미노산은 단백질의 기본 재료이며, 단백질은 생물이 살아가는 데 필요한 모든 과제를 수행하는 경이로운 분자입니다. 단백질이 있어야 생명체는 화학 반응을 촉진하고, 햇빛에 눈이 손상되는 것을 막고, 우리 몸이 허물어져 내려 젤리와 물웅덩이로 바뀌지 않도록 몸의 토대를 굳건하게 세울 수 있습니다.

단백질을 지정하는 DNA 구간을 유전자라고 합니다. 멘델과 관계있는 것이 바로 이 지점입니다. 멘델이 자손에게 전달한다고 생각했던 형질은 유전자와 관계가 있습니다. 예를 들어 완두 표면이 주름지거나 매끄러운 것은 완두 표면의 굴곡을 결정하는 단백질을 만드는 특정 유전자 때문입니다.

사람의 DNA 한 가닥에는 30억 개 정도의 유전자 암호가 들어 있는데, 유전자 개수로 생각하면 약 2만 3000개 정도가 있는 셈입니다. 왠지 사람을 만들기에는 터무니없이 부족하다는 생각이 드는 숫자입니다. 생물학자들은 유전자가 이 정도밖에 없다는 사실에 정말 충격을 받았습니다. 하지만 어쩌겠어요? 사람이 가진 유전자는 2만 3000개뿐인걸요.

유전자에는 다른 유전자를 조절하는 유전자도 있습니다. 조절 유전자들은 배아 발생 과정에서 다양한 시기에 맞춰 유전자의 스위치를 켜거나 끄면서 배아에 필요한 단백질이 생성되게(발현되게) 합니다. 특정 세포 속에 들어 있는 특정 화학 물질의 농도 같은 요소들이 유전자가 스위치를 켜거나 끄는 결정을 내리게 합니다.[7] 이런 조절 유전자 덕분에 세포마다 DNA의 다른 부분을 해독할 수 있게 됩니다. 사람의 모든 세포는 정확하게 동일한 DNA 사본을 가지고 있는데도 어떤 세포는 혈액세포가 되고 어떤 세포는 간세포나 뇌세포가 되는 것은 모두 이런 조절 유전자의 작용 때문입니다.

그런데 DNA는 유전의 비밀뿐 아니라 변이의 비밀도 설명합니다. 자손이 부모의 형질을 물려받으려면 반드시 DNA를 복제해야 합니다. 사람의 경우, 형질을 전달하려면 30억 개나 되는 유전자 암호 문자를 성실하게 복제해야 합니다. 그런 어려운 일을 척척 해내다니, 정말 대단합니다.[8] 그런데 이 복제 과정이 완벽하지는 않습니다. 염기쌍 10억 개마다 한 개 정도 실수가 생깁니다. 암호 문자가 정확하게 복제되지 않는 경우도 있고, DNA 염기 서열이 사라지거나 이중으로 복제되기도 하는 겁니다. 복제할 때 잘못될 가능성은 정말 많습니다. 게다가 암을 유발하는 화학 물질이나 바이러스, 자외선, 핵 방사선도 유전자를 변형합니다.

결론은 시간이 지나면 **유전자는 점차 변한다**는 것입니다.

DNA를 복제할 때 실수를 최소한으로 줄이기 위해 유전자를 불필요할 정도로 수차례 중복해서 만들기 때문에 개별 유전자에 많은 변화가 생겨도 전체적으로는 거의 차이가 나지 않습니다. 유전자는 여전히 단백질을 제대로 만들어내는 것입니다. 유전자에 생긴 변화는 유전 질환인 낭성섬유증(cystic fibrosis) 같은 질병을 유발하는 해로운 변화도 있지만, 아주 드물게 유기체에 이롭게 작용할 때도 있습니다. 이를테면 바뀐 유전자 때문에 말라리아에 저항하는 능력이 증가하는 경우처럼 말입니다. 물론 무엇이 유기체에 **이득인가**를 최종적으로 결정하는 것은 유기체가 살아가는 환경입니다. 유전자가 바뀌어 털가죽이 두툼해지고 체온이 올라가면 이득인 동물은 열대 지방이 아니라 빙하기에 돌입하는 곳에 사는 동물일 테니까 말입니다.

모든 유기체의 DNA에서 일어나는 변화, 혹은 돌연변이는 주목할 만한 일입니다. 그런데 세균처럼 단순한 유기체는 생식할 때 그저 자기 자신을 복제해 클론을 만들지만, 성이 있는 다른 유기체들은 양쪽 부모가 절반씩 유전자를 전달해 자손을 생산합니다. 모계와 부계에서 받은 서로 다른 형질을 조합하면 자연 선택이 선호하는 새로운 유전자 조합이 생길 확률이 아주 높아집니다.[9]

돌연변이는 **생물 종**이 존재하는 이유도 설명합니다. 종(species)이란 간단하게 말해서 다른 종과는 교배할 수 없는 무리입니다. 종이 생기는 원인은 다양합니다. 강이나 산맥 같은 지리 장벽이 한 집단을 둘로 나누거나 갈라파고스 제도처럼 대양에 가로막혀 섬에 사는 생물이 대륙에 사는 사촌 종과 분리되는 경우도 종이 탄생하는 원인이 될 수 있습니다. 어떤 식으로든 지리적으로 격리되면 각기 다른 생존 압력을 받기 때문에 오랫동안 각 집단에 서로 다른 돌연변이가 일어나면서 서서히 다른 개체군이 됩니다. 그리고 결국에는 서로 교배할 수 없게 됩니다.

다른 종과 교배할 수 없는 이유는 여러 가지일 수 있습니다. 분화한 생물 종의 유전자를 섞었을 때 실제로 생존 가능한 유기체를 만들어내지 못하는 것일 수 있습니다. 마치 오토바이 엔진을 장착한 자동차가 움직이지 않는 이유와 같다고 볼 수 있습니다. 아니면 한 집단의 개체들은 특정한 과일나무에 매달려 배우자를 기다리는 반면에 다른 집단의 개체들은 완전히 다른 과일나무에 서식하며 배우자를 기다리기 때문인지도 모릅니다. 이 경우 두 집단은 교배를 할 수는 있지만, 서로 다른 곳에서 서성이느라 인연을 맺지 못하는 것입니다. 곤충은 복잡한 생식기가 문제입니다. 열쇠와 자물쇠가 제짝이 있는 것처럼 곤충의 생식기도 제짝이 있습니다. 한 곤충 집단에서 독특한 생식 기관이 발달하면 다른 집단의 생식 기관과는 맞지 않기 때문에 두 집단은 교배를 할 수 없습니다.

생물 종이 분화하는 이유가 무엇이건 간에, 어쨌든 자연 선택은 뚜렷하게 구분되는 생물 종들로 이 세상을 채웠습니다. 사람과 떡갈나무만큼이나 서로 교배할 능력이 없는 종들로 말입니다.

승자만이 살아남는 아주 긴 게임

다윈의 이론은 이 세상의 많은 측면을 설명해줍니다. 예를 들어 지구 생명체는 어째서 500만 종이 넘을 정도로 믿기 어려운 다양성을 자랑하는지, 또 사람의 DNA가 어째서 침팬지의 DNA와 99퍼센트 가까이 일치하는지, 버섯과 사람은 어째서 DNA를 3분의 1이나 공유하는지 설명할 수 있습니다. 정말로 모든 지구 생명체가 공통 조상에서 분리되어 진화해 왔다면 DNA를 공유하는 것은 당연합니다. 유전자에 생기는 변화는 시간이 지날수록 축적되기 때문에 DNA의 차이는 사람과 침팬지의 공통 조상은 비교적 최근에 살았고 사람과 버섯의 공통 조상은 훨씬 오래전에 살았다는 사실을 반영합니다.

단언컨대 지구에서 가장 경이로운 DNA 염기 서열은 GTG CCA GCA GCC GCG GTA ATT CCA GCT CCA ATA GCG TAT ATT AAA GTT GCT GCA GTT AAA AAG입니다.[10] 이 염기 서열은 이 세상 모든 단일 유기체에 들어 있습니다. 심지어 기술적으로는 생명체로 분류되지 않는 거대 '미미바이러스(mimivirus)'에도 있습니다. 이 염기 서열이 생물계에 넓게 퍼져 있는 이유는 모든 생명체의 공통 조상에 들어 있었기 때문입니다. 아마도 중요한 과정을 수행할 이 염기 서열은 30억 년 동안 변하지 않았습니다. 따라서 우리 몸에 들어 있는 화석이라고도 할 수 있습니다.

다윈의 이론은 시간이 흐르면 어째서 항생제의 효과가 크게 떨어지는지도 설명해줍니다. 처음에 항생제는 사람 몸에 침입한 세균의 절대 다수를 죽입니다. 그러나 세균은 돌연변이를 일으키기 마련이고, 돌연변이 개체 중에는 분명히 생존하고 번식하는 개체도 있습니다. 따라서 세대를 거듭할수록 항생제에 내성이 생긴 세균의 수가 크게 증가하고, 결국 항생제가 전혀 쓸모없어지는 시기가 찾아옵니다. 루이스 토머스는 "진화는 생물의 입장에서 볼 때 오직 승자만이 탁자에 남는 무한히 길고 지루한 게임"[11]이라고 했습니다.

특히 다윈의 이론은 절대자가 생명체를 설계했다는 환상을 지워줍니다. 즉, 유기체가 자기가 사는 환경에 완벽하게 적합한 이유를 알려줍니다. 갈라파고스 제도의 한 섬에 사는 핀치의 부리가 그 섬에서 자라는 견과류를 깨먹는 데 완벽하게 알맞은 이유는 효율적인 부리를 가진 핀치들이 번성하여 비효율적인 부리를 가진 핀치보다 자손을 더 많이 남겼기 때문입니다. 단 한 개의 유전자가 부리 모양을 조절한다는 사실이 밝혀졌는데, 이 유전자가 조금만 바뀌어도 핀치 배아에서 부리를 만드는 단백질이 달라집니다.

경이로운 것은 유기체와 환경이 설계자 없이도 정교한 일치를 이루었다는 점입니다. 하지만 다윈이 발견한 자연의 과정은 무작위가 아닙니다. 리처드 도킨스는 "돌연변이는 무작위로 일어난다. 그러나 자연 선택은 무작위와는 **정반대**이다."[12]라고 했습니다. 자연은 유기체에게 살아남을 능력을 주는 변이를 제외한 모든 변이를 도태시키는 쪽을 선호합니다. 유기체에 유리하게 작용하는 변화는 세대를 거쳐 점진적으로 축적됩니다. 느리지만 자연은 분명히 사람이 설계한 것보다 훨씬 정교하고 복잡한 기계를 만들어냅니다. 미국의 생물학자 길버트 뉴턴 루이스(Gilbert Newton Lewis, 1875~1946)는 "우리가 진화라고 부르는 생명의 전체 동향, 다시 말해서 좀 더 다양하고 복잡한 구조를 만드는 전체 과정은 우연의 법칙으로 기대할 수 있는 것과는 정반대이다."[13]라고 했습니다.

하지만 자연 선택에 의한 진화에는 한계가 있습니다. 오랫동안 생존에 유리한 일련의 변화를 겪은 유기체만이 살아남을 수 있습니다. 영국의 생물학자 스티브 존스(Steve Jones)는 "진화는 미래를 향해 몸을 뒤로 돌려 거꾸로 걷는 것이다. 어디로 가게 될지도 모른 채 말이다."[14]라고 했습니다. 이 때문에 다윈의 이론으로는 눈처럼 수많은 구성 요소를 가진 복잡한 기관이 존재하는 이유를 설명할 수 없다고 주장하는 사람들이 생겨났습니다. 그들은 눈같이 복잡한 기관은 수정체나 빛을 감지하는 각막 같은 모든 구성 요소를 갖추기 전까지는 유기체에 어떠한 이득도 되지 않는다고 주장했습니다. 도대체 50퍼센트만 완성된 눈이 무슨 소용인가? 고작 5퍼센트만 완성된 눈이 무슨 쓸모가 있겠는가? 이런 주장을 한 겁니다.

하지만 눈으로 발전하는 과정의 모든 단계가 생존에 유리하다는 사실이 밝혀졌습니다. 동물계 곳곳에서 원시 상태의 눈을 발견할 수 있습니다. 위아래만 구분할 수 있는 빛 감지 세포만 있는 동물도 있고, 피부 밑에 있는 피트(pit) 기관으로 빛을 감지해 — 사실은 열을 감지해 — 방향을 확인하는 살무사 같은 동물도 있습니다. 피트 기관이 투명한 단백질에 싸여 물체의 모양을 인식하는 수정체로 발전하는 과정은 쉽게 일어날 수 있습니다.

자연 선택에 의한 진화는 예측할 수 없을 뿐만 아니라, 사실 반드시 더 복잡한 형태로 귀결되는 것도 아닙니다. 좀 더 복잡한 형태로 진화가 **이루어질 수도 있지만**, 항상 그런 것은 아닙니다. 태초에 첫 번째로 나타난 세포는 크기가 **커지고** 형태가 **복잡해지는** 방향으로밖에는 나아갈 데가 없었을 것입니다. 하지만 커다란 생명체로 진화한 뒤로는 더 단순한 형태로 돌아가는 일도 가능해졌습니다. 숙주의 몸에 기생해 살아가는 기생 생물에서 그런 예를 찾을 수 있습니다.

다윈이 주장한 '자연 선택에 의한 진화론'은 모든 시험을 통과했습니다. 도킨스는 "연대를 거스르는 화석을 단 한 개만 발견해도 진화론은 쉽게 뒤집힐 수 있다."[15]라고 했습니다. 그러니까 5억 년 전인 선캄브리아대 지층에서 토끼 화석을 발견하기만 한다면 말입니다. 하지만 아직까지 그런 화석은 발견되지 않았습니다.

4장

생명 세계를 제패한
암컷과 수컷

[성]

*

*

"오늘날 지구에 존재하는 모든 세포에 들어 있는
모든 DNA는 처음 지구에 등장했던 (바로 그) DNA 분자를
그저 길게 늘이고 좀 더 정교하게 다듬은 것이다."
– 루이스 토머스

"사람의 생식은 엄청나게 경이롭고 신비하다.
신께서 그 문제로 나에게 조언을 구하셨다면
나는 그저 계속 진흙으로 사람을 빚는 게 낫다고
말씀드렸을 것이다."
– 마르틴 루터

*

*

***

1986년에 출간된 《눈먼 시계공》에서 영국의 생물학자 리처드 도킨스는 아름답고도 황홀한 풍경을 묘사했습니다. "밖에는 DNA가 비처럼 내린다. 우리 집 정원 아래쪽은 옥스퍼드 운하와 맞닿아 있고, 그 운하 둑에는 커다란 버드나무가 있다. 그 버드나무는 솜털 달린 씨앗을 바람에 흩날리며…… 다시 새로운 세대의 솜털 달린 씨앗을 흩뿌릴 버드나무의 특징을 지정하는 특별한 정보를 담은 DNA를…… 퍼트린다. …… 밖에는 정보의 비가 내린다. 프로그램이 내린다. 나무를 자라게 하고 솜털 달린 씨앗을 흩날리게 하는 알고리즘이 내린다."

물론 무수히 많은 솜털 달린 씨앗 안에 들어 있는 DNA는 또 다른 DNA 덩어리를 만나 융합한 뒤 새로운 버드나무로 자라는 과정을 시작하기 전까지는 작동하지 않는 컴퓨터 프로그램, 비활성 상태인 화학 물질 꾸러미에 지나지 않습니다. 성(sex)은 도킨스가 웅장하게 묘사한 것처럼 어디에나 있습니다. 개미부터 금어초, 소나무, 천산갑, 해바라기, 돛새치에 이르기까지, 거의 모든 생명체가 성을 탐닉합니다. 음, 윈스턴 처칠의 말을 훔쳐와 표현해보자면 성은 "불가사의 속에 미스터리로 포장된 수수께끼"[1]입니다.

성의 핵심 수수께끼는 그 진가를 알아보기가 어렵지 않다는 것입니다. 아주 오래전에, 이제 막 태어난 지구의 원시 연못 속에서 스스로 복제할 수 있는 분자들이 생겨났습니다.[2] 자신을 가장 잘 복제한 분자가 가장 수가 많아졌습니다. 자신을 복제하는 데 필요한 기본적인 화학 물질을 확보하는 데 실패한 분자는 사라졌습니다. 결국 한 종류의 분자가 가장 압도적인 위치를 차지하게 됩니다.(그렇게 되기까지는 마음이 움츠러들 정도로 엄청나게 많은 단계, 즉 수많은 진화의 전 단계를 거쳤을 것입니다.) 왜냐하면 그 분자는 생식에 필요한 에너지 자원을 거의 대부분 차지할 수 있는 분자 기계를 만들어내는 능력이 있었기 때문입니다. 그것은 바로 각 알갱이가 단백질 나노 기계를 지정하는 유전자 목걸이인 DNA였습니다. 루이스 토머스는 "오늘날 지구에 존재하는 모든 세포에 들어 있는 모든 DNA는 처음 지구에 등장했던 (바로 그) DNA 분자를 그저 길게 늘이고 좀 더 정교하게 다듬은 것"[3]이라고 했습니다.

기생 생물과 '붉은 여왕 가설'

수십억 년 동안 많은 염기 서열이 실패하는 모습과 몇몇 염기 서열이 자원 경쟁에서 승리한 뒤에 미래를 향해 전진해 가는 모습을 지켜보면서 자연 선택은 유전자를 증진할 수 있는 아주 놀랍고도 정교한 운반체를 만들어냈습니다. 사실 본질적으로 생명체는 모두 유전자 운반체입니다. 곰팡이부터 물개, 대장균, 코끼리, 히드라, 사람에 이르기까지 모든 생명체는 '**유전자를 퍼트릴 운반체**'입니다. 영국의 소설가 새뮤얼 버틀러(Samuel Butler)가 말한 것처럼 "닭은 달걀이 또 다른 달걀을 만들기 위한 수단"[4]입니다. 자신의 유전자를 다음 세대에 전달한 운반체가 가장 성공한 운반체입니다. 그저 일부 유기체만 그런 것이 아니라 **모든 유기체가 그렇습니다.**

한 유기체가 다음 세대에 유전자를 전달하는 가장 간단한 방법은 단순히 자신을 복제하는 것, 다시 말해서 클론을 만드는 것입니다. 이런 무성 생식(asexual reproduction)은 가장 간단한 유기체인 세균뿐 아니라 훨씬 복잡한 검은나무딸기 같은 유기체도 택한 생식 전략입니다. 하지만 무슨 이유에서인지, 다세포 유기체는 거의 대부분 또 다른 생식 전략을 택했습니다. 이 유기체들은 자신의 유전자 **절반**을 다른 유기체의 유전자 **절반**과 결합하는 방식을 택했습니다. 이 방식은 물론 유성 생식(sexual reproduction)이라고 부릅니다.

유성 생식의 단점은 명확합니다. 유성 생식을 하면 유기체는 자손에게 자신의 유전자를 100퍼센트 전달할 수 없고, 고작 50퍼센트만 전달할 수 있습니다. 도킨스는 "유성 생식은 룰렛 게임을 하는 사람이 룰렛을 한 번 돌릴 때마다 자기가 가진 칩을 절반씩 버리는 것과 같다."라고 했습니다.

상식적으로는 유성 생식을 하는 유기체가 그저 **자손을 두 배 이상** 낳기만 하면 무성 생식을 하는 유기체를 생식 경쟁에서 이길 수 있습니다. 그런데 그렇게 하려면 에너지를 상당히 많이 소비해야 합니다. 먹이를 두고 치열한 경쟁을 벌이는 세상에서 에너지 효율은 생존에 막대한 영향을 끼칩니다. 성을 분리했을 때 치러야 하는 대가는 더 많은 자손을 낳아야 하는 것만이 아닙니다. 자신이 가진 유전자를 공유해 자손을 낳을 배우자를 찾는 데도 에너지를 쏟아야 합니다. 도킨스의 정원 근처에서 자라는 버드나무만 해도 그렇습니다. 이

버드나무는 엄청난 양의 솜털 달린 씨앗을 만들어 옥스퍼드의 대기 속으로 흩뿌려야 합니다. 16세기에 종교 개혁가 마르틴 루터(Martin Luther)는 "사람의 생식은 엄청나게 경이롭고 신비하다. 신께서 그 문제로 나에게 조언을 구하셨다면 나는 그저 계속 진흙으로 사람을 빚는 게 낫다고 말씀드렸을 것이다."[5]라고 했습니다. 그러나 성이 어디에나 존재한다는 것이 이 세상의 뚜렷한 특징입니다. 하늘을 나는 새와 벌뿐 아니라 거의 모든 식물, 파충류, 포유류, 조류가 유성 생식을 합니다. 이것은 곧 유성 생식에는 생존에 유리할 뿐 아니라 번성하는 데도 진화적으로 유리한 점이 분명히 있다는 뜻입니다. 그렇다면 유성 생식에는 어떤 이점이 있을까요? 놀랍게도 분명하게 밝혀진 내용은 없습니다. 전혀 말입니다.

어쩌면 다양한 자손을 낳을 수 있다는 것이 성의 장점일 수도 있습니다. 무성 생식을 한다고 해도 자손의 DNA와 부모의 DNA가 **똑같지는** 않습니다. DNA를 복제하는 과정이 완벽하지 않기 때문입니다. 그러나 유성 생식을 하는 유기체가 만드는 다양성에 비하면 무성 생식을 하는 유기체가 복제 오류(즉 돌연변이)로 만드는 다양성은 거의 의미가 없다고 해도 좋을 정도입니다. 한 유기체의 유전자를 카드 한 질에 비유한다면, 무성 생식을 하는 유기체의 자손은 모두 같은 카드를 한 질씩 물려받기 때문에 카드 한 장을 만능 패(와일드카드)로 대체할 수 있습니다. 하지만 유성 생식을 하는 유기체의 자손은 마구 뒤섞은 카드 두 질에서 절반을 물려받습니다. 따라서 자손들 각자에게는 두 질의 카드에서 뽑아 온 카드가 **다르게** 섞여 있습니다.

이것은 유성 생식을 하는 유기체의 자손은 부모와 **사뭇** 다르다는 뜻입니다.[6] 유성 생식은 최대한 새로운 세대를 만듭니다. 때때로 갑자기 기후가 크게 바뀌는 것처럼 환경이 강하게 압박해 올 때가 있습니다. 유성 생식을 하는 유기체는 다양한 형질을 지닌 자손을 만들 수 있는데, 그렇다면 그 가운데 적어도 몇 개체는 환경의 압박 속에서 생존하는 데 필요한 형질을 갖추고 태어날 수도 있습니다. 반면 무성 생식을 하는 유기체는 타성에 젖어 있다가 결국 멸종하고 맙니다. 하지만 이 정도 이득으로 성이 존재하는 이유를 설명할 수 있을까요? 생물학자들도 전적으로 확신하지는 못합니다.

성이 존재하는 이유를 또 한 가지 추론해보자면, 유성 생식은 **두 유기체의 유전자에 생긴** 이로운 유전자 변이를 한 유기체에 합쳐 담을 수 있는 방법이라는 것입니다. 무성 생식을 하는 두 유기체가 각각 한 개씩 생존에 필요한 유전자 변이를 일으켰다고 생각해봅시다. 변이를 일으킨 유전자는 각각의 자손들로만 이어지고, 한데 합쳐지는 일은 영원히 일어나지 않을 겁니다. 하지만 성이 존재하면 모든 것이 바뀝니다. 유성 생식에서는 개별적인 두 개체의 좋은 유전자를 한데 합친 DNA를 만들 수 있기 때문에 자손의 생존율을 높일 수 있습니다. 여기까지만 보면 유성 생식에는 엄청난 장점이 있는 것 같습니다. 하지만 불행하게도 유성 생식은 좋은 유전자뿐 아니라 나쁜 유전자도 한 유기체에 몰아줍니다. 유성 생식에서 각기 다른 개체의 유전자를 한데 모았을 때 장점이 결점을 훌쩍 뛰어넘는다고 분명하게 확신하는 사람은 아무도 없습니다.

그렇다면 — 여전히 모호하고 알기 어렵지만 — 성이 갖는 압도적인 장점은 무엇일까요? 누구나 동의하는 것은 아니지만 인기를 끈 생각이 있는데, 그것은 성이 잠정적으로 위협을 가할 수 있는 기생 생물의 허를 찔렀다는 것입니다. 모든 복잡한 유기체에게 기생 생물은 골칫거리입니다. 전 세계적으로 20억 명이 넘는 사람들이 말라리아 원충부터 회충에 이르기까지, 다양한 기생충에 감염되어 있습니다. 자연 선택에 의한 진화는 기생 생물에게도 세상 모든 생명체에 작용하는 방식과 마찬가지 방식으로 작용합니다. 하지만 기생 생물의 환경은 **숙주**입니다. 따라서 기생 생물이 자신의 환경에서 성공적으로 자원을 획득하면, 결국 숙주의 자원은 빈약해질 수밖에 없습니다. 기생 생물은 숙주의 생명을 갉아먹고 결국 숙주를 죽일 수도 있습니다. 일반적으로 기생 생물은 작고 재빠르며, 숙주의 일생 동안 여러 번 생식하는 능력이 있기 때문에 숙주의 목숨을 빼앗는 과정이 아주 빠르게 일어날 수도 있습니다.

숙주 생물 개체군은 어떻게 해야 기생 생물이 가하는 무자비하고 효과적인 공격을 막고 살아남을 수 있을까요? 그 대답은 끊임없이 집단의 일원을 완전히 새롭게 교체해 기생 생물이 개체군에 완벽하게 적응하지 못하게 하는 것입니다. 1973년에 미국의 생물학자 리 밴 밸런(Leigh Van Valen)은 그것이야말로 성의 분화가 이룩한 업적이라고 주장했습니다.[7]

정말로 기생 생물은 아주 빨리 변합니다. 그러나 밴 밸런은 숙주 개체군이 **훨씬 빨리** 변하면 살아남을 수 있다고 말합니다. 《이상한 나라의 앨리스》의 속편으로 루이스 캐럴(Lewis Carroll)이 1871년에 발표한 《거울 나라의 앨리스》에는 앨리스가 붉은 여왕과 나란히 달리지만 전혀 앞으로 나가지 않는 것 같아서 크게 당황하는 장면이

나옵니다.

　"우리나라에서는…… 보통 어딘가로 가게 돼요. 지금처럼 아주 오랫동안 아주 빨리 달리면요." 앨리스가 여전히 조금 숨을 헐떡거리면서 말했다.

　"느린 나라인가 보군. 지금, 여기는, 보다시피, **제자리에 있고 싶으면 죽어라고 뛰어야 해.**" 붉은 여왕이 말했다.

　그래서 기생 생물 때문에 성이 분화했다고 설명하는 밴 밸런의 주장은 '붉은 여왕 가설'이라고 알려졌습니다.[8]

　2011년에 미국의 생물학자들은 밴 밸런의 가설을 통제된 실험실 환경에서 시험했습니다.[9] 과학자들은 예쁜꼬마선충(*Caenorhabditis elegans*)의 짝짓기 방식을 유전적으로 조작해, 자가 수정을 하는 무성 생식 집단과 수컷 선충과 짝짓기를 하는 유성 생식 집단으로 나누었습니다. 그런 다음 예쁜꼬마선충에 병원균인 세라티아마르세센스(*Serratia marcescens*)를 감염시켰습니다. 병원균에 감염되자 자가 수정을 하는 무성 생식 집단은 금방 멸종했습니다. 하지만 유성 생식을 하는 집단은 그렇지 않았습니다. 유성 생식 집단은 공진화 (coevolution, 다른 종의 유전적 변화에 맞대응하여 일어나는 한 종의 유전적 변화) 하는 기생 생물을 앞지름으로써 — 끊임없이 더 빠르게 달려서 — '붉은 여왕 가설'을 입증한 것처럼 보입니다. 성은 기생 생물에 맞서는 무기입니다.

유전자 뒤섞기 전략

성은 두 유기체의 유전자를 조합하고 섞어 완전히 다른 유기체를 만드는 과정입니다. 그러나 악마는 디테일에 있는 법입니다. 성의 디테일은 미묘하고도 복잡합니다.

무슨 뜻인지 이해하려면 배경 지식을 조금 알 필요가 있습니다. 우리 몸을 이루는 세포 가운데 한 개를 골라 그 안에 든 DNA를 일렬로 늘어놓으면 그 길이는 머리부터 발끝까지 이어질 것입니다. 따라서 이 모든 DNA를 눈에 보이지 않는 작은 세포에 밀어 넣는 일은 생물학적으로 아주 어려운 도전입니다. 세포는 DNA를 염색체라고 알려진 뭉툭한 꾸러미로 만듦으로써 인상적인 위업을 달성했습니다. 염색체라고 이름 붙인 이유는 세포를 염색했을 때 처음 발견했기 때문입니다.[10] 사람 세포에는 염색체가 46개 있는데, 기본적으로 동일한 염색체가 두 개씩 쌍을 이룹니다.

개의 염색체는 78개이고, 말은 64개, 고양이와 돼지는 38개입니다. 염색체의 수는 유기체의 복잡성과는 거의 관계가 없어 보입니다. 이 세상에서 염색체가 가장 많은 생물은 고사리삼과(科)의 나도고사리삼(오피오글로숨 불가툼*Ophioglossum vulgatum*)인데, 염색체 수가 무려 1440개나 됩니다.[11]

그럼 이제 다시 사람으로 돌아옵시다. 앞에서 우리 몸은 하루에 우리 은하를 이루는 별보다 훨씬 많은 3천억 개의 세포를 새로 만든다고 했습니다.[12] 유사 분열(mitosis)이라고 부르는 이 과정에서 세포가 가장 먼저 하는 일은 자신의 염색체 46개를 모두 복제하는 것입니다. 복제가 끝나면 염색체는 92개가 됩니다. 그러면 세포는 모세포와 똑같이 염색체를 46개 가진 두 개의 딸세포로 갈라집니다.

성은 유사 분열과 정반대 과정입니다. 한 세포가 두 세포로 갈라지는 게 아니라, 양쪽 부모가 한 개씩 제공한 두 세포가 하나로 합쳐집니다. 그런데 최종적으로 합쳐진 세포의 염색체가 46개가 되려면, 양쪽 부모가 제공한 세포(성세포 혹은 생식세포라고 합니다)에는 각각 23개, 즉 **전체 염색체의 절반**이 들어 있어야 합니다.

따라서 수배우자와 암배우자가 생식세포를 만들려면 유사 분열과는 전혀 다른 과정을 거쳐야 합니다. 바로 감수 분열(meiosis)입니다. 감수 분열도 유사 분열처럼 염색체 46개를 복제하는 과정으로 시작합니다. 따라서 전체 염색체는 92개가 됩니다. 하지만 감수 분열에서는 세포가 **한 번이 아니라 두 번** 갈라집니다. 따라서 생식세포가 네 개 만들어지고, 각 세포의 최종 염색체 수는 23개가 됩니다.

그런데 감수 분열이 일어날 때는 유전자가 뒤섞이기 때문에 각각의 생식세포는 모세포와 유전적으로 다릅니다. 이런 유전자 뒤섞임은 아주 오래전에 우연히 일어났을 것입니다. 감수 분열이 일어나는 동안 염색체가 실행한 복잡한 전략의 결과로 말입니다. 하지만 부모와 다른 유전자 조합을 최대한 많이 가지고 태어난 자손이 생존에 유리했을 것이고, 그 때문에 생물은 유전자 뒤섞음을 기본 전략으로 택했을 겁니다. 다양성을 확보하기 위한 이 같은 유전자 뒤섞음은 **심지어 생식세포가 결합하기도 전에** 다양성을 만들어냅니다.

양쪽 부모가 만든 생식세포는 당연히 크기가 같아야 한다고 생각할지도 모르겠습니다. 물론 정말로 그런 유기체도 있습니다. 하지만 한쪽이 다른 쪽보다 훨씬 큰 경우가 더 많습니다. 생식세포끼리 결합한 뒤에 개체에 제공할 연료와 단백질 기계를 한쪽 생식세포가 모두 가지고 있기 때문입니다. 생물학자는 성의 차이를 본질적으로 생식세포의 차이라고 생각합니다. 움직이지 못하는 큰 생식세포(난자)를 만드는 유기체는 암컷이고, 움직이는 작은 생식세포(정자)를 만드는 유기체는 수컷입니다. 페니스, 질, 가슴, 턱수염 같은 흔히 양성 간에 나타나는 모든 차이는 궁극적으로는 정자와 난자의 차이 때문에 생깁니다.

생물학자들은 이 세상에 제일 먼저 등장한 유성 생식 개체는 크기가 같은 생식세포를 만들었다고 생각합니다. 아주 흥미로운 생각입니다. **성들이 만들어지기 전에 성이 만들어졌다는** 것을 의미하기 때문입니다.

이제 마침내 양쪽 부모가 한 개씩 제공한 두 생식세포가 결합합니다. 성적으로 가장 중요한 순간입니다. 이 순간 각각 염색체를 23개 가진 두 생식세포가 결합해 접합체(수정란zygote)라고 하는 하나의 세포가 됩니다. 결국 이 접합체가 유사 분열을 반복해서 세포 수가 100조 개가 넘으면 사람 어른이 되는 것입니다.

당연히 접합체는 어머니에게서 염색체 23개와 아버지에게서 염색체 23개를 받습니다.[13] 따라서 전체적으로 보았을 때 우리 몸을 이루는 모든 세포는 **완전히 같은 유전자** 사본을 두 개 가지고 있는 것입니다. 그렇기 때문에 사람 여성과 사람 남성이 사람과 침팬지보다 유전적으로 더 비슷합니다.(침팬지와 사람이 DNA를 98퍼센트에서 99퍼센트 정도 공유하고 있다는 사실을 기억하시나요?)[14]

하지만 어머니와 아버지가 자손에게 동일한 유전자를 준다고 해도, 각 집안(혈통)마다 유전자 돌연변이에 차이가 있기 때문에 결국 부모는 **서로 형태가 다른** 유전자를 자손에게 전달합니다. 대립 형질(allele)이라고 하는 이 유전자 변이가 모든 차이를 만듭니다. 예를 들어 머리색을 결정하는 유전자를 생각해봅시다. 자손은 어머니에게서 붉은 머리카락을 발현하는 형질을 물려받을 수도 있고 황갈색 머리카락을 발현하는 형질을 물려받을 수도 있습니다. 두 형질 가운데 어떤 것이 우성 형질이고 어떤 것이 열성 형질이냐에 따라 자손에게 나타나는 머리카락 색은 달라집니다.

유전자 사본, 즉 형질에 우성과 열성이 있는 이유는 여러 가지로 추정해볼 수 있습니다. 모든 것은 특정 유전자가 결정합니다. 각각의 형질은 ―어머니에게서 하나, 아버지에게서 하나를 물려받는데 ― 조금 다른 단백질을 만듭니다. 그리고 어떤 단백질은 동료 단백질들을 눌러 이깁니다. 가장 간단한 상황은 한 형질이 **망가진 단백질**을 만드는 것입니다. 망가진 단백질은 아무 일도 하지 않기 때문에 작동하는 단백질이 우성이 됩니다. 붉은 머리카락을 발현하는 형질이 바로 그런 열성 형질의 예입니다. MC1R이라는 단백질의 역할은 붉은 색소가 생성되지 못하게 하는 것입니다. 따라서 MC1R이 제대로 작동하지 못하면 붉은 색소가 생성되고, 머리카락은 붉어집니다.

자손은 어머니와 아버지에게서 각각 다른 형질을 물려받기 때문에 어떤 점은 어머니를 닮고 어떤 점은 아버지를 닮습니다. 정밀한 혼합 과정은 무작위로 진행됩니다. 이것이 바로 성이 최대한 부모와는 다른 특성을 지닌 자손을 만들어내는 비결입니다.

그런데 사람에게 두 개씩 동일한 염색체가 23쌍 있다는 말은 사실이 아닙니다. 실제로 동일한 염색체는 **22쌍뿐**입니다. 스물세 번째 염색체 쌍은 남성과 여성이 다릅니다. 그 이유는 이렇습니다. 염색체는 보통 'X' 자 형태입니다. 하지만 스물세 번째 염색체 쌍은 'Y' 자 형태의 염색체를 가질 수도 있습니다. X 염색체 하나와 Y 염색체 하나를 가지면 남성이 되고 둘 모두 X 염색체면 여성이 됩니다.[15]

사람의 배아가 발생을 시작하는 방식은 모두 같습니다. 그러나 40일이 지나면 남성의 Y 염색체 위에 있는 한 유전자가 활성화됩니다. 'Y 염색체의 성 결정 영역(SRY, Sex Determining Region of the Y chromosome)'이라고 부르는 이 유전자는 남성 호르몬인 테스토스테론을 만들라고 지시하기 때문에, 배아의 생식샘 세포는 정소(고환)로 발달합니다. 일단 정소가 발달하면 남성의 다른 생식 기관들이 발달합니다. 그러나 SRY가 발현되지 않으면 배아의 생식샘은 난소가 되고, 여성의 생식 기관이 발달합니다. 한쪽 성을 다른 성보다 선호하는 단백질 표현 유전자가 발현돼 성에 따라 다른 호르몬을 분비하는 포유류는 전체 포유류의 6분의 1 정도입니다.

사람 남성은 테스토스테론의 산물입니다. 남성은 여분의 유전자를 하나 더 가진 여성입니다. 실제로 지구에 사는 모든 남성은—아주 거친 남자다움을 뽐내는 남성이라고 해도—이 세상에 존재하기를 결정한 그 순간부터 40일 동안은 여성성을 뽐냅니다.

성의 빅뱅

대부분의 단순한 유기체가 무성 생식을 하는 데다가 지구에 처음 나타난 유기체가 단세포생물이었기 때문에 대다수 생물학자들은 초기 생명체가 무성 생식을 했다고 생각합니다. 무성 생식은 유성 생식에 비해 훨씬 간단한 번식 방법입니다. 그렇다면 도대체 성은 어떻게 생겨났을까요?[16]

자연은, 완전히 다른 목적을 위해 발달한 특성을 전혀 새로운 과업에 활용할 때가 많습니다. 예를 들어 사람의 뇌에서 분비되는 아주 중요한 신경 전달 물질인 글루탐산은 38억 년 전에 처음 등장한 세균이 사용했던 신호 전달 물질입니다.[17] 성도 다르지 않습니다. 두 세포가 결합해 서로 유전자를 섞은 뒤에 다시 분리한다는 성의 기본 요소도 자연이 다른 목적으로 만들었다가 유성 생식을 하는 수단으로 활용하게 된 것입니다.

가장 본질적인 과정은 18억 년 전에 한 세포가 다른 단순한 세포를 삼키고 복잡한 세포인 진핵세포가 된 것입니다.[18] 진핵세포가 되면서 세포 내부에서는 다양한 변화가 일어났습니다. 예를 들어 삼켜진 세포는 세포소기관이 되기 위해 자신의 세포막을 변형해야 했을 겁니다. 상세한 내용은 중요하지 않습니다. 핵심은 그런 적응 덕분에 **한 세포가 다른 세포와 융합**할 수 있게 되었다는 것입니다.

시간의 안개 속 어딘가에서—우리가 할 수 있는 건 그럴싸하게 추론하는 것뿐입니다—비슷한 두 진핵세포가 서로 부딪쳤고, **우연히 결합했습니다.** 지금도 어떤 세포들은 가뭄처럼 살기 힘든 시기가 되면 생명 활동을 거의 멈추고 휴면 상태에 들어가는 것으로 알려져 있습니다. 이 세포들은 두 세포가 하나로 결합한 상태로 휴면기를 맞습니다. 어려운 시기에 두 세포가 결합하면 생존 가능성을 높일 수도 있습니다. 어쨌거나 두 세포가 **자원을 한데 모을 수** 있기 때문입니다. 그런 결합으로 얻는 이득은 자원을 합치는 것 외에도 더 있는 것 같습니다. 잘못하면 세포의 DNA에 손상이 생길 정도로 살기 힘든 시기일 수도 있습니다. 이때 유전자 사본을 두 개 가진 세포는 한 사본을 다른 사본과 비교해 **손상된 부분을 고칠 수 있습니다.**

다시 좋은 시기가 돌아오면 유전자 사본을 단 한 개만 가지고 있는 세포가 또다시 유리해집니다. DNA 사본이 적을수록 더 빨리 생식하고 증식할 수 있기 때문입니다. 유전자 사본 하나만 있으면 세포를 만들 수 있는 감수 분열이 탄생한 이유는 바로 이 때문이었을 겁니다. 믿기 어려울 수 있지만, 실제로 현재 지구에는 극단적인 환경에 살면서 환경 변화에 따라 유전자 사본을 하나만 갖는 상태(이 경우 그 개체를 반수체haploid라고 합니다)와 사본을 두 개 갖는 상태(이 경우 그 개체를 이배체diploid라고 합니다)를 오가는 단세포생물이 있습니다.

감수 분열을 하는 동안 세포가 결합했다가 나뉘는 이야기는 이쯤에서 끝내겠습니다. 그렇다면 두 세포의 DNA를 뒤섞어 다양한 유전자 조합을 만드는 일이 성에서 그토록 중요한 이유는 무엇일까요? 밝혀진 바에 따르면, 두 세포의 DNA가 뒤섞이는 일은 손상된 DNA를 복구하는 동안 자연스럽게 일어났습니다. 세포가 한 염색체상에 있는 DNA의 두 상보적 사슬에 차이가 있다는 것을 감지한다고 해도, 어떤 사슬에 오류가 생겼는지는 알 수 없습니다. 따라서 세포로

서는 양쪽 DNA 가닥 모두에서 해당 부분을 잘라낼 수밖에 없습니다. 그리고 잘라낸 부분에는 그 염색체와 쌍을 이루는 염색체의 같은 부분을 복제해 채웁니다.

이 같은 일은 모두 두 염색체가 아주 가까이 있을 때 일어납니다. 그런데 DNA를 물리적으로 잘라내고 채우는 복잡한 춤을 추는 동안 염색체는 DNA의 일부를 교환합니다. 교차(cross-over)라고 부르는 이 과정 때문에 감수 분열로 만들어진 세포가 모세포와 달라집니다. 자연 선택은 새롭고 다양한 자손을 낳는 유기체를 선호하기 때문에 우연히 벌어졌을 이 행복한 사고가 유성 생식으로 정착하게 되었을 것입니다.

따라서 성은 우연한 사건이 생존 전략으로 진화한 것처럼 보입니다. 성은 이전부터 존재하던 유전자로 만들어졌습니다. 자연은 우연히 발견한 DNA 섞는 방법을 활용해 유전자 다양성을 높이고, 결국 진화가 폭발적으로 일어나게 했습니다.

물론 사람처럼 복잡한 유기체의 성에 관한 이야기는 이보다 훨씬 복잡합니다. **성**은 어떻게 진화했을까요? 상세한 내용은 아무도 모릅니다. 하지만 성이 진화해 온 과정을 따라 그 단계를 추론해볼 수는 있습니다. 먼저, 결합한 뒤에 감수 분열을 하는 세포로 진화하는 단계가 있었을 것입니다. 이것이 바로 성의 기원, 즉 성의 빅뱅입니다. 그 다음은 성이 진화했을 겁니다. 한 종류의 세포가 아니라 두 종류—남과 여—의 세포로 나누어졌습니다.[19] 처음에 두 종류의 세포는 결합할 수 있는 모든 형태 즉, 남-남, 남-여, 여-여 형태로 결합이 가능했을 것입니다. 하지만 생존에 가장 유리한, 더 많은 유전자 다양성을 확보하는 방법은 종류가 다른 세포끼리 결합하는 것, 다시 말해 이계 교배(outbreeding)입니다. 따라서 성의 체계는 결국 남과 여가 결합하는 방식으로만 진화했습니다.

처음에는 유성 생식을 하는 생물의 세포는 모두 짝짓기를 할 능력이 있었습니다. 성의 진화에서 다음 단계는 **특별한 한 종류의 세포**만이 생식을 담당하는 다세포생물이 출현한 것이었습니다. 이 단계에서는 정자라고 불리는 한 생식세포가 헤엄을 치는 능력을 발달시켜 난자라고 알려진 다른 유형의 생식세포를 찾을 기회를 높였습니다. 하지만 이것으로도 성 분화는 끝나지 않았습니다. 마침내 생식세포를 생산하는 신체 기관도 단 한 개로 좁혀졌습니다. 생식샘 말입니다.

이 모든 일이 얼마나 오랜 시간에 걸쳐 일어났는지는 아무도 모릅니다. 하지만 자연 선택에 의한 진화는 좋은 생각이 떠오르면 그 생각을 활용합니다. 생명이 시작된 바다에서는 양쪽 성이 행동을 같이해 동시에 물속으로 난자와 정자를 방출합니다. 난자와 정자가 수정될 가능성을 최대한 높이기 위해서죠. 하지만 육지로 옮겨온 뒤부터 동물은 그런 전략을 사용할 수 없었습니다. 육지에서는 체내 수정이 이롭습니다. 육지 동물은 수컷의 생식기를 암컷의 몸에 삽입해 정자와 난자를 수정하는 쪽으로 진화했습니다. 영국의 시인인 필립 라킨(Philip Larkin)은 "성교를 시작한 건/ 1963년이었다./ (나에게는 상당히 늦은 것이다.)"[20]라고 썼습니다. 물론 성교는 그보다는 훨씬 전에 시작됐습니다. 마지막으로, 발달하는 배아를 안전하게 보호하기 위해 암컷의 몸에는 자궁이 생겼고, 배아는 자궁 안에서 비교적 안전하게 보호받을 수 있었습니다.

현대의 성에 이르는 길은 아주 멀지만 그 길에 놓여 있는 주요 이 정표는 분명해 보입니다. 그렇다고 하더라도 성은 여전히 '불가사의 속에 미스터리로 포장된 수수께끼'로 남아 있습니다. 오늘날 인간 세계만 살펴보아도 이 사실을 분명하게 알 수 있습니다.

동성애의 비율은 왜 일정할까?

동성애(homosexuality)를 생각해봅시다. 한 개체의 유전자와 특성을 자손에게 전달하는 방법은 수배우자와 암배우자가 섹스를 하는 방법밖에 없기 때문에 생식의 차원에서 보면 동성애를 촉진하는 유전자는, 그것이 존재한다면, 원칙적으로는 빨리 사라져야 합니다. 도킨스는 "우리는 동일한 DNA를 더 많이 복제하는 것이 목적인 DNA가 만든 기계이다. 그것이야말로 살아 있는 모든 생명체가 존재하는 유일한 이유이다."[21]라고 했습니다.

하지만 모든 문화에서 동성애 비율은 변함없이 남성 3퍼센트, 여성 2퍼센트 정도를 유지합니다. 어떻게 그럴 수 있을까요?

먼저, 동성애가 유전과 관계가 없을 가능성을 생각할 수 있습니다. 그러니까 동성애를 결정하는 유전자(혹은 유전자들)는 없다는 뜻입니다. 실제로 환경이 유전자 발현에 영향을 끼친다는 인식이 증가하면서 도킨스가 제시한 본질적으로 '이기적인 유전자'라는 생각은 조금씩 힘을 잃어 가고 있습니다. 후성 유전학에 따르면 세포는 엄격하게 정해진 청사진이 아니라 해석해야 하는 원고처럼—예를 들어 환경에 존재하는 화학 물질에 따라 다르게—DNA를 읽는다고 합니다. "우리 엄마가 나를 동성애자로 만들었어."라는 농담을 한다고 생각해봅시다. 그럼 누군가는 이렇게 대답할 겁니다. "내가 너희 어머니께 양털을 주면 나도 그렇게 만들어주는 거니?"

생각해볼 수 있는 또 다른 가능성은 동성애는 유전적 요소와 관계가 있긴 한데, 이기적 유전자의 대의명분을 증진하는 데는 도움을 주지 않지만, 어쨌거나 발현된 형질이라는 것입니다. 이런 경우는 흔합니다. 예를 들어 사람이 말라리아에 면역성을 갖게 하는 특별한 유전자가 있습니다. 그런데 이 유전자를 한 개가 아니라 부모 모두에게서 물려받아 **두 개**를 가진 사람은 겸상적혈구빈혈증(sickle cell anaemia)에 걸립니다. 겸상적혈구빈혈증은 혈액세포가 납작해지고 모세혈관이 막히는 질환입니다. 끔찍하게 고통스러운 질병이지만 겸상적혈구빈혈증은 이 세상에서 사라지지 않을 것입니다. 왜냐하면 사람들 대부분에게 겸상적혈구빈혈증을 유발하는 유전자는 유익하며, 생존 기회를 높여주기 때문입니다.

마찬가지로, 생물학적으로 생식에 도움이 되지 않더라도 동성애는 계속 유지될 수 있습니다. 동성애자들이 자신의 유전자를 후대로 물려줄 수 있기 때문입니다. 흔히 동성애자와 이성애자를 명확하게 구분하려고 하지만, 사실 100퍼센트 이성애자부터 양성애자를 지나 100퍼센트 동성애자까지 그 범위는 아주 넓습니다. 영국의 영화 제작자 데릭 저먼(Derek Jarman)은 "성(sexuality)은 바다만큼 넓다."라고 했습니다. 동성애자라고 해도 100퍼센트 동성애자가 아닐 수도 있습니다. 아니면 생애 특정한 시기에만 동성애자일 수도 있습니다. 이것은 동성애자도 충분히 많은 자손을 생산할 수 있다는 뜻입니다.

적어도 유전자를 다음 세대로 전달할 만큼 충분히, 그래서 동성애가 다음 세대로 퍼져 나갈 수 있을 정도로 말입니다.

그런데 동성애자가 자신의 유전자를 미래로 전달할 수 있는 더 그럴듯한 방법이 있습니다. 동성애자가 자신과 유전적으로 관계가 있는 아이—아마도 주로 조카일 텐데—의 양육을 돕는 것은 사실 미래로 자신의 유전자를 전달하려는 이기적 행동일 수 있습니다. 생물학이 풀지 못한 또 다른 신비인 이타심도 이런 식으로 설명할 수 있습니다. 어째서 **자신의 생명을 희생하면서까지** 다른 개체의 생존을 돕는 개체가 존재할까요? 이 역시 마찬가지로 설명할 수 있습니다. 이타심도 대부분 자신과 유전적으로 관계가 있는 사람, 즉 가까운 가족에게 발휘된다고 말입니다.

이런 식의 설명은 성의 또 다른 수수께끼인 폐경에도 적용할 수 있습니다. 놀랍게도 죽기 전에 생식 능력이 사라지는 생물 종은 이 세상에 세 종뿐인데, 그중에 한 종이 바로 사람입니다. 다른 두 종은 범고래와 들쇠고래입니다.(들쇠고래 암컷을 안쓰럽게 여겨야 합니다. 폐경기 때문에도 고생일 텐데 지느러미까지 짧아서—영어 이름이 '짧은 지느러미 파일럿 고래(short-finned pilot whale)'입니다—폐경기 증상인 안면 홍조가 생겨도 부채질을 할 수 없으니까요.)

여성의 난자가 고갈되면 폐경이 옵니다. 난자는 양쪽 난소에서 한 달에 한 개씩 번갈아 배란되는데 난소에 들어 있는 난자는 모두 400여 개 정도입니다. 따라서 여성은 보통 50세 정도가 되면 난소에 있는 난자를 모두 방출합니다.

그런데 여성의 난자는 어머니의 자궁 속에 배아 상태로 있을 때 이미 배아의 난소에 존재했습니다. 따라서 여성의 생명은 어머니의 배 속이 아니라 **외할머니의 배 속에서** 시작됐다고 할 수 있습니다.

죽기 전에 여성의 생식력이 사라지는 현상이 독특하게 느껴지는 이유는, '가능한 한 많은 자손 생산하기'라는 이름의 게임에선 아무리 나이가 많다고 해도 한 번이라도 더 임신을 하는 편이 훨씬 유리할 것이기 때문입니다. 그런데 어째서 여성의 난자는 400개 정도밖에 없을까요? 어째서 평생 월경을 하지 않는 것일까요?

어쩌면 여성의 생식에는 또 다른 요소가 작동하는지도 모릅니다. 진화생물학의 설명을 따라가봅시다. 늦은 나이에 하는 분만은 여성에게 분명히 위험 부담이 크고 태어난 아이도 유전적으로 결함이 있을 가능성이 높습니다. 더구나 어른이 될 때까지 아이를 기르려면 엄청난 에너지가 필요합니다. 나이 많은 여성에게는 그런 에너지가 없을 뿐더러 아이가 다 자라기도 전에 자신이 죽을 수도 있습니다.

따라서 여성은 **자신의 아이가 아이를 기르는 일을** 도우려고 자신의 생식 능력을 버리는지도 모릅니다. 그렇게 함으로써 손자가 생존할 가능성을 높이고, 자기 아이의 아이는 결국 **자신의 아이**이므로, **자신의 유전자**를 다음 세대로 전달할 가능성을 높이는 것입니다. 그러니까 모두 비용과 이득의 문제입니다. 자신이 직접 아이를 낳아 기르는 데 드는 비용 대 손자의 양육을 도울 때 얻는 이득의 문제 말입니다. 할머니에게는 자신이 직접 아이를 낳는 것보다 손자를 돌보는 것이 더 이득일 것입니다. 할머니는 전적으로 이타적인 행동을 하지만, 그 이유는 전적으로 이기적입니다!

5장

쓸수록 똑똑해지는
1400그램짜리 우주

[뇌]

*

*

"사람의 뇌는 우주에서 알려진
물체 가운데 가장 복잡하다.
그러니까 뇌가 알고 있는 물체 가운데서 말이다."
– 에드워드 O. 윌슨

"우리의 뇌가 수수께끼로 남는 한
우리 뇌의 구조를 반영하는 우주 역시
수수께끼로 남을 것이다."
– 산티아고 라몬 이 카할

*

*

* * *

과학계가 품고 있는 가장 깊은 의문 가운데 하나는 바로 "우주는 어째서 자신에게 호기심을 느끼는 능력을 습득하는 방향으로 만들어졌을까?" 하는 것입니다. 이런 의문은 **외부에** 객관적으로 인지할 수 있는 우주가 있다는 사실을 전제로 합니다. 하지만 우주 모형을 비롯해 우리가 아는 모든 실재는 사람의 뇌가 구성한 생각입니다. 시인 에밀리 디킨슨(Emily Dickinson)이 표현한 것처럼 "뇌는 하늘보다 넓습니다." 우주에 관한 정말 심오한 문제들을 실제로 다루기 전에, 우주를 인지할 때 거치게 되는 필터를 먼저 살펴볼 필요가 있습니다.

텔레비전 시리즈 〈스타트렉〉에 나오는 우주선 엔터프라이즈호의 제임스 T. 커크 선장은 우주를 '마지막 미개척지'라고 했습니다. 하지만 그 말은 틀렸습니다. 인류의 마지막 미개척지는 우주가 아니라 사람의 뇌입니다. 호기심으로 가득 찬 궁극의 조각 말입니다.

"우리가 생각하고 있음을 생각하는 기관"[1]인 뇌는 감각 기관이 받아들인 정보를 처리하고, 처리한 정보를 이용해 세상을 인식하는 내부 모형을 개선합니다. 그리고 그 정보를 바탕으로 삼아 어떤 행동을 취할지 결정합니다. 성격, 기억, 운동 능력, 세상을 느끼는 감각뿐 아니라 예술, 과학, 언어, 웃음, 윤리 판단, 이성적 사고까지 모두 뇌가 관장합니다. 오스카 와일드(Oscar Wilde)는 "양귀비가 붉고 사과가 향기롭고 종달새가 지저귀는 곳은 모두 뇌 속이다."[2]라고 했습니다.

뇌가 차가운 포리지(오트밀을 우유나 물로 끓인 죽) 같은 매력 없는 물질 덩어리라고 해도 나쁠 건 없습니다. 문제는 이토록 복잡하고 놀라운 물질이 어떻게 탄생했는가 하는 것입니다. 그 대답은 신경계의 기원과 밀접하게 관련이 있습니다. 그리고 번개를 이용하는 것과도 관계가 깊습니다.

몸 안의 전기 시스템

태초에 아주 단순한 세균이 있었습니다. 그것은 작은 도시처럼 유기적인 구조를 갖춘 끈적이는 초소형 자루였습니다. 그런데 이 작은 세균들에게 심각한 문제가 생겼습니다. 생명체가 쓸 미소 기계 장치—단백질이라고 알려진 다재다능한 분자—를 만드는 내부 '공장'을 어떻게 가동할 것인가 하는 문제 말입니다. 세균들이 생각해 낸 해법은 글루탐산 같은 분자를 액체로 가득 찬 내부에 방출해 널리 퍼져 나가게 하는 것입니다. 이러한 화학 전달 물질이 분자 수용체—열쇠를 끼울 수 있는 열쇠 구멍처럼 화학 전달 물질에 꼭 맞는 구멍—와 결합하면 단백질 생성에 필요한 일련의 화학 반응이 시작됩니다.

거의 30억 년 동안 단세포생물 단계에 머물렀던 생물은 갑자기 다세포생물 단계로 도약합니다. 하지만 내부 통신은 아주 오래전부터 충분히 입증된 기존 방법을 그대로 사용했습니다. 예를 들어 해면동물을 살펴봅시다. 세포 군체인 해면동물은 먹이가 녹아 있는 물을 몸에 난 구멍으로 빨아들이기 위해 동시에 몸을 수축합니다. 해면동물을 이루는 세포들이 한꺼번에 같이 움직일 수 있는 이유는 다른 세포가 방출하는 글루탐산 같은 화학 전달 물질을 감지하기 때문입니다. 이것은 단일 세균 내부에서 일어나는 일과 확실히 조금도 다르지 않습니다. 자연으로서는 못 쓸 정도가 아니면 기존 방식을 바꿀 이유가 없습니다.[3]

해면동물의 모든 세포에 화학 전달 물질이 전해지고 반응이 일어나기까지는 수 초라는 비교적 긴 시간이 걸립니다. 일정하고 예측 가능한 환경에서 사는 동물이라면 그 정도 속도로 충분하지만, 재빨리 반응하지 않으면 목숨이 위험한 급변하는 환경에서 사는 생물의 내부 통신 수단은 분명히 아주 빨라야 합니다. 그러한 통신 수단으로 전기를 들 수 있습니다.

놀랍게도 세포는 전기를 화학 전달 물질만큼이나 오래전부터 활용해 왔습니다. 세포막에는 구멍이 있는데, 세포는 그 구멍으로 위험 물질―예를 들어 소금에 들어 있는 전기를 띤 나트륨 원자 같은 물질―을 밀어 넣어 밖으로 내보냅니다.[4] 살아남으려면 세균은 이 전기를 띤 원자(이온)를 밖으로 밀어내야 합니다. 세균은 이온 통로(ion channel)라고 하는 터널처럼 생긴 단백질을 만들어 이 문제를 해결했습니다. 이온 통로는 세포막을 관통하며, 열렸다 닫히면서 이온을 밖으로 내보냅니다. 그런데 이온 통로로 전기를 띤 이온을 밀어내면 당연히 세포의 안과 밖은 전하의 균형이 깨질 수밖에 없습니다. 바로 전압 차가 생기는 것인데, 이 전압 차를 이용하면 세포는 효과적으로 신호를 전달할 수 있습니다.[5]

굉장히 빠른 속도로 신호를 보내려면 세포는 세포막의 전압만 조작하면 되는데, 그 방법은 그저 이온 통로 안으로 이온을 재빨리 밀어 넣는 것입니다. 일단 세포막의 전압이 갑자기 바뀌면 옆에 있는 이온 통로에서도 전압이 바뀌는데, 그 반응은 연쇄적으로 이어집니다. 결국 조그만 파도타기를 하는 것처럼 전자 신호가 세포막을 따라 흘러가는데, 그 속도는 화학 전달 물질의 속도보다 수천 배는 빠릅니다. **정말로 빛의 속도로 나아가는 것입니다.**

전기를 이용한 통신 체계―이것이야말로 진짜 '셀룰러폰 시스템(cellular telephone system)'입니다―를 만들려면 신호를 전달하는 방법뿐 아니라 신호를 받는 곳에서 신호를 감지할 방법과 그 신호를 유용하게 사용할 방법도 당연히 확보해야 합니다. 그리고 세포는 그 방법을 확보했습니다. 전압 개폐 이온 통로(voltage-gated ion channel)라고 불리는 통로가 바로 그것입니다. 전기 신호를 받으면 전압 개폐 이온 통로가 열리고, 칼슘 이온 같은 이온이 세포막 안으로 들어갑니다. 칼슘 이온이 세포 안으로 들어가면 일련의 세포 과정(cellular process)이 진행됩니다. 즉 받아들인 전기 신호가 효과적으로 화학 전달 물질에 전달되고 신호를 받은 평범한 화학 전달 물질은 단백질을 만드는 유용한 과정을 촉진합니다.

세균에는 평범한 이온 통로뿐 아니라 전압 개폐 이온 통로도 있습니다. 전압 개폐 이온 통로를 내부 통신에 이용하는 세포들은 단순히 그것을 세균에게서 빌려와 새롭고 특별한 업무에 활용했을 뿐입니다.

이러한 내부의 '셀룰러폰 시스템'은 다세포생물이 처음 등장하기 훨씬 전부터 있었습니다. 물에 사는 단세포생물인 짚신벌레도 이런 신호 전달 체계를 사용합니다. 짚신벌레가 물속을 헤엄치다가 장애물을 만나면 세포막을 가로지르는 전압이 발생합니다. 짚신벌레의 몸 전체로 이온이 파도처럼 퍼져 나가기 때문입니다. 이온 파도는 빛의 속도로 짚신벌레 표면에 있는 털처럼 보이는 돌기에 도달합니다. 이 돌기는 동시에 잔물결처럼 움직이면서 짚신벌레를 앞으로 나가게 하는 섬모인데, 이온 파도가 섬모에 닿는 즉시 짚신벌레는 섬모가 움직이는 대로 방향을 바꾸어 장애물을 피해 갑니다.

짚신벌레 같은 단세포생물이 유용하게 사용하는 이런 묘책은 다세포생물에게도 반드시 필요하다는 사실이 밝혀졌습니다. 어쨌거나 생명체는 몸집이 커지면 몸에서 위험을 감지하는 부분과 그 반응으로 수축하는 근육이 있는 부분이 **멀리 떨어질 수밖에** 없습니다. 그런데 화학 전달 물질이 나르는 신호는 속도가 아주 느립니다. 따라서 화학 전달 물질에만 의존하면 위험을 피하기 전에 잡아먹히고 말 것입니다. 전기만이 유일한 해결책입니다. 그래서 자연은 특별한 전기 세포를 만들었습니다. 바로 신경세포입니다.

전기 신호 전달자, 신경세포

신경세포도 여느 세포처럼 세포체가 있고 그 안에 세포핵이 있습니다. 하지만 일반 세포와 비슷한 점은 그것으로 끝입니다. 신경세포의 한쪽 끝에는 길고 가는 실 같은 돌기가 있고, 다른 한쪽 끝에는 손가락같이 생긴 많은 돌기가 있습니다. 길고 가는 실 부분은 축삭 돌기(신경 돌기)라고 하는데 전기 자극을 다른 신경세포에 **전달하는**

역할을 합니다. 손가락처럼 생긴 수상 돌기(가지 돌기)는 다른 신경세포의 축삭 돌기에서 보낸 전기 신호를 **받습니다**.

중요한 점은 신경세포의 축삭 돌기는 다른 신경세포의 수상 돌기와 직접 접촉하지 않는다는 것입니다. 두 돌기 사이에는 시냅스(synapse)라고 하는 틈이 있습니다. 시냅스에 축삭 돌기에서 보낸 전기 신호가 도착하면 화학 전달 물질이 분비됩니다.[6] 화학 전달 물질이 시냅스를 건너가 수상 돌기의 수용체와 결합하면 이온 통로가 열리면서 다시 새로운 전기 신호가 발생합니다. 어디서 많이 들어본 이야기 아닌가요? 38억 년쯤 전에 세균이 만들어낸 '분자의 열쇠와 자물쇠 반응' 말입니다. 화학 전달 물질이 중재하는 느리고 오래된 통신 체계를 버릴 마음이 전혀 없었던 생명체는 옛 방식(화학 전달 물질)에 전기가 중재하는 방식을 **결합해** 훨씬 빠르고 새로운 통신 체계를 만들어냈습니다.

화학 전달 물질이 전기 신호를 중재하는 것은 그저 태고의 생명체가 남긴 불운한 유물이 아닙니다. 이러한 방식을 통해 신경세포는 거의 무한대에 가까운 반응을 할 수 있게 되었습니다. 그 이유는 화학 전달 물질(신경 전달 물질)의 수용체가 있는 수상 돌기에ㅡ혹은 수상 돌기에만ㅡ영향을 끼치는 화학 전달 물질의 종류가 많기 때문입니다. 화학 전달 물질 중에는 수상 돌기에 전류를 흐르게 하는 물질도 있고, 전류의 흐름을 막는 물질도 있습니다.

사람의 뇌에서 가장 중요하게 작용하는 두 가지 신경 전달 물질은 글루탐산과 감마아미노낙산(GABA)입니다. 두 물질은 수십억 년 전에 세균이 활용한 화학 전달 물질 체계가 남긴 화석 유물입니다. 실제로 뇌에서 일어나는 신경세포들 간의 통신은 모두 이 단순한 두 아미노산이 중재합니다. 도파민, 아세틸콜린 같은 다른 신경 전달 물질은 그저 이 두 물질의 작용을 조절할 뿐입니다. 행동에 영향을 미치는 약물은 대부분 특정 신경 전달 물질을 흉내 내거나 차단해, 수용체를 자극하거나 신경 전달 물질과 같은 효과를 냅니다. 예를 들어 꿈을 꾸는 것 같은 환각 증상을 유발하는 약물인 LSD의 화학 구조는 신경 전달 물질인 세로토닌과 아주 비슷합니다.

신경세포는 전기 신호를 **받는** 능력과 **보내는** 능력을 보유한 두 돌기가 있기 때문에 다른 신경세포들과 연결되어 네트워크를 만들 수 있습니다. 한 신경세포의 수상 돌기들이 수많은 신경세포의 축삭 돌기와 연결되고 그렇게 형성된 네트워크는 복잡한 방식으로 작동합니다.

신경세포는 단 한 개만 있어도 기억을 간직할 수 있습니다. 감각 기관(촉각일 수도 있습니다)에서 온 전기 신호가 수상 돌기에 닿으면 신경세포는 축삭 돌기로 근육을 수축하라는 신호를 보냅니다. 그런데 만약 전기 신호가 전부 근육으로 가지 않고, 축삭 돌기가 갈라져 있기 때문에 일부 신호는 신경세포의 수상 돌기로 되돌아간다고 생각해봅시다. 되돌아간 전기 신호 때문에 세포는 또다시 근육을 수축하라는 신호를 보낼 테고, 같은 일이 반복되고 또 반복될 것입니다. 신경세포는 100분의 1초 만에 다시 점화됩니다. 이런 식으로 신경세포는 자극을 **기억합니다.** 신경세포 네 개가 서로 연결되어 있다면, 이 신경세포들은 동물의 오른쪽이나 왼쪽으로 자극을 보내 근육을 수축하는 것 같은 복잡한 행동을 할 수 있습니다. 신경세포 네 개가 아니라 수백 개, 수천 개, 혹은 **수십억** 개를 연결한다면 어떤 복잡한 행동을 할 수 있을지 미루어 짐작할 수 있을 것입니다.

초기 신경세포는 신경세포끼리 연결되어 있었을 뿐 아니라 외부 세계와도 연결되어 있었습니다. 감각 기관으로부터 직접 신호를 받고 근육 수축과 같은 명령을 내리는 신호를 직접 내보냈습니다. 정보의 입력과 출력 사이에 따로 계산 과정은 없었습니다. 그런데 생명의 역사 어디쯤에서 신경세포는 오직 다른 신경세포하고만 연결되기 시작했습니다. 이에 따라 신경세포들은 적절한 반응을 결정하기 위해 외부에서 받은 입력 정보를 새롭고 복잡한 방식으로 처리하게 되었습니다. 생명의 역사에서 정말 획기적인 순간이었습니다. 뇌가 탄생한 것입니다.

우주에서 가장 복잡한 물체

"기본적으로 동물은 두 종류입니다. 동물, 그리고 뇌가 없는 동물. 뇌가 없는 동물은 식물이라고 부릅니다. 식물은 활발하게 활동할 이유가 없기 때문에 신경계가 필요 없습니다. 식물은 뿌리를 재빨리 들어 올려 불타는 숲 속에서 뛰쳐나올 수가 없습니다. 어쨌거나 활발하게 움직이려면 신경계가 있어야 합니다. 신경계가 없다면 빨리 죽을 겁니다."[7] 콜롬비아 출신 신경학자 로돌포 이나스(Rodolfo R. Llinás)의 말입니다.

신경세포(뉴런)는 흔히 컴퓨터의 논리 게이트(논리 연산을 실행할 수 있는 회로)에 비유합니다.[8] 트랜지스터로 만들어진 논리 게이트를 다른 논리 게이트와 연결해 회로, 예를 들어 두 수를 더하는 것 같은 회로를 만듭니다. 그러나 논리 게이트는 고작 전기 입력 두 개와 두 입력에 따라 바뀌는 출력 하나로 이루어지지만, 뉴런은 신호를 받는 수상 돌기만 1만 개가 넘고, 시냅스에 있는 수용체와 수많은 신경 전달 물질이 전기 신호와 복잡하게 상호작용한 결과를 신호로 출력합니다. 따라서 뉴런은 생물 컴퓨터의 기본 단위이며, 실리콘으로 만든 컴퓨터의 기본 단위인 논리 게이트보다 훨씬 많은 일을 합니다. 뉴런은 **그 자체로 하나의 컴퓨터입니다.**

뉴런으로 만든 뇌는 운영비가 비쌉니다. 성인의 몸무게에서 뇌 무게가 차지하는 비율은 2퍼센트 내지 3퍼센트에 불과하지만 식욕이 왕성해서 쉬고 있을 때도 신체 에너지의 20퍼센트를 소비합니다.[9] 하지만 뇌는 전구를 희미하게 켤 수 있는 전력인 20와트 정도로 생존에 필요한 모든 계산을 해냅니다. 뇌와 비슷한 효능을 내는 슈퍼컴퓨터를 가동하려면 20만 와트가 필요합니다. 따라서 뇌는 슈퍼컴퓨터보다 1만 배나 효율이 좋습니다.

그런데 어떤 생물은 뇌가 있다는 것 자체가 너무 큰 부담이 되나 봅니다. 어린 멍게에게는 원시적인 수준의 뇌(척색과 척수)가 있어서 물속을 떠돌다가 정착해서 살 적당한 바위나 산호를 찾을 수 있게 해줍니다. 그런데 다 자란 멍게는 뇌가 없습니다. 미국의 인지과학자 대니얼 데닛(Daniel Dennett)은 "멍게는 적당한 장소를 찾아 정착하면 더는 뇌가 필요 없다. 그래서 뇌를 먹어버린다."[10]라고 했습니다. 정보를 탐색하고 판단할 일이 없어지면 곧 에너지 소모가 큰 뇌를 없앤다는 것이지요.

자기 뇌를 먹어치우는 멍게 이야기는 상당히 충격적입니다만, 아주 단순한 뇌일지라도 뇌를 유지할 때 얻는 이득이 대개 뇌를 유지할 때 드는 비용보다 큰 것 같습니다. 예를 들어 예쁜꼬마선충의 뇌에는 뉴런이 302개밖에 없습니다. 예쁜꼬마선충의 DNA에 입력된 뇌는 정말 작습니다. 하지만 멍게와 달리 예쁜꼬마선충은 자기 뇌를 먹지 않습니다. 따라서 예쁜꼬마선충의 뇌는 다른 개체와 경쟁할 때 중요한 역할을 하는 것이 분명합니다.[11]

사람의 뇌는 무게가 1.4킬로그램 정도이고, 뉴런의 수는 대략 1천억 개 정도입니다. 순전히 우연이지만 뉴런의 수는 우리 은하를 이루는 별의 수, 우주에 있는 은하의 수, 지금까지 살았던 사람의 수와 거의 비슷합니다. 미국의 생물학자 에드워드 O. 윌슨(Edward O. Wilson)은 "사람의 뇌는 우주에서 알려진 물체 가운데 가장 복잡하다. **그러니까 뇌가 알고 있는 물체 가운데서 말이다.**"[12]라고 했습니다.

미국의 신경과학자 폴 맥린(Paul MacLean)은 생물이 진화하는 동안 뚜렷하게 구분되는 세 가지 뇌가 등장했고, 한 뇌가 다른 뇌에 부착되면서 자랐다고 했습니다. 미국의 언론인 샤론 베글리(Sharon Begley)는 "새로 등장한 뇌가 오래된 뇌 위에 붙었다. 뇌는 마치 트랙이 여덟 개인 카세트에 아이팟을 덧붙인 형태이다."[13]라고 했습니다.

1.4킬로그램짜리 우리 우주(뇌)에서 가장 오래되고 원시적인 부분은 뇌간(뇌줄기)과 소뇌를 포함하는 부분인데, 이곳은 파충류의 뇌를 이루는 중심 구조라는 사실이 밝혀졌습니다. '파충류 뇌'는 체온 조절, 호흡, 심장 박동, 몸의 균형 유지 같은 생명 유지에 필요한 자율 기능을 조절합니다. 파충류 뇌를 둘러싼 부분은 2천만 년쯤 전에

처음 나타난 원시 포유류에서 발달했습니다. 대뇌변연계(가장자리 계통)라고 하는 이 부분은 해마, 편도체, 시상 하부로 이루어져 있습니다. 대뇌변연계는 좋고 나쁜 경험을 기억으로 저장하기 때문에 감정과 관계가 있습니다. 대뇌변연계를 감싸고 있는 부분은 사람의 뇌에서 가장 큰데, 영장류에 이르러서야 중요해졌습니다. 대뇌 혹은 신피질이라고 부르는 이 부분은 원시 단계의 뇌 부분이 내린 반사 반응을 뒤집을 수 있습니다. 이 부분은 언어, 추상적 사고, 상상과 인식을 담당합니다. 대뇌는 우리가 무한히 배울 수 있게 해주며, 우리의 개성을 만드는 요람입니다. 한마디로 말해서 사람이 사람이 될 수 있었던 것은 신피질 덕분입니다.

사실 사람의 뇌는 파충류 뇌, 대뇌변연계, 신피질 외에 한 층이 더 있습니다. 바로 뇌를 덮고 있는 단단한 두개골입니다. 미국 드라마 〈사인펠드(Seinfeld)〉에서 배우인 조지 코스탄자(George Costanza)는 "중요한 건 용기에 넣어야 하기 때문에 빗은 플라스틱 케이스에 넣고, 돈은 지갑에 넣고, 뇌는 두개골에 넣는 거야."[14]라고 했습니다. 두개골은 사실 뇌막(수막)이라는 세 층의 보호 조직으로 감싸여 있는데, 뇌막과 뇌막 사이에는 뇌척수액이라는 특별한 충격 방지 물질이 들어 있습니다. 뇌척수액이 생명이 위험할 정도로 감염되는 경우를 뇌수막염이라고 합니다.

신피질은 두 개의 반구로 나뉘는데, 뇌량(뇌들보)이라는 신경 섬유 다발이 두 반구를 연결합니다. 그러니까 우리는 뇌를 **두 개** 가지고 있는 셈입니다. 일반적으로 왼쪽 뇌는 문제 풀이 능력이 뛰어나기 때문에 수학이나 글짓기를 담당하고, 오른쪽 뇌는 창의적이라서 미술이나 음악을 담당합니다. 왜 그런지는 제대로 밝혀지지 않았지만 왼쪽 뇌는 몸 오른쪽의 운동을 조절하고, 오른쪽 뇌는 몸 왼쪽의 운동을 조절합니다. 이 때문에 왼쪽 뇌에 뇌졸중이 온 사람은 몸 오른쪽이 마비되고, 오른쪽 뇌에 뇌졸중이 온 사람은 몸 왼쪽이 마비되는 것입니다. 뇌졸중이란 보통 혈병(혈액이 응고해 생기는 덩어리)이 뇌혈관을 막아 혈액을 공급하지 못하기 때문에 혈관 근처에 있는 뇌 조직이 죽거나 손상을 입는 질환입니다.

하지만 뇌의 경이로움은 겉으로 보이는 커다란 구조가 아니라 그 안에 있는 세부 구조에 있습니다. 뇌에는 1천억 개가 넘는 뉴런이 있고, 뉴런에 에너지를 공급하고 건강을 유지하는 역할을 하는 세포가 1조 개나 있습니다.[15] 그러나 뉴런의 수만으로는 뇌의 기능에 관해 알 수 있는 것이 거의 없습니다. 미국의 신경과학자 제럴드 D. 피슈바크(Gerald D. Fischbach)는 "간을 구성하는 세포는 1억 개 정도일 거다. 하지만 간이 1000개라고 해서 내적으로 풍요로운 삶을 사는 것은 아니다."[16]라고 했습니다.

뇌가 놀라운 능력을 발휘하는 비결은 뉴런들 간의 **연결성**에 있습니다. 월드와이드웹을 만든 팀 버너스 리(Tim Berners Lee)는 "우리가 아는 모든 것, 우리가 누구인가 하는 것은 전적으로 우리의 뉴런이 연결되는 방식이 결정한다."[17]라고 했습니다. 하나의 뉴런에는 1만 개가 넘는 수상 돌기가 있기 때문에, 뉴런 한 개는 다른 뉴런 1만 개와 연결될 수 있습니다. 따라서 뇌에는 1000조 개에 달하는 뉴런 결합이 있는 셈입니다.

이제 중요한 질문을 해봅시다. 놀랍고도 복잡한 신경 회로는 도대체 어떤 방법을 쓰기에 우리가 기억하고 학습할 수 있게 하는 걸까요?

스스로 프로그램을 만드는 컴퓨터

기억에 관해 우리가 흔히 경험하는 일은 우리에게 중요한 일은 기억하고 중요하지 않은 일은 기억하지 않는다는 것입니다. 물론 가끔은 아주 중요한 일도 잊어버리기는 합니다. 읽던 책을 어디에 두었는지 기억할 수 없거나, 사야 할 물건을 휘갈겨 적어 둔 종이를 도저히 찾을 수 없는 경우처럼 말입니다. 하지만 대체로 우리는 우리에게 의미 있는 것은 기억도 하고 배울 수도 있습니다. **다시 말해서 우리가 이미 알고 있는 일과 연결할 수 있는 것입니다.** 프랑스어 단어를 하나 들었을 때 이미 프랑스어를 아는 사람이라면 프랑스어를 모르는 사람보다 그 단어를 더 잘 기억합니다. 스케이트보드 위에서 균형을 잡을 수 있는 사람이라면, 그렇지 않은 사람보다 서핑보드 위에서 더 쉽게 균형을 잡습니다.

그리고 기억과 학습에는 **반복**이 중요해 보입니다. 말을 배우는 아기는 같은 말을 여러 번 반복해서 말합니다. 구구단을 외우는 아이들은 구구단이 두개골에 박힐 때까지 외우고 또 외웁니다. 기타를 배우는 어른들은 같은 코드를 몇 시간이고 반복해서 칩니다.

물론 이런 것들을 알아도 어떻게 뇌의 신경 회로가 사람이 새로운 기술을 배우고 기억할 수 있게 해주는지는 전혀 알 수 없습니다. 하지만 '이미 아는 것과 연결 짓기'와 '반복'이 뇌에서 이루어지는 두 가지 결정적 과정이라는 분명한 단서가 되기는 합니다.

우리가 **이미 아는 것**들은 뇌에 있는 뉴런 1천억 개의 연결 패턴에 입력되어 있습니다. 앞에서 언급했듯이, 뉴런 네 개로 이루어진 네트워크에서 자극이 근육을 수축하는 방법을 네 개의 뉴런이 맺은 연결에 입력해놓는 것처럼 말입니다. 뉴런의 연결 패턴이 어떻게 복잡한 정보를 저장하는지 아는 사람은 없습니다. 컴퓨터의 경우에는 자기 메모리 영역의 다발을 가리키면서 "저기에 6 하나와 P라는 글자를 저장했다."라고 말할 수 있지만, 아직까지 뇌의 경우에는 서로 연결된 뉴런 다발을 가리키면서 저기에 새로 알아낸 빵 굽는 방법이나 한 발로 서서 균형을 잡는 방법을 저장해놓았다고 말할 수 없습니다. 하지만 지금까지 나온 모든 증거는 뉴런이 연결되는 방식이 우리가 아는 것을 결정한다고 말합니다.

뉴런과 뉴런은 수상 돌기가 연결합니다. 따라서 수상 돌기는 우리가 아는 것과 밀접하게 관련이 있습니다. 그렇기 때문에 무언가를 기억하거나 새로운 기술을 배운다는 것은 뉴런들 사이의 수상 돌기 연결에 분명히 무슨 일이 생겼다는 뜻입니다.

두 뉴런이 연결되어 있다고 상상해봅시다. 첫 번째 뉴런의 축삭 돌기가 두 번째 뉴런의 수상 돌기 쪽으로 뻗어 있습니다. 이제 첫 번째 뉴런이 어떤 자극을 받아 활성화됐다고 생각해봅시다. 어쩌면 외부 세계에서 온 감각 자극일 수 있겠지요. 이때 두 뉴런을 잇는 수상 돌기의 연결 형태가 우리가 이미 아는 무언가를 반영한다는 사실을 기억해야 합니다.

자, 그럼 자극이 반복되고 그 자극이 우리가 이미 아는 것과 관계가 있다면—그리고 축삭 돌기와 수상 돌기 사이에 있는 시냅스에서는 신경 전달 물질이 관계가 있는 전기 신호를 증폭할 준비를 한다면—수상 돌기는 뉴런을 더욱 강하게 연결합니다. 수상 돌기는 다양한 방법으로 연결을 강화하는데, 뉴런의 연결점을 늘리기 위해 수많은 돌기를 만드는 것도 한 방법입니다.

두 뉴런을 연결하는 수상 돌기가 단 하나일 때는 입력할 수 있는 정보는 당연히 극히 적을 수밖에 없습니다. 그러나 우리가 아는 모든 것은 뇌에 있는 전체 수상 돌기 연결에 입력되어 있기 때문에, 두 뉴런 사이의 연결뿐 아니라 수많은 뉴런 사이의 연결이 강화되면, 새로운 지식은 우리가 이미 아는 지식과 영구히 연결되고, **결국 기억이 쌓이게 됩니다.** 영국의 소설가 도리스 레싱(Doris Lessing)은 "배운다는 건 그런 거다. 평생 동안 알고 있던 어떤 일을 갑자기 이해하게 되는 것이다. 그것도 전적으로 새로운 방식으로 말이다."[18]라고 했습니다.

미국의 과학 저술가 조지 존슨(George Johnson)은 "책을 읽거나 대화를 할 때, 그 경험은 당신의 뇌를 물리적으로 바꾼다. 무언가와 만날 때마다 내 뇌가 바뀐다고 생각하면, 그것도 때로는 영원히 바뀔 수도 있다고 생각하면 조금 섬뜩한 기분이 든다."[19]라고 했습니다.

뉴런 사이의 연결이 강화되는 이러한 과정에 의해 우리가 아는 모든 것을 입력하는 네트워크는 끊임없이 변합니다. 그런데 뉴런 사이에서는 연결이 강화될 뿐 아니라 새로운 연결이 만들어지고 기존 연결이 끊기기도 합니다. 뇌에 있는 신경망(뉴런들의 네트워크)은 거대한 잡목 숲이라고 할 수 있습니다. 장소에 따라 왕성하게 뉴런이 연결되는 곳도 있고 가지를 치는 곳도 있습니다. 서로 공유할 내용이 없는 뉴런들은 연결이 끊깁니다. 이것이 바로 무언가를 잊어버리는 과정입니다.

뇌는 우리가 아는 이 우주에서 다른 어떤 것도 할 수 없는 일을 합니다. 끊임없이 자신을 재건하고 다시 배선을 까는 일입니다. 인공지능과 로봇 연구의 개척자인 마빈 민스키(Marvin Minsky)는 "뇌가 하는 주요 활동은 자신을 바꾸는 것"[20]이라고 했습니다.

새로운 기술을 습득하는 일은 기억을 축적하는 과정과 매우 비슷합니다. 예를 들어 자전거를 탈 때는 특별한 근육을 사용합니다. 자전거를 탈 때 필요한 근육을 쉽고 빠르게 조절하려면 그 근육을 조절하는 뉴런의 수상 돌기 연결을 강화해야 합니다. 따라서 기억을 뉴런 네트워크에 입력하는 것처럼 자전거를 타거나 책을 읽는 기술도 뉴런 네트워크에 입력해야 합니다. 그래야만 하드웨어에 저장되어 언제라도 반사적으로 가동할 수 있습니다.

뉴런의 연결을 강화하거나 약화하는 과정, 혹은 네트워크를 바꾸는 새로운 연결의 생성 과정을 신경가소성(neuroplasticity)이라고 합니다. 신경가소성을 설명하려는 지금 이 순간에도 나의 뇌에서는 신경가소성이 힘을 발휘합니다. 내 설명을 여러분의 뇌가 이해할 때도 여러분의 뇌에서는 신경가소성이 발휘됩니다.(만약 여러분이 내 설명을 이해하지 못했다면 새롭고 영구적인 뉴런 연결이 생기지 않기 때문에 여러분의 뇌는 그 전과 다름없는 상태로 있게 됩니다.)

뇌는 컴퓨터입니다. 그것도 아주 경이로운 컴퓨터지요. 실리콘으로 만든 컴퓨터는 사람이 외부에서 입력한 프로그램대로 연산을 수행합니다. 하지만 뇌는 외부 프로그램이 없습니다. 뇌는 **자신이 직접 프로**

그램을 만드는 컴퓨터입니다. 아기는 뉴런 네트워크와 그 뉴런들을 입이 떡 벌어질 정도로 다양한 방식으로 연결할 가능성을 지니고 태어납니다. 새로운 뉴런 연결을 만들고 어떤 연결은 강화하고 어떤 연결은 삭제하는 아기 뇌의 프로그램은 매일, 매 시간, 눈·귀·코·피부로 쏟아져 들어오는 정보를 처리하고 세상을 경험하면서 짜입니다.

한 뉴런이 이웃한 뉴런들과 이어진 모습을 관찰하기는 어렵지만, 뇌 프로그래밍 자체의 대략적인 모습은 분명히 확인할 수 있습니다. 기능성자기공명영상(fMRI) 기술을 이용하면 사람이 특정 업무를 수행할 때 활성화되는 뇌 영역을 확인할 수 있습니다. 예를 들어 명상을 배우는 사람의 뇌를 fMRI로 촬영하면 그 전에는 쓰지 않았던 뇌영역이 밝아지는데, 이것은 뇌가 새로운 프로그램을 짜고 있다는 뜻입니다. 런던의 택시 운전사들을 대상으로 한 fMRI 실험은 아주 유명합니다. 런던대학의 엘리너 매과이어(Eleanor Maguire)는 실제로 택시 운전사의 뇌에서 공간 지각을 담당하는 영역이 택시를 운전하지 않는 사람들보다 크다는 사실을 확인했습니다.

'뇌도 근육이다. 쓰면 발달하고 안 쓰면 사라진다.'라는 설명은 어쩐지 안이하게 들립니다. 하지만 '쓰면 발달하고 안 쓰면 사라진다.'라는 경구는—뇌는 아주 적은 부분을 빼면 근육이 아니지만—뇌에 관한 심오한 진실을 압축하고 있습니다. 무거운 기구를 가지고 운동을 하면 근육 세포를 키우는 생리 과정이 촉진되는 것처럼, 새로운 것을 기억하고 배우면 뇌에 있는 뉴런이 더 많이 연결됩니다. 운동을 하지 않으면 근육이 사라지는 것처럼 뇌도 쓰지 않으면 기존 뉴런 연결이 약해지거나 끊어집니다. 뉴런에 관해 전혀 몰랐던 다윈도 '쓰거나 사라지거나'의 진리를 잘 알았습니다. 다윈은 자서전에서 이렇게 말했습니다. "내가 다시 한 번 인생을 살 수 있다면 적어도 일 주일에 한 번씩은 시를 읽고 음악을 듣는 규칙을 세울 것이다. 왜냐하면 이제는 쇠퇴해 가는 나의 뇌를 사용했다면 지금도 생생한 상태로 유지할 수 있었을 테니까 말이다."

신경가소성은 뇌가 간직한 거대한 비밀입니다. 진화론에서 자연선택이, 유전학에서 DNA가 차지한 위치를 뇌 과학에서는 신경가소성이 차지하고 있습니다. 뇌 과학에서는 신경가소성을 빼놓고서는 아무것도 이해할 수 없습니다. 신경가소성은 새로운 경험이 프로그램을 짤 수 있는 궁극의 덩어리인 뇌의 배선을 다시 까는 방법을 설명합니다. 또한 신경가소성은 빈 서판(blank slate, 아무것도 쓰이지 않은 텅 빈 서판이라는 뜻. 스티븐 핑커의 책 제목이기도 하다)인 아기의 뇌가 어른의 뇌로 바뀌는 이유를 설명합니다. 신경가소성은 뇌졸중 환자가 잃었던 능력을 되찾을 수 있는 이유도 설명합니다. 손상을 입은 뉴런의 임무를 근처에 있는 다른 뉴런이 이어받기 때문에 가능한 것입니다. 재활은 길고 어려운 과정입니다. 뇌가 프로그램을 다시 짜는 과정은 어린아이가 처음으로 기술을 익히는 과정과 동일하기 때문입니다.

신경가소성은 살아 있는 한 사라지지 않습니다. 100세가 되어도 사람의 뇌는 새로운 연결을 만들 능력이 있습니다. 100세 노인도 컴퓨터를 배울 수 있다는 말입니다. 물론 어린아이처럼 빨리 배울 수는 없겠지만, 어쨌거나 배울 수는 있습니다.

뇌는 뇌를 완벽하게 이해할 수 없다

DNA를 공동으로 발견한 제임스 왓슨(James Watson)은 "뇌는 상상하기도 힘들다."[21]라고 했습니다. 생물학에서 뇌는 마지막 남은 웅장한 미개척지이며, 우리 우주에서 발견한 가장 복잡한 세계입니다. 우리는 뇌를 이해하려는 여정에서 이제 막 불안한 발걸음을 내디뎠습니다. 아직 갈 길이 멉니다. 과연 목적지에 도착할 수는 있는 걸까요? 미국 생물학자 에머슨 M. 퓨(Emerson M. Pugh)는 "사람의 뇌가 우리가 이해할 정도로 단순했다면, 우리는 뇌를 이해할 수 없을 정도로 아주 단순했을 것이다."[22]라고 했습니다.

퓨의 말은 논리적으로 옳습니다. 사람의 뇌는 사람의 뇌를 결코 완벽하게 이해할 수 없습니다. 사람의 뇌가 사람의 뇌를 이해하려는 시도는 자기 운동화 끈을 휙 잡아당겨 자기 자신을 공중에 매다는 일과 같습니다. 하지만 뇌를 이해하려고 노력하는 것은 하나의 뇌가 아닙니다. **많은 뇌들이** 뇌를 이해하려고 노력하고 있습니다. 국제 과학계의 수많은 뇌들이 말입니다.

5장을 시작할 때 던진 질문—우주는 어째서 자신에게 호기심을 느끼는 능력을 습득하는 방향으로 만들어졌을까?—에 대해서는 여전히 조금도 그 의문을 해결하지 못했지만, 우리가 뇌를 이해한다면 결국에는 그 질문에 대한 답도 알 수 있을 것입니다. 신경과학의 아버지인 산티아고 라몬 이 카할(Santiago Ramón y Cajal, 1852~1934)은 이렇게 말했습니다. "우리의 뇌가 수수께끼로 남는 한 우리 뇌의 구조를 반영하는 우주 역시 수수께끼로 남을 것이다."

6장

2퍼센트 차이가
인간을 만들었다

[인류의 진화]

*

*

"문화를 통해 인류는
효과적으로 자기 자신을 가축화했다."
– 루이스 리키

"우리는 스타워즈 문명을 구축했지만
여전히 석기 시대의 정서에 머물러 있다."
– 에드워드 O. 윌슨

*

*

* * *

먼 옛날에 숲에 사는 원시 유인원 한 종이 있었습니다. 이 유인원은
왜인지는 모르지만 두 집단으로 갈라졌습니다. 산맥이나, 나무가 없
는 회랑 지대 때문에 나누어졌을지도 모르지만, 나누어진 원인을 정
확하게 아는 사람은 아무도 없습니다. 어쨌거나 나누어진 두 집단은
서로 다른 생존 압력을 받았기 때문에 결국 분화해 전혀 다른 두 생
물 종으로 갈라졌습니다. 한 종은 침팬지로 진화하고 또 한 종은 사
람으로 진화한 것입니다.

사람의 조상과 사람과 가장 가까운 사촌 종의 조상이 각자의 길을
걷기 시작한 시기는 정확히 알려져 있지 않습니다. 하지만 7백만 년
전부터 6백만 년 전 사이의 어느 때에 갈라졌다고 보는 것이 가장 타
당할 것 같습니다. 진화의 관점에서 보았을 때 그 정도 시기는 아주
최근에 해당하며, 사람의 DNA와 침팬지의 DNA가 98~99퍼센트나
일치하는 이유를 충분히 설명해줍니다. 하지만 놀랍게도 침팬지는
언어를 사용하지 않으며, 도시를 건설하지 못하고, 컴퓨터 프로그램
을 짜거나 달나라까지 날아가지도 못합니다. 그러니까 유전자에 생
긴 1퍼센트 내지 2퍼센트의 차이가 현실 세계에서는 수십억 퍼센트
의 차이를 만든 것입니다.

DNA에 생긴 아주 작은 차이가 실제 세계에서는 엄청난 차이를 만
드는 이유를 알고 싶다면 먼저 DNA를 자세히 알아야 합니다. 눈동

자의 색부터 혈액형까지 모든 것을 결정하는 단백질 생성을 좌우하는 유전자, 즉 일련의 지시 내용을 담은 DNA 분자 모형은 널리 알려져 있습니다. 하지만 DNA는 그보다 많은 것을 담고 있습니다. 유전자 중에는 다른 유전자의 스위치를 켜거나 꺼서 발달하는 배아에서 발현해야 하는―해독해야 하는―유전자 순서를 조절하는 유전자도 있습니다. 사람과 침팬지의 DNA에 생긴 1퍼센트 내지 2퍼센트의 차이 중에서 조절 유전자가 차지하는 비율은 아주 낮습니다. 하지만 조절 유전자가 발달 과정에 끼치는 영향력은 압도적입니다.[1]

조절 유전자는 요리법이고 일반 유전자는 요리 재료라고 할 수 있습니다. 같은 재료를 사용해도 요리법이 다르면 전적으로 다른 요리가 됩니다. 달걀을 생각해봅시다. 달걀은 어떻게 요리하느냐에 따라 (혹은 요리하지 않느냐에 따라) 날달걀, 반숙, 완숙, 소금에 절인 달걀, 수란, 달걀 프라이, 스크램블드에그, 오믈렛 같은 다양한 달걀 요리를 만들 수 있습니다. 마찬가지로 같은 유전자를 사용하더라도 어떤 분자 요리법을 쓰느냐에 따라 사람과 침팬지처럼 엄청나게 다른 동물이 만들어집니다.

그러나 조절 유전자는 DNA에 약간의 차이만 있어도 사람과 침팬지처럼 전혀 다른 두 종으로 갈라질 수 있음을 보여줄 뿐입니다. **어떻게 그런 일이 일어났는지**는 말해주지 않습니다. 그 점에 대해선 화석 기록을 대신할 만한 것은 아직 없습니다.

왜 두 다리로 섰을까?

찰스 다윈은 인간의 진화에 관한 그럴듯한 가설을 제시했습니다. 다윈은 우리 조상이 먼저 두 발로 섰다고 주장했습니다. 직립 보행은 도구를 만들 수 있도록 그들의 두 손에 자유를 주었습니다. 도구를 만들려면 더 뛰어난 정신력이 필요합니다. 그러자 뇌가 커졌습니다. 이 가설은 한 가지만 빼면 정말 탁월하고 그럴듯합니다. 그 한 가지란 화석 기록에 어긋난다는 것입니다.

도구를 만들기 수백만 년 전, 그러니까 커다란 뇌가 발달하기 수백만 년 전에 아프리카에 사는 우리 호미닌[2]* 조상은 두 발로 걸었습니다. 한때 지구에는 오스트랄로피테쿠스 아나멘시스(*Australopithecus anamensis*)라는, 겨우 키가 1미터 남짓이고 뇌 크기는 유인원과 비슷한 호미닌이 살았습니다. 400만 년 **전에** 화석이 된 이 호미닌의 정강이뼈를 보면 그때도 이미 상당 시간을 두 발로 걸었음을, 그러니까 직립 보행을 했음을 알 수 있습니다. 두 발로 걷지 않았을 때는 아마도 여전히 나무에 매달려 지냈을 겁니다. 오스트랄로피테쿠스 아파렌시스(*Australopithecus afarensis*)는 오스트랄로피테쿠스 아나멘시스의 가까운 사촌 종입니다. 다리 화석 증거로 추정할 때, 이 종이 두 발로 걸은 시기는 대략 350만 년 전입니다.

고인류학계의 가장 획기적인 발견 가운데 하나는 1976년에 탄자

호미닌(Hominin) 현재 존재하고 있거나 과거에 사라진 모든 인류. 즉 인간이 침팬지와 공통 조상에서 갈라져 나온 이후의 화석 인류들을 포함한 모든 인류를 가리키며, 현생 인류의 가장 가까운 진화론적 조상이다.

니아의 라에톨리에서 메리 리키(Mary Leakey, 1903~1996)가 찾은 것입니다. 언젠가, 그러니까 360만 년 전쯤에 오스트랄로피테쿠스속(屬) 인류 셋이 이제 막 쌓인 화산재 위를 두 발로 걸어갔습니다. 그리고 후손에게 화석 발자국을 남겼습니다. 리처드 도킨스는 "세 사람이 어떤 사이였는지, 손을 잡고 걸었는지, 대화는 했는지, 플라이오세(신생대 제3기의 마지막 시기. 500만 년 전부터 200만 년 전까지의 시기이다)의 새벽에 밖에 나와 지금은 알 수 없는 일을 함께했는지 궁금해하지 않을 사람은 없을 것이다."[3]라고 했습니다.

두 발로 걸으면서 자유로워진 손으로는 음식이나 아이를 옮기고 도구를 제작하고 무기를 휘둘렀습니다. 또한 먼 곳까지 먹이를 찾아다닐 수 있었고, 아주 먼 곳에 있는 포식자를 발견할 수 있었습니다. 직립 보행 때문에 인류가 엄청난 이득을 얻었다는 다윈의 주장은 옳았습니다. 문제는 직립 보행을 하게 된 이유를 설명하기 어렵다는 것입니다. 자연 선택에 의한 진화로 어떤 변화가 영구화되는 경우는 오직 그 변화가 생명체에 **즉시 이득**을 줄 때뿐입니다.[4] 그러나 두 다리로 서려면 다리뼈의 구조가 대대적으로 바뀌어야 합니다. 대퇴골이 길어져야 하고 골반은 짧아지고 넓어져야 합니다. 또 이런 뼈들이 곧게 서고 힘껏 달릴 수 있으려면 큰볼기근(엉덩이 부분에 있는 큰 근육)이 튼튼하게 발달해야 합니다. 이런 변화가 마무리되려면 몇 세대는 지나야 하는데 변화가 있기 전까지는 두 발로 걷는다고 해도 생존에는 분명히 이득이 없었을 것입니다.

한 가지 흥미로운 가능성은 직립 보행으로 향하는 초기 발걸음들을 땅이 아니라 나무에서 내디뎠을 수도 있다는 점입니다. 긴팔원숭이와 오랑우탄은 나뭇가지 끝에 있는 과일이나 과육이 풍부한 잎을 따 먹기 위해 가지 위에서 두 발로 서서 걷기도 합니다. 우리 조상도 그런 기술을 익혔는지 모릅니다. 그리고 땅에 내려온 뒤에는 그 기술을 버리지 않고 유지하면서 나무 사이를 뛰어다닌 것입니다.

어떤 연유에서인지 결국 우리 조상들은 영원히 땅 위에 머무르게 되었습니다. 그리고 땅 위에서 독특한 직립 보행 방식을 완성했습니다. 조상들은 기후가 점점 건조해지면서 땅으로 내려왔을 가능성이 큽니다. 강수량이 줄면서 우리 호미닌 조상이 사는 숲은 줄어들었고 그 대신 아프리카 지역에 넓은 초원이 생겼습니다. 생명체들은 새로운 서식처에 적응했고, 엄청난 초식 동물 무리가 넓은 초원으로 나오라고 우리 조상을 유혹했습니다. 조상들은 처음에는 조심스럽게, 그리고 나중에는 대담하게 나무가 우거진 그늘을 떠나 작열하는 햇빛 속으로 걸어 나갔습니다.

이들이 바로 대략 190만 년 전에서 180만 년 전 사이에 출현한 호모 에렉투스(Homo erectus)입니다. 호모 에렉투스는 확연하게 현생 인류에 가까운 신체 구조를 갖추었습니다. 똑바로 서서 걷는 자세는 몸이 노출되는 초원 지대에서 유리하게 작용했을 겁니다. 햇빛에 노출되는 부위를 최소로 줄일 수 있었을 테니까요. 아마도 이 무렵에 우리 조상은 자연이 준 털옷을 벗어던졌을 겁니다. 털이 없는 피부 덕분에 호모 에렉투스는 땀을 배출하고 효율적으로 체온을 유지할 수 있었을 겁니다.

사실 우리는 그다지 '털 없는 원숭이'처럼 보이지는 않습니다. 실제로 우리 몸에는 침팬지만큼이나 많은 털이 있습니다. 단지 사람의 털은 아주 가늘어지고 색이 엷어져서 잘 보이지 않게 진화한 것뿐입니다.

튼튼한 큰볼기근으로 긴 다리를 움직이는 호모 에렉투스는 완벽하게 직립 보행을 했습니다. 브루스 스프링스틴의 노래처럼 호모 에렉투스는 '뛰기 위해 태어났습니다(born to run)'. 처음에 우리 조상은 독수리 같은 맹금류가 하늘을 맴도는 모습을 보면 그 긴 다리를 움직여 경쟁자인 다른 초원의 청소부들이 오기 전에 동물 사체가 있는 곳에 도착했을 겁니다. 그리고 나중에는 아주 먼 곳까지 사냥감을 쫓아가면서 사냥감이 지쳐 쓰러질 때까지 달리고 또 달렸을 겁니다. 지금도 아프리카 남부 칼라하리 사막에 사는 부시먼족은 그런 식으로 사냥을 합니다. 영양 같은 동물은 호모 에렉투스보다 훨씬 빠르지만, 오랫동안 뛸 수 있는 지구력이 부족합니다. 지칠 줄 모르는 마라토너인 우리 조상은 그런 동물을 결국 무릎 꿇게 했습니다. 놀랍게도 우리 인간처럼 지구력이 강한 포식자는 달리 없습니다. 늑대도 우리 적수는 못 됩니다.

고기는 식물보다 훨씬 농축된 에너지원입니다. 고기를 먹으면서 호모 에렉투스는 뇌가 커졌습니다. 뇌는 놀라울 정도로 에너지 소비가 큰 기관인데 사람의 뇌는 인체가 보유한 에너지의 20퍼센트를 소모합니다.[5] 식물을 주로 먹는 침팬지는 사람처럼 뇌를 크게 만들 에너지가 없었습니다.

호모 에렉투스가 동물을 직접 사냥해 먹었는지, 아니면 이미 죽어 있는 동물을 찾아다녔는지는 모르지만 분명히 한 가지 심각한 문제가 있었을 것입니다. 충분히 안전한 곳으로 먹이를 운반할 때까지 다른 육식 동물에게 먹이를 뺏기지 않도록 방어하는 일 말입니다. 호모 에렉투스는 그 문제를 돌이나 몽둥이, 혹은 정성껏 깎은 창 같은 도구를 사용해 해결했을지도 모릅니다.

주먹도끼 시대

인류가 처음 돌 도구를 사용했다는 증거는 오스트랄로피테쿠스가 사라져 가던 시기인 260만 년 전 화석에서 나왔습니다. 그런데 조금 이상합니다. 인류에게 도구를 만들 지혜가 생기고 도구를 이용해 고기를 발라내자 송곳니가 작아졌습니다. 송곳니가 작아지고, 송곳니를 움직이는 커다란 턱 근육이 필요 없어지자 두개골과 뇌가 더 커질 여건이 마련되었을 것입니다. 그런데 화석 증거는 이 가설을 뒷받침하지 않습니다. 도리어 우리 조상의 송곳니가 도구가 등장하기 훨씬 전에 작아졌음을 보여줍니다. 실제로 송곳니가 작아진 때는 호미닌이 이미 직립 보행을 시작한 400만 년쯤 전까지 거슬러 올라갑니다.

그렇다면 또 다른 가능성을 생각해볼 수 있습니다. 인류는 260만 년 전보다 훨씬 전에 도구를 만들었지만, 대부분 나무로 만들었기 때문에 화석으로 남지 않았다는 것입니다. 아니면 동물의 뼈로 만들었기 때문에 다른 화석과 구분할 수 없는지도 모릅니다. 이 가설은 1960년대에 과학 소설가 아서 C. 클라크(Arthur C. Clarke)가 제일 먼저 제안했습니다. 클라크가 발표한 《2001 스페이스 오디세이》에는 한 유인원이 동물 뼈를 집어 들고, 사악한 눈빛을 보이며 그 뼈를 **무기로 쓸 수 있다는** 사실을 깨닫는 인상적인 장면이 나옵니다.

인류는 처음에는 돌을 깨뜨려 모서리를 날카롭게 만든 도구(뗀석기)를 사용했습니다. 이 도구가 처음 등장한 시기는 260만 년 전이지만, 놀랍게도 이 형태는 100만 년 정도 시간이 흐를 때까지 바뀌지 않았습니다. 비행기나 컴퓨터, 집의 형태가 4만 세대 동안 바뀌지 않는다고 생각해보세요! 단순히 돌을 깨서 만든 도구보다 훨씬 효율적이고 정교한 주먹도끼가 등장한 시기는 대략 170만 년 전입니다. 그런데 여기서 또 역사가 반복됐습니다. 주먹도끼는 깨뜨린 돌덩어리보다 더 오랫동안 형태를 유지했습니다. 140만 년이라는 긴 세월 동안, 즉 인류의 세대가 6만 번 바뀔 때까지 도구의 형태는 전혀 바뀌지 않았습니다.

두 번이나 반복된 이 100만 년짜리 따분함은 지난 1만 년 동안 인류가 이룩한 급격한 기술 변화와 비교해볼 때 정말 놀랍습니다. 깨뜨린 돌 도구와 주먹도끼의 형태를 오랜 세월 동안 바꾸지 않은 이유는 그 도구들이 완벽하게 기능했기 때문일 수도 있습니다. 불편하지 않으니 바꿀 이유가 없었던 것입니다. 하지만 도구가 바뀌지 않았다고 해서 우리 조상이 바뀌지 않았을 거라는 뜻은 아닙니다. 기술적 창의성을 발휘했다 하더라도 나무나 뼈로 만든 도구는 지금까지 전해지지 못했을 것입니다. 설령 그런 기술 혁신이 없었다고 해도 사실 우리 조상은 커다란 변화를 겪었습니다. 예를 들어 사회적 상호작용만 해도 그렇습니다. 사냥하고 죽은 고기를 찾고 잡은 먹이를 큰 포식자에게서 안전하게 지키려면 분명히 여러 개체가 높은 수준으로 협동의 힘을 발휘해야 합니다. 1984년에 노벨 평화상을 받은 데즈먼드 투투(Desmond Tutu) 대주교는 "홀로 고립된 사람이라는 표현은 모순이 있다. 우리가 사람이 되려면 다른 사람이 필요하다."[6]라고 했습니다. '벌 한 마리는 진정한 벌이 아니다(*Una apus nulla apes*).'라는 라틴어 경구처럼 한 사람은 사람이 아닙니다.

사회 집단 내에서―적어도 사람의 진화 마지막 단계에는―사람 남성과 여성의 몸집이 거의 비슷해졌습니다. 그런 크기의 유사성은 영장류에서는 쉽게 찾아볼 수 없는 특징이지만, 일부일처인 동물에게서는 쉽게 볼 수 있습니다. 우리 조상이 주로 한 개체하고만 짝짓기를 했다면, 그랬을 가능성이 크다고 보는데, 그런 일부일처 성향은 아마도 남성들이 여성을 두고 다투면 사냥할 때 서로 협동할 수가 없어서 생겼을지 모릅니다. 최근에도 그런 주장을 뒷받침하는 일이 있었습니다. 잉글랜드 축구 대표 팀의 주장인 존 테리는 같은 팀 동료의 여자 친구와 불륜을 저질렀고, 그 때문에 결국 주장 자리에서 물러나야 했습니다. 축구 경기에서 이기려면 경기장에서 선수들이 협동해야 합니다. 동료의 신의를 잃은 테리는 팀을 이끌 수가 없습니다.

아프리카 탈출

180만 년 전쯤에 호모 에렉투스는 아프리카 요람을 떠나 아시아 서부로, 다시 아시아 동부와 유럽 남부로 이주했습니다. 이 무렵에 살았던 인류의 화석은 중국, 인도네시아 자바 섬, 조지아에서도 발견되었습니다. 그 무렵에는 상당히 많은 바닷물이 빙하에 갇혀 있었기 때문에 아시아 동남부 지역은 지금보다 훨씬 넓은 대륙이었고, 자바 섬 같은 곳도 배를 타지 않고 갈 수 있었습니다. 2003년에 인도네시아 플로레스 섬에서《반지의 제왕》에 나오는 호빗족 같은 작은 인류의 화석 뼈가 발굴되어 학계에 큰 반향이 일었습니다. 어쩌면 이 호모 플로레시엔시스(*Homo floresiensis*)는 호모 에렉투스의 후손일지도 모릅니다. 하지만 호모 에렉투스보다 먼저 아프리카를 떠난 다른 호미닌의 후손일 가능성도 있습니다.

호모 에렉투스의 이주는 이후에도 몇 차례에 걸쳐 일어났던, 아프리카 밖으로 퍼져 나간 식민화 물결 가운데 첫 번째 물결이었습니다. 인류 역사에서 여러 번 그랬던 것처럼 호모 에렉투스의 이주도 기후 변화가 원인이었을 겁니다. 남극 대륙은 오랫동안 얼음에 덮여 있었습니다. 그런데 북아메리카 대륙과 남아메리카 대륙이 붙어버리자, 대서양과 태평양 사이를 흐르던 따뜻한 난류가 더는 흘러가지 못하게 되었습니다.[7] 그 때문에 북극에는 얼음이 쌓이기 시작했고, 지구의 기온이 점차 내려가면서 수증기가 응결되어 대기가 점점 건조해졌습니다. 결국 아프리카 초원 지대는 때때로 사막으로 바뀌었고, 아프리카에 서식했던 동물들은 중동 지역으로 이주해야 했습니다.

2백만 년 전쯤에는 특히 검치호랑이속 동물 두 종이 아프리카를 빠져나왔는데, 아마 이주하는 초식 동물을 따라 나왔을 것입니다. 우리 조상은 초식 동물을 쫓기도 했지만, 사실은 무시무시한 포식자를 스스로 따라간 것이기도 합니다. 검치호랑이속 동물이 먹다 남긴 동물의 사체를 부수어 영양소가 풍부한 골수나 뇌를 먹을 수 있는 동물은 도구를 사용하는 우리 조상밖에 없었습니다.

인류는 60만 년 전쯤에 또 한 번 아프리카에서 몰려나왔던 것 같습니다. 1907년에 독일 하이델베르크에서 발견한 턱뼈 화석의 주인은 호모 하이델베르겐시스(*Homo heidelbergensis*)인데, 이 원인*은 네안데르탈인과 현대인의 조상입니다. 그리고 6만 년 전쯤에 현생 인류가 마침내 아프리카에서 몰려나와 전 세계로 퍼졌습니다. 이 인류는 결국 달까지 진출했습니다.

여기서 한 가지 짚고 넘어가야 할 내용이 있습니다. 흔히 인류의 요람은 아프리카라고 알려져 있지만, 아프리카 밖에서 진화한 뒤에 **다시 아프리카로 돌아간** 호미닌도 분명히 있을 수 있다는 것입니다. 하지만 현재까지는 화석 자료가 매우 빈약하기 때문에 이 가설을 뒷받침해줄 만한 확실한 증거가 없습니다.

빙하기에서 살아남기

지금까지 밝혀진 대로라면 생명의 역사에서 호미닌의 진화처럼 엄청난 변화를 경험한 동물은 달리 또 없습니다. 호미닌의 진화 시기는 200만 년 동안 지구 극지방에서 반복적으로 나타났던 빙하가 확장하고 수축하는 시기와 일치합니다. 빙하기는 보통 지구의 자전축과 자전 방향이 주기적으로 바뀌기 때문에 옵니다. 그런데 지난 200만 년 동안 이 밀란코비치 주기(Milankovitch cycle)[8] — 세르비아의 천문학자 밀루틴 밀란코비치(Milutin Milankovitch, 1879~1958)가 발견한 빙하기의 반복 주기—에 따라 히말라야 산맥이 더 거대해졌고, 그 때문에 지구를 도는 공기의 흐름이 바뀌었습니다. 또 북아메리카 대륙과 남아메리카 대륙이 합쳐지면서 태평양과 대서양의 바닷물을 한

원인(原人) 100만~300만 년 이전에 생존했던 가장 오래되고 원시적인 화석 인류(화석으로 그 존재가 알려진 과거의 인류)를 통틀어 이르는 말.

데 섞어주던 해류가 지나던 통로가 막혔고, 그 대신 북쪽에서 남쪽으로 흐르는 해수가 생겼습니다.

반복적으로 추워지는 지구에서 살아야 했던 호미닌은 끊임없이 환경의 압력을 받았기 때문에 결국 추운 지방에서 사는 종은 멸종하고 적도 근처에 살던 종만 살아남았습니다. 그러나 다른 지구 생명체와 달리 호미닌에게는 확장하는 얼음에 반응해 덜 가혹한 서식처로 이주하는 방법 외에도 달라진 환경에 적응해 자신의 행동을 바꾸는 독특한 능력이 있었습니다. 물론 초기 인류는 급변하는 기후에 충분히 빠르게 반응하고 적응할 수 없었을 것입니다. 하지만 시간이 흐르고 인류의 문화가 복잡해지면서 호미닌은 동굴을 주거지로 삼고 동물의 가죽을 두르고 불을 지펴 추위를 피할 수 있었습니다.

요리하는 인간

인류가 언제 어떻게 불을 사용하게 됐는지는 아무도 모릅니다. 인류가 100만 년 전쯤에 불을 사용했다는 증거가 나오기는 했지만 논란의 여지가 있습니다. 불을 사용했다는 확실한 증거는 고작 수십만 년 전으로 거슬러 올라갑니다. 인류가 제일 먼저 사용한 불은 자연이 점화했을 것입니다. 어쩌면 아주 추운 밤에 번개에 맞아 불에 타는 나뭇가지를 얼음장처럼 차가운 동굴로 들고 온 사람이 있었는지도 모릅니다. 사람이 직접 불을 **피우는** 방법을 익히는 데는 그로부터 훨씬 많은 시간이 흘러야 했을 겁니다. 사실 직접 불을 피우는 기술은 지금도 아주 어려워서, 할 수 있는 사람이 많지 않습니다. 어쩌면 한 사람이 불을 피우는 기술을 발견했다고 해도, 그가 죽는 순간 그 기술은 인류 자산 목록에서 사라졌을 수도 있습니다.

인류의 창의력이 폭발적으로 터져 나오기 전까지 그토록 오랫동안 인류의 기술이 전혀 발달하지 않은 것 역시 어쩌면 같은 이유일 지도 모릅니다. 아주 오랫동안 우리 조상은 작은 집단으로 여기저기 흩어져 살았기 때문에 습득한 기술을 잊어버리고 다시 습득하고 잊어버리는 일을 반복했을 겁니다. 호미닌 집단의 크기가 충분히 커지고 나서야 한 아이디어가 살아남고 널리 퍼져 새로운 아이디어에 영감을 줄 수 있었을 것입니다.

불을 사용하면서 인류는 사람의 역사에서 가장 중요한 발전 가운데 하나인 음식물의 조리가 가능해졌습니다. 음식을 조리하면 식물의 독성을 중화할 수 있기 때문에 먹을 수 있는 식물의 종류가 늘어나고 고기에 들어 있는 기생충도 죽일 수 있습니다. 그러나 조리할 때 얻는 가장 큰 이득은 당연히 단백질을 분해해 쉽게 소화되게 함으로써 위장의 부담을 줄이는 것입니다. 도구가 손의 기능을 향상한 것처럼 조리 기구는 위장의 기능을 향상했습니다. 아니, 그보다 더 큰 의미가 있습니다. 조리 기구는 '**외부에 있는 위장**' 역할을 합니다. 외부에 위장이 있으면 내부 위장은 좀 더 작아져도 되고, 그만큼 소화하는 데 드는 에너지도 줄일 수 있습니다. 위장이 에너지를 덜 소비하면 남는 에너지로 뇌를 키운다는 결코 채워지지 않는 욕구를 조금은 충족할 수 있습니다.

호모 에렉투스는 치아와 턱이 작습니다. 이것은 150만 년 전부터 이미 인류가 음식을 조리해 먹었을지도 모른다는 단서입니다. 하지만 인류가 실제로 음식을 조리해 먹었다는 강력한 증거는 20만 년 전쯤에 살았던 네안데르탈인과 초기 현생 인류에게서 나왔습니다.

종의 운명을 가른 바느질

빙하기에 우리의 직계 조상은 많은 호미닌 사촌들과 경쟁했습니다. 그 사촌들이 지금은 전혀 존재하지 않는다는 사실은 정말 놀랍습니다. 여러 사촌 중에서도 가장 흥미로운 존재는 아프리카를 떠나 다른 대륙에 식민지를 건설한 인류의 후손인 네안데르탈인입니다. 현생 인류(호모 사피엔스)보다 키가 작고 몸집이 다부진 네안데르탈인은 추위에 강합니다. 네안데르탈인은 도구를 만들고 죽은 자를 매장했으며, 오랫동안 번성했던 것 같습니다. 그들은 현생 인류와 비슷하게 언어를 사용할 줄 알았다고 여겨지는데, 성대 구조로 보아 발음할 수 있는 소리는 현생 인류에 비해 제한적이었고, 소리도 훨씬 높았을 것으로 추정합니다. 네안데르탈인은 결국 멸종했는데, 현재 알려진 네안데르탈인의 마지막 서식지는 이베리아 반도 남부 해안에 있는 동굴 지대입니다.

현생 인류가 네안데르탈인을 멸종시켰다고 여기는 사람들도 있습니다. 그러나 진실은 그보다 더 미묘합니다. 예를 들어 현재 아프리카가 아닌 지역에서 사는 현생 인류의 DNA 중 2.5퍼센트 정도는 네안데르탈인의 DNA로 여겨지는데, 이는 현생 인류와 네안데르탈인이 이종교배를 했다는 증거일 수 있습니다. 처음에는 현생 인류의 조상이 사촌 종과의 경쟁에서 고작 1~2퍼센트 정도 우위에 있었을지도 모릅니다. 그러다 이 우위가 많은 세대를 거쳐 증폭되면서 결국 현생 인류가 전체 영토와 사냥감을 차지한 것일 수도 있습니다.

현생 인류가 네안데르탈인보다 확실히 우위에 있었던 생존 기술 가운데 하나는…… 바로 **바느질**입니다.

현생 인류는 4만 년 전에도 바늘을 사용했습니다. 하지만 네안데르탈인이 바늘을 사용했다는 증거는 전혀 찾지 못했습니다. 우리 조상은 바느질을 할 수 있었기 때문에 좀 더 좋은 옷을 입었을 것입니다. 아기에게도 더 좋은 옷을 입혔기 때문에 갑자기 한파가 불어도 더 많은 아기가 살아남았을 것입니다. 어쩌면 현생 인류는 네안데르탈인의 희생을 딛고 번성했다고 볼 수도 있습니다.

5만 년 전 무렵이 되면 호모 사피엔스가 호미닌의 왕이 됩니다. 그때까지는 호미닌 집단의 개체수가 1만 명에서 10만 명 정도였을 겁니다. 아주 아주 많았다고 해도 100만 명을 넘지는 않았을 것입니다. 하지만 2012년 호모 사피엔스의 인구는 70억에 이르렀습니다. 이제 호모 사피엔스는 지구에 존재하는 모든 서식지를 차지했고, 다른 모든 생물 종의 생존을 위협하고 있습니다.

인류의 진화는 이제 멈추었다고 주장하는 생물학자들도 있습니다. 우리는 환경을 자신에 맞게 적응시켰고, 더는 환경에 적응할 필요가 없다고 말입니다. 하지만 이는 풍요로운 서구를 제외하면 전 세계 사람들 대부분이 호미닌 조상이 그랬던 것처럼 매일같이 살아남으려 사투를 벌인다는 사실을 무시한 주장입니다. 더구나 서구 세계에서도 어느 때보다 복잡하게 연결된 세상에서 살아야 한다는 요구가 우리 뇌의 배선에 큰 영향을 끼치고 있습니다.

과학 소설가들은 무척이나 빈번하게 미래에는 사람의 뇌가 아주 커지고 다리는 근육 위축증에 걸린 사람처럼 아주 가늘어진다고 묘사합니다. 하지만 이런 묘사는 화석의 역사에서 배운 내용을 무시하는 주장입니다.

유럽인의 조상인 크로마뇽인은 현재 유럽인보다 몸집과 뇌가 5퍼센트에서 10퍼센트 정도 더 컸습니다. 그 이유는 몸이 커야만 힘이 세져서 자신을 보호하고 생존할 수 있었기 때문일 겁니다. 크로마뇽인은 매 순간 매초 생존을 걱정해야 했습니다. 하지만 우리 현대인은—모두 그렇지는 않지만—대체로 크로마뇽인이 살았던 환경보다는 훨씬 온화한 환경에서 삽니다. 현대 사회에서는 직접 사냥하지 않아도 대신 먹이를 공급해주는 사람이 있습니다. 가축화된 동물은 야생에 사는 사촌 종보다 어김없이 뇌가 작습니다. 고인류학자 루이스 리키(Louis Leaky, 1903~1972)는 "문화를 통해 인류는 효과적으로 자기 자신을 가축화했다."9라고 했습니다.

크로마뇽인 이후에 인류의 몸집이 갑자기 줄어든 이유가 무엇인지는 모르지만 어느 방향으로 변하고 있는지는 분명히 알 수 있습니다. 예상과 달리 인간은 앞으로 지금보다 뇌가 커지지 않고 오히려 훨씬 작아질 수도 있습니다. 우리가 만들어내고 있는 수많은 지구촌 문제를 어떻게 해결하느냐가 인류의 미래를 결정할 것입니다. 이제 우리는 과거의 교훈을 진지하게 고민해볼 때가 됐습니다. 그래야 하는 이유는 에드워드 O. 윌슨의 말로 대신하겠습니다. "우리는 스타워즈 문명을 구축했지만 여전히 석기 시대의 정서에 머물러 있다."10

2부

문명은 어떻게 움직이나

7장

최초의 유전공학자는
농부였다

[문명]

✳

✳

"세상에서 처음으로 상대방에게 돌을 던지는 대신
욕을 한 사람이 문명의 창시자이다."
— 지크문트 프로이트

"문화란 우리는 하는데 원숭이는
하지 않는 거의 모든 것이다."
— 4대 래글런 남작, 피츠로이 서머싯 경

✳

✳

＊＊＊

물론 사람의 역사가 빙하기에 끝나지는 않았습니다. 얼음은 극지방에서 퍼져 나왔다가 다시 시작한 곳으로 돌아갔습니다. 1.6킬로미터 두께의 얼음이 흰 파도처럼 거듭해서 밀려왔다가 밀려갔습니다. 수없이 얼음이 팽창하고 후퇴하는 동안 지구에 변화가 생겼습니다. 연속된 사건들이 일으킨 변화가 너무나도 컸기 때문에 얼음이 되돌아오는 것을 막을 정도였습니다. 한동안이 아니라 영원히 말입니다.

그 변화란 물론 농업입니다.

수천 세대 동안 사람은 그저 자연이 생산해 식탁에 펼쳐놓은 것만 먹었습니다. 사냥꾼으로서 사냥감을 쫓아다녀야 했고, 채집인으로서 숲을 돌아다니고 나무를 찾아다니며 과일과 열매를 따야 했습니다. 하지만 기원전 8500년 무렵에 아시아 남서쪽 모퉁이에서부터 이제껏 태양 아래에서 일어난 적 없던 새로운 일이 생겼습니다. 새롭고도 혁신적인 삶의 방식이 나타난 것입니다.

사냥꾼, 농부가 되다

현재의 이라크·시리아·터키 지역을 흐르는 티그리스 강과 유프라테스 강 사이에 있는 비옥한 초승달 지대는 다양한 생물이 사는 풍요로운 지역입니다. 특히 종자를 먹을 수 있는 야생풀이 많이 자랐습니다. 당연히 사람들은 과일뿐 아니라 이 곡물도 함께 뜯어 먹었습니다. 실제로 이런 풀들은 광범위한 지역에서 자랐기 때문에 사람의 주식에서 곡물이 차지하는 비율은 점점 더 늘어났을 것입니다.

기원전 1만 2000년 무렵에는, 여전히 막강한 추위가 지구를 움켜잡고 있었지만, 차츰 빙하기는 기세가 꺾이기 시작했고 마지막 1천 년 동안에는 이따금 따뜻하게 느껴지기까지 하는 시기가 찾아왔습니다. 영국의 고고학자 크리스 스카(Chris Scarre)는 따뜻한 시기가 올 때마다 사람들은 그전에는 전혀 하지 않았던 일을 새롭게 시작했다고 말합니다. 정확히 어떤 일인지는 알지 못하지만, 어쩌면 곡물을 뿌리째 뽑아서 큰 강 주변의 비옥한 땅에 심었을지도 모릅니다. 아니면 선택한 곡물만이 자라도록 주변에 있는 경쟁 식물을 모두 뽑아버렸을지도 모릅니다.

처음에는 특별히 보살피려고 선택한 곡물이나 야생에서 자라는 곡물이나 별다른 차이가 없었을 겁니다. 하지만 사람이 살짝 관여하자 모든 것이 달라지기 시작했습니다. 사람은 야생 곡물 가운데 씨앗이 크고 겉껍질을 쉽게 제거할 수 있는 것만 골라 심었습니다. 심은 곡물을 수확하면 또다시 그중에서 가장 씨앗이 크고 겉껍질이 잘 벗겨지는 것만 심었습니다. 계속 같은 일을 반복하자 씨앗은 점점 더 커졌고, 시간이 흐르면서 수확하기는 더 쉬워졌습니다.

비옥한 초승달 지역에 살던 농부들은 농작물의 DNA를 바꾼다는 어떤 의도나 자각이 없었지만, 최초의 유전공학자가 되어 사람의 선택에 의한 진화—인공 선택에 의한 진화—과정을 만들어낸 것입니다. 물론 그렇다고 해서 자연 선택이 완전히 배제된 것은 아닙니다.

사람이 선택한 식물도 사람이 만든 환경에 잘 적응한 종만 번성했습니다. 작열하는 햇빛에 노출되어도, 줄줄이 열을 맞추어 심어도 잘 자라는 식물들 말입니다. 이 식물들이 잘 자란 이유가 자연 선택 때문인지 사람의 선택 때문인지는 알 수 없지만, 그 덕분에 이제는 **사람의 일정표대로 식물을 수확할 수 있게 되었습니다.** 역사에서 처음으로 인간이 다른 종의 진화에 관여한 것입니다.

기원전 8500년이 되면 곡물은 야생종과는 많이 달라져, 완전히 다른 종이 됩니다. 밀은 이때 사람이 기르는 작물이 되었습니다. 물론 밀만이 아닙니다. 그 무렵에 배와 올리브도 작물이 되었습니다. 그 뒤 천 년 동안 사람은 많은 식물을 작물로 삼았습니다. 현대 농업이 시작되었고 사람의 세계는, **그리고 이 세상은 이제 다시는 예전과 같을 수 없게 되었습니다.**

여기서 한 가지 명백한 의문이 생깁니다. 어째서 인류는 이전 간빙기인 13만 년 전~11만 5000년 전이 아니라 현 간빙기에 농업을 시작했을까요? 그 이유는 그 이전의 인류가 현대인이 될 만큼 상상력과 지적 능력이 충분히 발달하지 않았기 때문인지도 모릅니다. 기원전 5만 년 무렵에 전 세계적으로 꽃핀 예술은 흔히 인간 정신에 심대한 변화가 일어났다는 명백한 증거로 받아들여집니다.

잉여 식량, 족장, 문자의 탄생

식량을 재배하면서 일어난 변화는 엄청났습니다. 역사에서 처음으로 사람들이 평생 한곳에 눌러살 수 있게 된 것입니다. 잠깐 이동을 멈추고 모닥불을 피워 밤을 보내는 대신 영구적인 정착지에서 살 수 있게 되었습니다. 물론 그전에도 정착지는 있었습니다. 물고기가 많은 호수처럼 먹이 자원이 풍부한 곳이 가까이에 있으면 머물기도 했습니다. 하지만 농업은 잠시 머문다는 드문 예외를 보편적인 생활 방식으로 바꾸었습니다.

그러나 농업이 불러온 가장 큰 변화는 정착지가 생겼다는 것이 아니라 잉여 식량이 생겼다는 것입니다. 농업은 수렵과 채집에 비해 1평방 킬로미터당 적게는 10배에서 많으면 100배까지 많은 사람을 먹일 수 있었습니다. 잉여 식량은 곧 더 많은 사람을 부양할 수 있다는 뜻이고, 이것은 결국 인구 집단의 증가를 불러옵니다. 문제는 공동체가 커지면 많은 사람에게 식량을 나누어주어야 하기 때문에 한 사람이 받는 몫이 줄어들 수밖에 없고, 결국에는 수렵과 채집 생활을 하던 때보다 굶주리게 된다는 모순이 생긴다는 것입니다. 하지만 이때쯤이면 옛 방식으로 부양하기에는 단위 면적당 인구 수가 너무 많아졌습니다. 이미 돌이킬 수 없는 강을 건넜고, 돌아갈 방법은 없습니다.

잉여 식량이 생기면 더 많은 사람을 먹일 수 있을 뿐 아니라 모든 사람이 식량 생산에 나설 필요가 없어집니다. 최초로 벽돌이나 도기, 장신구를 만드는 장인처럼 식량 생산과 관계가 없는 일을 하는 사람도 식량을 얻을 수 있게 된 겁니다.[1] 물론 장인은 만든 물건을 팔 시장이 없으면 존재할 수 없습니다. 여기서 서로를 먹이는 새로운 방식이 발전합니다. 한곳에 정착해 살게 되자 사람들은 자기 집을 물건으로 채우기 시작했습니다. 이와 달리 수렵·채집인은 끊임없이 이동해야 했기에 아기나 창처럼 반드시 필요한 몇 가지 외에는 챙길 수 없었습니다.

하지만 잉여 식량이 생기자 공동체는 장인뿐 아니라 정착지와 농사지을 땅을 지켜줄 병사도 부양할 수 있었습니다. 병사뿐 아니라 족장도 생겼습니다. 수렵·채집 사회는 대체로 평등했습니다.[2] 하지만 많은 사람이 모여 사는 정착지는 복잡합니다. 세포에 수많은 기능을 조율하는 세포핵이 필요한 것처럼, 마을에도 수많은 기능을 조율할 일종의 중앙 정부가 필요합니다. 병사를 마음대로 부릴 수 있는 지배 엘리트의 통제를 받는 일은 위험하지만 동시에 기회이기도 했습니다. 필연적으로 이런 상황은 땅과 자원을 둘러싼 갈등을 낳습니다. 그러는 동안 도시가 생기고, 마침내는 수십만 명 혹은 수백만 명이 모여 사는 국가가 생깁니다.

그렇게 많은 사람이 모여 사는 일은 전례 없는 놀라운 일이었습니다. 우리의 유인원 사촌들은 작은 무리로 모여 살며, 외부자에게 폭력적으로 반응합니다. 사람도 처음에는 외부자를 혐오했을 것입니다. 하지만 공동체 규모가 커지자 외부인이라면 그저 배척하는 무조건 반사적 본능을 극복해야 했습니다. 벤저민 프랭클린(Benjamin Franklin, 1706~1790)은 거대한 공동체에서 살아가는 법을 자세하게 설명했습니다. "모든 사람을 정중하게 대하라. 많은 사람을 사귀고, 소수를 스스럼없이 대하라." 지크문트 프로이트(Sigmund Freud, 1856~1939)가 발견한 내용은 특히 중요합니다. 그는 "문명을 세우는 만큼 본능을 버린다는 사실을 절대로 간과할 수 없다."[3]라고 했습니다.

자연 선택은 여기에서도 작동했을 것입니다. 가까운 곳에 모여 사는 사람들이 서로 미친 듯이 날뛰지 않고 평화롭게 사는 정착지는 다른 정확지보다 사망률이 낮았고 성장 속도가 빨랐습니다. 한 정착지에 사람이 많이 산다는 것은 시간이 흐를수록 구성원이 좀 더 온화해지고 서로에게 관대해진다는 뜻입니다. 바로 이런 관점을 고수하는 캐나다 출신의 심리학자 스티븐 핑커(Steven Pinker)는 20세기에 일어난 두 차례의 세계대전으로 수백만 명이 죽었지만, 인류는 분명히 덜 폭력적이고 전쟁을 싫어하는 방향으로 나아가고 있다고 했습니다.[4] 미국의 극작가 테너시 윌리엄스(Tennessee Williams)는 "문명은 친절하게 사는 법을 배우는 느린 과정"이라고 했습니다.

현대인이 서로 밀접하게 관계를 맺을 수밖에 없는 도시에 모여 사는 생활 방식을 택한 이유는 어쩌면 실제로 다른 사람과 잘 지내는 쪽으로 이끄는 먼 길을 따라 걸어왔기 때문인지도 모릅니다. 스카는 "사람은 다른 사람과 함께 있는 걸 **좋아한다**."라고 했습니다. 런던이 수백만 명이 사는 거대 도시로 변하는 독특한 시기에 런던에서 살았던 찰스 디킨스(Charles Dickens)는 수많은 사람이 상호작용하면서 새로운 기회를 창출하는 것을 직접 눈으로 목격했습니다. 디킨스의 소설에서 우연한 만남이 중요한 역할을 하는 것은 바로 그런 이유 때문입니다.

사회가 성장하고 복잡해지면서 인간의 역사는 또 한 번 중요한 발전을 했습니다. 문자를 발명한 것입니다. 문자는 하루아침에 나타나지 않았습니다. 처음에 수메르인은 기원전 3400년경에 점토판에 설형 문자로 글을 썼는데, 재미로 그런 것이 아니라 상거래를 기록하려는 목적 때문이었습니다. 하지만 시간이 흐르면서 단순한 설형 문자는 생각이나 감정 같은 비실용적인 것들을 표현할 수 있는 복잡한 문자로 대체되었습니다. 조리 기구가 사람의 몸 밖에서 외부 위장 역할을 한 것처럼 문자는 외부 기억 역할을 했습니다. 말로는 단편적인 지식만을 전할 수 있는 반면에 글로써 전할 수 있는 지식에는 한계가 없습니다. 문자를 쓰면서 인류는 집단 지능을 획득했습니다. 집단 지능이 완전히 깨어나려면 문자를 읽고 쓰는 능력이 널리 퍼져야 하는데, 그렇게 되기까지는 수천 년이 흘러야 할 것이었습니다.

왜 사람은 동물을 길들였을까?

지금까지는 동물들을 언급하지 않았습니다. 하지만 당연히 인류 최초의 유전공학자들은 식물만 조작하지는 않았습니다. 초기 유전공학자들은 커다란 포유동물을 잡아서 순하게 만들거나 고기를 많이 얻기 위해 동물에게 먹이를 주어 길렀습니다. 사람에게 잡힌 동물은 야생종과 다른 길을 걸었고, 결국 가축이 됐습니다. 가축은 사람에게 식량을 제공했을 뿐 아니라 쟁기를 끌고 밭을 갈고 수레에 물건을 실어 나르며 동력을 제공했습니다. 제일 먼저 사람이 길들인 동물은 양과 염소입니다. 여기에서 또다시 비옥한 초승달 지역이 등장합니다. 양과 염소는 기원전 8000년경에 비옥한 초승달 지역에서 가축이 됐습니다. 중국에서는 기원전 7500년 무렵에 쌀과 기장을 재배하면서 돼지와 누에를 길들였습니다.

사람에게 동물이 중요하다는 사실은 아무리 강조해도 지나치지 않습니다. 사람이 있는 곳이면 어디든지 사람과 함께 사는 동물들이 있습니다. 이들에게 동물은 걸어 다니는 식량 창고일 수도 있지만, 애완동물일 수도 있습니다. 미국의 인류학자 팻 시프먼(Pat Shipman)은 인간이 엄청난 성공을 거둔 이유를 이해하려면 우리가 동물과 맺은 관계를 반드시 알아야 한다고 했습니다.[5] 시프먼은 기원전 5만 년 무렵에 사람이 처음으로 예술가가 되었는데, 최초의 예술가들이 자신들이나 자연을 그린 경우는 거의 없었다고 짚어줍니다. 초기 예술가들은 거의 대부분 사냥할 동물을 그렸습니다. 놀라울 정도로 생생한 재현과 완벽한 해부학적 묘사는 관찰자가 동물의 행동을 기가 막히게 자세히 관찰했다는 뜻입니다. 시프먼은 또한 사람들이 동물을 열심히 연구하면서 사냥감을 더욱 깊게 생각하게 됐다고 했습니다. 시프먼은 작고 연약하고 보잘것없던 유인원이 아프리카 초원에 사는 거대한 포식자를 제치고 이 세계를 지배하게 된 원인을 밝히려면 반드시 동물과 사람의 관계를 연구해야 한다고 믿습니다.

논란의 여지는 있지만, 시프먼은 심지어 언어도 동물에 관한 정보를 나누기 위해 생겼다고 믿습니다. 시프먼은 사람이 즐겨 먹는 동물도 아니고 사실상 같은 먹이 자원을 두고 경쟁하는 개와 같은 동물을 길들인 것은 현생 인류의 생존과 번성에 결정적인 영향을 끼쳤다고 믿습니다. 개를 이용해 사냥에 나선 것이 크게 도움이 됐을 거라는 이야기입니다. 개는 적어도 1만 7000년 전에 길들여졌는데, 어쩌면 그보다 오래전인 약 3만 2000년 전에 길들여졌을 수도 있습니다.[6] 시프먼은 우리가 동물을 기르는 행위에는 중요한 진실이 담겨 있다고 믿습니다. 동물이 없으면 사람은 사람일 수 없다는 진실 말입니다.

식물과 동물 길들이기는 식량 생산 발명 목록에 올릴 만합니다. 가축 사육과 농작물 재배는 빙하기가 끝난 뒤에 일어난, 인류의 삶을 완전히 바꾼 혁명입니다. 그 뒤에 일어난 모든 일들은 이 혁명의 결과입니다. 혁명을 일으킨 뒤에야 인류는 한곳에 정착하는 삶을 시작했고, 처음에는 마을을 만들었다가 나중에는 도시를 만들었습니다. 특수 직업이 생겼고, 지배층이 나타났습니다. 문자를 발명했고, 전쟁을 일으키고 제국을 건설했습니다. 기원전 8500년 무렵에는 결코 멈추지 않는 공이 구르기 시작했고, 지금도 공이 굴러가는 속도는 점점 빨라지고 있습니다.

장인과 철학자의 결합

21세기로 오는 길에는 중요한 사건이 아주 많기 때문에 어떤 일을 언급하고 어떤 일을 언급하지 않을지 결정하기란 쉽지 않습니다. 하지만 15세기 말부터 일어난 사건들은 특히 중요합니다. 대양을 건너 유럽을 아메리카 대륙, 아프리카, 아시아, 그리고 마침내 오스트레일리아 대륙과 연결한 선박의 출현은 정말 중요합니다. 배들 덕분에 진정한 세계 문명이 탄생했습니다. 세월이 조금 흘러 18세기 말이 되면 기계화된 공장에서 대량 생산을 하면서 세계 무역이 엄청나게 성장합니다. 이 산업 혁명을 이끈 동력은 처음에는 수증기였고, 그 뒤에는 석탄으로 바뀝니다. 석탄은 사람의 근육으로 만드는 에너지보다 150배 정도 많은 에너지를 생산합니다. 전체 인구 가운데 겨우 몇 퍼센트를 차지하는 농부가 나머지 압도적 다수를 먹여 살릴 식량을 생산할 수 있었던 것도 그런 에너지 자원을 확보할 수 있었기 때문입니다.

하지만 산업 혁명 직전에 또 다른 의미심장한 발전이 있었습니다. 17세기 과학의 발달은 생각과 기술을 결합하면 새로운 생각과 기술이 태어날 수 있다는 사실을 여실히 보여주었습니다. 수천 년 동안 인류에게는 장인이 있었습니다. 장인은 자기 손을 더럽혀 가면서 단단한 칼과 더 좋은 도기를 만드는 방법을 찾았습니다. 하지만 장인은 시행착오를 겪으면서 일을 해 나갔을 뿐, 좀 더 잘 할 수 있는 길로 이끌어줄 '이론'을 세우는 일에는 무심했습니다. 한편, 세상에는 장인뿐만 아니라 자연철학자들도 있었습니다. 2500년도 훨씬 전에 그리스에 등장한 자연철학자들은 고상하게 세계에 관한 이론을 정립했지만, 자신들의 이론을 입증하기 위해 굳이 손에 흙을 묻히지는 않았습니다. 그런데 17세기에 변화가 생겼습니다. 따로 흘러가던 두 전문가 집단이 하나로 합쳐졌고, 그 뒤로 변화의 물결은 걷잡을 수 없이 거세졌습니다. 과학 혁명이 시작된 것입니다.

아이작 뉴턴(Isaac Newton, 1642~1727)은 장인과 철학자의 전통을 완벽하게 합친 대표 주자입니다. 뉴턴은 자연을 관찰하고, 자연이 움직이는 방식을 이론으로 정립하고, 그 이론이 현실에 맞아떨어지는지를 확인하기 위해 수고스럽게도 직접 실험을 했습니다. 세상을 체계적으로 관찰하여 얻은 생각은 엄청나게 생산적인 새로운 지식으로 우리를 이끕니다. 우리가 비행기, 항생제, 자동차, 컴퓨터, 중성자별, 핵반응을 발명하고 발견할 수 있었던 것도 바로 그 덕분이었습니다.

대륙마다 발전 속도가 달랐던 이유

과학, 산업 혁명, 대양을 건너는 선박을 포함하여 많은 것이 유럽에서 태어났습니다. 그런 기술들 덕분에 유럽인은 아메리카 대륙과 오스트레일리아 대륙을 식민지로 삼고, 궁극적으로는 현대 사회를 구축했습니다. 여기서 한 가지 의문이 생깁니다. 이 의문은 미국의 지리학자 재러드 다이아몬드(Jared Diamond)가 《총, 균, 쇠》에서 제기한 의문이기도 합니다. "인류는 어째서 지난 1만 3000년 동안 대륙마다 다른 속도로 발전했는가?"[7]

다이아몬드는 그 이유가 사람이 본질적으로 다르기 때문은 아니라고 했습니다. 그러니까 아메리카 대륙이나 오스트레일리아 대륙에 살던 원주민이 유럽인보다 멍청하거나 게을렀기 때문이 아니라는 말입니다. 그는 대륙마다 발전 속도가 다른 이유는 단지 환경 차이 때문이라고 설명합니다. 유럽에서 일어난 많은 혁신에 기반을 마련해준 유럽 대륙과 아시아 대륙은 아메리카 대륙이나 오스트레일리아 대륙보다 훨씬 크고 인구도 많습니다. 유럽과 아시아에는 상호작용할 사회가 많을 뿐 아니라, 각 사회 내부에서도 서로 상호작용할 구성원이 아주 많습니다. 결국 생각을 교환할 기회도 훨씬 많고, 새로운 것을 발명하는 속도도 빠를 수밖에 없습니다.

그렇다면 당연히 또 한 가지 의문이 들 수밖에 없습니다. 어째서 유럽과 아시아는 아메리카 대륙과 오스트레일리아 대륙보다 인구가 많았을까요? 다이아몬드는 그 이유를 유럽과 아시아가 식량 생산을 시작할 때부터 우위를 차지했기 때문이라고 설명합니다. 비옥한 초승달 지역만 해도 사막부터 비옥한 토양 지대, 눈 덮인 산맥까지 서식지가 폭넓게 분포해 있기 때문에 놀랍도록 다양한 식물 종이 존재합니다. 아메리카 대륙 사람들이 생물 종 하나를 길들일 때 비옥한 초승달 지역 사람들은 열 종을 길들일 수 있었습니다. 농부들은 아시아 남서부 지역을 떠나 유럽으로 이주할 때 길들인 생물 종을 가지고 갔습니다. 결국 유럽 문화가 전 세계를 지배할 수 있었던 이유는 유럽인이 본질적으로 우월하기 때문이 아니라 그런 문화를 만들 수 있는 지역에서 우연히 태어났기 때문입니다.

가축을 길들이는 일에서도 유럽과 아시아는 아메리카와 오스트레일리아보다 훨씬 유리했습니다. 궁극적으로 그 이유는 비옥한 초승달 지역에서 현대 농업이 탄생하기 이전에 결정되었습니다. 각 대륙에 사람들이 도착한 시기가 다르다는 것과 관계가 있습니다. 유럽과 아시아는 인간의 역사에서 아주 초기에 정착한 땅입니다. 그 무렵에는 정교한 석기 도구도 없었고, 특별히 사냥의 재능이 뛰어나지도 않았습니다. 동물들은 사람 곁에서 오랫동안 함께 살면서 사람이 두려운 존재일 수도 있다는 사실을 배웠습니다. 그 때문에 큰 포유동물들이 사람에게 가축으로 길들여질 때까지 생존할 수 있었습니다.

하지만 아메리카 대륙과 오스트레일리아 대륙에는 비교적 최근에 사람이 도착했습니다. 오스트레일리아 대륙에는 기원전 5만 년 무렵부터, 아메리카 대륙에는 고작 기원전 1만 4000년 무렵부터 사람이 살기 시작했습니다. 따라서 두 대륙에는 완벽한 사냥 기술을 갖춘 현대인이 도착했습니다. 두 대륙의 사냥꾼은 서툰 사냥꾼과는 거리가 먼 진정한 킬러였습니다. 두 대륙에 사람이 도착하자마자 대형 포유동물이 거의 대부분 멸종했다는 사실이 우연은 아닐 것입니다. 아메리카 대륙과 오스트레일리아 대륙에서 살아남은 대형 포유동물은 북아메리카 대륙의 들소 바이슨과 안데스 산맥의 라마와 알파카뿐입니다. 결국 수천 년 뒤에 비옥한 초승달 지역에서 처음으로 동물을 가축으로 길들일 때 오스트레일리아 대륙과 아메리카 대륙에는 가축으로 삼을 만한 동물이 거의 남지 않았습니다.

아메리카 대륙과 오스트레일리아 대륙 사람들은 작물과 가축을 얻을 수 있는 조건이 몹시 불리했기 때문에 인구 증가에 한계가 있었습니다. 적은 인구 탓에 새로운 혁신을 일으키는 데 반드시 필요한 활발한 상호작용도 일어나기 어려웠습니다. 바로 이것이 에스파냐 사람이 배를 타고 남아메리카 대륙으로 갈 수 있었던 것과 달리 남아메리카 사람이나 아즈텍, 혹은 잉카 사람이 유럽으로 건너갈 수 없었던 이유입니다. 또한 남아메리카 대륙의 제국에는 타고 다닐 말도 없었고, 철제 무기와 총도 없었습니다. 그래서 수십 명에 불과했던 에스파냐 기병이 수천 명이 넘는 원주민 병사를 몰살할 수 있었던 것입니다.

북아메리카 대륙에 살던 원주민은 대륙 남쪽의 사촌들보다 훨씬 불리한 상태에서 유럽인을 처음 만났습니다. 그들이 가진 것이라고는 나무와 돌로 만든 무기뿐이었고, 탈 수 있는 동물은 아예 없었습니다.

엄청난 재앙이 아메리카 대륙의 원주민들에게 밀어닥쳤고, 전체 인구의 95퍼센트가량이 사라졌습니다. 총 앞에 무릎을 꿇은 사람도 많았지만 아메리카 대륙에 살던 원주민 대다수의 생명을 앗아간 것은 유럽의 앞선 기술력이 아니었습니다. 오스트레일리아 대륙에서도 마찬가지였는데, 원주민을 학살한 건 유럽인들과 함께 들어온 천연두와 홍역 같은 질병이었습니다. 여기서 또 한 가지 의문이 생깁니다. 다이아몬드는 "인상적인 것은 아메리카 원주민 사회에서는 유럽인에게 전파할 치명적인 질병이 진화하지 않았다는 점이다. 구대륙에서 온 사람들이 신대륙 사람들에게 전파한 치명적인 질병에 화답할 질병 말이다."라고 했습니다.

다시 한 번 이 의문의 해답은 유럽과 아시아가 식량 생산에서 누린 유리함에서 찾을 수 있습니다. 사람이 걸리는 많은 질병을 살펴보면 돼지와 닭 같은 가축에서 온 경우가 많습니다. 유럽과 아시아에서는 수천 년 동안 더 다양한 종류와 더 많은 수의 동물을 가두어놓고 기른 탓에 동물이 걸리는 질병이 늘어났습니다. 그리고 그 질병 가운데 몇몇은 사람에게 전파되어 사람의 질병이 되었습니다. 예를 들어 홍역과 폐결핵은 소가 걸리는 질병에서, 독감은 돼지의 병에서, 천연두는 낙타의 병에서 발달했을 것입니다. 하지만 아메리카 대륙에는 가축화된 동물이 거의 없었기 때문에 동물이 옮긴 질병도 없었습니다.

유럽과 아시아에서 동물 몸에서 사람 몸으로 옮겨 갈 수 있게 된 병원체는 엄청나게 많은 사람의 목숨을 앗아갔습니다. 수백만 명이 넘는 사람이 목숨을 잃었지만, 살아남은 사람들에게는 면역력이 생겼습니다. 하지만 유럽인이 정복한 아메리카 대륙과 오스트레일리아 대륙에 살던 사람들에게는 그런 면역력이 없었습니다. 화가 폴 고갱(Paul Gauguin)이 말한 것처럼 "문명은 사람을 아프게 만드는 것"입니다.

재러드 다이아몬드에 따르면, 대륙마다 사회가 다른 이유는 사람들의 생물학적 차이 때문이 아니라 각 대륙의 환경이 다르기 때문입니다. 마크 트웨인(Mark Twain)은 19세기에 벌써 그 사실을 알아채고 이렇게 말했습니다. "세상에는 웃긴 일이 아주 많은데, 백인이 자신은 다른 야만인보다 덜 야만적이라고 생각하는 것도 그런 일이다."[8]

인류의 미래

마지막 빙하기가 끝난 뒤에 시작된 지난 1만 3000년을 돌아보면 인간 사회의 혁신을 불러오는 중요한 원동력이 무엇인지 분명하게 알 수 있습니다. 바로 사람들의 상호작용입니다. 상호작용하고 또 상호작용하면 혁신이 생깁니다. 사람들에게 정착지가 생기고, 최초로 마을이 생기고 다시 도시가 생기면서 서로 생각을 나눌 기회가 늘어났고, 그 기회는 기술의 발전 속도를 높였습니다. 오늘날에는 70억 명이 넘는 사람들이 지구 문명을 이루고 있으며, 컴퓨터와 전기 통신을 결합해 인터넷을 만들었습니다. 인터넷은 사람들이 상호작용할 기회를 기하급수적으로 늘렸습니다. 2012년 한 해 동안 사람들이 주고받은 문자 메시지는 놀랍게도 8조 7000억 통에 달합니다.[9]

하지만 인류의 미래가 밝지만은 않습니다. 인류는 핵무기를 사용해 단 하루 만에 세계 문명을 파괴할 능력을 지녔으며, 엄청나게 늘어난 인구 때문에 전 세계 자연은 몸살을 앓고 있습니다. 기후는 변하고, 바다의 생산량은 줄어들고, 우리가 함께 살아야 할 지구의 생명체들은 무시무시한 멸종의 위협 앞에서 고통받고 있습니다. 지구를 온통 산소로 오염시킨 남조류 이후로 단일 생물 종이 지구에 이토록 파괴적인 영향을 끼친 예는 인간이 유일합니다. 이제 우리가 바라야 하는 일은 사람들이 어느 때보다 활발하게 상호작용해, 재앙을 피할 해결책을 찾아내는 것뿐입니다.

우리 종이 멸종한다면 정말 애석할 겁니다. 왜냐하면 우리는 먼 길을 왔고 많은 일을 성취했기 때문입니다. 우리 인류가 성취한 가장 위대한 업적은 1969년 7월 20일, 또 다른 세계에 발을 디딘 일일 것입니다. 닐 암스트롱이 "(한) 사람에게는 작은 한 걸음이지만 인류에게는 엄청난 도약"이라고 했던 이 사건은 대양에서 양서류가 처음으로 마른 땅으로 기어 나온 3억 5000만 년 전 이후에 생긴 가장 중요한 사건으로 지구 생명체 연대기에 기록될 것입니다. 라에톨리 평원에 발자국을 남긴 오스트랄로피테쿠스속 원인들은 자신들의 후손이 360만 년 뒤에 달 위에 발자국을 남기리라고는 전혀 생각하지 못했을 것입니다.

하지만 흥분하지는 맙시다. 우리가 왜 여기에 있는지를 기억해야 합니다. 우리가 이곳에 있는 이유는 농사를 지었던 우리 조상들이 유전공학이라는 어려운 기술을 익혔기 때문입니다. 한 무명 작가의 말처럼 "사람은—예술가적 허세를 지녔고 교양과 많은 업적을 쌓았지만—15센티미터 깊이로 쌓여 있는 표층토와 비가 내린다는 사실에 전적으로 의존하는 존재"입니다.

8장

생명을 지탱하는 힘,
문명을 일으키는 힘

[전기]

"전기를 이용해 물질 세계가 하나의 거대한
신경계가 되어 숨 한 번 쉬지 못할 시간에
수천 킬로미터를 진동해 나아간다니,
그것이 사실인가? 아니면 내가 꿈을 꾸고 있는 것인가?"
– 너새니얼 호손, 《일곱 박공의 집》

"가정에서, 산업체에서, 수많은 장소에서
사용하는 기계 속에 들어 있는
수많은 엔진들은 모두 전자기에 관한
지식 덕분에 돌아가는 것이다."
– 리처드 파인먼

$$***$$

가느다란 금속 선이 당신의 집으로 들어오고 **눈에 보이지 않는** 무언가가 금속 선을 타고 움직입니다. 그 **무언가**는 식기세척기의 전동기를 돌릴 정도로 **활기찰** 뿐 아니라 집 안의 모든 방에 불을 밝힐 수 있고, 심지어 겨울이면 집을 따뜻하게 데우기도 합니다. 우리 집뿐만이 아닙니다. 수백만 가구, 아니, **수십억** 가구에서 같은 일을 합니다. 전기의 힘이 지구에 동력을 제공한다는 사실은 누구나 압니다. 하지만 도대체 어떻게 그럴 수 있을까요?

이제부터 설명해드리겠습니다. 그런데 제 설명을 이해하려면 배경 지식이 조금 필요합니다. 자, 중력처럼 작용하지만 두 가지 면에서 중력과 다른 힘이 있다고 상상해봅시다.[1] 첫째는, 그 힘은 태양과 지구처럼 항상 서로를 끌어당기는 떨어져 있는 물질 덩어리들 사이에서 작용하는 것이 아니며, 그 힘을 다르게 경험하는 두 종류의 물질이 있다는 것입니다. 이 두 물질을 1유형과 2유형이라고 불러도 되고 A와 B, 혹은 음과 양이라고 불러도 됩니다. 이름은 문제가 되지 않습니다. 중요한 것은 같은 종류끼리는 서로 밀어내고 다른 종류끼리는 서로 끌어당긴다는 것입니다.

양인 물질을 잔뜩 모아놓으면 서로를 밀쳐내면서 사방으로 흩어집니다. 음인 물질을 모아놓아도 마찬가지입니다. 하지만 양인 물질과 음인 물질을 같은 양을 섞어놓으면 전혀 다른 일이 벌어집니다.

반대 물질끼리는 서로를 끌어당기고 같은 물질끼리는 서로를 밀어냅니다. 이때 서로 끌어당기는 힘과 밀어내는 힘이 정확하게 반반씩 있기 때문에 완벽하게 균형을 이룹니다.

따라서 두 물체가 있는데, 각 물체 안에 양인 물질과 음인 물질이 정확하게 반씩 섞여 있다면, 두 물체는 서로를 끌어당기지도 않고 밀어내지도 않습니다.

이렇게 작용하는 힘은 실제로 존재합니다. 이 힘의 이름은 **전기력**입니다. 당신과 나, 그리고 우리를 둘러싼 세상을 이루는 보통의 물질에는 양전하를 띤 양성자와 음전하를 띤 전자가 고르게 섞여 있습니다.(양성자는 원자의 중심인 원자핵 안에 들어 있고, 전자는 원자핵 주위를 돕니다.) 보통의 물체 속에서 끌어당기는 힘(인력)과 밀어내는 힘(척력)은 완벽하게 균형을 이루기 때문에 우리는 전기력을 전혀 느끼지 않고 다른 사람 옆에 서 있을 수 있습니다. 실제로 일상생활에서는 전기력을 느낄 기회가 거의 없습니다.

전기의 힘

전기력에는 인력과 척력이 있지만 보통의 상황에서는 그 힘이 완벽하게 상쇄되기 때문에 전기력은 그다지 특별할 게 없는 지루한 힘처럼 느껴집니다. 하지만 앞에서 전기력은 중력과 **두 가지** 점에서 다르다고 했습니다. 첫 번째 차이점(척력의 유무) 덕분에 전기력이 항상 완벽하게 중성 상태로 존재할 수 있다면, 두 번째 차이점이 있기에 전기력은 특별한 능력을 발휘해 현대 세계에 동력을 제공할 수 있습니다. 전기력은 중력보다 **강합니다.** 그저 10배, 100배, 100만 배 강한 것이 아닙니다. 실제로 전기력은 중력보다 **1만에 10억을 네 번 곱한 것만큼** 강합니다.[2]

전기력이 얼마나 막강한 힘인지를 이해하려면 병 안에서 윙윙거리며 날아다니는 모기를 떠올려 보면 됩니다. 어떤 마법사가 모기 몸에 있는 원자에서 음전하를 띤 전자를 모두 제거하고 오직 양전하를 띤 원자핵만 남겼다고 생각해봅시다.[3] 그러면 모기 몸에 남은 원자핵들은 서로를 밀어낼 테고, 결국 모기는 폭발하고 말 것입니다. 이제 문제를 풀어봅시다. 모기의 원자핵들을 모두 폭발시키면 에너지는 크기가 어느 정도일까요?

(a) 폭죽 한 개의 에너지
(b) 다이너마이트 한 개의 에너지
(c) 1메가톤 급 수소 폭탄 한 개의 에너지
(d) 지구 생명체를 대량으로 멸종시킬 수 있는 에너지

대부분은 정답을 (b) 다이너마이트 한 개의 에너지나 (c) 1메가톤 급 수소 폭탄 한 개의 에너지라고 생각할 것입니다. (c)라고 생각한 사람은 적어도 생각하는 방향은 옳았습니다. 수소 폭탄이 적절한 비유 대상이기는 하지만 **한 개로는** 어림도 없습니다. 적어도 수소 폭탄 **1000조 개**는 있어야 합니다. 그러니까 모기를 폭발시킨 힘은 6500만 년 전에 지구에 떨어져 공룡을 멸종시킨 도시 정도 크기의 소행성이 지닌 에너지와 같습니다. 따라서 정답은 (d)입니다. 모기는 **지구 생명**

체를 대량으로 멸종시킬 수 있는 에너지를 뿜어내며 폭발할 겁니다. 중력보다 1만에 10억을 네 번이나 곱한 만큼 강한 전기력이 완벽하게 상쇄되지 않는다면 지구에 있는 모기 하나 하나는 이 세계를 파괴할 수 있는 잠재적 파괴자가 되고 말 것입니다. 하지만 정말 다행히도 물리 세계에서는 생명의 세계에서와 마찬가지로 서로 반대되는 것들끼리 끌립니다.

이제는 전기력이 이 세상에 동력을 공급할 잠재력을 지니고 있다는 사실을 이해했을 겁니다.

모기 몸에서 전자를 모두 제거하면—실제로 그럴 수 있다면 말입니다—전기적으로 엄청난 불균형이 발생해 정말로 어마어마한 전기 에너지가 방출됩니다.[4] 실제로 전기력에 균형이 조금만 깨져도 엄청난 전기 에너지가 발생합니다. 그래서 번개가 치는 것입니다. 구름과 지면의 전기력에 균형이 깨지면 번개가 발생합니다.(사실은 구름과 구름의 전기 균형이 깨지는 경우가 더 많습니다.) 구체적으로 설명하자면 구름이 지면에서 전자를 가져와 음의 전기를 띠게 되면 지면은 양의 전기를 띠게 됩니다. 결국 구름과 지면 사이에 강한 전기력이 형성되고, 그 때문에 둘 사이에 있는 공기 원자의 최외각 전자들이 밖으로 튀어나옵니다. 이때 공기가 방전됐다고 하는데, 방전된 공기는 지면이 띤 전기적 불균형을 해소하려고 엄청난 양의 전자—보통 100에 10억을 두 번 곱한 수—를 땅으로 내려보냅니다. 그러면 짧은 순간에 번개가 번쩍입니다.

전자들의 흐름을 전류라고 부릅니다.[5] 일반적으로 번개의 전류는 1만 암페어(A)입니다.(암페어는 특정 시간당 흐르는 전류의 세기를 말합니다.) 물론 수십만 암페어일 수도 있습니다.(일반적으로 가정집에서 쓰는 전류는 10암페어 미만입니다.) 10분의 1초 정도면 전류는 연필 너비만 한 거리를 이동합니다.[6] 전류를 구성하는 전자들은 아주 작은 수많은 볼 베어링처럼 공기 원자에 충돌하면서 자신이 가진 에너지를 여전히 원자에 묶여 있는 전자에게 건네줍니다. 엄청난 에너지를 얻은 공기 원자들은 온도가 섭씨 5만 도 정도까지 솟구쳐 오릅니다. 태양 표면보다 10배 정도 높은 온도입니다. 갑자기 엄청나게 뜨거워진 공기는 번개가 지나간 길 양옆으로 초음속에 가까운 엄청난 속도로 팽창하는데, 이 때문에 천둥소리가 납니다. 에너지가 높아진 전자들이 넘치는 에너지를 광자로 방출할 때 번쩍하고 번개가 칩니다.

번개는 전기의 몇 가지 중요한 특성을 나타냅니다. 한 가지는 전하의 균형이 깨지면 전기력은 막대한 에너지를 방출할 기회를 얻는다는 것이고,[7] 또 한 가지는 전기 에너지는 전류라는 형태로 **먼 곳까지** 이동할 수 있다는 것입니다. 번개는 보통 2킬로미터 정도를 이동합니다. 하지만 텍사스 주 댈러스 근처에서 목격한 번개는 거의 200킬로미터를 갔습니다. 전류를 이용해 에너지를 먼 거리까지 보내는 능력은 현대의 기술 세계를 세우는 데 엄청나게 중요한 역할을 했습니다.

번개를 통해 알 수 있는 전기의 마지막 특성은 전류를 이용하면 전기 에너지를 열 에너지나 빛 에너지 같은 다른 에너지로 바꿀 수 있다는 것입니다. 19세기 말에 전기 혁명을 일으킨 주역은 바로 백열전구였습니다. 전기 선구자들은 가정집에 전기를 넣겠다거나 전기 기구를 설치한다는 생각을 하지 않았습니다. 그저 집을 밝히자는 생각을 했을 뿐입니다. 아마존닷컴을 만든 제프 베저스(Jeff Bezos)는 "이 세상을 전선으로 연결한 것은 백열전구다."라고 했습니다.

번개의 전류가 에너지를 공기에 전달해 빛과 열을 내게 하는 것처럼, 백열전구의 전류도 필라멘트에 에너지를 전달해 빛과 열을 내게 합니다. 산소가 없는 유리구 안에 필라멘트를 넣어서 타지 않고 빛날 수 있게 만든 것은—에디슨이 고안한 것은 아니었지만 그가 완벽하게 다듬었는데—꽤 영리한 생각이었습니다.[8]

번개는 분명히 전기적 특성을 띠고 있습니다. 하지만 인위적으로 전하의 불균형을 대규모로 조성한 뒤에 공기가 방전되기를 기다리는 방법은 전류를 생산하는 실용적인 방법이 아닙니다. 다행히 전류를 더 편리하고 쉽게 조절하는 방법이 있습니다. 하지만 이 방법을 이해하려면 먼저 전하의 전기력이 공간을 넘어 다른 전하에 영향을 끼치는 방법을 정확하게 알아야 합니다.

전기장과 자기장

풍선을 나일론으로 만든 옷에 문지르면 한쪽에서 다른 쪽으로 전자가 이동합니다. 어느 쪽으로 전자가 이동하는지는 중요하지 않습니다. 사실 어느 쪽으로 이동하는지는 정확하게 밝혀지지 않았습니다. 중요한 것은 서로 문지르면 풍선과 나일론 옷 모두 전하를 띤다는 사실입니다.[9] 전하를 띤 풍선을 작은 종잇조각에 가까이 대면 전기력이 종이를 잡아당기고, 종잇조각은 날아올라 풍선에 철썩 달라붙습니다.[10] 어쨌거나 풍선의 전기력이 공기 너머로 손을 뻗어 종잇

조각을 움켜잡은 것입니다.

물리학자들은 전하의 전기력이 외부에 영향을 미치는 공간을 **전기력장**(electric force field)이라고 하는데, 전기력장은 〈스타트렉〉에 나오는 견인 광선처럼 눈에 보이지 않습니다. 전기력장 안으로 들어간 종이는 전하 쪽으로 향하는 힘을 경험합니다.[11]

전하를 띤 풍선이 만드는 전기력장은 미약하지만 폭풍우 구름과 구름 사이에서 만들어지거나 구름과 지면 사이에서 만들어지는 전기력장은 엄청날 수 있습니다. 공기에 있는 원자들에서 수많은 전자를 떼어내 번개를 만들 수 있을 정도로 엄청난 전기력장이 형성되는 것입니다. 실제로 폭풍우가 만드는 전기력장은 직접 **느낄 수** 있을 정도로 강해서 피부가 따끔거리거나 머리카락이 쭈뼛 서기도 합니다. 이런 느낌이 들면 반드시 지면에 납작 엎드려야 합니다. 안 그랬다가는 번개를 맞고 쓰러질 수도 있습니다.

전기력장은 단순히 전하에서 바깥으로 뻗어나간 눈에 보이지 않는 힘이 작용하는 영역이 아닙니다.(전하는 같은 전하끼리는 밀어내고 다른 전하끼리는 잡아당깁니다.) 전기력장이란 '**움직이지 않는**(static charge, 정전하)' 전하를 둘러싼 힘을 묘사할 뿐입니다. 하지만 A라는 한 전하가 B라는 다른 전하에 대해 **움직이는 상태라면** 새로운 힘이 나타납니다. 그때 B 전하는 전기력뿐 아니라 **자기력도** 느낍니다.

자기력장(magnetic force field)은 전기력장보다는 쉽게 상상할 수 있습니다. 막대자석과 못을 함께 두기만 하면 직접 확인할 수 있습니다. 분명히 보이지 않는 힘이 자석 주위에 형성되어 갑자기 못을 끌어당긴다는 **느낌**을 받게 될 것입니다. 사실 네 살인가 다섯 살이던 어린 알베르트 아인슈타인(Albert Einstein, 1879~1955)이 과학에 흥미를 갖고, 절대 잊을 수 없는 자연의 교훈을 배운 계기는 지구 자기장에 반응해 움직이는 나침반의 자석 바늘을 본 것이었습니다. 아인슈타인은 그때 사물의 이면에 깊이 숨겨진 무언가가 있다는 사실을 깨달았습니다.[12]

자기장이 **움직이는 전하** 때문에 생긴다는 사실을 이해하면 영구자석이 자기장을 만드는 원리도 알 수 있습니다. 우리 몸의 살과 피를 포함한 모든 물질은 수없이 많은 전하를 띤 전자로 이루어져 있는데, 이 전자들은 원자핵 주위를 돌 뿐 아니라 아주 작은 팽이처럼 스스로도 빙글빙글 돕니다. 이것은 곧 모든 원자와 모든 전자는 작은 자석과 같다는 뜻입니다. 물질을 구성하는 작은 자석들은 무작위로 빙글빙글 돌기 때문에 물질의 자기장은 대부분 상쇄되고 사라집니다. 하지만 자기장이 완벽하게 상쇄되지 않는 물질도 있습니다. 바로 영구 자석입니다.

움직이는 전하가 자기장을 형성한다는 사실을 제일 먼저 발견한 사람은 덴마크의 물리학자 한스 크리스티안 외르스테드(Hans Christian Ørsted, 1777~1851)입니다. 1820년에 외르스테드는 전류가 흐르는 도선을 자석 나침반에 가까이 대었다가 나침반 바늘이 움직이는 모습을 발견했습니다. 전류는 말 그대로 전하의 흐름이며, 전하가 흐르면 전기장이 바뀝니다. 외르스테드는 **변화하는 전기장은 자기장을 만든다**는 사실을 알아낸 것입니다.

두 자석을 가까이 대면 두 자석 사이에 흐르는 강력한 힘을 느낄 수 있습니다.[13] 외르스테드가 발견한 것처럼, 변화하는 전기장을 만들어내는 전류가 흐르는 도선을 감은 코일은 **자석**입니다. 이 도선에 영구 자석을 가까이 가져가면 두 자석 사이에 힘이 생깁니다. 이 힘은 두 영구 자석 사이에 생기는 힘과 같은 힘입니다. 전류가 흐르는 도선과 영구 자석을 적절하게 배치하면—그러려면 약간의 재주가 필요합니다—이 힘은 돌돌 감은 도선을 돌아가게 합니다. **자, 보세요!** 지금 우리는 전동기를 만들었습니다!

자기장에서 물체가 돌아가는 현상은 물리학자들이 '컬(회오리curl)'이라고 부르는 현상 때문에 생깁니다. 전기장은 전하를 중심으로 하여 방사상으로 퍼져 나가지만 돌돌 감은 도선이 만드는 자기장은 작은 회오리바람처럼 빙글빙글 돕니다.

전동기를 이용하면 전류는 단순히 열과 빛을 내는 것을 넘어 훨씬 많은 일을 할 수 있습니다. 물체를 **움직일 수** 있는 것입니다. 전기 장비에 장치하는 전동기에서는 전류 때문에 생긴 변화하는 전기장이 회전축을 미는 자기장을 만듭니다. 전동기는 식기세척기, 자동문, 전기 자동차, 전동 기차에 이르기까지 모든 물건을 움직일 수 있습니다. 모두 **변화하는 전기장은 자기장을 만든다**는 간단한 원리를 적용해 만든 결과물입니다.

물론 두말할 필요도 없이 전동기를 작동하려면 전류가 반드시 있어야 합니다. 자연이 만드는 전류는 단 한 종류인데, 무질서하고 수명도 짧습니다. 바로 번개입니다. 그렇다면 어떻게 해야 실용적이고도 제어할 수 있는 전류를 만들 수 있을까요? 그 대답을 알려면 전자기장의 또 다른 특징을 알아야 합니다. 이 특징은 1831년에 영국의 물리학자 마이클 패러데이(Michael Faraday, 1791~1867)가 발견했습니다. 패러데이는 지금 우리가 사용하는 전력 체계(전력 계통electric power system)의 길을 열어준 사람입니다. 《멋진 신세계》를 쓴 작가 올더스 헉슬리(Aldous Huxley)는 "설혹 내가 셰익스피어가 될 수 있다고 해도 나에게 선택권이 있다면 나는 패러데이가 되고 싶다."[14]라고 했습니다. 영국 총리인 윌리엄 글래드스턴(William Gladstone)이 패러데이에게 "전기에는 어떤 실용성이 있소?" 하고 물은 일은 유명합니다. 그때 패러데이는 이렇게 대답했습니다. "글쎄요, 각하. 아마도 각하께서 곧 세금을 부과하실 수 있을 겁니다."

패러데이는 도선을 감은 코일 가까이 자석을 가져가면 아주 잠깐 동안 코일에 전류가 흐른다는 사실을 알았습니다.[15] 전류는 전하의 흐름이고, 전하는 전기장 때문에 움직입니다. 패러데이가 발견한 것은 **변화하는 자기장이 전기장을 만든다**는 사실입니다.

자기장과 전기장은 기분 좋게 대칭을 이룹니다. 변화하는 전기장이 자기장을 만들뿐 아니라 변화하는 자기장 역시 전기장을 만듭니다. 영구 자석이 만든 자기장 안에서는 도선을 감은 코일이 회전합니다. 코일과 영구 자석을 적절하게 배치하면―그러려면 약간의 재주가 필요하죠―코일 안에서 전기장이 생성되고, 전류가 흐릅니다. 자, 보세요! 지금 우리는 발전기를 만들었습니다.

발전소에서는 자기력장 안에서 도선을 감은 코일이 돌아갑니다. 코일을 돌리는 역할은 바람이나 물, 혹은 석탄이나 석유나 원자력으로 물을 끓여 얻은 수증기가 맡습니다.[16] 중요한 것은 코일이 자기장 안을 가로지르며 회전해야 한다는 것입니다. 다시 말해서 코일을 통과하는 자기장이 **변한다**는 뜻입니다. 변하는 자기장이 전기장을 만들어야만 전자가 코일 주위를 돌고, 그래야만 전류가 흐릅니다. 이렇게 만들어진 전류는 발전소에서 나와 전선을 타고 여러분의 집으로 흘러들어 갑니다.

실제로 각 집에 들어왔다가 나가는 전류는 **같은 전선**을 따라 흐릅니다. 발전소에서 나오는 전류는 활선(live wire)을 따라 흐르며, 발전소로 돌아가는 전류는 중성선(neutral wire)으로 흐르기 때문에 전류는 회로를 따라 움직인다고 하겠습니다.[17] 그런데 한 가지 반전이 있습니다. 기본적으로 전류는 회로를 따라 흐르지만, 발전소에서는 한 방향으로만 흐르는 전류를 만들지 않습니다. 직류 전류(DC)가 아니라 흐르는 방향을 재빨리 바꿔 앞뒤로 움직일 수 있는 **교류 전류(AC)**를 만듭니다. 그래야만 먼 곳으로 전류를 보낼 때 생길지도 모르는 중대한 문제를 해결할 수 있기 때문입니다.

교류 전류와 변압계의 마법

발전소에서 흘러나오는 전류를 높은 언덕 위에서 계곡 아래로 흐르는 시냇물이라고 생각해봅시다. 언덕 꼭대기 부근에서 흐르는 시냇물을 가로채 곧바로 계곡 바닥으로 떨어지게 하면 물레바퀴 같은 기구를 움직일 수 있습니다. 하지만 계곡 바닥 근처에서 물을 가로채 떨어뜨리면 그 물을 이용해서 할 수 있는 일이 별로 없습니다. 발전소에서 전류를 흘려보낼 때도 같은 문제가 생깁니다. 이동 거리가 멀면 전류에서 빼낼 수 있는 에너지가 적어집니다. 발전소 가까이 있는 집에서는 밝은 백열전구를 여러 개 켤 수 있지만, 발전소에서 멀리 떨어진 곳에 있는 집에서는 희미한 백열전구 하나도 제대로 켤 수 없습니다.

전류가 운반할 수 있는 에너지의 양은 전압이 결정합니다. 전압은 계곡을 향해 흐르는 시냇물의 높이로 비유할 수 있습니다. 영국 가정에서 쓰는 소비 전압은 240볼트입니다.(한국은 220볼트이고 미국은 110~120볼트입니다.) 이렇게 말하면 발전소에서 거의 240볼트에 해당하는 전압을 생성해야 할 거라고 생각하기 쉽습니다. 하지만 이 경우 발전소에서 멀리 떨어진 집에서 쓸 수 있는 에너지는 100볼트 혹은 10볼트, 심지어 1볼트뿐일지도 모릅니다. 1880년대 뉴욕에서 에디슨이 이 곤란한 문제를 극복하기 위해 생각해낸 유일한 해결책은 2.5킬로미터마다 발전소를 세우는 것뿐이었습니다. 불가능한 일은 아니었지만, 분명히 미국 전역에 전기를 공급하는 데 효과적인 방법은 아니었습니다.

니콜라 테슬라(Nikola Tesla, 1856~1943) 같은 전기 공학의 선구자는 전류 수송 문제를 발전소에서 240볼트가 아니라 그보다 1000배는 강력한 전압을 생성하는 것으로 해결했습니다. 영국 전력 회사 내셔널 그리드(National Grid)에서 먼 곳으로 가는 전류를 내보낼 때 출력 전압은 11만 볼트가 넘습니다.[18] 전자가 먼 거리를 여행하면서 전선을 이루는 원자에 부딪치거나 열이 발생해 에너지를 잃더라도, 11만 볼트라는 엄청난 에너지를 흘려보냈기 때문에 손실되는 에너지는 무시할 수 있습니다. 결국 엄청나게 먼 거리를 전류가 이동할 수 있게 되면서 집 근처에 발전소를 지어야 할 이유는 사라졌습니다. 하지만 11만 볼트는 가전제품이 버티기 어려운 큰 에너지라는 문제가 여전히 남습니다. 이 문제를 해결하려면 발전소에서 가정집으로 전류가 흐르는 동안 반드시 전압을 낮추어야 합니다. 직류 전류는 전압을 낮출 수 없습니다. 하지만 교류 전류라면 가능합니다.

교류 전류는 진행 방향을 재빨리 바꿀 수 있는데, 그 횟수는 보통 1초에 50번 내지 60번 정도입니다. 도선을 타고 흐르는 전자가 해변에서 파도가 밀려왔다 밀려가는 것처럼 앞뒤로 움직인다고 생각하면 됩니다. 교류 전류도 본질적으로는 직류 전류처럼 수많은 전자가 **움직이는** 것이므로, 한 방향으로만 가는 사촌만큼이나 효율적으로 에너지를 운반할 수 있습니다.[19] 더구나 교류 전류를 이용하면 교류 전류를 **만드는** 발전기와 교류 전류로 **가동하는** 전동기를 동시에 만들 수 있습니다. 이제 남은 문제는 단 한 가지, 11만 볼트에 이르는 교류 전류를 가정에서 필요한 240볼트로 낮추는 일입니다. 이 일은 변압기가 해냈습니다.

변압기에는 두 개의 코일이 있습니다. 첫 번째 코일에 변화하는 전류—교류 전류—가 흐르면 두 번째 코일에는 변화하는 자기장이 만들어집니다. 자기장이 변하면 전기장도 바뀌기 때문에 두 번째 코일에 흐르는 전류도 바뀝니다. 만약 두 번째 코일이 첫 번째 코일보다 적게 **회전한다면**, 전압은 **내려갑니다**.

그렇습니다. 인류의 전력 체계는 정말 간단합니다!

맥스웰의 전기 역학 법칙

그런데 전기와 자기에는 몇 가지 숨은 이야기가 더 있습니다. 앞에서 본 내용을 떠올려보면, 만약 전하가 '나'에 대해 상대적으로 더 움직이는 상태라면 나는 전기장뿐 아니라 **자기장도 볼 수 있습니다.** 하지만 내가 전하와 나란히 움직이는 상태라면, 그러니까 전하가 나보다 조금이라도 더 움직이는 상태가 아니라면, 나는 자기장을 볼 수 없습니다. 이것이 전부가 아닙니다. 만약 자석이 나보다 조금이라도 더 움직이는 상태라면 나는 자기장뿐 아니라 **전기장도 볼 수 있습니다.** 하지만 우리가 자석과 나란히 움직인다면 나는 자기장만 볼 수 있습니다.

보는 관점에 따라 자기장이 생기기도 하고 생기지 않기도 하다니, 어떻게 그럴 수 있을까요? 보는 관점에 따라 전기장이 생기기도 하고 그렇지 않기도 하다니, 어떻게 그럴 수 있는 걸까요? 이런 현상이 생기는 이유는 한 가지밖에 없습니다. 자기장과 전기장은 **본질적인 것이 아니기 때문입니다.**

1905년에 아인슈타인이 깨달은 것처럼 전기장과 자기장은 시간과 공간처럼 한 가지 본질의 다른 측면, 즉 전자기장의 두 측면입니다. 전자기장의 어떤 측면을 보느냐는 전자기장을 생성하는 근원에 대한 관찰자의 상대적 속도가 결정합니다. 이것이 바로 한 사람은 전기장만 보는데 다른 사람은 전기장과 자기장을 동시에 보는 이유이자, 한 사람은 자기장만 보는데 다른 사람은 자기장과 전기장을 동시에 보는 이유입니다. 자기장과 전기장이 기분 좋게 대칭을 이루고 있는 이유는 간단합니다. 그럴 수밖에 없기 때문입니다. 왜냐하면 본질적으로 둘은 같기 때문입니다.

하지만 이야기는 아직 끝나지 않았습니다. 1863년에 스코틀랜드의 물리학자 제임스 클러크 맥스웰(James Clerk Maxwell, 1831~1879)은 과학계의 역작을 발표하면서 그때까지 알려진 전기와 자기 현상을 모두 한데 버무려 깔끔하게 몇 가지 방정식으로 빚어냈습니다.[20] 자신이 만든 방정식을 살펴보던 맥스웰은 놀라운 사실을 발견했습니다. 호수에 물결파가 있는 것처럼 전기장과 자기장에도 물결처럼 퍼져 나가는 파동이 있는 것 같았습니다. 이 파동은 자력으로 움직일 뿐 아니라 아주 특별한 속도로 움직이고 있었습니다. 바로 **빛의 속도**로 말입니다.

맥스웰은 전기와 자기와 **빛**이 맺는 놀라운 관계를 밝혔습니다. 결국 빛은 전자기가 내는 파동, 즉 전자기파라는 것을 밝힌 것입니다.[21] 아직 끝이 아닙니다. 맥스웰의 방정식은 전자기파가 가시광선보다 더 빠르게 또는 더 느리게 진동할 수 있다는 것을 보여주었습니다. 1888년에 독일 물리학자 하인리히 헤르츠(Heinrich Hertz, 1857~1894)는 전자기파가 존재한다는 사실을 입증했습니다. 헤르츠는 전기 불꽃을 일으켜 전자기파를 쏘아 보냈습니다. 눈에 보이지 않는 이 전파는 헤르츠의 실험실을 가로질러 갔고, 코일에 측정할 수 있는 전류가 흘렀습니다. 이 순간 세상은 획기적으로 바뀌었습니다. 전 세계를 돌고 있는 전파와 텔레비전 송신은 모두 이 위대한 실험 덕분에 탄생했습니다. 바로 이날, 전 세계가 연결된 현대 사회가 시작된 것입니다. 노벨상 수상자인 미국의 물리학자 리처드 파인먼(Richard Feynman, 1918~1988)은 "사람의 역사가 아주 길 거라고 생각하고, 그러니까 앞으로도 수천 년은 이어진다고 보고, 그때가 되어 19세기에 가장 중요한 사건이 무엇인가를 묻는다면 분명히 맥스웰의 전기 역학 법칙의 발견이라고 대답할 것이다."[22]라고 했습니다.

모든 생물은 전기의 힘으로 살아간다

전기 덕분에 그전까지는 상상도 못했던 기술 발달이 가능해졌습니다. 사람들은 두 사람을 직접 잇는 물질 없이도 지구 반대편에 있는 사람에게 신호를 보낼 수 있게 되었으며, 엄청나게 광범위한 전력체계를 구축할 수 있게 되었습니다. 다음과 같은 파인먼의 말은 새겨들을 만합니다. "가정에서, 산업체에서, 수많은 장소에서 사용하는 기계 속에 들어 있는 수많은 엔진들은 모두 전자기에 관한 지식 덕분에 돌아가는 것이다."[23]

그런데 전기를 이용하면서 사람들은 불현듯 전기가 자연에서도 가장 중요한 작용을 한다는 사실을 깨달았습니다. 우리는 전기의 세상에 살고 있습니다. 그전까지는 아무도 이 사실을 깨닫지 못했습니다. 전기력은 우리가 살아가는 거의 모든 곳에서 완벽하게 균형을 이루고 중성 상태를 유지하기 때문입니다. 하지만 모든 물질을 구성하는 기본 입자인 원자의 세계에서는 전혀 그렇지 않습니다. 원자의 세계에서는 전하의 균형이 깨진 모습을 흔히 볼 수 있습니다.

그래서 이런 농담도 있습니다.

두 원자가 길을 걷다가 부딪쳤습니다. 한 원자가 다른 원자에게 말했습니다.

"괜찮아?"

"아니. 전자를 잃었어."

"확실해?"

"그럼. 난 긍정적*이거든."

보통 원자 몇 개로 이루어진 물질 조각은 양전하와 음전하 수가 다를 수 있습니다. 그리고 설사 양전하와 음전하의 수가 같다고 해도 여전히 아주 큰 전기력이 존재할 가능성은 있습니다. 왜냐하면 물질 한 조각이 띠는 음전하는 다른 물질의 음전하보다 양전하에 더 가까이 있기 때문입니다. 거리가 멀어지면 전기력은 약해지기 때문에 인력이 척력을 이깁니다. 따라서 작은 물질 두 조각은 순전하(net charge, 양전하와 음전하의 차)가 없다고 해도 맹렬하게 달라붙을 수 있습니다.

원자를 지배하는 힘은 아주 강력한 전기력이라는 사실이 밝혀졌습니다. 원자를 한데 뭉치게 하고, 다른 원자와 결합해 분자를 만들게 하는 힘은 전기력입니다. 원자에 들어 있는 전자를 재배치하는 화학 반응도 모두 전기력 때문에 생깁니다. 전기력에서 인력은 우리 몸을 구성하는 분자의 원자를 한데 뭉치게 할 뿐 아니라 그 분자들 바깥에서 전자들이 서로 밀어내 우리가 지구 중력 때문에 납작해지지 않도록 단단한 형태를 유지하게 해줍니다. 우리 세포는 전기 에너지를 가두고 활용하는 법을 배웠습니다. 음식에 들어 있는 전자가 세포벽 주위에 전기장을 형성하는 덕분에 ATP(아데노신3인산)처럼 세포 건전지 역할을 하는 분자들이 생성됩니다.[24]

생물은 전기 덕분에 살아갑니다. 우리는 전기적 존재입니다. 건전

---

* 영어 positive는 '긍정적'이라는 뜻이지만 '양전하'라는 뜻도 있다.

지의 전기력이 장난감에 생명을 불어넣듯이 사람도 전기력에서 생명을 얻습니다. 그것이 바로 전기가 경이롭지만 **위험하기도** 한 이유입니다. 미국 코미디언 팀 앨런(Tim Allen)은 이렇게 말했습니다. "조카가 플러그에 1페니짜리 동전을 밀어 넣으려고 했어요. 1페니로는 얼마 못 간다고 하는 사람은 그애가 거실을 가로질러 날아가는 걸 못 봐서 그런 거예요."

9장

18개월마다 두 배씩
빨라지는 인공 두뇌

[컴퓨터]

"언젠가는 숙녀분들이 컴퓨터를 가지고
공원으로 산책을 가서 '내 작은 컴퓨터가
오늘 아침에 아주 재미있는 말을 했지 뭐야.'라고
말하는 날이 올 것이다."
– 앨런 튜링

"이 세상에서 컴퓨터를 팔 수 있는 시장은
아마도 다섯 곳뿐이라고 생각한다."
– IBM 회장 토머스 J. 왓슨(1943년)

* * *

파블로 피카소(Pablo Picasso)는 "컴퓨터는 아무 쓸모가 없다. 할 수 있는 거라곤 답을 내는 것뿐이잖은가."라고 했습니다. 하지만 컴퓨터가 내는 답을 좀 보세요! 지난 50년 동안 컴퓨터가 내놓은 답들이 우리가 사는 세상을 극적으로 바꾸었습니다.[1] 사람이 만든 발명품 가운데 컴퓨터와 비교할 수 있는 것은 없습니다. 식기세척기는 언제까지나 식기세척기일 뿐입니다. 식기세척기가 진공청소기가 되고 토스터가 되고 원자력 발전소가 되는 일은 없습니다. 하지만 컴퓨터는 워드 프로세서도 되고 쌍방향 비디오도 되고 스마트폰도 됩니다. 컴퓨터의 변신은 무궁무진합니다. 컴퓨터만이 지닌 독특한 셀링 포인트, 즉 강점은 **어떠한 기계든지 흉내 낼 수 있다는** 점입니다. 사람만큼 융통성 있는 컴퓨터는 아직 등장하지 않았지만, 그런 컴퓨터가 등장하는 것은 결국 시간 문제일 뿐입니다.[2]

기본적으로 컴퓨터는 기호를 섞는 장치입니다. 예를 들어 비행기의 고도와 대지 속도 같은 기호를 넣으면 필요한 연료, 보조 날개의 필수 변경 각도 같은 다른 기호들이 나옵니다. 입력 기호를 출력 기호로 바꾸는 일은 컴퓨터 내부에 저장된 프로그램이 수행하는데, 이 프로그램은 기호를 **무한히 다시 기록할 수 있습니다.** 컴퓨터가 다른 기계를 흉내 낼 수 있는 이유는 **프로그램을 짜 넣을 수 있기 때문입니다.** 유례없이 전 세계를 장악할 수 있었던 컴퓨터의 힘은 바로 엄청나게 다재다능한 컴퓨터 프로그램에 있습니다.

저장된 프로그램을 기반 삼아 기호를 섞는 추상적 기계를 제일 먼저 생각한 사람은 영국 수학자 앨런 튜링(Alan Turing, 1912~1954)입니다. 튜링은 독일군의 암호 기계 에니그마(Enigma)와 암호 체계 피시(Fish)를 해독한 것으로 유명한데, 그 덕분에 2차 세계대전을 몇 년 일찍 끝낼 수 있었다는 평가를 받았습니다.[3]

튜링이 1930년대에 고안한 기호 섞는 장치는 전혀 컴퓨터처럼 보이지 않습니다. 이 장치의 프로그램은 1차원 테이프에 0과 1만을 사용하는 이진법으로 저장되었는데, 그 이유는 숫자와 지시어를 포함한 모든 것은 궁극적으로 이진법 숫자로 환원할 수 있기 때문입니다. '읽기/쓰기 헤드*가 한 번에 숫자 하나씩 변환한다'와 같은 정확한 작동 원리는 여기에서 중요하지 않습니다. 중요한 것은 튜링 기계는 어떤 기계를 묘사하든 그 설명을 받아들여 이진법으로 부호화한 뒤에 해당 기계를 **흉내 낸다**는 점입니다. 이 전례 없는 능력 때문에 튜링은 이 장치를 만능 튜링 기계(universal turing machine)라고 불렀습니다.

특이하게도 튜링은 컴퓨터가 할 수 있을 일을 보여주기 위해서가 **아니라 컴퓨터가 할 수 없는 일**을 보여주려고 이런 기계를 상상했습니다. 튜링은 뼛속까지 철저하게 수학자였습니다. 실제로 작동하는 컴퓨터가 등장하기 훨씬 전이었지만, 튜링은 컴퓨터의 궁극적 한계에 관심이 있었습니다.

읽기/쓰기 헤드(read/write head) 자기 디스크, 자기 테이프 같은 자기 데이터 매체에서 데이터를 판독하고 기록하는 전자 자기 장치.

놀랍게도 튜링은 컴퓨터가 할 수 없는 일, 아무리 막강한 성능의 컴퓨터라도 해낼 수 없는 일을 어렵지 않게 찾아냈습니다. 일명 정지 문제(halting problem)라고 하는 것인데, 이것이 어떤 문제인지는 쉽게 설명할 수 있습니다. 컴퓨터는 가끔 수레바퀴에 정신을 빼앗긴 햄스터처럼 같은 지시 내용을 반복해서 수행하는 끝없는 순환 고리에 갇힐 때가 있습니다. 정지 문제란 이렇습니다. 만일 컴퓨터에 '그 프로그램보다 먼저 처리하라'고 명령하는 프로그램을 넣으면 컴퓨터는 작동을 멈출까? 다시 말해 컴퓨터는 끝없이 반복되는 순환 고리에 갇히지 않을 수 있을까?

튜링은 현명하게 추론한 뒤에 컴퓨터는 컴퓨터 프로그램을 정지할 것인지 영원히 연산을 수행할 것인지 결정할 수 없으며, 따라서 정지 문제는 사람이 만들 수 있는 그 어떤 컴퓨터로도 풀 수 없는 문제라는 사실을 입증해 보였습니다. 전문 용어로 말해 정지 문제는 '계산'할 수 없는 것입니다.[4]

다행히 정지 문제는 우리가 컴퓨터를 이용해 풀어야 하는 전형적인 문제와는 거리가 멉니다. 따라서 튜링이 설정한 컴퓨터의 한계는 우리의 발목을 잡지 않았습니다. 놀랍게도 컴퓨터는 순수 수학이라는 추상적인 영역에서 상상 속의 기계라는 형태로 탄생했지만 결국 엄청나게 실용적인 장비임이 밝혀졌습니다.

이진법의 혁명

컴퓨터는 만능 튜링 기계처럼 이진법을 사용합니다. 이진법은 17세기에 독일 철학자이자 수학자였던 고트프리트 라이프니츠 (Gottfried Leibniz, 1646~1716)가 발명했습니다. 누가 미적분학을 발명했는지를 놓고 아이작 뉴턴과 한바탕 맞붙은 바로 그 사람입니다. 이진법은 모든 수를 0과 1로 표기합니다. 실생활에서 우리는 보통 십진법을 사용합니다. 가장 오른쪽에는 1의 단위인 숫자를 적고, 왼쪽으로 가면서 10의 단위, 그 다음은 10 곱하기 10의 단위를 쓰는 것입니다. 예를 들어 9217은 $7+1×10+2×(10×10)+9×(10×10×10)$을 나타냅니다. 반면 이진법에서는 가장 오른쪽에 1의 단위를 적고 왼쪽으로 가면서 2의 단위, 2 곱하기 2의 단위, 2 곱하기 2 곱하기 2의 단위순으로 써 나갑니다. 예를 들어 이진법으로 1101이라고 쓴 것은 $1+0×2+1×(2×2)+1×(2×2×2)$이기 때문에 십진법으로는 13이 됩니다.

이진법을 사용하면 숫자를 기록할 수 있을 뿐 아니라 작동 명령도 내릴 수 있습니다. 연속하는 이진법 숫자(비트)가 해야 할 일을 그저 '더해라' 하는 식으로 명령을 지정해주기만 하면 됩니다. 이 1은 곱하고 이 1은 명령을 수행한 뒤에 처음으로 돌아가서 다시 명령을 수행하라, 이런 식으로 지정하기만 하면 되는 것입니다. 이진법으로 표시할 수 있는 것은 숫자와 프로그램만이 아닙니다. 이진법은 우주선 카시니호가 전송한 토성 고리의 영상에 담긴 정보에서부터 아직 우리 능력을 뛰어넘는 일이기는 하지만 사람에 관한 정보에 이르기까지 무엇이든 암호화할 수 있습니다. 이런 정보 혁명의 매력에 사로잡혀 이진법이야말로 물리학을 낳은 우주의 핵심 토대라고 주장하는 물리학자도 있습니다. 미국의 물리학자 존 아치볼드 휠러(John

Archibald Wheeler, 1911~2008)는 인상적인 말을 남겼습니다. "모든 것(it)은 비트(bit)에서 나왔다."[5]

컴퓨터에 사용하기에 특히 이진법이 적합한 이유는, 서로 다른 두 상태를 지정하는 장비만 있으면 하드웨어에 0과 1을 표시할 수 있기 때문입니다. 정보를 저장한다고 생각해봅시다. 정보를 저장하려면 자기 매체(magnetic medium)가 필요합니다. 자기 매체에는 0을 나타낼 때와 1을 나타낼 때 각각 다른 방향으로 자성을 띠는 작은 영역이 있습니다. 나침반 바늘을 여러 개 늘어놓았다고 생각하면 됩니다. 한편, 정보를 처리하려면 서로 다른 두 상태를 갖는 전자 장비가 필요합니다. 바로 트랜지스터입니다.

물이 흘러나오는 정원 고무호스를 생각해봅시다. 물은 수원(소스 source)에서 흘러나와 배수구(드레인drain)로 흘러들어갑니다. 그런데 만약 고무호스의 가운데 부분을 발로 밟으면 물은 더 흘러나오지 않습니다. 컴퓨터 안에서 트랜지스터는 기본적으로 이 고무호스와 같은 역할을 합니다.[6] 다른 점은 트랜지스터가 막는 것은 물이 아니라 전자의 흐름, 즉 전류라는 것입니다. 또한 발이 아니라 게이트(gate)가 전자를 막습니다. 발로 호스를 밟으면 물의 흐름을 차단할 수 있는 것처럼 게이트에 전압을 가하면 출발지(소스)에서 목적지(드레인)로 가는 전자의 흐름을 조절할 수 있습니다.[7] 1은 전류가 흐르도록 스위치를 켜는 상태이고 0은 전류를 차단하도록 스위치를 끄는 상태입니다. 원리는 간단합니다.

오늘날 마이크로칩(직접 회로)에 장착하는 트랜지스터는 사실 아주 작은 T 자 모양으로 생겼습니다. T에서 위에 가로로 놓인 '一'는 전류가 흐르는 시작점과 끝점, 즉 소스와 드레인(고무호스)이고 세로로 놓인 'I'는 게이트(사람의 발)입니다.

이제 트랜지스터 두 개를 연결해봅시다. 한 트랜지스터의 소스가 다른 트랜지스터의 드레인에 연결됩니다. 그리고 두 호스 옆에 당신과 친구가 각각 서 있는 모습을 상상하면 될 겁니다. 당신이 호스를 밟으면 물은 나오지 않습니다. 당신의 친구가 호스를 밟아도 물은 나오지 않습니다. 두 사람이 모두 호스를 밟아도 물은 나오지 않습니다. **당신도** 호스를 밟지 않고 **친구도** 호스를 밟지 않아야 물이 나옵니다. 트랜지스터의 경우에는 첫 번째 게이트와 두 번째 게이트 모두에 같은 전압을 가할 때만 전류가 흐릅니다.

그런데 특정 전압이 첫 번째 게이트나 두 번째 게이트 **어느 한쪽에**만 가해질 때도 전류가 흐르도록 트랜지스터를 연결할 수 있습니다. 트랜지스터를 조합하면 무수히 많은 논리 게이트를 만들 수 있는데, 'AND 게이트'와 'OR 게이트'도 그런 논리 게이트입니다. 원자를 조합해 분자를 만들고, 분자를 조합해 사람을 만들 수 있는 것처럼 트랜지스터를 조합해 논리 게이트를 만들고 논리 게이트를 조합해 가산기(adder)를 만들 수 있습니다. 가산기는 두 개 이상의 이진법 수를 이용해 만든 논리 회로인데 덧셈기라고도 합니다. 그리고 이런 수백만 가지 구성 요소를 조합하면 컴퓨터를 만들 수 있습니다. 컴퓨터의 역사에 관한 책을 쓴 미국 작가 스탠 오가튼(Stan Augarten)은 "컴퓨터는 숫자로 이루어진 방대한 관개 시설에서 수평선 밖으로 뻗어 나온 논리 게이트들이 모인 것에 지나지 않는다."[8]라고 했습니다.

칩 위에 세운 도시들

트랜지스터는 지구에서 흔히 볼 수 있는 평범한 물질로 만듭니다. 바로 모래입니다. 아, 정확하게는 규소(실리콘)로 만듭니다. 지각에 들어 있는 원소 가운데 두 번째로 풍부하고, 모래를 만드는 이산화규소에도 들어 있는 그 **규소** 말입니다. 규소는 전류가 흐르는 도체도 아니고 전류가 흐르지 않는 부도체도 아닙니다. 규소는 반도체입니다. 반도체는 다른 원소의 원자를 조금만 섞으면 전기적 특성이 완전히 바뀝니다.

규소는 인이나 비소 원자와 결합할 수 있는데, 이때 버리거나 기증할 수 있는 잉여 전자가 한 개 생깁니다. 이렇게 잉여 전자가 있는 반도체를 음전하 반도체 혹은 n형 반도체라고 합니다. 그런데 규소는 붕소와 갈륨 같은 원자와도 결합할 수 있는데, 이때는 전자를 한 개 더 받아들일 수 있는 공간이 생깁니다. 그런데 신기하게도 전자가 없는 이 빈 공간이 양전하를 띤 전자(양전자)처럼 이리저리 움직입니다. 이런 반도체를 정공(positive hole)이 있는 반도체 혹은 p형 반도체라고 합니다.

두 반도체를 pnp나 npn 순서로 쌓으면 간단하게 트랜지스터를 만들 수 있는데, 보통 npn 트랜지스터를 만듭니다. 트랜지스터에 관해서는 이 정도 간단한 지식만 알면 충분합니다.(사실 여러분은 지금도 지나치게 많이 알게 됐습니다.)[9]

트랜지스터를 처음 발명했을 때는 트랜지스터를 개별적으로 연결해 논리 게이트와 가산기 같은 컴퓨터의 구성 요소를 만들었습니다.

하지만 기술이 발달하고 컴퓨터 혁명이 일어나면서 지금은 규소로 만든 칩이나 웨이퍼(직경 5~10센티미터의 실리콘 기판) 위에 수십억에 수십억을 곱한 만큼의 트랜지스터를 동시에 만들 수(연결할 수) 있습니다. '초고밀도 집적 회로' 같은 집적 회로는 복잡하고 비쌉니다.[10] 초고밀도 집적 회로를 만들려면 다른 원소를 규소와 섞어 만든 실리콘 웨이퍼 위에 트랜지스터 패턴을 정교하게 에칭(산 따위의 화학 약품으로 반도체 표면을 부식시키는 방법)하고 아주 가는 전선을 깔아야 합니다. 그것도 층층이 말입니다.

트랜지스터를 만들려면 컴퓨터가 필요합니다. 컴퓨터의 도움을 받아야지만 거대한 도시처럼 복잡한 트랜지스터 패턴을 만들 수 있습니다. 트랜지스터 패턴을 만들 때는 마스크를 이용합니다. 이 과정을 이해하려면 사진 인쇄 기술을 생각하면 됩니다. 실리콘 웨이퍼 위에 마스크를 대고 빛을 통과시키면 웨이퍼 위에 트랜지스터 패턴이 나타납니다. 하지만 빛과 그림자로 이루어진 패턴은 그저 빛과 그림자일 뿐입니다. 그러나 빛이 닿으면 화학 반응을 일으키는 특별한 화학 물질을 실리콘 웨이퍼 위에 바르는 기발함이 더해지면 빛과 그림자는 실재로 바뀝니다. 광저항 물질(photoresistant material, 감광 물질)은 빛이 닿으면 산에 강한 물질로 바뀝니다.[11] 따라서 다음 과정에서 실리콘 웨이퍼에 산을 바르면 빛이 닿은 부분을 제외한 나머지 부분은 부식, 즉 에칭됩니다. 그러면 짠! 하고 마스크에 그린 패턴이 실리콘 웨이퍼 위에 완벽하게 실재가 되어 나타납니다.

집적 회로를 만들 때는 많은 마스크를 이용해 웨이퍼를 여러 층 만들고, 웨이퍼에 도펀트*를 뿌리고, 전선을 연결하기 위해 아주 미세한 금가루를 뿌리는 일 같은 아주 기발한 수많은 단계를 거쳐야 합니다. 하지만 기본 개념은 간단합니다. 포토리소그래피** 기술을 이용하면 웨이퍼 위에 복잡한 전기 회로 패턴을 빠르고 우아하게 그려 넣을 수 있습니다. 칩 위에 도시를 만드는 것입니다.

아마도 사람들은 대부분 마이크로칩을 만든 나라는 미국이나 일본이나 한국이라고 생각할 겁니다. 하지만 놀랍게도 마이크로칩은 영국에서 만들었습니다. 전 세계 수많은 전자 장비에 가장 많이 장착되어 있는 마이크로칩을 설계한 영국 회사는 케임브리지에 있는 ARM입니다. 처음에는 아콘 컴퓨터(Acorn Computers)라는 이름으로 시작한 ARM은 미국 인텔사 같은 거대한 칩 제조 회사에서 데스크톱 컴퓨터(PC)에 장착할 좀 더 빠르고 조밀한 칩을 만드는 데 집중하는 동안 완전히 다른 목표를 세웠습니다. ARM의 목표는 '칩 한 개 위에 **컴퓨터 한 대를 장착한다**'는 것이었습니다. ARM은 목표를 달성했고, 그 덕분에 위성 항법 장치에서부터 게임기, 휴대폰에 이르기까지 들고 다닐 수 있는 작은 전자 장비들이 많이 탄생했습니다. ARM이 개발한 마이크로칩 덕분에 특정 작업만 수행하는 데다가 가지고 다니기 불편했던 컴퓨터가 **일상 세계로 들어왔습니다.**

도펀트(dofant) p형 반도체나 n형 반도체를 만들거나 이미 존재하는 불순물의 효과를 보상하려고 첨가하는 불순물.
포토리소그래피(photolithography) 반도체 웨이퍼 위에 감광 성질이 있는 포토레지스트(photoresist)를 얇게 바른 후, 원하는 마스크 패턴을 올려놓고 빛을 가해 사진을 찍는 것과 같은 방법으로 회로를 형성하는 기법.

빅뱅 컴퓨터

칩 위에 얼마나 작은 부품을 올릴 수 있는가는 마스크에 어떤 빛을 비추느냐에 달려 있습니다. 마이크로칩 제조사는 자외선이나 X선처럼 아주 작은 구멍도 통과하는 단파장 빛을 이용해 아주 작은 부품을 마이크로칩에 장착할 수 있습니다. 더 많은 트랜지스터를 올릴 수 있는 것입니다. 심지어 빛 대신 전자빔을 쪼일 수도 있습니다. 전자는 빛보다 파장이 짧습니다.[12] 오늘날 마이크로칩은 훨씬 더 강력해지고 있습니다.

미국 컴퓨터칩 제조사인 인텔사를 공동 창업한 고든 무어(Gordon Moore)는 특정 가격에 구입할 수 있는 컴퓨터의 성능(혹은 칩에 장착할 수 있는 트랜지스터의 수)은 18개월마다 두 배씩 늘어날 거라고 했습니다.[13] 미국의 IT전문가 로버트 크링글리(Robert X. Cringely)는 〈인포월드〉에 기고한 글에서 "만일 자동차가 컴퓨터와 같은 발전 주기를 따랐다면, 오늘날 롤스로이스는 100달러에 살 수 있을 테고 기름을 4리터만 넣으면 160만 킬로미터를 달릴 수 있을 것이다. 대신 최소 1년에 한 번씩 폭발해 자동차 안에 탄 사람을 모두 죽일 것이다."[14]라고 했습니다.

1965년에 무어의 법칙이 나온 뒤로 사람들은 무어의 법칙이 10년마다 어긋나 무너질 것이라고 주장했습니다. 하지만 지금까지는 그 사람들이 틀렸습니다.

그렇지만 무어의 법칙은 언젠가는 틀림없이 무너질 것입니다. 무어의 법칙은 사회학적인 법칙이며 인간의 독창성에 관한 법칙입니다.

사람의 창의력으로도 어찌할 수 없는 불가능한 일은 분명히 존재합니다. 자연의 법칙에는 절대로 뛰어넘을 수 없는 물리적 한계가 있고, 결국 컴퓨터도 그런 한계에 다다를 것입니다.

1초 동안 수행할 수 있는 논리 연산의 수로 정의되는 컴퓨터의 속도는 사용할 수 있는 전체 에너지의 양이 결정합니다.[15] 현재 노트북 컴퓨터가 느린 이유는 트랜지스터에 있는 전기 에너지만 사용하기 때문입니다. 더구나 트랜지스터에 있는 이 전기 에너지는 컴퓨터의 **질량**에 갇혀 있는 에너지, 즉 컴퓨터를 안정적으로 유지하는 데만 쓰이는 에너지 때문에 완전히 줄어듭니다. 궁극의 노트북은 이용할 수 있는 모든 에너지를 연산 처리 작업에 투입하고, 노트북의 질량에는 에너지를 전혀 공급하지 않는 노트북입니다. 다시 말해서 궁극의 노트북은 아인슈타인의 유명한 $E=mc^2$ 공식이 허용하는 것처럼 질량 에너지를 모두 빛 에너지로 전환하는 장비여야 합니다.[16]

그런 기계의 계산 능력은 정말 어마어마할 것입니다. 그런 컴퓨터는 현재 최신 컴퓨터가 우주의 나이만큼 지나야 계산할 수 있는 연산을 1000만분의 1초 만에 해치워버릴 것입니다. 하지만 그런 계산력을 얻기 위해 치러야 하는 대가는 만만치 않습니다. 사용할 수 있는 에너지를 모두 빛 에너지로 전환해 계산을 한다면, 그 컴퓨터는 더는 우리에게 익숙한 컴퓨터가 아닐 것입니다. 전혀 다른 모습이어야 합니다. 아마도 온도가 수십억 도가 넘는 빛의 덩어리일 것입니다. 눈부시게 밝은 빅뱅 불덩어리 조각과 다를 바 없습니다. 세상에서 가장 강력한 컴퓨터를 내 책상에 놓고 쓴다? 정말 근사하다고 생각할지도 모르지만 어쩌면 조금 불편할지도 모릅니다.

10장

세상의 혈관을 내달리는
황금색 피

[돈]

"돈은 빌리는 그 순간에 생긴다."
– 존 메다유

"경제학은 경제학자들의
돈벌이 수단일 때 가장 유용하다."
– 존 케네스 갤브레이스

* * *

오스카 와일드는 말했습니다. "어렸을 때 나는 돈이 인생에서 가장 중요하다고 생각했다. 그리고 지금은 정말 그렇다는 걸 알 정도로 나이를 먹었다." 돈은 이 세상을 돌아가게 합니다.(오스카 와일드가 이 사실을 처음 깨달은 사람이거나 가장 나중에 깨달은 사람은 아닙니다.) 그렇다면 돈이란 정확히 무엇일까요? 어떻게 생겨났을까요?

흔히 사람들은 돈을 상품이나 서비스를 거래하는 데 쓴다고 말할 겁니다. 다른 사람이 가진 상품을 사려면 돈을 내야 하고 반대로 다른 사람이 내가 가진 상품을 사려 할 때도 돈을 내야 합니다. 그러니까 '돈이란 무엇인가?'라는 질문에는 좀 더 깊고 근본적인 의문이 담겨 있습니다. 바로 '상거래란 무엇인가?'라는 의문입니다.

시계를 10만 년 전으로 돌려봅시다. 한 조상이 물고기를 잡고 있습니다. 이 조상의 이웃은 주먹도끼를 만듭니다. 두 사람 모두 물고기와 주먹도끼가 필요합니다. 어부는 물고기 여덟 마리를 잡았고, 도끼장이는 주먹도끼 네 자루를 만들었습니다. 어부는 일하는 시간의 반을 물고기 네 마리를 잡는 데 쓰고 나머지 반을 주먹도끼를 만드는 데 쓸 수도 있습니다. 하지만 손재주가 없는 어부는 도끼장이만큼 빠른 속도로 주먹도끼를 만들 수 없습니다. 결국 어부는 질이 나쁜 주먹도끼 한 자루를 만들었습니다. 그와 마찬가지로 도끼장이도 일하는 시간의 반을 주먹도끼 두 자루를 만드는 데 쓰고 나머지 반을 물고기를 잡는 데 쓸 수도 있습니다. 하지만 어부만큼 능숙하고 빠르게 물고기를 낚지 못하기 때문에 도끼장이는 간신히 물고기 두 마리만 잡았습니다.

그런데 그때 한 사람이 아주 기발한 생각을 했고, 다른 사람이 자신의 생각을 따르도록 완벽하게 설득했습니다. "우리 둘 다 두 가지 일을 하느라고 고생하지 말고 우리가 잘하는 일만 열심히 하는 게 어떨까? 그리고 우리가 가진 물건을 **맞바꾸면** 되잖아." 두 사람은 그렇게 했습니다. 어부의 물고기 네 마리와 도끼장이의 주먹도끼 두 자루를 맞바꾼 것입니다. 그 결과 어부는 **직접** 물고기도 잡고 주먹도끼도 만들 때보다 주먹도끼를 한 자루 더 갖게 되었습니다. 도끼장이도 마찬가지입니다. 도끼장이는 자신이 **직접** 물고기도 잡고 주먹도끼도 만들 때보다 물고기를 두 마리 더 갖게 되었습니다.

정말 기적 같은 일이었습니다. 두 사람 모두 이득을 보았습니다. 아주 단순한 행위인 물물 교환 덕분에 말입니다.

물론 어부와 도끼장이는 두 사람 모두에게 똑같이 이득인 다른 교환 비율을 책정할 수도 있습니다. 어부가 물고기 네 마리와 주먹도끼 한 개를 교환하는 거래를 받아들인다고 해도, 그가 얻는 주먹도끼는 자신이 직접 만든 주먹도끼보다 훨씬 좋습니다. 도끼장이도 마찬가지입니다. 물고기 두 마리와 주먹도끼 두 개를 교환하는 거래를 받아들인다고 해도, 물고기잡이 전문가인 어부가 잡은 물고기는 도끼장이가 직접 잡은 물고기보다 훨씬 크고 맛있을 가능성이 큽니다.

이런 거래가 성립하려면 거래자 모두 도의를 지켜야 합니다. 도끼장이는 물고기만 받고 약속했던 주먹도끼를 주지 않음으로써 계약을 어길 수도 있습니다. 하지만 어부와 도끼장이가 한 집단 혹은 한 부족의 일원이라면 공정한 거래에 관한 기준이 있었을 것입니다. 어쨌거나 힘이 센 남자들은 고기를 사냥해서 여자들이 채집한 과일 따위의 열매와 교환했을 것입니다. 또 여자들이 배우자를 찾아 다른 부족으로 옮겨 갔을 테니, 거래 범위도 점차 넓어졌을 것입니다. 비록 상대방을 속이려는 시도를 완전히 차단할 수는 없을 테지만, 속이지 않을 경우에 훨씬 더 많은 이득을 얻는다면 속이려는 경향을 억누를 수 있습니다.

하지만 어부와 도끼장이의 거래에는 물건을 교환하려면 두 사람이 직접 만나야 한다는 한계가 있습니다. 거래 기회를 크게 늘릴 수 있는 확실한 방법은 수많은 사람이 수많은 물건을 가지고 한 장소에 모이는 것입니다. 그렇게 해서 시장의 탄생이라는 혁신이 일어났습니다. 여러 명의 어부와 여러 명의 도끼장이—구슬 만드는 사람, 모피 공급자, 과일 채집인 같은 사람들까지—가 정기적으로 한 장소에서 만나 거래를 하면, 수요와 공급에 맞는 시세가 형성됩니다. 예를 들어 어부가 팔려고 가지고 나온 물고기는 적은데 주먹도끼는 많이 나왔다면, 어부는 주먹도끼를 가장 많이 준다고 하는 사람과 거래할 것입니다. 반대로 물고기가 많다면 어부는 손님의 관심을 끌기 위해 더 많은 물고기를 내주고 원하는 제품을 받을 것입니다.

그런데 거래는 단순히 물건을 바꾸는 행위가 아닙니다. 거래는 **전문 기술이 있는** 사람들끼리 상품을 교환하는 행위입니다. **물고기 잡는 전문 기술을 가진** 사람이 **주먹도끼 만드는 전문 기술을 가진** 사람과 물건을 교환하는 행위입니다. 특별한 전문 기술이 없다면 양측이 모두 이익을 보는 거래는 이루어지지 않습니다.

알려진 것처럼 거래는 더 많은 전문화가 이루어지도록 북돋습니다. 물고기를 더 효율적으로 잡으려면 어부에게는 더 좋은 낚시 바늘이 필요합니다. 하지만 어부의 강점은 물고기가 있는 곳을 찾아내는 능력입니다. 따라서 어부는 그 능력에 집중하고, 좋은 낚시 바늘 혹은 좋은 그물을 만드는 일은 그 일에 재능이 있는 누군가에게 기회를 주는 것이 더 이치에 맞습니다.

거래와 전문화는 더 많은 전문화(분업)를 낳고, 더 많은 전문화는 더 많은 거래 기회를 낳고, 더 많은 거래 기회는 더 많은 전문화를 낳고…… 거래와 전문화는 마치 서로 쫓고 쫓기며 술래잡기를 하는 것처럼 한번 시작되자 멈추지 않고 점점 더 속도를 높이면서 달려갔습니다. 자연 선택에 의한 진화가 우리를 둘러싼 생물 세계를 창조한 것처럼, 거래와 전문화는 인간 세계를 바꾸어, 우리가 살아가는 상업 세계를 만들었습니다.

주위를 한번 둘러보세요. 오늘날 거의 모든 사람들은 전문화된 직업을 갖고 있습니다. 사람들은 누구나 자신의 노동과 상품 혹은 서비스를 거래합니다. 그 상품과 서비스는 아보카도를 재배하거나 백열전구를 만들거나 전기를 공급하는 일처럼 자신과 다른 분야에서 전문가가 된 사람들이 제공하는 것입니다. 실제로 서로를 보강하면서 함께 커 나가는 거래와 전문화는 기이할 정도로 놀랍게 확산되었습니다. 전 세계에 사는 수천 명, 어쩌면 수백만 명이 전문적으로 만든 상품이나 서비스를 전혀 이용하지 않고 사는 현대인은 거의 없습니다. 그 전문가들 대부분과는 만난 적도 없는데 말입니다.

거래에 전문화를 더한다는 독특한 발상을 한 지구 생명체는 사람 뿐인 것 같습니다. 물론 같은 생각을 하고 같은 행동을 하는 유인원 사회가 있을 수도 있지만, 그런 유인원이 있다고 해도 거래와 전문 화는 극히 제한적일 것입니다. 결국 세상을 바꾼 것은 유인원이 아니 라 우리 사람이니까요. 물론 개미나 벌처럼 사회 생활을 하는 곤충 도 수억 년 전부터 분업을 했고 서로 거래를 해왔습니다.(그러니까 태 양 아래 정말로 새로운 것은 없습니다.) 하지만 그런 곤충 사회는 특별 한 임무를 맡은 몇 안 되는 고정 계급으로 분화했을 뿐입니다. 사람 의 전문화는 아주 유연합니다. 적절한 교육을 받고 기회를 얻는다면 사람은 수의사도 될 수 있고, 비행기 조종사도, 학교 선생님도 될 수 있습니다.

하지만 전문화와 거래만으로는 현대 상업 세계를 창조할 수 없습 니다. 현대 상업 세계로 오는 동안 거래를 키우고 전문화 속도를 높 인 수많은 혁신과 사건이 있었습니다. 그리고 그 과정에서 가장 중요 한 역할을 한 것은 당연히 돈입니다.

시공을 뛰어넘는 돈의 마법

직접 거래를 할 때 생기는 문제 가운데 하나는 **지금 당장** 해야 한 다는 것입니다. 어부는 잡은 생선을 빨리 교환해야 합니다. 하루나 이틀 안에 교환하지 않으면 생선은 썩어버립니다. 만약 어부가 생선 과 모피를 맞거래해야 하는데 모피를 구할 수 있는 시장이 몇 주 뒤 에나 열린다면 어떻게 해야 할까요?

옛날에, 그러니까 분명히 수천 년 전에 한 사람이 또다시 아주 기발한 생각을 했습니다. "나한테 물고기를 주면 이 증표를 줄게. 이 증표는 나중에 네가 준 물고기만큼 과일이나 모피 같은 물건으로 바꿀 수 있어." 당연히 이 증표는 돈입니다. 돈이 등장하자 거래 기회는 엄청나게 늘었습니다. 돈 덕분에 거래를 하는 동안 **시간 여행**이 가능해졌습니다. 누군가 타임머신을 만든 것처럼 사람들은 미래로 여행을 가서 상품을 교환할 수 있게 되었습니다. 경제학자들은, 썩 멋진 표현은 아니지만, 돈을 '가치 저장 수단'이라고 부릅니다.

직접 거래를 할 때 생기는 또 다른 문제는, 거래에 참여하는 둘 이상의 사람이 반드시 같은 장소, 즉 시장에 함께 있어야 한다는 점입니다. 그런데 누군가 아주 무겁고 큰 물건—가령 옥수수를 가는 맷돌 같은 물건—을 구슬과 교환하고 싶어 한다고 생각해봅시다. 하지만 구슬이 있는 시장은 하루를 꼬박 걸어 산을 넘어야 하는 곳에 있습니다. 그래서 그 옛날 누군가가 또 기발한 생각을 했습니다. "내가 맷돌을 갖는 대가로 이 증표를 줄게. 이 증표를 가지고 있으면 너는 어디에서건 이 맷돌과 가치가 같은 물건으로 바꿀 수 있어. 구슬이든 항아리든 무엇이든지 말이야." 이 증표는 물론 돈입니다. 이 혁신으로 거래 기회가 크게 늘었습니다. 돈 덕분에 거래를 하면서 **공간 여행**을 할 수 있게 되었습니다. 마치 〈스타트렉〉에 나오는 순간 물체 전송기에 오른 것처럼 멀리 떨어진 장소에 가서 거래를 할 수 있게 된 것입니다. 그래서 경제학자들은, 썩 멋진 표현은 아니지만, 돈을 '교환 수단'이라고 부릅니다.

그런데 돈이 기발한 이유는 **시간**과 **공간**에 구애받지 않고 거래를 가능하게 했으며, 거래 기회를 크게 늘렸다는 것뿐만이 아닙니다. 돈에는 여러 가지 장점이 더 있습니다. 가령 누군가 일을 시키고 일이다 끝나면 구리나 밀 같은 특정 물건으로 그 대가를 지불하겠다고 약속했다고 생각해봅시다. 그 약속은 분명히 일을 시작할 무렵에는 합리적인 제안이었을 겁니다. 하지만 상품의 가치는 수요와 공급에 따라 유동적으로 변합니다. 이는 미래에 받을 대가가 정확히 어떤 가치를 지니는지 가늠하기 어려우며, 그 때문에 정확하게 예산을 세우기도 어렵다는 뜻입니다.

그런데 돈이 이런 상황을 바꾸었습니다. 일한 대가를 돈으로 받기로 하면 자신이 무엇을 얻을지 사전에 알 수 있습니다. 돈은 경제학자들 말처럼 '가치 기준'이기 때문입니다. 물론 1차 세계대전이 끝난 직후의 독일에서처럼 엄청난 인플레이션 시기를 견뎌야 하는 사람이라면 그렇게 생각하지 않을 테지만 말입니다.

돈을 '가치 기준'으로 활용하려면 당연히 비교적 변동 없이 공급할수 있는 물건을 돈으로 삼아야 합니다. 공급이 부족하면 가치가 올라가고 공급이 넘치면 가치가 내려가기 때문이지요. 최초의 돈은 아마 소금이었을 겁니다. 왜냐하면 소금을 구할 수 있는 곳은 잘 알려져 있었고, 일정한 비율로 꾸준하게 채취할 수 있는 기술도 있었기 때문입니다. 특히 로마 군인은 소금을 봉급으로 받았습니다. 라틴어로 소금은 '살(Sal)'인데, 영어에서 봉급을 뜻하는 '샐러리(salary)'의 어원입니다.

소금은 돈이 갖추어야 할 이상적인 특성이 여러 가지 있습니다. 특히 손쉽게 옮길 수 있어서 **휴대하기 편리했을** 겁니다. 그리고 쉽게 나눌 수 있습니다. 물건을 소금과 바꾼 사람은 나중에 그 소금을 다른 물건으로 바꿀 수 있습니다. 주먹도끼 한 개의 가치는 물고기 네 마리의 가치와 같은데, 어부에게 물고기 세 마리밖에 없다면 어떻게 할까요? 나눌 수 있는 돈을 사용하면 도끼장이는 주먹도끼를 물고기 세 마리와 바꾸고 모자란 가치는 나중에도 얼마든지 쓸 수 있는 돈으로 받을 수 있습니다.

은행가가 된 금 세공사

하지만 소금은, 거의 대부분 인정하겠지만, 이상적인 돈이 아닙니다. 금으로 만든 동전이 소금보다 훨씬 괜찮은 화폐입니다. 돈을 빚을 갚는 수단으로 활용한 것은 기원전 3000년 무렵부터이지만, 금화가 처음으로 등장한 것은 기원전 700년 무렵의 그리스에서였습니다.

그런데 금화는 너무 무겁다는 것이 문제였습니다. 특히 부자라면 더욱 곤란했을 겁니다. 하지만 그 문제를 해결하는 현명한 방법이 있었습니다. 어느 날, 한 사람이 상품들을 가지고 금 세공사*를 찾아가 금으로, 그것도 아주 많은 금으로 바꾸려고 했습니다. 그러자 금 세공사가 이렇게 말했습니다. "좋은 생각이 있습니다. 굳이 이 무거운 금괴를 가지고 갈 필요 없이 대신 제가 차용 증서를 써드리겠습니다. 그러면 손님은 금을 실제로 가지고 있는 것은 아니지만, 제가 손님의 금을 보관하고 있다는 증거를 갖게 되는 거지요. 손님은 언제라도

---

* 역사적으로 17세기 중반 영국에서 금 세공사(goldsmith)가 고객들의 금을 금고에 맡아주는 대신 보관료를 받고 보관증을 써준 데서 현대 금융업이 시작되었다고 본다.

와서 차용 증서를 보이고 금을 가져갈 수 있습니다."

차용 증서가 있으면 나중에 사야 할 물건이 생겼을 때 차용 증서를 가지고 금 세공사에게 가서 필요한 만큼만 금을 찾아오면 됩니다. 하지만 이내 사람들은 그보다 더 편리한 방법이 있다는 것을 깨달았습니다. 굳이 금으로 바꿀 필요 없이 차용 증서 자체를 돈처럼 활용하는 방법 말입니다. 차용 증서를 받고 **물건을 내준 사람도** 차용 증서만 있으면 **자신이** 직접 금 세공사에게 가서 금을 받을 수 있다는 사실을 알기 때문입니다.

결국 금 세공사는 자신도 모르는 사이에 금을 보관하고 차용 증서라는 새로운 형태의 돈을 발급하는 은행 역할을 하게 된 것입니다. 여러 고객의 금을 보관하고 차용 증서를 발급한 금 세공사는 곧 사람들 대부분이 자신의 금을 즉시 가져갈 생각이 없다는 사실과 자신이 보관한 금보다 더 많은 차용 증서를 발급해도 된다는 사실을 깨닫습니다. 하지만 2008년에 세계 금융 위기를 유발한 현대 은행가들과 달리 금 세공사가 신중하다면 분명히 불시에 많은 금이 필요할 경우를 대비해 금을 충분히 확보했을 겁니다. 금을 맡긴 사람들이 한꺼번에 금을 찾으러 올 수도 있으니까 말입니다.

그런데 돈에 다양한 측면이 있는 것처럼 은행에도 다양한 측면이 있습니다. 돈을 만들고 그 가치를 결정하는 것뿐 아니라 은행에는 정말로 중요한 기능이 하나 더 있는데, 그것은 바로 돈을 빌려주는 사람과 빌리는 사람을 연결해주는 일입니다. 돈을 빌려주는 사람은 지금 당장은 쓸 필요가 없는 돈을 은행에 맡기는 사람이고, 돈을 빌리는 사람은 사업을 시작한다거나 집을 구입할 때 여유 자금이 없어 돈을 구해야 하는 사람입니다. 돈을 빌리는 사람들은 몇 달 혹은 몇 년이 지나면 필요한 돈을 벌어들일 거라고 기대하지만, 지금 **당장** 돈이 필요하다는 것이 문제입니다. 그래서 그들은 돈을 빌립니다.

돈을 빌리는 행위는 미래에 있는 돈을—미래에 벌 돈을—현재로 가져오는 일처럼 보입니다. 하지만 실제로는 어느 시기가 됐건 간에 소비할 수 있는 전체 돈의 양은 정해져 있습니다. 집을 구입하려고 대출을 받았다면 그 돈을 갚아야 하기 때문에 소비를 줄일 수밖에 없고, 대출자가 갚은 돈을 받은 은행은 그 돈을 다시 다른 사람에게 빌려줍니다. 그러면 다른 사람이 다시 돈을 소비하는 것입니다. 돈이 순수하게 이전되는 경우는 없습니다.

은행은 대출자가 빌린 돈에 이자를 물립니다. 왜냐하면 대출자가 돈을 갚지 않을 경우 은행이 책임을 져야 하며, 은행은 수익을 내야 하는, 즉 이득을 얻어야 하는 기업이기 때문입니다. 은행은 대출자에게 받은 이자를 돈을 맡긴 사람에게 일부 전해줌으로써, 더 많은 사람이 남는 돈을 은행에 맡기게끔 유도합니다.

은행이 이룩한 혁신을 이해하려면 그전에는 어떤 일이 있었는지부터 알아야 합니다. 은행이 생기기 전에는 사업을—배를 타고 동인도 제도로 가서 향신료를 구해 오는 사업 같은 거 말입니다—하려는 사람은 먼저 아주 부자인 후원자를 찾아야 했습니다. 하지만 그런 능력이 있는 후원자는 많지 않았을 겁니다. 더구나 능력 있는 후원자라고 해도 투자를 꺼릴 수도 있습니다. 위험 부담이 크다고 생각할 수 있기 때문입니다.

하지만 은행이 생긴 뒤로 상황은 반대가 되었습니다. 사업을 시작하려는 사람은 수많은 은행 가운데 한 곳을 찾아가면 됩니다. 은행은 수많은 투자자를 확보하고 있기 때문에 사업을 시작하려는 사람에게 대출해줄 자금뿐 아니라 위험 부담도 함께 나눕니다. 각 투자자는 혼자서 위험 부담을 지는 부자 후원자보다 적게 잃습니다. 그리고 어쨌거나 은행은 대부분의 투자 사업이 성공의 기회라는 사실을 알기 때문에 어느 정도 실패는 감수할 수 있습니다.

은행에는 놀라운, 아니 충격적인 특징이 있는데, 은행은 사람들이 예금한 돈을 절대로 빌려주지 않는다는 것입니다. 투자자가 맡긴 돈은 손실에 대비하고 매일같이 일어나는 실물 거래를 위해 비축해 둡니다. 그 대신 돈을 **만듭니다**. 경제학자 존 메다유(John Médaille)는 "돈은 빌리는 그 순간에 생긴다."[1]라고 했습니다.

농부와 은행가의 상황을 비교해봅시다. 메다유는 "농부가 재산을 모으려면 열심히 일할 수밖에 없다. 열심히 옥수수를 길러야 하는 것이다. 하지만 은행가는 컴퓨터 자판만 몇 번 두드리면 재산이 — 적어도 자산이 — 생긴다."라고 했습니다. 2008년 세계 금융 위기 때 몇몇 은행은 고객이 맡긴 돈의 30배가 넘는 돈을 대출해주었다는 사실이 밝혀져 사람들을 충격에 빠뜨렸습니다. 견주어보면, 19세기 은행은 자신들이 보유한 예금의 5배 미만으로만 대출해주었습니다.

대출을 해줄 때 은행은 위험 부담을 줄이기 위해 신용 평가 기관을 이용합니다. 은행은 대출을 받는 사람이 대출을 갚을 능력이 있는지 알아야 합니다. 상업이라는 기계에 기름을 치려면 신용 평가 기관(과 거래자를 보호하는 보이지 않는 수많은 기반 시설)이 필요합니다. 가령 다른 나라에 사는 누군가와 거래를 한다면, 그 사람이 물건을 가지고 도망가지는 않을지 그리고 제대로 물건 값을 지불할 능력(재원)이 있는지를 알아야 합니다. 신용카드가 좋은 예입니다.

신용카드는 일종의 단기 신용입니다. 실제로 물건을 사는 데 초단기로 대출을 하고 한 달 안에 대출금을 갚는 형태입니다. 신용카드만 있으면 전 세계 어디에서나 물건을 구입할 수 있습니다. 판매자가 신용카드를 지불 형태로 받는 이유는 카드를 발행한 사람이 카드 소유자의 지불 능력을 점검했다고 믿기 때문입니다. 설사 카드 발행인이 판단을 잘못했다고 해도 위험 부담을 책임지는 카드 발행인에게 비용을 청구하면 되기 때문입니다.

호황과 불황이 번갈아 오는 이유

은행과 돈을 비롯해 지금까지 언급한 내용 외에도 우리가 사는 상업 세계가 형성되기까지 그 여정에서 일어난 중요한 사건은 아주 많습니다. 그 사건들은 모두 많든 적든 거래의 횟수와 빈도 증가에 기여했습니다. 지금도 가난한 사람은 아주 많습니다. 그러나 수천 년에 걸쳐 활발하게 이루어진 거래 덕분에 평범한 사람들의 삶은 꾸준히 나아지고 있습니다. 2세기나 3세기 전까지만 해도 국가를 다스리는 왕만이 소유했던 많은 물건을 이제는 부유한 선진국이라면 일반 가정에서 흔히 볼 수 있습니다.

그러나 현대인의 생활 수준을 결정하는 요소는 훨씬 넓어진 세계 무역망만이 아닙니다. 넓어진 거래망만큼이나 일인당 소비하는 에너지의 양이 늘었다는 사실도 생활 수준을 높이는 데 크게 기여했습니다. 옛날에는 주로 직접 일을 하거나 다른 사람을 노예로 부려 노동력을 확보했습니다. 좀 더 시간이 지나 야생마를 길들인 뒤에는 혼자서 열 사람 일을 할 수 있었습니다. 그리고 또 세월이 흘러 물이나 바람의 힘을 이용하는 기술 혁신이 일어났고 그 덕분에 노동력이 크게 증가했습니다. 하지만 석탄 같은 화석 연료를 사용한 뒤부터 한 사람이 소비하는 에너지의 양은 그 전과는 비교할 수 없을 정도로 늘어났습니다. 화석 연료는 수억 년 동안 땅에 묻혀 있던 자원입니다. 햇빛을 잔뜩 머금은 나무가 죽어서 땅에 묻히고 압축되면 화석 연료가 됩니다. 화석 연료를 이용하면 혼자서 거의 150명의 힘을 낼 수 있습니다. 수력이나 풍력이 현재의 태양 에너지 ─ 바람을 불게 하고 물을 증발시키고 비를 내리게 하는 힘 ─ 를 이용하는 반면에 현 시대의 경제를 이끄는 화석 연료는 **과거의 태양 에너지**를 이용한다고 할 수 있습니다.

따라서 거래가 증가한 일과 어떤 자원보다 강력한 에너지 자원을 개발한 일 중에 어떤 일이 지난 1000년 동안 평범한 사람들의 생활 수준을 향상시키는 데 더 기여했는지 결정하기는 어렵습니다. 교역이 증가했기 때문에 석탄을 거래할 만큼 충분히 많이 캐낼 수 있었고 원자력 발전소를 개발할 수 있었습니다. 또 사용할 수 있는 에너지 양이 늘어났기 때문에 거래량도 증가할 수 있었습니다.

하지만 경제라는 정원에 장미만 가득 피지는 않았습니다. 아직도 세상에는 가난한 사람이 많고, 세계 경제는 비틀거리면서 호황과 불황을 왔다 갔다 합니다. 그 이유를 두고 논란이 많습니다. 분명히 경기가 호황일 때는 사람들이 지나치게 낙관적이 되어서 갚을 수 있는 돈보다 많은 돈을 빌리는 경향이 있습니다. 그러다 불황이 닥치면 경기를 회복하는 데 투자해야 할 돈이 절실하게 필요한 순간에 사람들에게는 갚아야 할 빚만 남습니다. 이것이 곧 경기 순환 주기의 최고점은 너무 높고 최저점은 너무 낮다는 뜻입니다. 하지만 이 같은 현상이 불황을 더욱 악화하기는 하지만, 호황과 불황이 번갈아오는 **이유**를 설명하는 것은 아닙니다.

흔히 거론되는 이유는 외부에서 오는 충격 때문에 호황과 불황의 급작스런 변동이 생긴다는 것입니다. 그러니까 모든 것이 아무 문제 없이 서서히 진행되다가 갑자기 기술 혁신이 끼어들어 일을 망친다는 것입니다. 예를 들자면 월드와이드웹(www)이 그런 기술 혁신입니다. 월드와이드웹은 악명 높은 '닷컴 붐'을 불러왔지만, 결국 닷컴 붐은 꺼지고 사그라졌습니다.

투자자들이 특정 상품을 생산하는 공장 건설에 돈을 투자하는 것도 급작스런 경기 변동의 이유일 수 있습니다. 공장을 세우면 많은 일자리가 생깁니다. 하지만 같은 물건을 만드는 공장이 많이 생기면 결국 공급량이 수요량보다 많아지고 공장은 물건을 더 만들 필요가 없어지기 때문에 사람들은 일자리를 잃게 됩니다. 결국 모든 문제는 엄청난 돈을 투자하는데 소비자들은 그만큼 사지 않는다는 데 있습니다.

상품 수요는 감소하는데 공급자들이 상품 가격을 낮추지 않는 것도 또 다른 원인일 수 있습니다. 공급자가 상품 가격을 낮출 수 없는 이유는 노동자의 임금을 삭감할 때 받을 저항을 잘 알기 때문입니다. 노동자의 임금과 상품의 가격을 낮추면 상품 수요가 증가할 수도 있습니다. 하지만 그렇게 하지 않기 때문에 결국 수요는 줄어들고 사람들은 일자리를 잃습니다.

경제 주기는 경제학자들이 툭하면 주장하는 것과 달리 통제할 수 없는 것처럼 보입니다. 여기서 한 가지 의문이 생깁니다. 우리는 우리가 만든 복잡하게 마구 얽혀 있는 상업 세계를 정말로 이해할 수 있을까요? 대답은 걱정스럽게도 '아니다'인 것 같습니다. 캐나다 출신의 미국 경제학자 존 케네스 갤브레이스(John Kenneth Galbraith, 1908~2006)는 "경제학은 경제학자들의 돈벌이 수단일 때 가장 유용하다."라고 했습니다.

파생 상품 딜러였던 닉 리슨(Nick Leeson)은 1995년에 영국에서 가장 오래된 상업은행인 베어링 은행을 파산하게 한 일로 유명해졌습니다. 2012년 9월 30일자 〈선데이 타임스〉에 이 악덕 거래인의 인터뷰 기사가 실렸습니다. "돈에 관해 얻은 가장 중요한 교훈은 무엇인가?"라는 질문에 리슨은 "돈을 충분히 아는 사람은 아무도 없다는 것이다."라고 대답했습니다.

11장

'보이지 않는 손'이라는
오래된 신화

[자본주의]

✳

✳

"자본주의란 가장 사악한 사람들이
가장 사악한 일을 하는 이유가 모든 사람의
최대 행복 때문일 것이라는 놀라운 믿음이다."
— 존 메이너드 케인스

"시장은 자연에는 본질적으로 한계가 없다고 생각하고,
사람을 상품처럼 취급하기 때문에 언제나 사람이 사는
사회와 자연을 한계점까지 몰아세운다."
— 데이비드 볼리어

✳

✳

언젠가 미국 소설가 업턴 싱클레어(Upton Sinclair)는 "자본주의는 살인을 뺀 파시즘"이라고 했습니다. 어쩌면 조금 극단적인 표현일 수 있습니다. 하지만 싱클레어의 표현은 한 가지 물음에 집중하게 합니다. '자본주의란 과연 무엇인가?'라는 물음 말입니다. 지구에 사는 사람들 대부분이 자본주의라는 상업 제도에 참여하면서도 시간을 내어 자본주의가 무엇이며, 자본주의를 어떻게 규정할 것인지 거의 고민하지 않습니다. 정말 이상한 일입니다.

당연히 자본주의에서 가장 중요한 것은 상품, 토지, 공장 같은 자본입니다. 카를 마르크스(Karl Marx, 1818~1883)는 자본을 '생산 수단'이라고 불렀습니다. 자본주의 사회에서 사람들은 마음껏 자본을 소유할 수 있습니다. 아주 당연하게 누리는 권리이기 때문에 사람들은 이 자유를 그다지 중요하게 생각하지 않습니다. 하지만 자본주의 사회와 달리 공산주의 사회에서는 사유재산이 금지되고 중세 봉건주의 사회에서는 지배 계급만 자본을 소유할 권리가 있었습니다.

그런데 자기 자본을 소유할 자유는 자본주의를 구성하는 절반의 요소일 뿐입니다. 또 다른 절반은 이윤을 위해 자본을 거래할 자유입니다.

실제로 자본주의는 아주 복잡하게 작동합니다. 하지만 자본주의를 둘러싼 널리 알려진 신화를 몇 가지 살펴보면 자본주의 내부의 작동 원리를 조금은 알 수 있습니다.

세계 경제에 막대한 영향을 끼치고, 자유주의 시장 경제를 만병통치약이라고 믿으며 옹호하는 사람들은 다음과 같은 주장을 찬가처럼 읊습니다. '세계 자본주의는 시장이라는 확장된 교역망을 낳았다. 시장에서는 자동적으로 상품의 수요와 공급이 최적의 상태로 균형을 이룬다. 적어도 이론적으로는 그렇다. 시장이 효율적으로 작동하려면 시장은 자유로워야 한다. 즉 정치 규제를 포함하여 어떤 규제도 개입해서는 안 된다.' 이런 자유방임주의는 스코틀랜드의 철학자이자 경제학자인 애덤 스미스(Adam Smith, 1723~1790)에게서 비롯했습니다. 1776년에 생각의 역사에 아주 중요한 역할을 한 《국부론》—정확한 제목은 '국부의 본질과 원인 탐구(An Inquiry into the Nature and Causes of the Wealth of Nations)'—을 펴낸 사람입니다. 이 책에서 스미스는 자유 시장이야말로 가장 좋은 경제 모형이라고 주장했습니다.

자본주의 신화

하지만 스미스도 완벽한 자유 시장은 신화일 뿐이라는 것을 알았습니다. 완벽한 자유 시장은 사람들 대부분이 받아들이지 않을 테니까 말입니다. 예를 들어 모든 것을 마음대로 거래할 수 있는 시장이 있다면 아동의 노동력까지도 시장에 나올 수 있습니다. 실제로 영국 같은 나라들에서는 과거에 아동의 노동력을 거래하기도 했습니다. 하지만 지금은 아동에게 노동을 시키면 안 된다는 생각이 상당히 보편적으로 받아들여지고 있으며, 아동 노동을 금지하는 강력한 법안도 마련되었습니다.

시장에는 거래하는 노동의 종류를 제한하는 규제뿐 아니라 헤로인이나 플루토늄처럼 사회에 해를 끼칠 수 있는 상품을 거래하지 못하게 금지하거나 제한하는 규제도 있습니다. 거래할 수 있는 상품도 규제하지만, 그 상품을 거래하는 회사도 허가를 받아야 합니다. 예를 들어 주식을 팔려는 회사라면 반드시 주식 시장에 등록해야 합니다. 하지만 주식 시장에 등록하기 전에 5년 동안 엄격하게 검증받는 과정을 거쳐야 합니다. 마침내 주식 시장에 상장된 뒤에도 회사는 공인받은 거래인에게만 주식을 팔 수 있습니다. 또한 주식 가격이 정해진 폭 이상으로 급락하면 일정 시간 동안 주식 거래를 할 수 없습니다.

《불평등의 대가》의 저자 조지프 스티글리츠(Joseph Stiglitz)는 "시장의 힘은 진공 속에 존재하는 것이 아니다. 우리가 공유하는 것이다."[1]라고 했습니다. 《그들이 말하지 않는 23가지》의 저자 장하준은 "모든 시장은 건설되고 규제될 뿐 아니라 끊임없이 조작된다."라고 했습니다.

노동자가 받는 임금을 통해 우리는 시장이 어떻게 정치적 결정에 얽매이고 규정되는지 잘 알 수 있습니다. 같은 일을 하더라도 노동자의 임금은 나라마다 크게 다릅니다. 예를 들어 현지에서 구입할 수 있는 상품으로 환산하여 비교했을 때 런던의 택시 운전사는 방글라데시 다카의 택시 운전사보다 30배 정도 수입이 많습니다. 정말로 자유 시장이 존재한다면 택시 운전사의 임금은 전 세계적으로 비슷해야 합니다. 어쨌거나 다카의 택시 운전사가 자기 임금에 불만이 있으면 간단히 런던으로 옮겨가면 되니까요. 그러면 다카에서보다 훨씬 많은 돈을 벌 수 있습니다. 택시 운전사들이 좀 더 나은 보수를 찾아 전 세계 여기저기를 옮겨 다닌다면, 곧 전 세계 택시 운전사의 수입은 균등해질 것입니다.

하지만 택시 운전사는 쉽게 자신이 사는 나라를 떠나 다른 나라로 갈 수 없습니다. 나라마다 이민자가 쉽게 통과할 수 없는 엄격하고 높은 장벽이 있기 때문입니다. 그것이 같은 직종에 종사해도 나라별로 임금에 크게 차이가 나는 주된 이유입니다.

사람이 일을 하고 받는 보상같이 아주 기본적인 요소조차 시장의 힘이 아니라 정치적 결정으로 정해진다면, 자유 시장은 그저 신화에 나오는 괴물일 뿐입니다. 외부에서 부과한 규제가 전 세계 모든 시장을 엄격하게 통제하고 있습니다. 자유는 어디에도 없습니다. 문명국가라면 시장을 절대로 자유롭게 내버려 두지 않습니다.

자유 시장에서 수요에 맞추어 상품의 공급이 최적의 균형을 이룰 것이라는 생각은 몇 가지 결과를 낳았습니다. 자유 시장의 기능을 믿는 사람들은 경제 규제를 더 완화해야 한다고 요구합니다. 그들은 시장이 자기들이 원하는 결과를 내지 않으면 시장에 충분한 자유가 없기 때문이라고 주장하면서 지금까지보다 더 규제를 완화해야 한다고 목소리를 높입니다. 하지만 그들이 원하는 규제 완화야말로 은행처럼 거대한 금융 기관이 무분별하게 위험한 투자를 감행해 결국 2008년에 심각한 세계 금융 위기를 불러온 이유라고 생각하는 사람이 많습니다.[2]

자유 시장은 무모한 행동을 하게 할 뿐 아니라 세계 시장 자체를 위협할 수도 있습니다. 개발도상국에 자유 시장 체제를 강제하면 더 직접적이고 해로운 결과가 나타날 수 있습니다.

자동차 산업을 시작하고 싶은 한 나라가 있다고 생각해봅시다. 이 나라 정부는 자국의 자동차 제조업자에게 보조금을 주는 동시에 이제 막 걸음마를 시작한 자국의 자동차 산업을 보호하려고 수입차에 관세를 부과했습니다. 선진국에서 개발도상국 정부가 자동차 시장에 자유주의 원리를 도입하지 않는다며 세계무역기구(WTO)에 개발도상국을 기소하는 일이 자주 발생하는 이유가 바로 이런 조치 때문입니다. 선진국의 기소를 접수한 세계무역기구는 두 나라의 무역 불균형을 해소하기 위해 개발도상국이 자국 산업에 주는 보조금을 끊고 자국 산업 보호책을 철회할 때까지 개발도상국에 제재를 가할 권리가 있습니다. 그리고 세계무역기구는 당연히 개발도상국에 제재를 가합니다.

문제는 이제 막 걸음마를 떼기 시작한 산업이 완전히 성숙기에 접어든 산업처럼 효율적일 수 없다는 점입니다. 이제 막 태어난 상표(브랜드)를 소비자가 잘 안다거나 인정해줄 리도 없습니다. 개발도상국에서 제조한 자동차는 수입차에 비해 가격 경쟁력도 없고 품질도 떨어지기 때문에 결국 자동차 산업은 실패할 수밖에 없습니다. 자유 시장 원리를 부르짖는 사람들의 말과 달리 자유 시장은 가난한 나라를 부자로 만들지 않습니다. 아무리 낙관적으로 생각하더라도 가난한 나라의 경제는 침체할 수밖에 없습니다.

여기에는 한 가지 큰 모순이 있습니다. 현재 부유한 나라들은 모두 수십 년 동안 자국 산업에 보조금을 지급했고, 자국 산업을 보호하는 무역 정책을 펼쳤습니다. 예를 들어 영국만 해도 19세기에 인도에서 수입하는 직물 상품에 금지적 관세*를 적용했고, 효과적으로 인도의 직물 산업을 파괴했습니다. 그러고는 영국에서 생산한 직물을 인도에 수출했습니다. 그보다 앞선 18세기에도 영국은 네덜란드의 발목을 잡으려고 보호 무역 정책을 폈습니다. 19세기에 미국은 영국을 따라잡기 위해 같은 전략을 구사했습니다. 장하준은 "개발도상국에 자유 시장 원리를 도입하라고 강요하는 것을 보면 부자 나라들은 자신의 과거를 잊어버린 것 같다. 선진국의 이런 이중 잣대에 개발도상국이 크게 화를 내는 것은 당연하다."[3]라고 했습니다.

'보이지 않는 손'은 어디에?

신화에 불과한 자유 시장 원리를 확고하게 믿는 이유는 자유 시장이야말로 수요와 공급의 균형을 최선의 상태로 맞춰줄 거라는 믿음이 있기 때문입니다. 자유 시장을 옹호하는 사람들은 '보이지 않는 손'이 시장의 균형을 맞춘다고 말합니다. 정확하게 정의하지도 못하면서 사람들은 '보이지 않는 손'이 보이는 것 이면에서 작용하는 원리라고 주장합니다. 미국 연방준비제도이사회(Federal Reserve Board) 의장이었던 앨런 그린스펀(Alan Greesspan)은 자유 시장은 그저 "사람이 이해하기에 너무 복잡한 것뿐"이라고 했습니다.

---

* 외교적으로 수입을 금지하기 곤란할 때 수입 금지와 같은 효과를 거두기 위해 부가하는 고율의 관세.

자유 시장을 홍보하면서 동시에 자유 시장은 너무 복잡해서 이해할 수 없다고 하다니, 그것은 예측 불가능한 제도에 수십억 인구의 삶을 맡기겠다는 뜻입니다. 지난 몇 세기 동안 시장 경제가 지구촌 많은 사람의 생활 수준을 평균적으로 높이는 데 크게 기여한 것은 사실입니다. 하지만 공해, 서식지 파괴, 더 심각하게는 석탄이나 석유 같은 화석 연료를 태워서 발생하는 지구 온난화 문제까지 갖가지 엄청난 환경 문제를 유발한 것도 사실입니다. 시장이 너무 복잡해서 이해할 수 없다고 말하는 것은 인류의 운명은—지구 온난화는 지구 생명체 전부는 아니라고 해도 분명히 우리 인간의 삶을 위협합니다—우리로서는 어쩔 수 없으니 운명의 변덕에 자비를 구해야 한다고 말하는 것과 같습니다. 빌 클린턴 대통령의 참모였던 시드니 블루먼솔(Sydney Blumenthal)은 "보수주의자들은 경제가 그저 저절로 작동하는 날씨 같은 것이라고 주장한다."라고 했습니다.

　시장은 너무 복잡해서 이해하기 어렵다는 믿음은 쉽게 뿌리치기 힘든 유혹입니다. 그런 믿음을 품고 있으면 경제학자도 정치인도 시장이 작동하는 이유 혹은 작동하지 않는 이유라는 어려운 문제를 놓고 굳이 고민할 필요가 없어집니다. 하지만 장하준은 그런 태도를 책임 회피라고 말합니다. "아무리 시장이 복잡하다고 해도 우리는 시장을 이해하려고 힘껏 노력해야 한다. 그래야만 시장의 부작용을 개선할 수 있다. 결국 시장도 전적으로 사람이 만든 것이다."[4]

지진처럼 움직이는 시장 변동

애덤 스미스 이래로 경제학자들은 거의 예외 없이, 상충하기 마련인 사람들의 목적과 욕구가 시장 안에서 자연스럽게 균형을 이루고 시장은 평형 상태를 유지한다고 생각했습니다. 하지만 현실은 그렇지 않았습니다. 《국부론》이 출간된 1776년 이후로 세계 경제는 10년을 주기로 폭락, 불황, 하강, 공황 혹은 후퇴를 겪었습니다.

경제학자들은 흔히 그런 위기는 그저 드물게 외부에서 가해진 충격 때문에 생긴다고 설명합니다. 하지만 그런 설명은 근거가 희박합니다. 물리학자 마크 뷰캐넌(Mark Buchanan)은 "시장의 대변동이 뚜렷이 반복된다는 것이야말로 경제학의 가장 확고한 상수다."[5]라고 했습니다.

이제는 시장의 가장 두드러진 특징인 폭락을 예측하지 못하는 지금의 경제 이론은 정확하지 않다는 믿음이 커지고 있습니다. 많은 사람이 시장에 내재한 불안정성을 설명해줄 더 나은 경제 이론을 정립해야 한다고 믿습니다. 실제로 이런 의견은 1930년대와 1940년대에 활동한 어빙 피셔(Irving Fischer, 1867~1947) 같은 미국 경제학자들이 처음 제시했습니다. 하지만 이런 주장은 시장의 균형 능력을 강력하게 옹호한 밀턴 프리드먼(Milton Friedman, 1912~2006)을 필두로 한 시카고학파의 주장에 밀려 묻혀버렸습니다. 1991년에 노벨상을 수상한 로널드 코스(Ronald Coase, 1910~2013)는 "성공하는 정책을 설계하려면 실제 존재하는 상황에 근접한 정책을 만들어야 한다. '시장의 실패(시장이 자원을 효율적으로 분배하지 못해 발생하는 시장의 결함)'가 만연한 실제 세상의 시장 상황을 반영하는 정책 말이다."[6]라고 경고했습니다.

시장에는 독특하면서도 반(反)직관적인 특징이 있습니다. 예상보다 너무 자주 가격이 큰 폭으로 변동한다는 것입니다. 일상생활에서 우리의 직관은 사람들은 대부분 몸무게가 대략 57킬로그램에서 83킬로그램이고 127킬로그램은 조금, 200킬로그램은 아주 조금밖에 없다고 말합니다. 사람의 몸무게 분포는 정규 분포(Gaussian distribution) 곡선을 나타내기 때문입니다. 정규 분포 곡선은 종을 엎어놓은 것처럼 생겨서 '종형 곡선'이라고도 합니다. 종을 엎어놓으면 가운데는 볼록하고 중심에서 멀어질수록 낮고 넓게 퍼집니다. 그래프에 가로축과 세로축을 긋고 가로축에 사람의 몸무게를, 세로축에 사람의 수를 표시하면 정확하게 종형 곡선이 그려집니다. 사람의 몸무게도 엎어놓은 종처럼 평균 부근에 많이 몰리고 평균과 멀어질수록 급격하게 줄어듭니다.

그런데 시장의 변동은 이와 반대입니다. 일반적인 날에는 주식 가격이 2퍼센트 미만으로 오르거나 내립니다. 그런데 갑자기 20퍼센트 혹은 50퍼센트까지 오르내릴 때가 있습니다. 사람의 몸무게로 치자면 평균 몸무게보다 10배 정도 무거워지는 것입니다. 어쩌면 25배일 수도 있습니다. 수학자들은 시장 변동의 분포 곡선은 종형 곡선과 다르게 '두터운 꼬리(fat tail)'를 가진다고 표현합니다. 이는 극단적인 사건이 우리 직관이 예상하는 것보다 훨씬 자주 일어난다는 것을 기술적으로 묘사한 표현입니다.[7] 뷰캐넌은 "시장에 관한 믿을 만한 경제 이론이라면—그런 이론은 아직 나오지 않았지만—시장 수익률 분포에 왜 대사건이 그토록 많은지 이유를 밝혀줄 것이다."라고 했습니다.

뷰캐넌은 사실 시장의 변동은 아주 간단한 수학 패턴을 따른다고 말합니다. 10퍼센트에서 15퍼센트 정도 바뀌는 큰 변동이 나타날 확률은 3퍼센트에서 5퍼센트 정도 바뀌는 작은 변동이 나타날 확률보다 낮습니다. 실제로 가격 변동률이 특정한 크기로 바뀔 확률은 크기 변화의 세제곱에 반비례합니다. 따라서 만약 변동률이 10퍼센트일 확률은 변동률이 그 절반인 5퍼센트일 때의 확률보다 2의 세제곱, 즉 여덟 배 낮습니다. 변동률이 20퍼센트일 확률도 변동률이 10퍼센트일 때보다 2의 세제곱, 즉 여덟 배 낮습니다.

주식 시장, 환율 시장, 선물 시장에서 나타나는 이 놀라운 패턴은 태양 플레어(태양 표면에서 일어나는 폭발 현상)의 활동, 대량 멸종의 빈도, 샌안드레아스 단층에서 일어나는 지진 같은 다양한 자연 현상을 떠오르게 합니다.[8] 뷰캐넌은 "비교적 오랫동안 조용하게 있다가 갑자기 돌발적으로 격렬한 변동이 일어나는 불규칙한 자연 주기는 이런 모든 계(system)뿐 아니라 다른 많은 곳에서도 볼 수 있다."라고 했습니다.

금융 시장이 정말로 평형계라면 시장이 지진처럼 움직인다는 사실을 어떻게 설명해야 할까요? 결국 금융 시장은 평형계가 아니라 다른 계라고 생각하는 게 합리적일 것 같습니다. 다양한 힘 때문에 균형이 깨지고, 복잡하고 역동적인 방식으로 그런 힘들에 반응하는 지각(지구의 표면)처럼 말입니다.

현재 새로운 경제 모형들이 만들어지고 있는데, 물리학자들이 참여하는 경우도 있습니다. 새로운 모형은 많은 자연계가 그렇듯이 불안정성과 피드백이 이끄는 계를 구현할 것입니다. 뷰캐넌은 이렇게 말합니다. "그런 시장 모형이 현재 우리가 시장에서 관찰하는 기본 패턴을 정확하게 설명해줄 거라고 장담할 수는 없다. 하지만 적어도 역사적 자료를 진지하게 연구하고 패턴을 설명하는 옳은 방향으로 나아가게는 해줄 것이다. 현재 주류 경제학은 이 문제를 전혀 풀지 못하고 있는 것 같다."

새롭게 등장한 경제물리학으로 전향한 사람 중에는 경제를 위한 새로운 맨해튼 프로젝트(2차 세계대전 중에 미국이 실행한 원자 폭탄 제조 계획)를 진행해야 한다고 주장하는 사람도 있습니다. 70억이 넘는 인구가 잘살고 못사는 일은 세계 경제에 달려 있습니다. 따라서 경제 맨해튼 프로젝트는 돈을 현명하게 쓰는 방법일 수도 있습니다.

국가의 설계물, 자유 방임 시장

시장은 가만히 두어도 복잡해서 이해하기 힘든데, 사람들은 필요도 없이 시장을 더 복잡하게 만들었습니다. 2008년 세계 금융 위기를 유발하는 데 결정적인 역할을 한 복잡한 금융 상품을 개발하는 일 따위 말입니다. 장하준에 따르면 부채담보부증권(CDO, Collateralized Debt Obligation)은 아주 위험합니다. 부채담보부증권이란 아무리 생각해도 대출금을 상환할 능력이 없는 사람들에게 주택을 담보로 대출을 해주는 등 위험 부담이 아주 큰 투자 상품 수천 개를 한데 묶은 신용 파생 상품입니다. 장하준은 이 '주술 과정

(Voodoo process)'을 더욱 위험하게 만들기 위해 부채담보부증권 수천 개를 한데 모아 CDO 채권(CDO-squared)이라고 알려진 더 복잡한 상품을 만들었다고 말합니다. "금융 상품은 정말 충격적일 정도로 복잡해졌다. 투자 상품을 이해하려면 보통 10억 쪽에 달하는 문서를 읽어야 할 것이다."

그린스펀은 이 같은 금융 상품은 '너무 복잡해서 규제할 수 없다'고 말했습니다. 정확하게 이해하는 사람이 아무도 없기 때문입니다. 장하준은 실제로 그런 금융 상품은 사람들이 이해하기 힘들도록 모호하게 설계되었다고 했습니다. "그래야 문제가 생겼을 때 왜 그런 문제가 생겼는지, 책임질 사람이 누구인지 쉽게 밝힐 수 없기 때문이다." 2008년에 도래한 금융 위기 때 이 사실이 분명하게 드러났습니다. 누가 책임을 지고 비난을 받아야 하는지를 도무지 알 수가 없었습니다.

장하준은 시장을 필요 없이 복잡하게 만드는 것은 무책임하고 위험하다고 여깁니다. 그는 경제도 시판하는 약처럼 취급해야 한다고 말합니다. 새로운 약을 판매하려면 제약 회사는 약이 세상에 내놓아도 될 만큼 안전한지를 판단하기 위해 시판하기 전에 수년 동안 엄격하게 검사하고 실험합니다. 장하준은 금융 상품을 비롯해 시장에 복잡성을 더하는 것이라면 무엇이든지 시판하는 약처럼 엄격한 검증 절차를 거쳐야 한다고 믿습니다. 그래야만 그런 상품이 시장을 불안하게 만들지 않는다는 확신을 할 수 있다는 것입니다.

하지만 실제로 시장이 안고 있는 문제들은 2008년에 전체 시장을 뒤흔드는 데 결정적인 역할을 한 복잡한 금융 상품보다 훨씬 깊은 곳에 있을지도 모릅니다. 시장 제도를 옹호하는 사람들은 시장은 자연스럽게 탄생했다고 말합니다. 자연 선택에 의한 진화가 생명의 그물을 만들었듯이, 경제도 그렇게 만들어진 것이라고 말입니다. 하지만 헝가리 출신의 영국 경제학자 칼 폴라니(Karl Polanyi, 1886~1964)는 그런 믿음이야말로 경제계에 존재하는 최대 신화라고 했습니다. 엄청난 반향을 불러일으킨 저서 《거대한 전환》에서 폴라니는 시장제도는 비교적 최근에 이룩한 혁신이라고 주장했습니다.[9]

시장을 가능하게 해준 법과 규제는 18세기에 등장하기 시작한 근대 국가 정부가 도입했습니다. 자유 방임 시장은 설계된 것입니다. 산업혁명의 일부로 말입니다. 폴라니는 산업혁명 이전에 금융 거래는 돈을 버는 수단이기도 했지만, 동시에 사회 지위를 획득하거나 사회 연대를 강화하는 수단이기도 했다고 설명합니다. 《조용한 절도(Silent Theft)》의 저자 데이비드 볼리어(David Bollier)는 "보통 토지, 노동력, 돈은 그 자체로 사고파는 상품으로는 여겨지지 않았다. 그런 요소들은 사회 관계 속에 '내재되어' 있었다."라고 했습니다. 다시 말해서 과거에는 사람들이 단순히 자신의 이익보다는 가족의 이익, 일족의 이익, 공동체의 이익을 먼저 생각했다는 뜻입니다. 자기 이익을 최우선으로 생각하는 것은 시장 경제의 뚜렷한 특징입니다.

폴라니는 거대한 전환이 일어나자 토지와 노동력과 돈은 추상적인 상품으로 전환되었고, 사람들은 한계가 없는 그 상품들을 이용해 영원히 성장할 수 있다고 믿게 되었다고 말합니다. 한 사회의 경제 성장은 그 경제가 생산하는 모든 상품과 서비스의 금전적 가치를 합한 국내총생산(GDP)으로 측정합니다. 하지만 한 경제가 끊임없이 성장하려면 경제 구성원들이 끊임없이 소비를 해야 합니다. 그런 일은—잠시 동안이지만—사람들이 돈을 빌려야만 가능하기 때문에 결국 엄청난 빚이 쌓일 수밖에 없습니다. 영원한 성장은 당연히 지속 불가능합니다. 영원히 성장하려고 하다가는 심각한 결과를 낳을지도 모릅니다. 볼리어는 "시장은 자연에는 본질적으로 한계가 없다고 생각하고, 사람을 상품처럼 취급하기 때문에 언제나 사람이 사는 사회와 자연을 한계점까지 몰아세운다."라고 했습니다. 결과를 생각하지 않고 이익을 추구하기 때문에 지금 지구 생태계는 재앙이 몰아치기 직전에 와 있습니다.

폴라니는 거대한 전환과 함께 자유 시장은 사회와 분리된 순수한 존재라는 믿음이 생겼으며, 노동은 살고 사랑하고 꿈꾸고 소망하는 사람이 하는 일이라는 사실을 무시하게 됐다고 했습니다. 2013년에 유럽과 미국 정부는 도를 넘은 시장 제도의 대가를 치르느라 긴축 정책을 펼쳐 엄청난 인력과 산업을 낭비했습니다. 볼리어는 "'어떻게 해야 시장의 힘을 사회를 파괴하는 쪽이 아니라 구축하는 쪽으로 재건할 수 있는가'라는 질문에 답할 수 있도록 정치적 담론의 범위를 넓혀야 한다."[10]라고 했습니다.

19세기에 오스카 와일드는 "오늘날 사람들은 모든 것의 가격은 알지만 그 가치에 대해서는 아무것도 모른다."[11]라고 했습니다. 21세기에 사람들은 "자본주의가 공산주의를 죽였다. 이제 민주주의가 도래할 것이다."라는 말을 자주 합니다. 하지만 사람이 사회적으로 행동하려면 수익과 자기 이익 이상의 무언가가 있어야 합니다. '나는 쇼핑한다, 고로 존재한다.'라는 문구는 사람을 정의하지 못합니다.

애덤 스미스는 자유 시장을 인간을 섬기는 시종으로 구상했지, 노예를 부리는 주인으로 구상하지 않았습니다. 1960년대에 방영된 미국의 텔레비전 컬트 드라마 〈더 프리즈너(The Prisoner)〉에서 주인공으로 나온 패트릭 맥구언(Patrick McGoohan)은 분노에 차서 절규했습니다. "난 숫자가 아니야! 난 자유인이란 말이야!" 오늘을 사는 평범한 수백만 명의 사람들도 맥구언처럼 그렇게 애타게 소리치고 싶을 것입니다.

3부

지구는 어떻게 움직이나

12장

대륙이 움직이면
지구가 숨을 쉰다

[지질학]

"태초는 흔적을 남기지 않았고,
끝난다는 가능성도 두지 않았다."
– 제임스 허턴

"지질학자에게 이 세상은 거대한 퍼즐 상자이다.
지질학자는 퍼즐을 맞추는 어린아이처럼 자신이 가진
퍼즐 조각들이 어떤 관계를 맺고 있는지,
어떻게 해야 퍼즐을 제대로 맞출 수 있는지
한참 동안 고민하다가 갑자기 완벽하게
퍼즐 조각을 맞춘다."
– 루이 아가시

'세상이 언제나 같은 방식으로 존재하는 것은 아니다.' 이것은 인류의 역사에서 가장 강력하고 혁명적인 깨달음입니다. 이 깨달음에서 새로운 과학(지질학)이 나왔고, 이 깨달음 덕분에 찰스 다윈은 지구 생명체가 모두 공통 조상에서 분화했다고 생각할 수 있었습니다.

지구가 정적이지 않다는 증거, 다시 말해서 창조주가 지금과 같은 형태로 지구를 만들지는 않았다는 증거는 아주 절묘하게 드러납니다. 예를 들어 아프리카 북서쪽에 있는 마데이라 섬에서는 해발 1800미터가 넘는 곳에서 조개 화석을 발견할 수 있습니다. 조개 화석은 어떻게 그 높은 곳까지 올라갔을까요? 그 대답은 분명하고도 아주 신비롭습니다. 마데이라 섬의 산은 바다 밑에 있다가 하늘을 향해 솟구친 게 분명합니다.

한 사람의 일생 동안 산이 솟구치는 모습을 볼 수는 없습니다. 바다 밑에 있던 마데이라 섬의 산이 해발 1800미터 높이까지 솟구치는 모습을 보려면 아주 엄청나게 많은 사람들의 일생이 필요합니다.

'아주 엄청나게 많은 사람들의 일생'이라는 말로는 정확한 시간을 알 수 없습니다. 하지만 다행히 좀 더 정확하게 경과한 시간을 알려주는 기발한 증거들이 있습니다. 18세기에 과학자들은 강과 하천이 운반해 호수 바닥에 쌓은 진흙 침전물을 살펴보았습니다. 또한 절벽 같은 곳에 노출된 암석도 살펴보았습니다. 하천 바닥의 진흙도 절벽에 노출된 암석도 얇은 층이 겹겹이 쌓인 형태였는데, 그 모습을 보면서 과학자들은 그런 암석은 고대 하천이 운반한 진흙층이 굳어서 형성됐을지도 모른다고 생각했습니다. 진흙은 아주 천천히 쌓입니다. 100년 동안 쌓이는 진흙의 양은 2.5센티미터가 채 되지 않습니다. 따라서 암석이 생성된 시기는 수억 년 전이라고 분명하게 결론내릴 수 있습니다. 사람으로 치자면 **수백만** 세대가 흐를 시간입니다.

역사에서 처음으로 인간이 '심원한 시간'을, 우리의 일생이 밤하늘의 반딧불이만큼이나 덧없게 느껴지는 엄청난 시간의 흐름을 고민하게 된 것입니다. 지구는 단순히 나이를 많이 먹은 것이 아니라 **우리 사람으로서는 이해하기도 힘들 만큼 나이를 많이 먹었습니다.** 스코틀랜드의 과학자 제임스 허턴(James Hutton, 1726~1797)은 1788년에 "태초는 흔적을 남기지 않았고, 끝난다는 가능성도 두지 않았다."[1]라고 했습니다. 과학자들은 태양계를 만든 건축가가 남긴 돌무더기인 운석의 나이를 방사성 연대 측정법으로 분석했고, 그 결과 지구의 나이가 45억 5000만 살이라는 사실을 알아냈습니다.

물 밑에 쌓인 진흙은 이암이 되고, 그 위에 진흙층이 다시 쌓이며 압축됩니다. 퇴적암이 이런 방식으로 생성된다는 사실은 또 다른 영감을 불러일으킵니다.[2] L. P. 하틀리(L. P. Hartley)의 소설을 여는 유명한 첫 문장*과 달리 과거는 외국이 아닙니다. 과거에도 지금과 다른 일은 벌어지지 않았습니다.[3] 과거에 지구의 표면을 바꾼 작용은 지금도 여전히 지구의 표면을 바꾸고 있습니다. 풍화, 화산 폭발, 물

---

* 《중개자(The Go-Between)》의 첫 구절을 말한다. "과거는 외국이다. 거기서 사람들은 다르게 산다."

과 공기의 침식 같은 작용들 말입니다. 정말 마음이 움츠러들 정도로 오랜 시간이 지나면 이러한 작용은 서서히 산을 옮기거나 산을 먼지로 되돌려 보냅니다.

이런 지각 변동은 지구에 있는 두 산맥을 보면 잘 이해할 수 있습니다. 지금도 하늘로 솟고 있는 히말라야 산맥과 5억 년 전쯤에 태어났고 히말라야 산맥처럼 복잡하게 구부러져 있지만 침식 작용 때문에 지금은 그루터기만 남은 스코틀랜드의 칼레도니아 산맥이 두 주인공입니다. 두 산맥 모두 같은 지각 변동으로 생성됐습니다. 지구의 지각을 이루는 거대한 덩어리가 서로 부딪친 것입니다. 그 증거로 두 곳 모두에서 거대한 습곡 형태를 확인할 수 있습니다. 이 습곡들은 지층이 충돌할 때 구부러진 것입니다.

지각 덩어리가 충돌할 수 있다는 사실은 또 다른 획기적인 통찰로 이어집니다. 초기 지질학자들은 지구 표면이 그저 위아래로 움직여 산맥 같은 지형을 만든다고 믿었습니다. 하지만 실제로 지각은 **옆으로도** 움직입니다.

대륙은 이동한다

일찍이 1620년에 영국의 철학자 프랜시스 베이컨(Francis Bacon, 1561~1626)은 반쯤만 정확한 세계 지도를 골똘히 들여다보다가 아프리카 해안선과 남아메리카 해안선이 놀라울 정도로 비슷하다는 사실을 발견했습니다. 거대한 퍼즐처럼 두 대륙은 완벽하게 들어맞는 것처럼 보였습니다. 하지만 그의 발견은 20세기 초까지 호기심거리 이상은 아니었습니다. 그러다 20세기 초반에 독일의 한 지질학자가 한 가지 아이디어를 내놓았는데, 그의 생각은 무척 논쟁적이었습니다. 그는 자신의 생각을 진심으로 믿어주는 사람 한 명 없이 인정받지 못한 채 세상을 떠났습니다.

그 사람은 알프레트 베게너(Alfred Wegener, 1880~1930)였습니다. 베게너의 생각은 정말 독특했는데, 바로 대륙이 **이동한다**는 것이었습니다. 베게너는 남아메리카 대륙의 해안선과 아프리카 대륙의 해안선이 맞아떨어지는 이유가 오래전에는 두 대륙이 **붙어 있었기** 때문이라고 주장했습니다. 한데 붙어 있던 대륙이 둘로 갈라져 멀리 이동했다는 것입니다. 베게너는 두 대륙의 해안을 이루는 암석이 같고, 동일한 화석이 발굴된다는 사실을 증거로 제시했습니다.

베게너의 대륙 이동설이 인정받지 못한 가장 큰 이유는 대륙이 이동하는 원리를 제시하지 못했다는 데 있습니다. 또 남아메리카 대륙과 아프리카 대륙이 해저를 사이에 두고 수천 킬로미터 떨어져 있다는 것도 한 이유였습니다. 광활하고 단단한 해저를 가로질러 두 대륙이 멀어지다니, 사람들은 말이 되지 않는다고 생각했습니다.

상황이 완전히 달라진 것은 대서양 해저를 탐사한 뒤였습니다. 대서양을 가로지르는 전화선을 설치하다가 대서양 한가운데에서 산등성이(대서양 중앙 해령)를 발견했기 때문입니다.[4] 1960년대에 미 해군이 음파 탐지기로 그 산등성이를 탐사했고, 그저 단순한 산등성이가 아님을 확인했습니다. 산등성이라고 생각했던 지형은 아이슬란드에서 포클랜드까지, 1만 킬로미터가 넘는 길이로 뻗어 있었습니다. 대서양을 말 그대로 반으로 나누는 엄청난 크기의 산맥이었던 것입니다. 도대체 왜 바다 밑에 그런 산맥이 있는 것일까요?

중요한 단서는 해저 암석의 자기장을 측정하면서 나왔습니다. 해저 암석은 고대 화산에서 흘러나온 용암이 굳어져서 만들어진 것입니다. 용암이 굳기 전까지 용암을 구성하는 원자들은 지구의 남-북 자기장의 방향을 따라 자유롭게 움직입니다. 하지만 일단 용암이 굳으면 원자들은 영원히 고대 자기장의 방향을 가리킨 상태로 꼼짝 못하게 됩니다.

그런데 대서양 해저에 있는 암석의 자기장 패턴에는 특이한 점이 있었습니다. 대서양 중앙 해령 양쪽으로 자기장이 대칭을 이루는 줄무늬 형태를 나타낸다는 것입니다. 한 암석층의 자기장은 바로 옆에 나란한 암석층과 반대 방향이었고, 이런 역전 현상은 계속 반복해서 나타났습니다. 이런 자기장 패턴이 의미하는 것은 무엇일까요?

실제로 육지에서 암석의 자기장을 측정해도 역전 현상을 관찰할 수 있습니다. 지구의 자기장은 막대자석의 자기장과 거의 비슷하며, 일정 시간이 지나면 뒤집힙니다. 자기장의 북극이었던 곳이 남극이 되었다가 다시 반대로 바뀝니다. 아직까지 왜 그런지 이유는 밝혀지지 않았습니다. 하지만 자기장의 방향이 바뀌면서 암석에 남긴 줄무늬는 1960년대에 지질학자들에게 강력한 도구가 되어주었습니다. 자기장 줄무늬의 생성 연대를 측정하자 대서양 중앙 해령에서 멀리 있는 암석은 더 오래전에 생성됐고 가까이 있는 암석은 더 최근에 생성됐다는 사실이 밝혀졌습니다.

그러자 갑자기 모든 문제가 한꺼번에 풀렸습니다. 대서양 중앙 해령은 **지각을 만들고 있는** 것입니다. 1억 2000만 년 전쯤에는 남아메리카 대륙과 아프리카 대륙이 정말로 붙어 있었습니다. 그러다가 지구의 표면이 쩍 갈라지면서 용암이 솟구쳐 올랐고, 벌어진 틈으로 물이 흘러들어 갔습니다. 그리고 몇 년이 흐르고, 몇 세기가 흐르고, 몇천 년이 흐르면서 길게 갈라진 틈에서 용암이 흘러나왔고, 더 많은 지각이 만들어지면서 두 대륙은 점점 더 멀어졌습니다. 에티오피아의 아파르에서는 지금도 그런 일이 벌어지고 있습니다. 두 지역이 아니라 세 지역이 멀어지면서 새로운 대양을 만들고 있다는 점은 다르지만 말입니다.

베게너를 비판한 사람들은 그를 비웃는 잘못을 저질렀습니다. 남아메리카 대륙과 아프리카 대륙이 지금 있는 위치까지 멀어지기 위해 굳이 단단한 해저를 헤치고 나갈 필요가 없었습니다. 사실 처음에는 **해저도 없었습니다.** 해저는 두 대륙이 가차 없이 반대쪽으로 밀려난 뒤에 그 사이에 생겼습니다.

해저가 생기는 모습은 정말 장엄합니다. 대서양 중앙 해령은 매년 5세제곱킬로미터에 달하는 용암을 뿜어냅니다. 1980년에 엄청난 폭발을 일으킨 세인트헬렌스 화산이 뿜어낸 용암보다 20배나 많은 양입니다. 당시 세인트헬렌스 화산은 용암을 겨우 0.25세제곱킬로미터만 방출했습니다. 중앙 해령 ─ 대서양이 아닌 곳에도 있습니다 ─ 은 지각을 만드는 공장입니다. 전 세계적으로 중앙 해령들은 해마다 30세제곱킬로미터 정도의 새로운 지각을 만듭니다.

하지만 지구처럼 크기가 정해진 공처럼 생긴 곳에서는 계속해서 지각을 만들기만 할 수는 없습니다. 새로운 것이 생겨나면 무언가는 내놓아야 합니다. 그리고 지구는 정말로 그렇게 합니다.

실제로 어떤 일이 벌어지는지 이해하려면 한 가지 사실을 더 알아야 합니다. 지구의 지각은 크게 열두 덩어리, 즉 판으로 나누어져 있습니다. 한 판 위에는 대륙 지각이나 해양 지각이 얹혀 있거나 둘 모두 올라가 있는 경우도 있습니다. 베게너는 많은 것을 옳게 판단했지만, 단순히 대륙이 움직인다는 그의 설명은 틀렸습니다. 판은 지구 내부에서 움직이는 아주 뜨겁고 조밀한 맨틀 위에 떠 있습니다.

그리고 여기서부터는 세부 사항이 아주 중요해집니다. 현무암으로 이루어진 해양 지각은 화강암으로 이루어진 대륙 지각보다 무겁습니다. 그 때문에 대륙 지각은 해양 지각보다 높이 떠 있습니다. 이것은 너무나 당연하기 때문에 특별히 언급할 필요가 없는 사실을 설명해줍니다. 해양 지각은 바다 밑에 낮게 있고 대륙 지각은 바다 위로 높이 솟아 있다는 사실 말입니다. 지질학자들은 대륙 지각을 '지구의 찌꺼기'라고 표현하기 좋아합니다.

이제 중앙 해령에서 어떻게 끊임없이 지각이 만들어지는지 이해할 준비를 마쳤습니다. 대륙 지각을 운반하는 두 판이 충돌하면 두 대륙 지각이 엄청난 힘으로 밀리고, 그중에서 가벼운 지각이 구겨지면서 위로 솟구쳐 오릅니다. 산맥이 형성되는 것입니다. 히말라야 산맥도 이런 식으로 만들어졌습니다. 하지만 두 지각이 계속해서 서로를 밀면 산맥을 만드는 것만으로는 충돌 사태를 해결할 수 없는 때가 찾아옵니다. 결국 어느 쪽은 파괴될 수밖에 없습니다. 실제로 두 지각이 만나면 그런 일이 생깁니다. 해양 지각을 얹은 판이 대륙 지각을 얹은 판 밑으로 파고들어가는 것입니다. 지금 남아메리카 대륙 서쪽 해안에서 바로 그런 일이 벌어지고 있습니다.

대륙 지각보다 밀도가 높은 해양 지각은 대륙 지각 밑으로 파고들어가 맨틀에 닿습니다. 이때 해양 지각은 물과 조개껍질 같은 바다 밑에 널려 있는 온갖 잡동사니를 모두 지닌 상태입니다. 해양 지각에 불순물이 많이 섞여 있다는 사실은 아주 중요합니다. 왜냐하면 그런 불순물이 해양 지각이 파고드는 곳 바로 위쪽에 있는 대륙 지각의 녹는점을 낮추어 화산 활동으로 이어지기 때문입니다. 오늘날 이런 현상은 칠레에서 관찰할 수 있습니다. 그곳을 우리는 안데스 산맥이라고 부릅니다.

물론 해양 지각과 대륙 지각이 충돌했을 때 항상 해양 지각만 아래쪽으로 들어가는 것은 아닙니다. 영국 서부 해안에서도 두 지각이 충돌하고 있는데, 여기서는 해양 지각이 대륙 지각을 **밀어** 함께 밑으로 내려가고 있습니다. 그 때문에 대서양은 해마다 5센티미터 정도 넓어지고 있습니다. 결국 영국과 미국은 사라져 가고 있는 셈입니다.

그런데 해양 지각이 대륙 지각 밑으로 들어갈 때 그저 얌전하게 들어가지는 않습니다. 망각되기 위해 맨틀로 들어가는 동안 해양 지각은 발버둥 치면서 무엇이든 움켜잡습니다. 이처럼 요동치는 해양 지각은 2010년에 칠레를 강타한 것 같은 지진을 만듭니다.

따라서 판은 만들어지고 파괴되어 사라집니다. 서로 부딪치고 스쳐 지나갈 때도 있습니다. 북아메리카 대륙판이 태평양판을 스치고 지나가는 캘리포니아의 샌안드레아스 단층이 그런 경우입니다. 그 때문에 로스앤젤레스와 샌프란시스코가 매년 5센티미터씩 가까워지고 있습니다.

판 구조론은 우리가 지구에서 보는 모든 현상을 설명합니다. 다윈의 자연 선택에 의한 진화론이 없다면 생물학을 이해할 수 없고 DNA가 없다면 유전학을 이해할 수 없는 것처럼 판 구조론이 없다면 지질학을 이해할 수 없습니다.

지구 표면을 움직이는 원동력

그런데 도대체 지구 표면에 있는 덩어리들을 움직이는 원동력은 무엇일까요? 1930년에 그린란드 탐사 여행을 떠났다가 고작 쉰 살의 나이로 세상을 떠난 베게너는 그 이유를 알아내지 못했습니다. 사실 지구 표면의 덩어리가 움직이는 이유는 지구 내부에 있는 열이 밖으로 빠져나오려는 시도 때문입니다. 놀랍게도 태어난 지 45억 5000만 년이 지났지만, 지구는 불덩어리 상태로 태어났을 때의 열기를 아직도 간직하고 있습니다.[5] 왜냐하면 몸집은 큰데 열기가 빠져나가야 할 표면적이 부피에 비해 상대적으로 좁아서 열이 제대로 빠져나가지 못하기 때문입니다. 또 지구 내부에 있는 우라늄, 토륨, 칼륨과 같은 방사성 원소도 계속 열을 내뿜으며 붕괴하기 때문에 끊임없이 열이 발생합니다.

이런 여러 이유 때문에 지구 내부는 액체 상태로 유지됩니다.(비록 **아주** 끈적끈적한 액체이지만 말입니다.) 냄비에 물을 넣고 끓이면 물이 빙글빙글 도는 것처럼 지구 내부에 있는 액체도 뜨겁고 가벼운 액체는 위로 올라오고 차갑고 무거운 액체는 밑으로 가라앉습니다. 지구 내부에서 일어나는 대류 현상이 지구 중심부를 포함한 거대한 공간에서 일어나는지 혹은 그보다 훨씬 복잡한 형태로 일어나는지는 아무도 모릅니다. 하지만 기본 개념은 간단합니다. 판을 움직이는 원동력은 맨틀을 구성하는 액체의 순환입니다.

판은 단순히 지표면의 모습을 끊임없이 바꾸는 역할만 하는 것이 아닙니다. 판이 움직이기 때문에 지구는 생명체가 살 만한 행성이 되었습니다.

화산은 끊임없이 이산화탄소 기체를 대기로 뿜어냅니다. 대양은 이 이산화탄소를 녹여 바다 생명체가 석회질 껍데기를 만들 수 있게 합니다. 석회질 껍데기를 만든 바다 생물이 죽으면, 석회질 껍데기는 바다 밑바닥에 가라앉습니다. 석회질 잔해는 해양 지각이 대륙 지각 밑으로 내려갈 때 함께 맨틀로 내려갑니다. 이런 식으로, 지각 판이라는 컨베이어 벨트는 대기 속 이산화탄소의 양이 위험한 수준까지 높아지지 않도록 막는 역할을 합니다. 이산화탄소는 대기에 열기를 가두는 강력한 온실가스입니다.[6]

지각 판이 대기 속의 이산화탄소를 제거하지 않으면 지구는 분명히 금성처럼 될 것입니다. 화산에서 끊임없이 분출되는 이산화탄소 때문에 대기 농도는 92배가량 더 진해지고, 대기는 거의 이산화탄소로 가득 차게 됩니다. 그렇게 되면 지구의 표면 온도는 납을 녹일 정도로 높아질 것입니다.[7]

일단 맨틀로 들어가면 지각 판은 우리 시야에서 완전히 사라져버린 것처럼 보입니다. 하지만 지진이 발생했을 때 지구 내부를 종횡무진하며 퍼져 나가는 지진파와 컴퓨터의 재주를 활용하면 지구 내부를 X선 사진처럼 찍을 수 있습니다. 단층 촬영 사진에 찍힌 지각은 맨틀을 감싸고 있고 지구 깊숙한 곳에는 핵이 있습니다. 핵은 액체

철인 외핵이 고체 철인 내핵을 감싸고 있습니다. 그런데 놀랍게도 단층 촬영 결과대로라면 맨틀로 내려간 지각 판은 중심에 있는 핵으로 내려갑니다. 녹아서 사라지지 않다니, 정말 놀라운 일입니다. 밑으로 내려간 지각 판은 외핵 바깥쪽에 차곡차곡 쌓입니다.

정말로 핵이 지각 판의 무덤이라면 또 다른 현상을 설명할 수 있습니다. 엄청나게 뜨거운 맨틀 기둥은 핵에서 솟구쳐 오르는 것으로 보입니다. 맨틀 기둥은 용접용 버너처럼 지각의 밑부분을 달굽니다. 하와이 열도 밑에도 이런 맨틀 기둥이 있습니다. 실제로 하와이 열도의 섬들은 지각 판이 맨틀 기둥 위를 이동하면서 만들어진 화산섬입니다.

지구 핵의 온도는 섭씨 5000도 정도입니다. 태양의 표면 온도와 거의 비슷합니다. 외핵 바깥에는 지각 판의 무덤이 있기 때문에 핵에서 열이 빠져나갈 수 있는 부분은 지각 판이 쌓이지 않은 틈새뿐입니다. 바로 이것이 맨틀 기둥이 생기는 이유입니다.

직접 지구 내부로 내려갈 수는 없지만, 지구 내부의 비밀은 서서히 밝혀지고 있습니다. 1856년에 스위스 지질학자 루이 아가시(Louis Agassiz, 1807~1873)는 "지질학자에게 이 세상은 거대한 퍼즐 상자이다. 지질학자는 퍼즐을 맞추는 어린아이처럼 자신이 가진 퍼즐 조각들이 어떤 관계를 맺고 있는지, 어떻게 해야 퍼즐을 제대로 맞출 수 있는지 한참 동안 고민하다가 갑자기 완벽하게 퍼즐 조각을 맞춘다."[8]라고 했습니다.

13장

가이아를 지켜주는
부드러운 보호막

[대기]

*

*

"언제나처럼 움직이는 해는 변하고 완성되고 쇠퇴하면서,
가장 섬세하고 맑은 물을 매일같이 위로 밀어 올려
수증기로 용해하고 높은 지역으로 올라가게 한다.
그곳에서 물은 차가움 때문에 응축되고
다시 땅으로 돌아온다."
— 아리스토텔레스

"지구와 지구의 대기는 거대한 증류기이다.
적도의 해양은 보일러 역할을 하고
추운 극지방은 냉각기 역할을 한다."
— 존 탄들

*

*

* * *

칼 세이건(Carl Sagan, 1934~1996)은 "지구의 대기 두께는, 지구의 크기와 비교하자면, 학교 수업 시간에 쓰는 지구본 위에 그 지구본 지름만큼 두껍게 셸락(shellac)을 바르는 것에 비유할 수 있다."[1]라고 했습니다. 그런데 우리 행성에서 생명체가 살 수 있는 건 바로 이 희미한 아지랑이 덕분입니다. 대기는 소중한 열기를 붙잡아주는 담요 역할을 할 뿐 아니라, 밤과 낮의 기온차가 극단적으로 벌어지지 않게 막아줍니다. 대기가 없다면 푸른 행성은 절대로 푸르지 않을 것입니다. 그저 평균 기온이 섭씨 영하 18도인 얼음처럼 차가운 하얀 행성에 불과했을 것입니다.

지구가 처음 만들어진 45억 5000만 년 전쯤에는 대기의 대부분이 화산이 뿜어내는 이산화탄소로 채워져 있었을 것입니다. 38억 년 전쯤에 지구는 격렬하면서도 지속적인, 도시만 한 소행성들의 폭격을 받습니다. '후기 운석 대충돌기(Late Heavy Bombardment)'라고 부르는 이 시기에 지구의 표면은 녹아내렸을 뿐 아니라 원시 대기와 물은 모두 우주로 날아가버렸습니다.[2] 증거에 따르면, 그 뒤에 오늘날 지구 전체 표면의 71퍼센트를 덮을 만큼 많은 물로 이루어진 얼음 혜성들이 날아왔습니다.[3]

현재 지구 대기는 산소가 20퍼센트 정도이고 질소가 80퍼센트 정도이며, 아르곤, 수증기, 이산화탄소 같은 기체가 조금씩 섞여 있습니다. 이는 원시 대기와 상당히 다른 모습인데, 전적으로 생명체가 만들어낸 결과입니다. 엄청난 시간 동안 남조류(남세균)는 광합성을 하고 남은 찌꺼기인 산소를 대기로 뿜어냈습니다. 대기로 나온 산소는 지구에 풍부했던 철과 결합해 산화철이 되면서 엄청나게 많은 적갈색 암석을 만들었습니다. 오늘날 오스트레일리아에서 그런 암석을 볼 수 있습니다. 철이 더는 산소를 흡수하지 못하자, 산소는 대기에 쌓이고 생명체들에게 재앙을 불러왔습니다. 수많은 유기체가 산소의 독성 때문에 죽었습니다. 하지만 결국 산소는 동물이 활용하는 막강한 에너지 자원이 되었고, 사람도 산소를 에너지원으로 채택했습니다.[4]

대기 순환

대기는 그저 지구를 감싸고 있는 산소가 풍부한 담요가 아닙니다. 태양 에너지를 받아 끊임없이 움직이는 공기층입니다. 태양은 지구의 극지방보다 적도 지방을 뜨겁게 데우기 때문에, 극지방보다 적도 지방의 기온이 더 높습니다.[5] 열은 언제나 온도를 똑같이 맞추기 위해 뜨거운 물체에서 차가운 물체로 이동합니다. 지구의 열도 온도 차를 없애기 위해서 적도 지방에서 대기를 타고 극지방으로 이동합니다. 19세기에 영국 물리학자 존 틴들(John Tyndall, 1820~1893)은 "지구와 지구의 대기는 거대한 증류기이다. 적도의 해양은 보일러 역할을 하고 추운 극지방은 냉각기 역할을 한다."[6]라고 했습니다.

지구가 자전하지 않거나 금성처럼 자전 속도가 아주 느리면 적도 지방에서 극지방으로 이동하는 열의 이동 경로는 아주 단순할 것입니다.[7] 더운 공기는 차가운 공기보다 가볍습니다. 열기구에 뜨거운 공기를 넣으면 어떻게 되는지 생각해보세요. 적도의 뜨거운 공기는 위로 올라간 뒤에 극지방으로 이동합니다.[8] 극지방으로 가는 동안 열을 잃은 공기는 다시 밑으로 내려가 지표면을 따라 적도 지방으로 돌아옵니다. 이렇게 끊임없이 돌고 도는 대기의 순환은 1735년에 이를 처음으로 제안한 영국의 변호사이자 기상학자인 조지 해들리(George Hadley, 1685~1744)의 이름을 따 '해들리 순환'이라고 부릅니다. 지구가 자전하지 않는다면 해들리 순환은 **두 가지** 형태로 나타날 것입니다. 북반구를 도는 순환과 남반구를 도는 순환으로 말입니다.

하지만 지구는 24시간에 한 번이라는 빠른 속도로 자전합니다. 따라서 땅과 대기는 적도 지방이 극지방보다 훨씬 빠르게 움직입니다. 이것이 바로 미항공우주국(NASA)이 플로리다에서 우주선을 발사하고 유럽우주기구(ESA)가 프랑스령 기아나에 있는 쿠루에서 우주선을 발사하는 이유입니다. 되도록 적도 가까운 곳에서 우주선을 발사해야 지구가 자전하는 힘을 최대한 이용할 수 있기 때문입니다.

자신들은 전혀 알지 못하겠지만 적도 지방 사람들은 보잉 747기보다 거의 **두 배**는 빠른 시속 1670킬로미터에 이르는 속도로 움직입니다.[9] 적도 지방을 떠나 여행을 시작한 뜨거운 공기는 그 밑에 있는 땅보다 계속해서 빠른 속도로 움직입니다. 그래서 땅에 있는 사람의 눈에는 바람이 지구의 자전 방향으로 부는 것처럼 보입니다. 북반구에서는 오른쪽, 즉 **동쪽**으로 부는 것처럼 보이고 남반구에서는 왼쪽,

즉 **서쪽**으로 부는 것처럼 보이는 것입니다.[10]

북쪽과 남쪽에서 바람이 휘어지는 방향이 전혀 다르다는 것은 열이 적도에서 극지방으로 가는 방법이 간단하지 않다는 뜻입니다. 지구 대기의 순환은 단순히 해들리 순환이라는 한 가지 형태로 존재하는 것이 아니라 **세 가지**로 나누어집니다. 다시 말해서 북반구와 남반구에 각각 **세 가지** 형태의 전도 순환이 존재합니다. 적도 지방부터 극지방까지를 삼등분한 뒤 각각 다른 형태로 순환하는 세 가지 띠가 있는 것입니다.

지구보다 훨씬 빨리 도는 행성은 그 띠가 **훨씬 더 많습니다.** 이를테면 목성은 적도 지름이 지구보다 11배 정도 크지만 자전 속도는 10시간밖에 되지 않습니다. 목성의 적도가 자전하는 속도는 지구의 적도가 자전하는 속도보다 25배 정도 빠릅니다. 그 때문에 목성의 순환은 적도를 기준으로 각각 일곱 개씩 나타나며, 목성 전체로 보면 대략 15개 정도입니다. 지구에서 보았을 때 밝게 보이는 순환 고리를 대(zone)라고 하고 어둡게 보이는 순환 고리를 띠(belt)라고 부릅니다.

지구 극지방에서는 높은 고도에서 비교적 따뜻한 공기가 극 쪽으로 이동합니다. 높은 고도에서는 공기가 땅보다 빠르게 움직이기 때문에 땅에서 보면 바람이 지구가 자전하는 방향으로 부는 것처럼 보입니다. 따라서 고도가 높은 곳에서는 서풍이 붑니다. 지구의 자전 방향처럼 **서쪽에서** 불어오는 것입니다. 공기가 극에 도착하면 차가워지고 밑으로 가라앉습니다. 낮은 고도로 내려간 공기는 다시 왔던 곳으로 돌아갑니다. 이제 공기는 지면보다 느리게 움직이기 때문에 땅에 있는 사람이 보기에는 바람이 지구의 자전 방향과 반대로 부는 것처럼 보입니다. 이는 극관(polar cap)과 가까운 지면 근처에서 부는 바람은 주로 동풍이라는 뜻입니다. 지구의 자전 방향과 반대로 **동쪽에서** 불어오는 것입니다.

적도 지방과 가까운 곳의 대기 순환도 극지방과 비슷합니다. 지면에서 높은 고도에서 부는 바람을 보면 지구 자전 방향으로 부는 것처럼 보입니다. 따라서 열대 지방의 상공에서는 **서풍**이 붑니다. 고도가 낮은 곳에서는 공기가 적도 지방으로 돌아오기 때문에 지면에서 보면 지구 자전 방향과 반대로 부는 것처럼 보입니다. 그것이 열대 지방의 해수면에서 부는 바람(무역풍)이 주로 동쪽에서 오는 이유입니다.

날씨, 예측 가능성과 카오스 사이

지구의 반구를 세 등분하는 대기의 순환에서 가장 흥미로운 지역은 극지방 순환대와 적도 지방 순환대 사이에 있는 중위도 순환대입니다. 중위도[11]에서 북쪽과 남쪽으로 움직이는 공기는 지구 자전에 크게 영향을 받습니다.[12] 그렇기 때문에 대기는 아주 불안정하고 끊임없이 소용돌이칩니다. 중위도에서 대기의 순환 역시 고도가 높은 곳에서는 주로 아주 빠른 서풍이 붑니다. 시속 400킬로미터가 넘는 이 제트 기류는 날씨계(weather system)를 조정합니다. 미국에서 유럽으로 가는 데 걸리는 시간이 유럽에서 미국으로 가는 데 걸리는 시간보다 적은 이유도 바로 제트 기류 때문입니다.

이제 미신을 떨쳐버릴 좋은 기회를 잡았습니다. 흔히 물이 배수구로 빠져나갈 때 북반구와 남반구에서 물이 휘돌아 내려가는 방향이 다르다고 알려져 있습니다. 하지만 그렇지 않습니다. 어느 반구에서 건 물은 어느 쪽으로도 돌아내려 갈 수 있습니다. 물이 어느 방향으로 도느냐는 수도꼭지에서 나오는 물이나 개수대의 표면 모양 같은 초기 조건이 결정합니다. 지구의 자전 때문에 지표면이 움직이는 속도가 다르다고 해도 개수대 폭이 너무 작아서 물의 흐름에 거의 영향을 끼치지 않습니다. 하지만 수백 킬로미터 이상을 가로질러야 하는 공기는 다릅니다. 개수대의 물은 지구 자전 속도에 영향을 받지 않지만, 남반구와 북반구라는 넓은 지역을 돌아 나가는 공기는 **분명히 다른 방향으로 회전합니다.**

이제 그 이유를 설명하겠습니다. 북반구에 저기압이 형성되었다고 생각해봅시다.[13] 강력한 저기압이 형성되면 낮아진 기압을 상쇄하기 위해 주변에 있는 공기가 사방에서 저기압 중심부로 밀려듭니다. 높은 고도에서 북쪽으로 몰려가는 공기는 지면보다 빠르게 이동합니다. 그래서 지면에서 보면 바람이 지구 자전 방향인 동쪽으로 치우쳐서 부는 것처럼 보입니다. 반면 남쪽으로 내려오는 공기는 지면보다 느리게 움직이기 때문에 지면에서 보면 지구 자전 방향과 반대인 서쪽으로 치우쳐서 부는 것처럼 보입니다. 그래서 공기 덩어리는 시계 반대 방향으로 회전합니다.(남반구에서는 사이클론이 시계 방향으로 회전합니다.) 고기압은 반대입니다. 북반구에서 고기압은 시계 방향으로 회전하고 남반구에서 고기압은 시계 반대 방향으로 회전합니다.

날씨를 대략적으로 정의하면 '매일같이 변하는 대기 상태'라고 하겠습니다. 날씨 변화는 대기의 가장 낮은 층인 대류권에서 생깁니다.

원칙적으로 날씨는 완벽하게 예측할 수 있어야 합니다. 예를 들어 '나비에-스토크스 방정식(Navier-Stokes equation)'이라는 수학 공식을 이용하면 지구의 대기 같은 유체의 움직임을 완벽하게 예측할 수 있습니다. 하지만 실제로 나비에-스토크스 방정식의 결과는 초기 조건에 크게 좌우됩니다. 방정식에 지구상에 있는 두 지역의 날씨를 입력하면 일 주일 안에 두 날씨계에서는 전혀 다른 결과가 나옵니다.

미국의 기상학자이자 방송인인 로버트 라이언(Robert T. Ryan)은 기상 캐스터들이 매일 직면해야 하는 어려운 문제를 다음과 같이 설명했습니다. "회전하고 있고 표면은 울퉁불퉁하고 장소와 시간에 따라 농도가 달라지는 기체에 40킬로미터 두께로 감싸여 있는 지름 1만 2800킬로미터의 구체가 있다. 1억 5000만 킬로미터가 떨어진 곳에 있는 원자력 발전소에서 이 구체와 구체를 감싼 기체를 가열한다. 이 구체는 원자력 발전소 주위를 돌고 있으며, 공전하는 동안 어떤 구간에서는 구체의 특정 부분이 더 뜨거워진다. 구체를 감싼 기체 덩어리는 끊임없이 표면에서 올라오는 기체를 받아들이는데, 표면에서 올라오는 기체는 대체로 평온하지만 가끔씩 아주 격렬해지고 상당히 좁은 지역에서 집중적으로 올라올 때가 있다. 우리는 그 모습을 보면서 그 지역을 감싼 기체가 하루나 이틀이 지난 뒤에, 혹은 그보다 더 오랜 시간이 지난 뒤에 어떤 모습이 될지 예측해야 한다."[14]

실제로 날씨를 두고 카오스적이라는 말을 자주 합니다. 초기 조건에 무한히 민감하게 반응하기 때문입니다. 카오스 이론의 수학적 발판을 마련한 미국의 기상학자 에드워드 로렌즈(Edward Lorenz)는 "브라질에서 나비가 날갯짓을 하면 텍사스에 회오리바람이 부는

가?"라는 질문을 했습니다.[15] 그 대답은 '그렇기도 하고 아니기도 하다'일 것입니다. 확실히 대기는, 특히 중위권의 대기는 냄비 안에서 끓는 물처럼 예측할 수 없습니다. 하지만 대기는 예측 가능성과 카오스 사이의 어딘가를 서성이고 있다고 여겨집니다. 대기의 상태를 전혀 예측할 수 없고, 로렌즈의 나비 효과가 세상을 지배한다면 기상 캐스터는 절대로 성공할 수 없을 겁니다. 많은 사람에게 이런 상황은 불편합니다. 금융 전문가인 패트릭 영(Patrick Young)은 "일기 예보의 문제는 무시할 때는 맞을 때가 너무 많고, 정말로 믿을 때는 틀릴 때가 너무 많다는 것이다."라고 했습니다.

순환하는 바다

아직 우리 이야기에 대양(바다)은 등장한 적이 없는데, 사실은 절대로 빠뜨릴 수 없는 주제입니다. 대양은 적도 지방에서 극지방으로 이동하는 열의 절반 정도를 운반하기 때문에 열의 순환 과정에서 대기만큼이나 중요한 역할을 합니다.

예를 들어 북대서양 북쪽에서 시작해 서부 유럽 해안을 지나는 멕시코 만류는 주변 지역의 온도를 높입니다. 따라서 서부 유럽은 캐나다처럼 같은 위도에 있는 지역보다 훨씬 따뜻합니다. 극지방과 가까운 곳에서는 바닷물이 얼어 해빙(sea ice)이 되는데, 얼음이 얼면 소금이 남기 때문에 주변 바다는 더 짜집니다. 소금은 상대적으로 무겁기 때문에 더 짜진 물은 대양 바닥으로 가라앉습니다. 가라앉은 바닷물은 해저를 따라 멕시코 만으로 돌아갑니다. 대기의 해들리 순환 컨베이어를 연상시키는 대양의 컨베이어 벨트입니다. 북쪽으로 흘러간 따뜻한 물은 차가워지고 가라앉은 다음 다시 남쪽으로 돌아옵니다.

그런데 대양은 열을 적도 지방에서 극지방으로 운반하는 역할 외에 다른 일도 합니다. 열을 **저장**했다가 나중에 서서히 방출하는 것입니다. 그 덕분에 여름과 겨울의 온도 차가 줄어듭니다.

계절이 생기는 이유는 지구가 공전할 때 지구의 적도가 언제나 태양을 가리키는 것은 아니기 때문입니다. 지구는 자전축이 23.5도 기울어진 상태로 회전합니다. 이것은 곧 지구가 공전하는 동안 북반구가 태양이 있는 쪽으로 기울어지면 여름이 되고(그때 남반구는 **겨울**입니다), 6개월 뒤에는 태양에서 먼 곳으로 기울어지면서 겨울이 된다는 뜻입니다(이때 남반구는 당연히 **여름**입니다). 지구의 공전 궤도는 원이 아니라 타원이기 때문에 지구가 태양에 가장 가까워졌을 때 남반구는 우연히도 여름입니다.[16]

적도가 항상 태양을 가리키는 것은 아니기 때문에 지표면에서 가장 뜨거운 부분이 항상 적도는 아닙니다. 실제로 계절에 따라 태양 직하점(subsolar point)은 북쪽과 남쪽으로 옮겨 다니는데, 그와 함께 두 반구의 전체 대기 순환대 세 곳도 바뀝니다.

대양이 날씨 변화에 중요한 역할을 하는 이유는 대기보다 훨씬 많은 열을 저장하기 때문입니다. 여름에 따뜻해진 바다는 겨울에 서서히 그 열을 방출합니다. 그래서 두 반구에는 각 반구가 태양에서 가장 멀어지는 동지가 아니라 동지에서 몇 달이 지났을 때 가장 추운 시기가 찾아옵니다. 대기가 **낮과 밤**의 기온 차가 극단적으로 벌어지는 것을 막아주는 것처럼 대양은 **여름과 겨울**의 기온 차가 극단적으로 벌어지는 것을 막아줍니다.

언제 빙하기가 오는가?

기후는, '매일 변하는 대기의 상태'라고 정의하는 날씨와 달리 '날씨와 관계가 있는 기간보다 훨씬 긴 기간 동안의 대기와 대양의 평균 상태'라고 정의할 수 있습니다. 기후로 나타내는 기간은 보통 30년 이상입니다. 마크 트웨인은 "기후는 우리가 예상하는 것이고, 날씨는 우리가 소유한 것이다."라고 했습니다.

과학은 놀랍게도 지구의 기후가 항상 지금과 같지는 않았다는 사실을 발견했습니다. 예를 들어 지난 100만 년의 90퍼센트 정도는 남반구와 북반구에서 빙상이 확장해 지구 기온이 크게 내려간 빙하기였습니다.

지구에 작용하는 태양과 달과 여러 행성의 중력 때문에 생기는 지구의 자연스러운 공전 주기가 빙하기를 유발하는 한 원인이라고 여겨집니다. 10만 년이 넘는 기간 동안 지구의 타원형 공전 궤도는 볼록하다기보다는 좀 더 옆으로 늘어난 형태가 되었습니다. 지금은 수직에서 23.5도가 기울어진 자전축은 4만 2000년에 걸쳐 훨씬 누운 상태로 있다가 다시 수직에 가까울 정도로 섰습니다. 2만 6000년 동안 지구의 자전축은 우주 공간에서 방향을 바꾸었고, 거의 수직으로 서서 완벽한 원을 그리며 돌았습니다.[17] 밀란코비치 주기라고 알려진 이 주기에 따라 지표면에 도달하는 태양 광선의 양이 달라집니다.

하지만 지구에 도달하는 태양 광선의 양이 달라지는 것만이 빙하기를 유발하는 유일한 원인은 아닙니다. 태양의 변화도 중요합니다. 실제로 태양은 아주 안정적이기 때문에 방출하는 열의 양이 변하는 기간은 태양 주기의 1퍼센트도 되지 않습니다.[18] 지구 기후에 영향을 끼치기에는 너무나도 짧은 시간입니다. 하지만 방출하는 태양 광선의 양이 조금만 바뀌어도 방출되는 태양 자외선의 양은 100퍼센트까지 증가할 수 있습니다.[19] 많은 에너지를 가진 자외선 같은 광선이 지구에 도달하면 성층권(기후가 변하는 대류권 바로 위에 있는 대기층)에 있는 오존 같은 분자가 파괴됩니다. 오존 같은 분자는 열이 대기권을 뚫고 밑으로 내려가는 데 중요한 역할을 하기 때문에, 태양 자외선이 증가하면 지구의 기후에 분명히 영향을 끼칩니다.

하지만 단순히 지표면에 도달하는 태양 광선의 양이 변하는 것만으로는 빙하기가 오지 않습니다. 빙하기가 오려면 좀 더 지구다운 원인이 필요합니다. 그러니까 대륙의 이동 같은 원인 말입니다.[20] 예를 들어, 아주 옛날에는 남아메리카 대륙이 남극 대륙과 붙어 있었습니다. 적도에서 출발한 따뜻한 물은 곧바로 남아메리카 대륙을 따라 내려갔고, 남극 대륙에는 얼음이 없었습니다. 그러나 3300만 년 전쯤에 두 대륙이 갈라졌습니다. 남아메리카 대륙과 남극 대륙 사이에 드레이크 해협이 열리면서 태평양과 대서양 사이에 서쪽에서 동쪽으로 흐르며 순환하는 물길이 생겼습니다. 대부분의 물길이 북쪽에서 남쪽으로 흐르기보다는 서쪽에서 동쪽으로 흘렀기 때문에 남극 대륙으로 가던 열이 크게 줄었고, 결국 남극은 얼어붙었습니다.

미래에는 북대서양의 바닷물 흐름도 그런 식으로 바뀔 수 있습니다. 사람이 일으킨 지구 온난화 때문에 말입니다. 지금은 멕시코 만에서 출발한 따뜻한 물이 서부 유럽 해안으로 흐릅니다. 그리고 그곳에서 차가워진 물은 다시 멕시코 만으로 돌아갑니다. 멕시코에서 출발한 난류 덕분에 서부 유럽 해안은 비교적 따뜻합니다. 하지만 북극 근처에서 빙상이 녹으면 적도에서 극지방으로 이동하는 열의 흐름이 차단될 수 있습니다. 왜냐하면 바닷물이 얼 때는 소금을 방출하고 물만 얼기 때문입니다. 따라서 북극 근처에서 빙상이 녹으면 바닷물이 덜 짜질 것이고, 결정적으로 **더 가벼워질 것이므로** 더는 가라앉지 않게 됩니다.(그린란드에 있는 담수 얼음이 녹아도 마찬가지입니다.) 그렇게 되면 북대서양 컨베이어 벨트는 얼마간 작동을 멈출 것이고, 결국 서부 유럽 해안의 기온이 내려가 같은 위도인 다른 지역(캐나다의 위니펙 같은)과 상당히 비슷해질 것입니다. 지구는 분명히 어떤 일이 있어도 적도의 남는 열을 극지방으로 옮겨갈 것입니다. 하지만 그 역할은 3300만 년 전에 남아메리카 대륙과 남극 대륙이 갈라지면서 그랬던 것처럼, 남쪽에서 북쪽으로 흐르는 해류가 아니라 녹아내린 북극해를 동쪽에서 서쪽으로 가르는 대기와 바닷물이 담당할 것입니다.

하지만 고대에 있었던 빙하기에 비하면 최근에 겪는 빙하기는 아무것도 아닙니다. 이 세상이 극지방부터 적도 지방까지 온통 얼음으로 뒤덮여 있던 시기가 두 번 있었다고 알려져 있습니다. 눈덩이 지구(Snowball Earth)라고 부르는 이 시기는 각각 22억 년 전과 6억 5000만 년 전이었다고 추정합니다. 빙하기가 찾아온 원인은 아직 밝혀지지 않았습니다. 하지만 훨씬 오래전에 있었던 눈덩이 지구의 생성 원인에 관해서는 한 가지 그럴듯한 가설이 있습니다. 남조류에게 갑자기

물을 분해하는 능력이 생기면서 광합성을 이용해 산소를 만들어냈기 때문이라는 가설입니다. 남조류가 방출한 산소는 지구를 따뜻하게 했던 메탄(온실가스이며 당시 대기에 풍부하게 들어 있던 물질)을 파괴했을 것입니다.

온통 얼음으로 뒤덮인 행성은 태양 광선을 우주로 반사합니다. 이 때문에 지구는 수백만 년 동안 눈덩이 상태로 있었던 것 같습니다. 막강한 얼음 왕국을 녹인 것은 화산 폭발이었을 수도 있습니다. 화산은 기온이 충분히 올라가서 지구가 녹을 때까지 계속 대기 속으로 이산화탄소를 뿜어냈을 것입니다.

지구가 계속 더워진다면

이산화탄소는 당연히 석유나 석탄 같은 화석 연료를 태우면 발생하는데, 산업 시대 이후로 꾸준히 대기 중 농도가 증가해 왔습니다. 대기의 이산화탄소 농도가 증가하면서 지구의 기온도 꾸준히 올라가고 있습니다. 이산화탄소가 대기에 열을 잡아 두는 기체임을 생각하면 당연한 일입니다.

더 구체적으로 이산화탄소가 하는 일은 이렇습니다. 이산화탄소(와 대기를 구성하는 다른 기체들)는 태양에서 온 가시광선을 흡수하지 않습니다.(이 기체들은 투명합니다. 그렇지 않다면 우리는 태양을 볼 수 없었을 것입니다.) 따라서 태양 광선은 아무런 방해를 받지 않고 대기를 통과해 지면을 데웁니다. 태양열을 받은 지면은 반대로 대기를 데웁니다. 이것이 지표면의 기온이 가장 높고, 기후 변화가 일어나는 대류권에서는 고도가 높아질수록 점점 기온이 낮아지는 이유입니다.

더 정확하게 말하면, 지표면은 보통 온도가 섭씨 20도인 물체가 내는 정도의 열복사선을 방출합니다. 대기에 있는 이산화탄소가 원적외선인 이 열복사를 흡수합니다. 그 때문에 지구의 열은 우주로 달아나지 않고 지구 대기에 머물 수 있습니다. 대기에서 일어나는 일이 온실에서 일어나는 일과 똑같지는 않습니다. 온실에서도 태양 광선은 유리를 그대로 통과합니다. 하지만 따뜻한 공기가 밖으로 빠져나가지 않고 온실 내부에 머물며 회전하는 이유는 **물리적 장벽**을 설치했기 때문입니다. 그렇기는 해도 어쨌거나 이산화탄소는 온실가스라고 알려져 있습니다.

그런데 사실 가장 중요한 온실가스는 수증기입니다. 이산화탄소가 지구 온난화 현상에 20퍼센트의 책임이 있다면 수증기는 거의 75퍼센트 정도 책임이 있습니다. 실제로 우리는 온실가스들에 전적으로 감사해야 합니다. 온실가스가 없다면 지구의 평균 기온은 섭씨 영하 18도 정도로 아주 추웠을 것입니다.

하지만 사람이 더하는 이산화탄소의 양이 점점 더 늘어나면 지구의 온도는 점점 올라갈 것입니다. 영국의 화학자 제임스 러브록(James Lovelock)은 "지질 변화는 보통 수천 년에 걸쳐 일어난다. 하지만 지금 우리는 한 사람의 생애 동안, 그리고 해마다 변하는 기후를 목격하고 있다."라고 경고했습니다.

그린란드와 남극 대륙의 얼음은 이미 녹아내리고 있습니다. 얼음이 녹는 속도는 더 빨라질 테고, 결국 전 세계 해수면은 크게 상승하고 해안 저지대는 침수할 것입니다. 바닷물과 대기의 순환은 전혀 예측하지 못하는 상태로 바뀔 텐데 그것이 70억 지구인에게 어떤 영향을 끼칠지는 알 수 없습니다. 지구가 결국 어떻게 변할지는 아무도 모릅니다. 하지만 자연은 한 가지 가능성을 여실히 보여줍니다. 금성 말입니다.

지구보다 태양에 3분의 2 정도 더 가까이 있는 금성은 생성 초기에 물을 모두 잃었습니다. 태양이 보낸 강렬한 열기가 금성의 고대 대양에서 물을 모두 증발시켜버린 것입니다. 강력한 온실가스인 수증기는 금성을 더욱 뜨겁게 달구었고, 그 때문에 더 많은 물이 증발하고, 금성은 더욱더 뜨거워졌습니다. 1961년에 칼 세이건과 윌리엄 켈로그(William Kellogg)가 처음 제안한 이러한 '고삐 풀린 온실 효과(runaway greenhouse effect)' 때문에 결국 금성의 물은 완전히 증발하고 말았습니다. 지금은 금성에서 수증기에 의한 온실 효과를 전혀 관측할 수 없는데, 그 이유는 태양에서 온 에너지가 큰 자외선이 물 분자를 수소와 산소로 분해했고, 수소와 산소는 태양풍 때문에 우주로 날아가버렸기 때문입니다. 결국 금성의 물은 우주로 날아가버린 것입니다.

지구에서는 화산이 방출한 이산화탄소가 빗물에 녹아 지표면으로 내려옵니다. 하지만 물이 없는 금성에서는 그럴 수 없습니다. 금성의 대기에는 이산화탄소가 점점 쌓입니다. 이 때문에 현재 금성의 대기압은 92기압에 이릅니다. 금성의 지표면은 지구에서라면 해저 1킬로미터 지점에서 받는 압력을 받고 있을 뿐 아니라 극단적인 온실 효과가 나타나 납을 녹일 정도로 뜨겁습니다. 더구나 금성은 화산이 뿜어내는 이산화황이 만든 두툼한 황산 구름에 완벽하게 감싸여 있습니다. 한마디로 말해서 금성은 지옥입니다.

지구는 금성보다 태양에서 훨씬 멀리 있기 때문에 지구의 온도를 높이는 사람의 활동이 고삐 풀린 온실이라는 재앙을 촉발할지 단언할 수는 없습니다. 하지만 우리 인간에게 책임이 있건 없건 간에 한 가지는 분명합니다. 언젠가는 **당연히** 그렇게 된다는 것입니다.

왜냐하면 수소 연료를 태우는 태양은 느린 속도이기는 하지만 점점 더 뜨거워지고 있기 때문입니다.[21] 실제로 현재 태양은 약 46억 년 전에 태어났을 때보다 30퍼센트 정도 더 밝습니다.[22] 앞으로 태양은 점점 더 밝아질 테고, 지구의 대양에서는 점점 더 많은 물이 수증기가 되어 증발할 것입니다. 더워진 지구에서는 백악질 절벽 같은 탄산염암에 갇혀 있던 이산화탄소가 대기로 빠져나와 더 많은 열을 가둘 것이고, 그러면 더 뜨거워진 지구는 더 많은 이산화탄소를 공기 속으로 뿜어낼 것입니다. 결국 서기 10억 년쯤 되면 대양의 물은 완전히 우주로 날아가고, 이산화탄소가 지구의 대기를 거의 장악할 것입니다. 공교롭게도 현재 지구의 탄산염암이 가두고 있는 이산화탄소의 양은 금성의 대기를 채우고 있는 이산화탄소의 양과 거의 비슷합니다. 따라서 탄산염암에 붙잡혀 있는 이산화탄소가 모두 빠져나오면 지구는 **금성과 거의 비슷한 상태**가 될 것입니다.

하지만 그것으로 지구의 시련은 끝나지 않습니다. 50억 년 안에 태양은 중심에 있는 수소 연료를 모두 태울 것입니다. 그러면 엄청난 빛을 내는 거대한 적색 거성이 될 테고, 지금보다 1만 배는 강한 열을 내뿜을 것입니다. 거대하게 부풀어 오른 태양이 우리 지구를 삼키지는 않는다고 해도─분명히 훨씬 가까이 있는 수성과 금성은 삼

켜질 테지만―결국 지구는 불타올라 잿빛 덩어리가 되고 말 것입니다.[23]

그보다 훨씬 전에 우리 후손은―살아남은 생존자가 있다면―정착할 새로운 행성을 찾아 태양계를 떠나야 합니다. 소련의 항공학자이자 로켓 연구의 선구자인 콘스탄틴 치올코프스키(Konstantin Tsiolkovsky, 1857~1935)는 이런 말을 남겼습니다. "지구는 인류의 요람이다. 하지만 인류가 이 요람에 영원히 머물지는 못할 것이다."

4부

'보이지 않는 세계,는 어떻게 움직이나

14장

세포, 지구, 우주는
모두 증기 기관이다

[열역학]

"열역학 제2법칙을 모른다는 것은
셰익스피어의 작품을 한 번도
읽지 않았다는 것과 같다."
― 찰스 퍼시 스노

"소화부터 예술 활동에 이르기까지
우리가 하는 모든 행동은 본질적으로
증기 기관이 작동하는 방식과 다르지 않다."
― 피터 앳킨스

* * *

지구는 태양이 보낸 에너지를 얼마나 가둘까요? 정답은 '전혀 가두지 않는다.'입니다. 생각해보세요. 아주 더운 날 밖에 나가면 땀이 납니다. 땀이 나는 이유는 우리 몸이 흡수한 열을 가능한 한 빨리 밖으로 내보내기 위해서입니다. 받은 열을 내보내지 않으면 체온이 계속 올라가 결국 열사병으로 쓰러지고 맙니다. 그와 마찬가지로 지구도 태양이 보낸 열기를 재빨리 우주로 돌려보내야 합니다. 그러지 않았다가는 지구는 점점 더 뜨거워져 암석도 꿀처럼 흘러내리고 말 겁니다.[1]

하지만 지구가 태양에서 순에너지(net energy)를 전혀 얻지 않는다면, **도대체** 지구는 어디에서 에너지를 얻는 것일까요? 어쨌거나 생명 활동을 비롯하여 지구에서 일어나는 모든 활동에는 에너지가 필요한데 말입니다. 지구가 태양에서 받는 에너지의 **양**이 아니라 에너지의 **질**을 살펴보아야 이 의문을 풀 수 있습니다. 지구가 우주로 방출하는 열은 지구가 태양에서 받는 것보다 **질이 떨어집니다**. 지구가 태양 에너지의 정수를 빨아들이는 게 분명합니다. 어떻게 그럴 수 있을까요?

답을 알려면 먼저 지구가 증기 기관과 같다는 사실을 분명히 알아야 합니다. 실제로 영국의 화학자 피터 앳킨스(Peter Atkins)가 말했듯이 "우리는 모두 증기 기관입니다."[2] 그렇다고 당황할 이유는 없습니다. 증기 기관은 본질적으로 아주 간단한 장치입니다. 기본적으로 증기 기관은 아주 뜨거운 수증기로 가득 찬 용기입니다. 뜨거운 수증기는 용기 바깥에 있는 대기압을 이기고 용기 안에 있는 움직이는 벽(피스톤)을 밀어냅니다. 그러고 나면 바깥 공기의 낮은 온도 때문에 수증기는 액체인 물로 응축됩니다. 이것이 증기 기관의 원리입니다.

잠시 피스톤에 집중해봅시다. 한 물체가 힘을 이기고 움직이면 일을 했다고 합니다. 피스톤은 바깥의 대기압을 이기고 움직였으니 일을 한 것입니다. 일이란 지구에 있는 모든 것들이 매일 하는 행위입니다. 여러분의 근육은 매 순간 중력을 이기고 발을 들어 올리는 일을 합니다. 지금 여러분의 컴퓨터에 흐르는 전류는 자신들의 길을 막는 원자의 저항력을 이기고 움직이는 일을 합니다. 일이 없으면 활동도 없습니다. 일을 하지 않으면 이 세상의 모든 것은 움직이지 않고 활기를 잃은 채 영원히 같은 자리에 머물 것입니다.

증기 기관이 일을 하려면 열 에너지가 필요합니다. 열 에너지는 높은 온도에서 시작해 낮은 온도에서 끝납니다. 지구도 정확히 같은 원리를 따릅니다. 열 에너지가 일을 시작하는 온도는 아주 높습니다. 태양의 표면 온도인 섭씨 5500도로 시작해 지표면 평균 온도인 섭씨 20도의 낮은 온도로 끝납니다. 하지만 이 열 에너지는 피스톤을 움직이는 대신에 허리케인을 일으키는 일에서부터 물고기가 헤엄치고 사람의 체온을 섭씨 37도로 유지하는 생화학 반응까지 모든 일을 합니다.

따라서 지구가 방출하는 에너지와 지구가 받은 에너지가 질적으로 다른 이유는 **온도** 때문임이 분명합니다.[3] 그런데 어째서 일이 온도 변화와 관계가 있을까요? 그 답을 알려면 먼저 열과 일이 **무엇인지부터** 알아야 합니다.

열은 무질서한 운동입니다. 수증기 분자를 자세히 들여다보면 성난 벌 떼처럼 정신없이 움직이는 모습을 관찰할 수 있습니다. 뜨겁게 달군 강철 막대의 분자를 들여다보면 분자가 고정된 자리에서 무작위로 흔들리는 모습을 볼 수 있습니다. 그와 반대로 일은 질서가 있는 운동입니다. 피스톤이 움직이고, 팔 근육이 수축할 때는 수많은 원자가 일사불란하게 한 몸처럼 움직입니다.

그럼 이제 용기 안에 들어 있는 수증기가 피스톤을 밀 때 벌어지는 일을 살펴봅시다. 수증기 분자들은 양철 지붕 위에 떨어지는 무수히 많은 빗방울처럼 피스톤을 강타합니다.[4] 분자 한 개의 힘은 미약하지만 모든 분자의 힘을 합치면 묵직한 피스톤을 밀어내는 엄청난 일을 할 수 있습니다.

이제부터 온도를 '원자처럼 물체를 구성하는 아주 작은 요소의 평균 속도를 나타내는 단위'라고 정의하겠습니다. 온도가 높은 물체는 원자가 빨리 움직이고 온도가 낮은 물체는 원자가 느리게 움직입니다. 자신의 미약한 미는 힘을 피스톤에 나누어준 수증기 분자는 운동하는 데 필요한 에너지를 조금 잃고 속도가 줄어듭니다.[5] 피스톤에 일을 한 대가로 분자의 평균 속도가 떨어지는 것입니다. 다시 말해서 수증기의 온도가 내려가는 것입니다.

그런데 여기에는 뭔가 미묘한 점이 있습니다. 수증기 분자의 운동은 지구와 태양의 관계를 떠오르게 합니다. 그리고 과학의 역사에서 분명 가장 심오한 통찰로 손꼽을 만한 한 가지 법칙—열역학 제2법칙—을 떠오르게 합니다.

열은 어느 정도까지 피스톤을 움직이는 **유용한** 일로 전환될 수 있을까요? 어쨌거나 물리학의 기본 법칙—사실은 열역학 제1법칙(에너지 보존의 법칙)입니다—에 따르면 에너지는 새로 생성되거나 사라지지 않고 그저 한 가지 형태에서 다른 형태로 바뀔 뿐입니다. 예를 들어 전기 에너지는 전구에서 빛 에너지와 열 에너지로 바뀌고, 체내에서 화학 에너지는 근육의 운동 에너지로 바뀝니다. 하지만 열역학 제1법칙은 이론적으로나 가능하지 **실생활에서는** 성립하지 않습니다.[6]

수증기를 이용해 피스톤을 움직일 때 해결해야 하는 문제는 **무질서한** 극도로 작은 움직임으로 **질서 있는** 큰 움직임을 만들어내야 한다는 것입니다. 피스톤이 움직이는 방향과 같은 방향으로 움직이는 수증기 분자도 있겠지만 그렇지 않은 분자도 많을 것이고 아예 피스톤의 운동 방향과 직각으로 움직여서 피스톤의 운동에는 전혀 도움이 되지 않는 분자도 있을 것입니다. 분명히 수증기 분자의 에너지가 전부 **유용한** 것은 아니며, 일부 에너지만이 피스톤의 운동 에너지로 전환됩니다. 따라서 증기 기관의 효율은 절대로 100퍼센트가 될 수 없습니다.[7]

'열은 100퍼센트의 효율로 일로 전환될 수 없다'라는 것은 사실 19세기에 영국 물리학자 켈빈 경(본래 이름은 윌리엄 톰슨William Thomson, 1824~1907)이 진술한 열역학 제2법칙의 내용입니다. 하지만 이런 식으로 정의하는 것은 열역학 제2법칙을 흥미롭거나 통찰력 있게 설명하는 방식은 아닙니다. 이런 정의는 만물을 지배하는 이 법칙의 힘, 생명과 우주를 비롯한 세상 모든 것에 대하여 이 법칙이 암시하는 바를 제대로 알려주지 못합니다. 열역학 제2법칙을 제대로 이해하려면 '엔트로피'라는 개념을 이해해야 합니다.

엔트로피는 항상 증가한다

엔트로피를 대략적으로 정의하면 수증기가 가득 찬 용기와 같은 하나의 계(system)에서 나타나는 미시적인 무질서의 정도라고 할 수 있습니다. 온도가 T인 계에 열(Q)을 가하면 그 계의 엔트로피(S)는 Q/T 만큼 증가합니다. 이런 식으로 설명하면 어렵게 느껴져서 좌절할 수도 있지만, 사실 상식적으로 이해할 수 있는 내용입니다.

온도는 원자가 얼마나 활발하게 움직이는가를 나타내는 단위입니다. 온도가 낮은 물체가 있다고 생각해봅시다. 이 물체에 열을 가하는 것은 도서관처럼 조용한 장소에서 재채기하는 것과 같습니다. 효과가 아주 크게 나타나기 때문에 무질서도, 즉 엔트로피는 아주 많이 증가합니다. 온도가 높은 물체는 다릅니다. 온도가 낮은 물체에 가한 것과 같은 양의 열을 가해도 쇼핑센터처럼 붐비는 곳에서 재채기하는 것과 같아서 효과가 크지 않습니다. 즉 무질서도인 엔트로피는 적게 증가합니다.

증기 기관에서 수증기는 처음에는 온도가 아주 높습니다. 수증기는 피스톤을 움직이는 일을 하면서 에너지가 감소하기 때문에 수증기의 엔트로피는 줄어듭니다. 그렇지만 붐비는 거리에서 재채기를 하는 것과 같아서 아주 조금만 감소합니다. 하지만 수증기의 에너지는 온도가 낮은 주변에 열을 공급합니다. 그 효과는 도서관에서 재채기를 하는 것과 같아서 주변 환경의 엔트로피는 크게 증가합니다.[8] 결국 피스톤을 움직이는 일을 하면 수증기가 들어 있는 계와 그 주변 환경의 전체 엔트로피는 **증가합니다**.

상황은 **항상** 그런 식으로 돌아갑니다. 일을 하면 우주의 엔트로피는 언제나 증가합니다. 그리고 이것이 바로 모든 물리학 법칙들 가운데 이 세상에 가장 지대한 영향을 끼친 법칙(열역학 제2법칙)의 명확한 정의입니다. 영국의 천체물리학자 아서 에딩턴(Arthur Eddington, 1882~1944)은 "나는 엔트로피는 항상 증가한다는 법칙이 자연의 법칙 가운데 최상위를 차지한다고 생각한다. 혹시라도 누군가 열역학 제2법칙에 어긋나는 이론을 제시한다면 나는 조금도 희망적인 말을 해줄 수가 없다. 그런 주장을 하는 사람은 그저 엄청나게 굴욕을 느끼고 그 이론을 파기하는 것 외에는 달리 할 일이 없기 때문이다."[9] 라고 했습니다.

지구는 태양이 보내온 절대 온도[10] 5778도라는 특별한 온도의 열에너지를 흡수하고 절대 온도 300도 정도 되는 열 에너지를 우주로 방출합니다.[11] 이 과정에서 전체 엔트로피는 엄청나게 증가합니다.[12] 이것이 바로 지구에서 엄청나게 다양한 일이 진행되는 대신 우주가 치러야 하는 대가입니다.

흔히 믿는 것과 달리 지구에 에너지 위기는 없습니다. 본질적으로 지구는 태양이 보내는 순에너지를 사용하지 않기 때문입니다. 지구가 겪고 있는 일은 사실 **엔트로피 위기**입니다. 열이 일을 하면 열의 온도는 낮아집니다. 이것은 곧 무질서도가 증가하고, 에너지의 질은 떨어져서 할 수 있는 일의 양이 줄어든다는 뜻입니다. 결국 증기 기관이 더 많은 일을 하려면 아주 낮은 온도로 내려가야 합니다. 하지만 주변 환경이 내려갈 수 있는 온도의 한계를 결정합니다. 증기 기관의 온도가 주변 환경의 온도와 같아지면 더는 낮은 온도로 내려갈 수 없기 때문에 결국 일도 더 할 수 없습니다.

생명체가 무질서도 증가에 맞서는 방법

엔트로피(무질서도)는 항상 증가하고 있는데 어째서 우리가 사는 세상은 이토록 질서 정연해 보이는 것일까요? 더구나 일정한 구조가 있고 무질서하고는 전혀 상관이 없어 보이는 생명체는 어떤 방법으로 엔트로피 증가에 맞설까요?

열역학 제2법칙에서 증가한다고 명시한 것은 **전체** 엔트로피입니다. 이것이 바로 앞 질문의 답입니다. 세포가 탄생할 때는 세포막과 세포소기관을 만드는 화학 반응이 일어나고, 당연히 열이 발생합니다. 세포를 조립할 때 발생하는 열은 세포의 엔트로피는 낮추고 세포를 둘러싼 환경의 엔트로피를 높입니다. 생명은 자신의 무질서를 우주에 떠넘깁니다.

지구에서 일어나는 모든 과정이 태양과 지구의 온도차 때문에 생기는 것처럼 **우주에서 일어나는 모든 과정**은 궁극적으로 뜨거운 항성과 차가운 우주 공간의 온도 차이 때문에 생깁니다.[13] 화창한 밤에 야외에 나가 별을 볼 일이 생기면 이 사실을 반드시 기억해냅시다!

그런데 아직 생명체가 엔트로피가 증가하는 경향에 맞서는 방법은 설명하지 않았습니다. 일이 자발적으로 일어날 때는, 그러니까 지붕에서 슬레이트가 떨어져 땅에 부딪치고 열 에너지와 소리 에너지를 내는 것 같은 일이 일어날 때는 언제나 엔트로피가 증가합니다. 하지만 생명체는 영리합니다. 도르래에 커다란 추를 매단 뒤에 아주 높이 들어 올린다고 생각해봅시다.(온도를 높이는 상황과 같습니다.) 추는 떨어지면서 일을 합니다. 할아버지 집에 있는 벽시계의 바늘을 움직이는 일 같은 것 말입니다. 그와 동시에 당연히 열이 발생합니다. 도르래의 줄이 마찰하거나 시계 내부 부품이 마찰하면 열이 발생할 테고, 그 결과 엔트로피는 증가합니다. 하지만 커다란 추가 낙하할 때 좀 더 작은 추를 위로 올라가게 장치하면 약간의 질서가 생겨 엔트로피를 조금 낮출 수 있습니다. 나중에 작은 추도 떨어지면서 일을 합니다. 하지만 그때 더 작은 추를 위로 올라가게 장치하면 아주 적은 양이라고는 해도 질서가 생기고 엔트로피를 조금 더 낮출 수 있습니다.

이것이 생명체가 열 에너지를 소비하는 방식입니다. 열 에너지의 질을 떨어뜨리면서 더 많은 질서를 만드는 것입니다. 물론 생명체는 도르래와 추가 아니라 전혀 다른 도구를 사용하지만 원리는 같습니다. 예를 들어 식물은 태양 광선을 흡수하고 에너지가 풍부한 화학 물질을 만듭니다. 이것은 도르래에서 나중에 일을 하는 데 쓰일 작은 추를 들어올리는 것과 맞먹는 과정입니다. 생명체는 엄청나게 많은 화학 과정을 거치면서 태양 에너지를 완전히 쥐어짜 쓸 만한 에너지를 모두 꺼냅니다. 마침내 우주의 잿더미가 될 질 낮은 열 에너지만 남으면 생명체는 그것을 버립니다.

생명체는 주변 환경에 더 많은 무질서를 전하는 대가로 질서를 유지합니다. 지구의 생물권은 혼돈의 우주 바다에 떠 있는 조직적인 섬입니다. 미국의 수학자 하워드 레스니코프(Howard Resnikoff)는 "생명체는 열역학 제2법칙에 맞서 정보를 보존하려는[14] 자연의 해결책이다."[15]라고 했습니다.

열적 죽음

물론 전체적으로 보았을 때 무자비하게 무질서한 상태로 가려는 우주를 막을 방법은 없습니다. 19세기에 이 사실을 처음 깨달은 물리학자들은 크게 좌절했습니다. 엔트로피가 꾸준히 증가하는 쪽으로 흐른다면 결국 늦건 빠르건 간에 우주는 엔트로피가 최대인 상태에 도달할 것입니다. 그때가 되면 우주에 있는 모든 열은 아주 낮은 상태가 됩니다. 결국 활동하는 데 필요한 온도차가 생기지 않는 것입니다. 우주가 완전히 동일해진 상태, 우주의 모든 기계가 급격한 이상 변화를 일으켜 정지한 상태를 19세기에 독일의 물리학자 루돌프 클라우지우스(Rudolf Clausius, 1822~1888)는 '열적 죽음(heat death)'이라고 불렀습니다. 그때가 되면 시인 엘리엇의 시구처럼 우주는 "폭발하지 않고 그저 잦아들 것"[16]입니다.

현재 우리가 아는 대로라면 우주가 맞을 그런 끔찍한 운명을 피할 길은 없습니다. 따라서 한 가지 흥미로운 의문이 생깁니다. 현재 우주는 열적 죽음에 어느 정도로 가까이 다가갔을까요? 답은 '우리가 상상하는 것보다 훨씬 가까이 갔다.'입니다. 우주 전역에서 수많은 별들이 무작위로 별빛을 발산하며 우주에 무질서를 더하는 것처럼 보이지만, 그것은 그저 환상일 뿐입니다. 사실 우주의 무질서는 대부분 빅뱅의 불덩어리가 남긴 잔광에 붙잡혀 있습니다. 놀랍게도 빅뱅 이후 138억 년이 지났지만 우주 배경 복사*는 지금도 우주의 모든 구멍에서 흘러나오고 있습니다. 138억 년 동안 우주는 팽창하면서 아주 차가워졌기 때문에 우주 배경 복사는 이제 맨눈으로는 보지 못하는 원적외선이 되었다고 여겨집니다. 항성에서 나오는 빛의 광자(photon)의 양은 우주 전체 광자 양의 0.1퍼센트에 지나지 않습니다. 나머지 99.9퍼센트라는 엄청난 양은 우주 배경 복사가 차지하고 있습니다.

알아야 할 중요한 내용은 빅뱅 뒤 37만 9000년이 지났을 때 비로소 처음으로 빅뱅 불덩어리 복사선이 물질에서 벗어났다는 것입니다.(본질적으로는 물질이 **탄생했다**고 할 수 있습니다.) 그 결과 우주의 대부분이 상대적으로 열적 죽음에 가까운 상태가 되었습니다. 하지만 그렇다고는 해도 아직 우주에는 엔트로피가 증가할 지역이 많이 남아 있습니다. 항성이 모두 빛을 잃고 우주가 끝이 없는 밤에 잠길 때까지는 아직도 수십조 년 정도 여유가 있습니다.

독일의 물리학자 아르놀트 조머펠트(Arnold Sommerfeld, 1868~1951)는 우리에게 희망을 줍니다. 조머펠트는 열역학을 가리켜 이렇게 적었습니다. "처음에 살펴볼 때는 전혀 이해할 수 없다. 두 번째 살펴볼 때는 한두 가지 점만 빼면 모두 이해했다고 생각한다. 세

우주 배경 복사(cosmic background radiation) 우주 어디에서나 고르게 감지되는 전자기파. 우주 생성 당시의 대폭발인 '빅뱅' 후 우주 팽창의 증거로 받아들여진다.

번째 살펴볼 때는 전혀 이해할 수 없다는 사실을 깨닫는다. 하지만 이미 한 번 경험했던 일이기 때문에 더는 짜증나지 않는다."

15장

미시 세계에서
신은 주사위 놀이를 한다

[양자 이론]

✳

✳

"신은 주사위 놀이를 하지 않는다."
ㅡ 알베르트 아인슈타인

"신이 주사위를 가지고 뭘 하든지
이래라저래라 하지 마십시오."
ㅡ 닐스 보어

✳

✳

양자* 이론은 일반적인 물질을 구성하는 기본 단위인 원자의 미시 세계와 원자의 구성 요소를 가장 잘 설명합니다. 기가 막히게 성공한 이론이지요. 양자 이론은 우리에게 레이저, 컴퓨터, 원자력 발전소를 주었고, 태양이 빛나는 이유와 우리 발밑에 있는 땅이 단단한 이유를 설명해주었습니다.

그런데 양자 이론은 물질을 만들고 이해하는 방법을 제공했을 뿐 아니라 일상의 현실을 떠받들고 있는,《이상한 나라의 앨리스》에 등장하는 이상한 나라처럼 기이하고 반(反)직관적인 세상을 들여다볼 수 있는 아주 특별한 창문을 제공해주었습니다. 이 이상한 세상에서는 한 원자가 동시에 두 곳에 존재할 수 있습니다. 전혀 일어날 이유도 없는 일이 일어나고, 우주의 양쪽 끝에 떨어져 있는 두 원자가 **즉각적으로** 서로에게 영향을 끼칠 수 있는 곳입니다.

양자(quantum) 라틴어에서 온 단어로 '덩어리' 또는 '묶음'이라는 뜻이다. 1900년부터 물리학에서 물질과 복사(radiation)를 특징짓는 쪼갤 수 없는 에너지의 작용 단위를 가리키는 말로 쓰였다. 예를 들어, 전자 같은 입자는 전자 한 개, 두 개, 세 개는 있어도 1.5개나 2.7개는 있을 수 없다. 빛도 양자로 되어 있는데 빛의 양자를 광자(photon)라 부른다. 양자 이론은 기본적으로 원자와 그 구성물로 이루어진 미시 세계를 다룬다.

양자 이론은 어떻게 태어났을까?

양자 이론은 물질에 관한 위대한 물리학 이론과 빛에 관한 위대한 물리학 이론이 논쟁을 벌이는 와중에 태어났습니다. 물질에 관한 이론은 궁극적으로 모든 물체는 눈에 보이지 않는 작은 입자인 원자로 만들어졌다고 생각합니다.[1] 빛에 관한 이론은 빛은 파동이기 때문에 호수에 퍼지는 잔물결처럼 광원에서 바깥으로 퍼져 나간다고 말합니다.

두 이론은 모두 크게 성공했습니다. 예를 들어 원자론은 증기 같은 기체의 행동을 설명합니다. 기체를 꾹 눌러서 부피를 절반으로 줄이면 보일의 법칙(온도가 일정할 때, 기체의 압력과 부피는 반비례한다는 법칙)에서 언급한 것처럼 두 배의 힘(압력)으로 되밉니다. 만약 수많은 작은 원자가 양철 지붕을 강타하는 빗방울처럼 기체를 담은 용기 벽을 두드린다고 생각하면 압력이 증가하는 이유를 이해할 수 있습니다. 용기의 부피가 절반으로 줄어들면 원자가 용기 벽을 치고 또 칠 때까지 걸리는 시간이 절반으로 줄어들기 때문에 원자가 벽을 치는 횟수가 늘어나고 결국 압력은 두 배로 늘어난다고 할 수 있습니다.

빛에 관한 이론도 아주 성공적입니다. 빛에 관한 이론은 보통 서로 겹쳐서 보강되거나 상쇄되는 빛의 파동과 관련 있는 현상들을 설명해야 합니다. 빛의 파동은 마루(파동의 꼭대기)와 마루 사이의 거리가 사람의 머리카락 두께보다도 짧기 때문에, 간섭(둘 이상의 파동이 서로 만났을 때 중첩의 원리에 따라 서로 더해지면서 나타나는 현상)이나 회절(파동이 장애물 뒤쪽으로 돌아드는 현상) 현상을 탐지하거나 육안으로 보면서 과학적 독창성을 발휘하기가 쉽지 않습니다.

'빛은 파동이라고 주장하는 빛 이론'과 '물질은 원자로 만들어졌다는 물질 이론'은 **빛과 물질이 만나는 지점**에서 당연히 충돌했습니다. 구체적으로 말해서 가령 전구처럼 원자가 빛을 내뱉거나, 우리 눈에서 일어나는 일처럼 원자가 빛을 흡수하는 경우가 문제가 되었습니다.

그 문제는 이해하기 어렵지 않습니다. 빛의 파동은 본질적으로 퍼져 나가는 것이고 원자는 본질적으로 한곳에 머물러 있는 것입니다. 이 문장 끝에 찍은 마침표에 원자를 나란히 늘어놓으면 1000만 개 정도가 들어갑니다. 실제로 가시광선의 파동 하나는 원자 하나보다 5000배 정도 큽니다. 성냥갑을 들고 있는데, 성냥갑을 열면 그 속에서 40톤짜리 트럭이 나온다고 생각하면 됩니다. 아니면 반대로 40톤짜리 트럭이 다가올 때 성냥갑을 열면 트럭이 성냥갑 안으로 미끄러져 들어간다고 생각해도 됩니다. 빛이 물질을 만나면 바로 그런 일이 일어납니다. 원자는 자기보다 5000배나 큰 빛을 삼키거나 뱉어내는 것입니다.

논리적으로 생각했을 때 원자처럼 작고 한곳에 머물러 있는 것은 마찬가지로 작고 한곳에 머물러 있는 것만을 흡수하거나 뱉어낼 수 있어야 합니다. 생존 전문가인 레이 미어스(Ray Mears)는 "뱀 안에 완벽하게 들어갈 수 있는 것은 또 다른 뱀밖에 없다."라고 했습니다. 문제는 실제로 빛이 퍼져 나가는 파동이라는 분명한 증거를 보여주는 실험이 무수히 많다는 것입니다.

빛의 성질이 지닌 패러독스는 1920년대에 물리학자들을 무척이나 괴롭혔습니다. 독일의 물리학자 베르너 하이젠베르크(Werner

Heisenberg, 1901~1976)는 "밤늦게까지 몇 시간이고 계속했지만 결국 절망적으로 끝나버린…… 수차례의 토론을 기억한다. 그리고 토론을 마치면 나는 혼자서 근처 공원에 나가 걸으며 거듭해서 생각하고 또 생각했다. 과연 자연이 원자 실험에서 보이는 것처럼 터무니없는 일을 할 가능성이 있을까? 하는 질문을 말이다."[2]라고 썼습니다.

결국 물리학자들은 도저히 믿기 어려운 내용을 받아들일 수밖에 없었습니다. 빛은 퍼져 나가는 파동이자 한곳에 머무는 입자라는 사실을 말입니다. 하지만 어쩌면 빛은 파동도 아니고 입자도 아닐 수 있습니다. 빛은 사람의 언어로는 표현할 수도 없고 일상 세계에서는 비교할 것도 없는 **전혀 다른 무엇**인지도 모릅니다. 태어날 때부터 눈이 보이지 않는 사람은 파란색이 어떤 색인지 모르는 것처럼, 빛은 우리가 이해할 수 없는 어떤 것일 수도 있습니다. 하이젠베르크는 "우리는 '파동'이라는 그림과 '소립자' 그림이라는 두 개의 불완전한 비유로 만족해야 한다."[3]라고 했습니다.

돌이켜 생각해보면 물리학자들은 미시 세계가 **괴상하다**는 이유로 놀라야 할 이유가 없습니다. 사람보다 100억 배나 작은 원자 세계의 구성원들이 우리 일상 세계의 구성원들과 똑같이 행동할 이유는 없으니까 말입니다. 미시 세계 구성원들이 우리와 같은 물리 법칙을 따를 이유는 없다는 말입니다.

빛은 이해하기 어려운 것이고 더욱이 지금까지 우리는 그저 빛의 일부 측면만 관측할 수 있었습니다. 원자가 빛을 흡수하거나 방출할 때는 광자라고 알려진, 입자 같은 모습을 볼 수 있습니다. 하지만 빛이 모퉁이를 돌아갈 때는 파동처럼 보입니다.[4] 1921년에 영국의 물리학자 윌리엄 브래그(William Bragg, 1862~1942)가 "월요일, 수요일, 금요일에는 파동 이론을 가르치고 화요일, 목요일, 토요일에는 입자 이론을 가르친다."라고 농담을 한 이유도 그 때문입니다.

그런데 상황이 이보다 훨씬 안 좋다는 사실이 밝혀졌습니다. 1923년에 프랑스의 물리학자 루이 드브로이(Louis de Broglie, 1892~1987)는 박사 논문에서 빛의 파동이 위치가 정해진 입자처럼 행동할 뿐 아니라 전자 같은 입자도 파동처럼 행동할 수 있다고 했습니다. 드브로이는 물질의 아주 작은 기본 단위는 모두 두 얼굴, 다시 말해 독특한 파동-입자 이중성을 가지고 있다고 했습니다. 실제로 양자 이론을 이해하고 싶은 사람이라면 반드시 알아야 할 한 가지가 있는데, 그것은 바로 **파동은 입자처럼 행동할 수 있고 입자는 파동처럼 행동할 수 있다**는 것입니다. 그것만 알면 나머지는 거의 모두 논리적으로 설명할 수 있습니다.

예측 불가능한 것을 예측하는 방법

그렇다면 반드시 알아야 할 내용의 절반—파동은 입자처럼 행동할 수 있다—을 먼저 살펴봅시다. 창문 너머로 바깥 거리를 쳐다본다고 상상해봅시다. 지나가는 자동차도 보이고 강아지와 산책하며 나무 옆을 지나는 여자도 보입니다. 그런데 자세히 들여다보면 밖을 내다보고 있는 나 자신의 얼굴이 희미하게 보입니다. 유리는 빛을 완벽하게 통과시키는 물질이 아니기 때문에 생기는 현상입니다. 빛은 대부분(거의 95퍼센트) 유리를 통과하지만 통과하지 못하고 반사되는 빛(5퍼센트 정도)도 있습니다. 이때 한 가지 의문이 생깁니다. 빛이 입자처럼 행동한다면, 즉 기관총에서 발사되는 작은 총알처럼 동일한 특성을 가진 광자들로 이루어져 있다면, 어째서 이런 차이가 생기는 것일까요?

광자가 모두 동일하다면 분명히 모든 광자는 유리창에 **동일한** 반응을 보여야 합니다. 즉 **모두** 통과하거나 **모두** 반사되어야 합니다. **어떤** 광자는 통과하고 **어떤** 광자는 반사되는 이유를 설명할 방법은 없을 것 같습니다. 그 이유를 설명하기 위해서 물리학자들은 미시 세계에서는 **동일하다**는 의미가 현실 세계와 달리 축소된다는 사실을 인정하고 광자들은 통과할 **가능성**과 반사될 **가능성**을 동등하게 갖는다는 설정을 해야만 했습니다.

하지만 이런 설정은 아인슈타인이 깨달은 것처럼 물리학에 닥친 재앙이었습니다. 물리학은 100퍼센트 확실성을 토대로 해 미래를 예측합니다. 오늘 달이 이곳에 있다면, 뉴턴의 중력 이론이 예측하는 대로 내일은 달이 저곳에 있으리라는 것을 **절대적으로 확신할** 수 있습니다. 하지만 광자가 그저 유리를 통과할 가능성이 있는 것뿐이라면, 어떤 광자가 유리에 부딪쳤을 때 유리를 통과할지는 예측할 수 없습니다. 광자가 유리를 통과하느냐, 유리에 반사되느냐는 전적으로 가능성의 문제이기 때문입니다.

그런데 미시 세계에서 말하는 가능성은 우리가 흔히 일상생활에서 접하는 가능성과 다릅니다. 그러니까 빙글빙글 도는 룰렛볼이 어딘가에서 멈출 가능성과는 다르다는 말입니다. 실제로 룰렛볼이 운동을 시작한 방식과 룰렛휠과 룰렛볼의 마찰력을 알고, 도박장 내부의 공기 흐름을 알면 뉴턴의 법칙에 따라 룰렛볼이 멈출 곳을 **정확하게** 예측할 수 있습니다. 현실에서 룰렛볼이 멈추는 지점을 예측할 수 없는 이유는 단순히 이런 초기 조건들을 정확하게 측정할 수 없고 값을 소수점까지 정확하게 계산하기가 불가능하기 때문입니다. 다시 말해 룰렛볼이 멈추는 위치를 예측하는 것은 이론적으로는 가능하지만 실제로는 불가능한 일입니다. 하지만 광자가 유리창을 뚫고 나가느냐 나가지 않느냐, 즉 반사되느냐 통과하느냐는 **이론적으로도** 예측할 수 없습니다. 양자의 예측 불가능성은 **정말로** 태양 아래 새로운 무엇이었습니다.

그리고 본질적으로 예측할 수 없는 것은 광자만이 아니라는 사실도 밝혀졌습니다. 중성자, 중성미자(중성자가 양성자와 전자로 붕괴될 때 생기는 소립자), 전자, 원자 할 것 없이 극도로 작은 세계의 구성원들은 **전부** 예측할 수 없습니다. 이런 양자 이론의 주장에 경악을 금치 못했던 아인슈타인은 "신은 (우주를 가지고) 주사위 놀이를 하지 않는다."라는 유명한 말을 했습니다. 하지만 아인슈타인이 틀렸습니다.[5]

그렇다면 이런 의문이 당연히 떠오릅니다. 우주가 본질적인 수준에서 예측 불가능하다면 내일도 태양이 떠오른다는 사실을 어떻게 알며, 던진 공이 대충이라도 어디로 날아갈지 어떻게 짐작할 수 있다는 말인가? 그 답은 자연은 한 손을 뒤로 감추면 마지못해 다른 손을 내민다는 것입니다. 정말로 우주는 예측할 수 없습니다. 하지만 중요한 것은 **예측이 불가능하다는 것을 예측할 수 있다**는 사실입니다. 실제로 이것이 양자 이론이 **하는** 일입니다. 양자 이론은 예측 불가능한 것을 예측하는 방법입니다. 이런 사건이 일어날 확률과 저런 사건이 일어날 확률을 예측하는 것입니다. 그리고 그 확률 덕분에 우리가 사는 세상은 대체적으로 충분히 예측할 수 있는 세상이 됩니다.

사건이 아무 이유도 없이 ― 파동이 입자처럼 행동함으로써 ― 무작위로 일어난다는 사실은 과학의 역사에서 가장 놀라운 발견임이 분명합니다. 하지만 아직 반드시 알아야 할 내용이 절반 남았다는 사실을 기억하세요. 나머지 절반도 그 앞의 절반만큼이나 충격적입니다.

동시에 두 곳에 있는 파동

입자가 파동처럼 행동한다면 당연히 입자는 파동이 할 수 있는 일을 **모두** 할 수 있어야 합니다. 일상 생활에서 파동이 하는 일은 평범한 결과를 내지만 양자 세계에서 파동이 하는 일은 세상이 흔들릴 정도로 엄청난 결과를 냅니다.

바다에서 폭풍우가 일고, 엄청난 파도가 해안을 덮친다고 생각해봅시다. 다음 날, 폭풍우는 지나갔고 해수면은 불어오는 부드러운 미풍에 흔들리며 잔물결을 만들고 있습니다. 이틀 동안 바다를 관찰한 사람이라면 바다는 크고 거센 파도를 만들 수도 있고 잔잔한 물결을 만들 수도 있다는 사실을 깨달을 것입니다. 이것은 모든 파동의 일반적인 특성입니다. 두 종류의 파동이 개별적으로 생길 수 있다는 것은 두 파동이 언제든지 합쳐질 수 있다는 뜻입니다. 다시 말해서 중첩될 수 있는 것입니다.

그렇다면 이제부터는 원자와 관계가 있는 양자 파동을 생각해봅시다. 실제로 양자 파동은 조금 독특한 파동입니다. 이론적인 파동이기 때문입니다. 하지만 그래도 일단 양자 파동이 공간으로 퍼져 나간다고 상상해봅시다. 중요한 것은 양자 파동이 크면 원자를 찾을 확률이 높아지고 양자 파동이 작으면 원자를 찾을 확률이 낮아진다는 것입니다.[6]

지금까지는 이상한 점이 없습니다.

이제부터는 양자 파동이 두 개 있다고 생각합시다. 한 파동은 산소 원자를 향해 왼쪽으로 움직이고 있고 마루(파동의 최고점)의 높이가 10미터이기 때문에 산소 원자를 찾을 확률은 아주 높습니다. 또 다른 파동도 마찬가지로 산소 원자를 향해 오른쪽으로 움직이고 있고 마루의 높이가 10미터이기 때문에 산소 원자를 찾을 확률은 아주 높습니다. 그런데 파동의 일반적인 특성상 두 파동이 존재할 가능성이 있다면, 두 파동이 중첩될 가능성도 있다는 것을 잊지 말아야 합니다. 그런데 이 경우에 중첩은 왼쪽에서 10미터짜리 파동을 보내고 동시에 오른쪽에서 10미터짜리 파동을 보내는 한 산소 원자 때문에 생겼을 수도 있습니다. 다시 말해서 **동시에 두 곳에 있는** 산소 원자의 파동일 수도 있다는 뜻입니다. 동시에 두 곳에 있는 산소 원자라니, 이는 한 사람이 런던에 있으면서 동시에 뉴욕에도 있을 수 있다는 말과 다르지 않습니다.

사실 자연은 한 물체를 두 장소에서 동시에 관측하지 못하게 설정해 두었습니다. 한 물체의 위치를 알아내려고 하면 관찰자는 전적으로 그 물체의 입자적 특징만을 살펴보기 때문에 중첩 같은 파동의 특징은 관측할 수 없습니다. 따라서 더는 신경 쓸 이유가 없습니다.

그런데 한 물체를 두 장소에서 동시에 관찰하기는 불가능하지만 한 물체가 두 장소에서 동시에 있을 때 발생하는 **결과**는 관찰할 수 있습니다. 그런 관측을 가능하게 하고 모든 양자 불가사의를 낳는 파동 현상을 '간섭(interference)'이라고 부릅니다.

전자는 서로 간섭한다

연못에 떨어지는 빗방울을 관찰해본 사람이라면, 빗방울이 떨어진 자리에서 시작해 동심원을 그리며 퍼져 나가던 물결이 다른 물결과 만나 겹치는 모습을 본 적이 있을 겁니다. 두 파동의 마루가 만나면 파동은 강화되어 더 큰 물결을 만듭니다. 하지만 한 파동의 마루와 한 파동의 골이 만나면 두 파동은 상쇄되고 물결은 작아집니다. 이것이 바로 파동의 성질입니다. 이제 두 빗방울이 각각 만든 물결이 겹치는 부분에 카드 한 장을 밀어 넣었다고 생각해봅시다. 카드에는 커다란 물결이 부딪치는 곳과 물결이 전혀 부딪치지 않는 곳이 생깁니다.

실제로 1801년에 영국의 물리학자인 토머스 영(Thomas Young, 1773~1829)은 빛을 이용해 이 실험을 했습니다. 영은 기발하게도 두 광원에서 나온 빛을 겹쳐 상황을 만들어냈습니다. 영이 두 빛이 겹치는 곳에 차단막을 설치하자 빛이 있는 밝은 부분과 빛이 없는 어두운 부분이 번갈아 나타났습니다. 그 모습은 꼭 현대인이 사용하는 상품의 바코드처럼 생겼을 것입니다. 이는 빛이 간섭이라는 파동의 특성을 보인다는 분명한 증거였습니다. 영은 호수의 표면에서 물결이 퍼지는 것처럼 빛도 공간에서 물결처럼 퍼져 나간다는 사실을 입증했습니다. 영이 실험하기 전까지 빛의 파동성을 발견한 사람은 없었습니다. 빛의 파동은 너무 작아서 육안으로는 관찰할 수 없었기 때문입니다.

전자와 같은 양자적 물체가 동시에 두 곳에 있을 수 있는 이유는 모두 간섭 때문입니다. 한 가지 예를 들어봅시다. 두 볼링공이 구르다가 세게 부딪치면 튕겨 나갑니다. 여러 번 계속 부딪치면 볼링공은 다양한 방향으로 튕겨 나갑니다. 거대한 시계가 바닥에 있다고 상상해 봅시다. 볼링공은 시계의 어떤 숫자에라도 가서 부딪칠 수 있습니다.

이제 두 개의 양자적 입자―전자라고 합시다―가 있다고 생각해 봅시다. 두 양자적 입자가 부딪칠 때도 볼링공과 비슷한 일이 벌어집니다. 수천에 수천을 곱한 만큼 전자를 부딪치게 하면, 두 전자는 정말 다양한 방향으로 튕겨 나갈 것입니다. 그런데 관찰자는 금세 이상한 점을 발견합니다. 왠지 전자에게는 선호하는 방향과 기피하는 방향이 있다고 느껴지는 겁니다. 다시 말해서 시계판의 특정 숫자로는 전자가 **절대로 가지 않는** 것입니다.

그 이유는 전자의 파동들이 서로 강화되는 방향도 있고 서로 상쇄되는 방향도 있다는 것으로 설명할 수 있습니다. 파동이 서로 상쇄되는 방향에서는 전자를 전혀 관측할 수 없습니다.

미국의 클린턴 데이비슨(Clinton Davisson, 1881~1958)과 레스터 저머(Lester Germer, 1896~1971), 스코틀랜드의 조지 톰슨(George Thomson, 1892~1975)이 1927년에 각각 실험을 통해 이런 간섭 현상을 입증했습니다. 데이비슨과 저머는 평평한 금속 결정의 표면에 전자 빔을 쏜 뒤에 전자가 **전혀** 튀어 나가지 않는 방향이 있다는 사실을 확인했습니다. 이 금속 결정은 얇게 자른 빵 덩어리가 곧게 서 있는 것 같은 원자 층으로 이루어져 있습니다. 결정을 향해 쏜 전자는 일부는 맨 꼭대기 층에서, 일부는 두 번째 층에서, 일부는 세 번째 층에서 튀어나오는 식으로 층마다 전자가 부딪쳐 튀어 나옵니다. 그리고 이 모든 전자들의 양자적 파동은 서로 **간섭합니다**. 그리고 관찰자는 파동이 보강되는 방향에서만 전자를 관찰할 수 있습니다.

전자가 서로 간섭한다는 사실을 입증함으로써 전자가 실제로 파동이라는 사실을 보여준 데이비슨과 저머와 톰슨은 노벨 물리학상을 받았습니다. 그런데 한 가지 재미있는 사실이 있습니다. 조지 톰슨은 전자가 입자가 아니라 파동이라는 것을 입증해 노벨상을 받았는데, 조지 톰슨의 아버지인 조지프 존 톰슨(Joseph John Thomson, 1856~1940)은 반대로 전자가 입자라는 사실을 입증한 공로로 노벨상을 받았습니다.[7] 톰슨 집안의 이야기야말로 양자 이론의 핵심적인 모순을 분명하게 드러내는 일화입니다.

이 모든 것이 뜻하는 바는 단일 양자 입자가 동시에 여러 방향으로 가는 모습을 볼 수 없다고 해도 간섭은 결과가 있다는 뜻입니다. 전자와 관계가 있는 양자 파동은 가능한 모든 방향으로 뻗어가 서로 간섭하기 때문에 어떤 방향에서는 보강되고 어떤 방향에서는 상쇄됩니다. 이것이 전자가 절대로 가지 않는 방향이 생기는 이유입니다. 또한 바로 양자 불가사의가 생기는 이유이기도 합니다.[8]

현재 이 중첩 — 원자 같은 양자 세계의 구성원이 한 번에 많은 일을 해내는 능력 — 을 이용해 **많은 계산을 동시에 하려는** 경쟁이 전 세계적으로 벌어지고 있습니다. 특정 분야의 계산에서 막강한 능력을 발휘하는, 현존하는 가장 강력한 컴퓨터보다 훨씬 많은 일을 하는 양자 컴퓨터를 개발하는 중입니다. '특정 분야의 계산'이라고 말하는 이유는 기존 컴퓨터는 답을 하나만 내놓기 때문입니다. 그런데 양자 입자가 동시에 여러 일을 하는 것은 관찰할 수 없고 그저 동시에 여러 일을 한 결과만 볼 수 있다는 것을 기억하나요? 마찬가지로 양자 컴퓨터를 이루는 무수한 가닥들에 직접 하나씩 접속할 방법은 없습니다. 그저 결과를 알 수 있을 뿐입니다. 모든 가닥을 한데 엮어 내놓는 한 가지 답 말입니다.

우리 세계가 양자 세계와 다른 이유

양자 컴퓨터를 만드는 일은 극도로 어려운데, 왜냐하면 어떤 식으로든 양자 컴퓨터를 구성하는 기본 양자 단위가 주변 환경과 상호작용을 하면, 한 번에 여러 가지 일을 처리하는 컴퓨터의 능력은 완전히 사라지기 때문입니다. 따라서 양자 컴퓨터는 공기 원자도 빛의 광자도 접촉할 수 없도록 진공관 속에서 철저하게 고립되어야 합니다. 이것은 아주 어려운 일입니다.

한 번에 많은 일을 하는 양자 입자의 능력은 절대로 약하지 않습니다. 그저 수많은 원자—공기 원자 같은—가 중첩 상태를 유지하는 것이 아주 어려울 뿐입니다. 수많은 원자에 양자 입자가 중첩되면 그 효과는 재빨리 사라집니다. 응원가를 외치는 수많은 축구 팬들의 목소리가 마치 한 목소리로 들리는 것처럼 말입니다.

이런 이유로 원자는 양자 불가사의를 보이지만 아주 많은 원자가 함께 모여 만든 일상 세계의 물체는 양자 불가사의를 보이지 않습니다. 예를 들어 동시에 두 장소에 존재하는 하나의 탁자를 보거나 한 번에 두 개의 문을 걸어서 통과하는 사람을 볼 수는 없습니다. 일상 세계에서 양자적 행동을 볼 수 없는 이유는 개별 원자나 광자를 볼 수 없기 때문입니다. 우리는 오직 많이 모여 있는 양자 입자를 볼 뿐입니다. 우리는 세상을 관측할 수 없습니다. 우리는 우리 자신만을 관찰할 수 있습니다. 다시 말해서 우리의 뇌는 광자 한 개를 관측할 수 없습니다. 뇌는 망막에 있는 수십 만 개의 원자에 새겨진 광자의 증폭된 효과만을 인지합니다. 그리고 그 효과는 진짜 광자의 양자적 특성을 가립니다. 이상하게 들리겠지만 이것이 바로 우리가 사는 양자 세계가 **양자처럼 보이지 않는** 이유입니다.

양자 불가사의

양자 불가사의는 상당 부분 중첩과 간섭의 결과로 나타납니다. 그런데 양자적 입자의 특성은 또 있습니다. 그리고 그런 특성들은 다른 변수들과 합쳐져 아주 새롭고도 놀라운 행동을 낳습니다. 사람들 말처럼 '마술 없는 마술'을 부리는 것입니다. 양자의 스핀을 생각해봅시다. 양자의 스핀은 양자의 예측 불가능성과 마찬가지로 일상 세계에서는 볼 수 없는 특성입니다. 기본적으로 양자 입자는 회전하는 작은 팽이처럼 행동합니다.(물론 팽이는 아닙니다.) 물리학자들은 이를 두고 양자는 **고유** 스핀(intrinsic spin) 혹은 각운동량(angular momentum)을 가진다고 말합니다.

가장 작은 스핀 값을 갖는 양자는 전자입니다. 역사적인 이유 때문에 전자의 스핀 값은 1이 아닌 1/2이 되었는데,[9] 합리적인 판단이었다고 생각합니다.[10] 회전하는 전하는 작은 자석처럼 행동합니다.[11] 자기장 안에 놓인 나침반 바늘처럼 자기장과 나란한 방향을 가리키거나(업up) 반대 방향을 가리킵니다(다운down). 두 전자가 있을 때 두 전자가 나타낼 수 있는 스핀은 전자 1이 업이 되고 전자 2가 다운이 되는 경우와, 전자 1이 다운이 되고 전자 2가 업이 되는 경우 두 가지가 있습니다. 이제부터가 중요합니다. 양자 세계에서는 중첩이 가능합니다. 따라서 두 전자는 **동시에** 업-다운과 다운-업 상태일 수 있습니다. 이는 살아 있는 동시에 죽었다는 말과 비슷합니다.

이제 양자의 첫 번째 특성인 중첩 이야기는 이쯤하고 두 번째 특성인 각운동량 보존 법칙을 살펴봅시다. 간단히 말해서 각운동량 보존 법칙이란 두 전자의 스핀 값의 합은 절대 변하지 않는다는 뜻입니다. 앞에서 예로 든 두 전자는 다른 방향을 가리키는 상태로 회전을 시작하기 때문에 **항상** 다른 방향을 가리켜야 합니다. 세 번째 특성은 바로 양자의 예측 불가능성입니다. 전자를 관측할 때 그 전자의 스핀이 업으로 드러날지, 다운으로 드러날지는 양자 동전 던지기가 그렇듯이 기본적으로 예측할 수 없습니다. 업일 가능성도 50퍼센트, 다운일 가능성도 50퍼센트입니다.

상황을 아주 복잡하게 만들고 싶다면 세 가지 성질을 한꺼번에 섞어버리면 됩니다. 그러면 정말 엄청난 일이 벌어집니다. 먼저 업-다운과 다운-업 중첩 상태에 있는 전자 한 쌍을 택해 그중에 한 전자를 아주 멀리 보내버립니다. 그리고 전자가 아주 멀리 가버린 뒤에 집에 남아 있는 전자를 관찰하는 것입니다. 집에 있는 전자가 업 스핀 상태라면 그 즉시 멀리 있는 짝 전자는 다운 스핀 상태가 됩니다. 두 전자의 스핀은 **항상** 반대 방향을 가리키기 때문입니다. 관찰자가 집에 있는 전자가 다운 스핀 상태임을 발견하면 그 즉시 짝 전자는 업 스핀 상태가 됩니다.

이 같은 상황이 아주 놀라운 이유는 두 전자가 우주의 끝과 끝이라는 먼 거리에 있더라도 한 전자의 상태가 결정되면 그 **즉시** 짝 전자가 자기 짝의 상태를 알고 반응한다는 데 있습니다. 아인슈타인은 이 '유령 같은' 원격 조정 현상이 우주에는 빛보다 빠른 물체가 있을 수 없다는 보편 법칙에 분명히 어긋나기 때문에 결국 양자 이론이 터무니없다는 것을 **입증하는** 증거라고 했습니다.[12] 하지만 이번에도 아인슈타인이 틀렸습니다. 1982년에 프랑스의 물리학자 알랭 아스페(Alain Aspect)가 파리 연구소에서 이런 전자의 비국소성(non-locality)을 실험으로 증명했습니다.

두 전자를 떨어뜨린다는 것은 장갑 한 쌍을 떨어뜨리는 일과는 전혀 다르다는 것을 말씀드려야겠습니다. 장갑 한 쌍의 이야기라면 집에 왼쪽 장갑이 남으면 당연히 멀리 보낸 장갑은 오른쪽 장갑이어야 합니다. 왜냐하면 장갑 한 쌍은 **처음부터** 왼쪽과 오른쪽으로 나누어져서 태어났기 때문입니다. 하지만 전자 쌍은 한 쪽이 업이고 다른 쪽은 다운인 상태로 태어나지 않습니다. 전자의 스핀 상태는 정해져 있지 않습니다. 집에 남은 전자는 오로지 **관찰될 때에만** 자신의 상태를 상정합니다. 그리고 그 상태는 **무작위로** 결정됩니다. 그렇기 때문에 전자의 비국소성은 아인슈타인의 특수 상대성 이론을 위반하지 않습니다. 전자의 업 상태와 다운 상태가 모스 부호의 점과 선과 같다면, 두 전자가 보낼 수 있는 신호는 점과 선으로 이루어진 무작위의 문장뿐일 겁니다. 집에 남은 전자와 멀리 이동한 전자는 항상 무작위로 자신의 상태를 선택하기 때문입니다. 점과 선은 통제할 수 없습니다. 특수 상대성은 알려진 것처럼 **의미 있는 신호**의 속도만을 제한합니다. 자연은 사용할 수 없는 불필요한 데이터에는 신경 쓰지 않습니다. 그러니까 어떤 속도로 날아가든 상관이 없는 것입니다. 어떻게 이런 일이 가능한지는 아무도 모릅니다. 비국소성은 분명히 양자 이론의 가장 큰 수수께끼입니다.

양자 이론, 원자의 존재를 설명하다

하지만 양자 이론은 원자를 멋지게 설명해냈습니다. 리처드 파인먼은 "전통적인 관점에서 보면 원자는 절대로 존재할 수 없다."라고 했습니다. 맥스웰의 전자기 이론에 따르면 가속하는—속도가 변하거나 방향이 변하거나 속도와 방향이 모두 변하는—전하는 전자기파를 방출합니다.[13] 원자핵 주위를 도는 전자는 끊임없이 방향을 바꿉니다. 따라서 전자는 작은 텔레비전 송신기처럼 전자기파를 흩뿌린 다음에 빠른 속도로 에너지를 잃어버립니다. 실제로 전자의 공전 속도대로라면 전자는 1억분의 1초도 안 되는 순간에 수명이 다합니다. 파인먼이 말한 것처럼 이대로라면 원자는 존재할 권리가 없습니다.

그런 원자를 구한 것이 바로 양자 이론입니다. 양자 이론이 전자가 지닌 파동의 특성을 발견했기 때문입니다. 밝혀진 대로 입자의 질량이 작을수록 방출하는 양자 파동은 큽니다.[14] 사람이 발산하는 파장(파동의 길이)이 터무니없이 작은 이유는 우리가 아주 크기 때문입니다. 그렇기 때문에 우리는 파동처럼 행동할 수 없습니다. 모퉁이를 돌아나갈 수 없는 이유도, 전봇대 양측으로 갈라져 나갈 수 없는 이유도 모두 그 때문입니다. 하지만 전자는 자연에서 가장 작은 입자입니다. 그 때문에 가장 큰 양자 파동을 방출하고, 엄청난 양자적 기이함을 드러냅니다. 이러한 전자의 파동적 특성 때문에 원자가 존재할 수 있습니다. 본질적으로 파동은 퍼져 나갑니다. 간단히 핵 안에 밀어 넣을 수 없습니다.[15] 원자가 1억분의 1초 만에 오그라들고 사라질 수 없는 것은 바로 그 때문입니다. 이 파동적 특성 덕분에 원자는 본질적으로 영원히 존재할 수 있습니다.

전자파(electric wave)는 엄청난 공간이 필요합니다. 이것이 원자가 가진 또 한 가지 수수께끼에 해답을 줍니다. 전자 궤도(orbital)가 원자핵에서 아주 멀리 떨어져 있는 이유 말입니다. 원자의 99.9999999999999퍼센트는 아무것도 아닙니다.[16] 그러니까 사람도 99.9999999999999퍼센트는 아무것도 아닌 셈입니다.[17] 원자는 텅 비어 있습니다. 원자핵의 크기에 비해 원자는 너무나도 큽니다. 왜냐하면 전자파가 편하게 움직일 공간이 필요하기 때문입니다.

전자파는 그 외에도 우리에게 원자에 관해 많은 것을 알려줍니다. 사실 전자파는 원자에 관한 **모든 것**을 설명해줍니다.

다양한 원자가 존재하는 이유

한 원자 내부에 존재할 수 있는 전자파는 한 종류가 아닙니다. 많은 전자파가 있습니다. 느린 전자파보다는 요동치면서 활발하게 움직이는 전자파의 에너지가 큽니다. 전자파의 에너지는 원자핵이 끌어당기는 힘을 거부하고 더 먼 궤도로 날아갈 수 있는 전자의 능력과 관계가 있습니다. 하지만 원자가 수용할 수 있는 전자파에는 한계가 있습니다. 모든 전자파는 그 원자 안에 깔끔하게 들어갈 수 있어야 합니다. 원자 내부에 전자파가 들어갈 수 있는 언덕이 있다고 생각해봅시다. 원자에는 두 번째 언덕이나 세 번째 언덕 또는 그보다 더 많은 언덕이 있을 수 있습니다. 이 언덕은 전자파에 **꼭 들어맞습니다**. 하지만 1과 1/2 언덕이나 2.687인 언덕에는 전자파가 들어갈 수 없습니다. 이것이 바로 원자와 태양계의 뚜렷한 차이점입니다. 이론적으로 행성은 어떤 거리에서건 태양의 주위를 돌 수 있지만, 전자는 **대부분 자기가 가진 에너지에 따라 원자핵과 특정하게 떨어진 거리에서만** 원자핵 주위를 돌 수 있습니다.[18]

이 같은 사실은 곧 원자가 특정한 에너지, 즉 특정 파장의 빛만을 방출하는 이유를 설명해줍니다.(에너지가 높을수록 원자가 방출하는 파장은 짧아집니다.) 원자핵 주위를 도는 전자가 에너지가 높은 궤도에서 에너지가 낮은 궤도로 떨어질 때는 남는 에너지가 빛으로 방출됩니다. 이 광자가 가진 에너지는 전자의 상태가 바뀌면서 방출한 에너지와 같습니다.

그런데 한 가지 반전이 있습니다. 항상 그런 것은 아니라는 점입니다. 원자는 3차원 물체입니다. 따라서 원자핵과 전자의 **거리**뿐 아니라 **방위**(orientation)도 전자의 확률파*가 최대가 되는 지점을 결정하는 데 영향을 끼칩니다. 동그란 구체를 생각해보면 좀 더 분명하게 이해할 수 있습니다. 지구에 있는 한 장소를 표시하려면 숫자가 두개 필요합니다. 그와 마찬가지로 한 전자파가 공간에서 어떤 지점에 있는지 표시하려면 숫자가 두 개 필요합니다. 거기에 한 전자가 원자핵에서 얼마나 떨어져 있는지를 표시하는 숫자를 더하면 전자파의 상태를 표시하는 양자수는 모두 셋이 됩니다.

　여기서 반전이란 한 전자가 **어떤** 고에너지 궤도에서 저에너지 궤도로 떨어질 때만 빛을 방출한다는 것입니다. 그리고 그 궤도들은 전자와 원자핵의 거리뿐 아니라 궤도의 **방위**에 따라서도 달라집니다. 덧붙여 말하자면 전자파―적어도 최외각 전자의 전자파―의 방위는 원자의 화학적 성질을 결정합니다. 한 원자가 다른 원자의 최외각 전자를 이용해 다른 원자와 결합한다는 것은 그 원자의 외부 표면에서 산다는 뜻입니다. 외부 표면에서 원자가 다른 원자와 결합한 장소는 전자파가 가장 큰 지점이고, 전자를 찾을 확률이 가장 높은 지점이라는 뜻입니다.

확률파(probability wave) 입자가 특정 위치에서 발견될 확률을 나타내는 양자역학적 파동. 파동의 마루나 골처럼 파동 값이 큰 지점에서 입자가 발견될 확률이 높고 파동 값이 작은 지점에서는 입자가 발견될 확률이 낮다.

파울리의 배타 원리

하지만 여전히 한 가지 수수께끼가 남습니다. 원자 내부에서 전자는 허용된 양자 파동—전자 궤도라고 하는—이라면 어느 곳이든 들어갈 수 있습니다. 하지만 실제 세계에서 물체는 자신의 에너지를 최소화하려는 경향이 강합니다. 예를 들어 언덕 위에 있는 공은 위치 에너지를 최소로 낮추기 위해 기회만 되면 언덕 아래로 굴러 내려옵니다. 그런데 왜 전자가 한 개 이상인 원자에서는 모든 전자가 가장 낮은 에너지 상태가 되기 위해 밑으로 떨어지지 않는 걸까요? 어째서 원자핵과 가장 가까운 낮은 에너지 궤도에 전자가 몰리지 않는 걸까요?

사실 전자가 낮은 에너지 궤도에 몰려 있다면 우리가 아는 원자는 존재할 수 없습니다. 우선 이 세상에 빛이 존재할 수 없습니다. 광자는 전자가 한 에너지 준위에서 다른 에너지 준위로 이동하면서 남은 에너지를 버릴 때만 방출됩니다. 전자들이 모두 **같은** 상태에 있고, **같은** 에너지를 갖는다면 남는 에너지는 절대로 생길 수가 없습니다.

그보다 더 심각한 문제는 **최외각** 전자가 화학적 성질—한 원자가 다른 원자와 결합해 분자를 만드는 방법—을 결정한다는 것입니다. 원자에 따라 최외각 전자는 한 개, 두 개, 세 개 혹은 그 이상일 수 있습니다. 또 원자에 따라 최외각 전자가 가리키는 방향은 다를 수 있습니다. 그렇기 때문에 자연에는 가장 가벼운 수소부터 가장 무거운 우라늄까지 다양한 원자가 존재하는 것입니다. 만약 모든 원자의 모든 전자가 원자핵과 가장 가까운 전자 궤도에 모여 있다면 외부에서 보는 원자의 특성은 모든 원자가 거의 동일할 것입니다. 자연에는 92가지 원소가 아니라 한 가지 원소만 존재하게 될 것입니다. 그렇다면 더는 화학이 필요 없어집니다. 생명의 복잡성도 없어집니다. 사실 우리도 없을 것입니다.

다시 말하지만, 양자 이론은 그렇게 무능력하고 지루한 운명에서 원자를, 그리고 이 우주를 구했습니다. 양자의 특성들이 여러 조합으로 한데 섞이면 온갖 놀랍고도 새로운 행동을 한다는 사실을 기억합시다. 예를 들어 중첩, 전자의 스핀, 각운동량 보존 법칙이 합쳐져, 도저히 연락할 방법이 없는 먼 거리에 떨어진 양자 입자에도 즉시 영향을 끼친다는, 비국소성이라는 광기가 태어납니다. 그리고 또 다른 조합도 있습니다. 전자의 파동적 특성, 전자 스핀, 모든 전자가 동일하다는 사실을 한데 섞는 것입니다. 전자는 **구별할 수 없다**는 사실은 태양 아래 새롭게 나타난 또 하나의 양자적 특성입니다. 실제 세상에 있는 물체는 항상 구별됩니다. 완전히 똑같아 보이는 두 차도 페인트를 칠한 상태나 타이어의 공기압같이 구별할 수 있는 미세한 차이가 있습니다. 하지만 전자는 절대로 구별할 수 없습니다. 구별할 수 있는 어떠한 특징도 없습니다. 두 전자를 서로 바꿔놓아도 이론적으로는 그 사실을 알아챌 수 있는 방법이 전혀 없습니다.

이 새로운 조합에서 파울리의 배타 원리가 나왔습니다.[19] 간단히 말해서 파울리의 배타 원리란 한 원자에서 두 전자는 같은 전자 궤도를 공유할 수 없다는 선언입니다. 더 자세히 말하자면 두 전자는 같은 양자수를 공유할 수 없다는 선언입니다. 여기서 또 한 번의 반전이 등장합니다. 네 번째 양자수가 있는 것입니다. 바로 스핀입니다. 자기장에 들어간 전자는 스핀 업 상태일 수도 있고 스핀 다운 상태일 수도 있다는 걸 기억합시다. 따라서 파울리의 배타 원리에 따르면 **양자수가 모두 동일한 두 전자는 존재할 수 없습니다.**

파울리의 배타 원리 덕분에 전자들은 같은 전자 궤도에 쌓이지 않을 수 있었습니다. 이것이 바로 이 세상에 단 한 종류의 원자가 아니라 92종의 원자가 존재할 수 있는 이유입니다. 이 세상에 다양성이 더해지고 여러분이 이 책을 읽을 수 있는 이유도 모두 이 원리 덕분입니다.

파울리의 배타 원리 덕분에 전자는 원자핵에서 멀리 떨어져 있는 전자껍질(전자 궤도)에 차곡차곡 채워질 수 있었습니다. 원자핵과 가장 가까운 전자껍질에는 전자가 두 개 들어갈 수 있습니다. 그다음으로 가까운 전자껍질에는 전자가 여덟 개, 그다음은 열여덟 개, 이런 식으로 전자껍질에 들어갈 수 있는 전자의 수는 늘어납니다. 한 가지 예를 들어봅시다. 전자가 여섯 개인 원자는 가장 안쪽에 있는 전자껍질에 전자가 두 개 들어가고 그다음 껍질에 전자가 네 개 들어갑니다. 전자가 전자껍질에 들어가는 형태를 보면 비슷하게 행동하는 원자들이 존재하는 이유를 즉시 알 수 있습니다. 리튬, 나트륨(소듐), 칼륨(포타슘)은 모두 최외각 전자껍질에 전자가 한 개밖에 들어 있지 않기 때문에 외부 세계에서 보면 모두 비슷해 보입니다.

이것이 바로 이 세상에 다양성과 안정성이 생기는 근본 원인입니다. 원자의 파동적 특성은 전자가 1억분의 1초 만에 원자핵으로 떨어져 사라져버리는 것을 막아줍니다. 파울리의 배타 원리는 전자가 한 곳에 쌓여 모든 원자가 동일한 원소가 되는 것을 막아줍니다. 파인먼은 "탁자를 만들 수 있고, 모든 물체가 단단할 수 있는 이유는 전자가 서로 차곡차곡 쌓이지 않기 때문이다."라고 했습니다.

스핀 값이 1/2, 3/2, 5/2 같은 반정수(half-integer)인 아원자 입자 (subatomic particles)에는 모두 파울리의 배타 원리를 적용할 수 있습니다.(그런데 쿼크quark의 스핀 값은 전자와 같이 1/2입니다.) 페르미온 (fermion)이라고 불리는 이 아원자 입자들(전자, 중성미자, 양성자, 중성자 등이 속합니다)은 정말로 비사교적입니다. 반면 스핀 값이 정수 (0, 1, 2 같은)인 입자들은 정말 사교적입니다. 이 입자들은 파울리의 배타 원리를 따르지 않습니다. 그런 입자를 보손(boson)이라고 부르는데, 광자나 글루온(gluon)이 여기에 속합니다. 광자를 1000조 개 이상 모아 레이저 빔을 쏠 수 있는 이유도 모두 파울리의 배타 원리가 적용되지 않기 때문입니다.

양자 이론을 적용하면 이 세상에 설명할 수 없는 현상은 없을 것 같습니다. 양자 이론은 지금까지 물리학에서 내놓은 어떤 이론보다도 큰 성공을 거두었습니다. 양자 이론을 활용해 만든 발명품 덕분에 미국의 국민총생산(GDP)이 30퍼센트나 증가했다고 추정합니다. 우리는 모두 양자 이론의 산물입니다. 우리는 양자 세계에 살고 있습니다. 하지만 양자 세계를 마술의 세계라고 인정한다고 해도 여전히 아리송하기는 마찬가지입니다. 닐스 보어는 "양자 역학을 생각할 때 어지럽지 않은 사람이 있다면, 그는 양자 역학에 대해 아무것도 모른다는 사실을 드러내는 것일 뿐이다."라고 했습니다.

16장

빨리 달릴수록
시간은 천천히 간다

[특수 상대성 이론]

"우리 이론에 등장하는 빛의 속도는
물리적으로 무한히
큰 속도라는 역할을 맡고 있다."
– 알베르트 아인슈타인

"이제부터 공간과 시간은 그 자체로는
그저 그림자에 지나지 않을 것이며,
그 둘이 하나로 통합된 것만이 살아남을 것이다."
– 헤르만 민코프스키

무한(infinity)이란 그 어떤 것보다도 큰 수입니다. 어떤 물체가 무한대의 속도로 여행할 수 있다면, 여러분이 그 물체를 따라잡을 방법은 없습니다. 그뿐 아니라 아무리 빨리 움직인다고 해도 무한대의 속도로 움직이는 물체는 늘 무한대로 빠르게 움직이는 것처럼 보이기 때문에 그 무한대의 속도에 비하면 어떤 속도도 아주 보잘것없게 느껴집니다.

이유는 알 수 없지만 우리 우주에서 무한대의 속도라는 역할을 맡은 것은 빛의 속도입니다. 빛의 속도는 초속 30만 킬로미터입니다. 빛의 속도를 따라잡을 수 있는 물체는 없습니다. 관찰자가 광원을 향해 아주 빠른 속도로 움직인다거나 광원이 관찰자를 향해 아주 빠르게 움직여도 빛은 언제나 초속 30만 킬로미터로 움직이는 것처럼 보입니다.

물리학자들이 c라고 표기하는 빛의 속도가 고집스럽게도 바뀌지 않는다는 사실을 발견한 사람은 미국 물리학자인 앨버트 마이컬슨(Albert Michelson, 1852~1931)과 에드워드 몰리(Edward Morley, 1838~1923)입니다. 1887년에 두 사람은 태양 주위를 공전하는 지구의 진행 방향과 같은 방향으로 광선을 쏘았을 때 빛의 속도와, 6개월 뒤에 지구가 반대 방향으로 움직일 때 빛의 속도를 측정했습니다. 놀랍게도 두 경우에 빛의 속도는 같았습니다. 마이컬슨과 몰리는 설사 지구가 빛의 속도의 절반에 달하는 어마어마한 속도로 공전한다고 해도 빛의 속도는 '$(c+\frac{1}{2}c)$=1과 $\frac{1}{2}c$'가 되거나 '$(c-\frac{1}{2}c)=\frac{1}{2}c$'가 되는 것이 아니라 변함없이 c라는 사실을 알아냈습니다. 어째서 빛의 속도는 이렇게 독특한 일관성을 나타내는 것일까요? 그 의문을 푼 사람은 1905년을 '기적의 해'로 만든 아인슈타인입니다.

물체의 속도란 간단히 말해서 정해진 시간 동안 물체가 이동한 거리입니다. 이를테면 자동차가 1시간 동안 50킬로미터를 움직였다면 그것이 속도가 되는 것입니다. 광선의 속도는 누가 측정해도 같습니다. 관찰자가 광원을 향해 빠르게 움직여도, 광원이 관찰자를 향해 빠르게 움직여도 그 사실은 변하지 않습니다. 그렇기 때문에 관찰자마다 거리와 시간을 잴 때 이상한 일이 일어납니다.

우리는 한 사람이 측정한 공간 간격—1미터라고 합시다—은 다른 사람이 측정한 공간 간격과 똑같고, 한 사람이 측정한 시간 간격—1분이라고 합시다—은 다른 사람이 측정한 시간 간격과 똑같다고 생각합니다. 하지만 모든 사람이 측정한 빛의 속도가 모두 같다면 이것은 불가능한 일입니다. 빛의 속도를 우주가 태어났을 때 만들어진 바위라고 한다면 공간과 시간은 이리저리 움직이는 모래와 같습니다.

아인슈타인이 깨달은 것처럼 움직이는 관찰자의 눈에는 실제로 공간은 **줄어들고** 시간은 **느리게** 갑니다. 좀 더 정확하게 말하자면, 관찰자보다 빠르게 움직이는 사람은 그가 움직이는 방향으로 몸이 수축하고 당밀을 헤치고 걷는 듯 속도가 느려지는 것처럼 보입니다.[1] 다시 말해서 '움직이는 자는 줄어들고 움직이는 시계는 느려지는' 것입니다.

아인슈타인은 농담조로 다음과 같이 말했는데, 요즘 기준으로 보면 약간 성차별 발언 같기도 합니다. "남자가 아름다운 여자와 1시간 동안 앉아 있어도 그에게 그 시간은 마치 1분처럼 느껴질 것이다. 하지만 그 남자를 1분 동안 뜨거운 난로 위에 앉아 있게 해보라. 남자에게는 그 1분이 마치 1시간처럼 느껴질 것이다. 이것이 상대성이다!"

그렇다면 관찰자를 스치고 날아가는 사람의 눈에는 관찰자가 어떻게 보일까요? 그 사람의 눈에 관찰자는 **관찰자**가 움직이는 방향으로 몸이 줄어들고 당밀 속을 걷는 것처럼 속도가 느려지는 것처럼 보일 겁니다. 왜냐하면 두 사람 모두 오직 자신이 하는 '상대 운동(relative motion)'을 기준으로 삼아 상대방을 관찰하기 때문입니다. 두 사람은 모두 **같은** 상대 운동을 하고 있습니다.

이 같은 사실은 빛의 속도는 항상 동일하다는 명제와 더불어 아인슈타인의 이론을 세운 두 번째 초석을 제공하며, 또한 아인슈타인의 이론에 상대성이라는 명칭이 붙은 이유를 설명합니다. 지금부터 4세기 전에 활동한 갈릴레오 갈릴레이(Galileo Galilei, 1564~1642)는 서로가 상대적으로 같은 속도로 움직이면 같은 현상을 본다는 사실을 처음으로 깨달았습니다. 예를 들어 한 사람이 공을 던지고, 그 공이 원을 그리며 허공을 날고, 한 친구가 그 공을 잡는다고 생각해봅시다. 그 공은 던지는 사람과 받는 사람이 해변 위에 있건, 바다를 헤치고 나가는 배 위에 있건 간에 똑같은 궤적을 그리며 날아갈 것입니다.

상대적으로 같은 속도로 움직이는 사람들은 같은 현상을 본다고 말한 갈릴레이의 주장에는 같은 속도로 움직이는 물체에는 동일한 운동 법칙이 적용된다는 뜻이 담겨 있습니다. 갈릴레이보다 2세기 반 뒤에 활동한 아인슈타인은 그저 갈릴레이의 생각을 확장했을 뿐입니다. 아인슈타인은 단순히 운동의 법칙만 같은 것이 아니라 빛의 속도는 변하지 않는다는 광학 법칙을 포함한 **모든** 물리 법칙이 같다고 주장했습니다.

한 사람이 일정한 속도로 당신 옆을 지나간다고 생각해봅시다. 당신에게는 그 사람의 공간은 줄어들고 시간은 느려지는 것처럼 보입니다. 하지만 그 사람의 눈에는 당신이 상대적으로 같은 속도로 움직이는 것처럼 보입니다. 단지 자신이 움직이는 것이 아니라 당신이 뒤로 가는 것처럼 보일 겁니다. 결국 두 사람은 같은 현상을 봅니다. 이것이 바로 상대성이 부리는 마술입니다.

여기서 분명히 한 가지 의문이 생깁니다. 일상에서 우리가 상대성이라는 괴상한 현상을 목격할 수 없는 이유는 무엇일까요? 과학적으로 말해서 시간 지연(time dilation) 현상과 로런츠 수축(Lorentz contraction) 현상을 경험하지 못하는 이유는 무엇일까요? 좀 더 구체적으로 말해서 어째서 우리는 거리에서 스쳐 지나가는 사람이 움직이는 방향으로 몸이 줄어들고 걷는 속도가 느려지는 모습을 볼 수 없는 것일까요? 그런 상대론적 효과가 나타나려면 지나가는 사람이 빛에 가까운 속도로 움직여야만 합니다. 빛은 정말 엄청나게 빠른 속도로 움직입니다. 여객기보다 100만 배는 더 빠릅니다. 우리가 상대론적 효과를 볼 수 없는 이유는 우리가 사는 우주가 아주 느리게 움직이기 때문입니다. 즉 상대성 덕분에 우리는 우리가 아주 느리다는 사실을 깨닫게 된 것입니다.

상대론적 효과를 직접 볼 수도 없는데 빛의 속도와 비슷한 속도로 움직이면 시간이 실제로 느려진다고 확신하는 이유는 무엇일까요? 공간이 수축한다고 확신할 수 있는 이유는 무엇일까요? 그것은 바로 그 증거가 지금 이 순간에도 당신의 몸을 관통하고 있기 때문입니다.

아원자 입자인 뮤온(muon)은 초신성에서 날아온 고에너지 원자핵들로 이루어진 우주선(cosmic ray)이 대기권 12.5킬로미터 높이에서 지구의 공기 원자와 부딪치면서 만들어집니다. 뮤온은 마치 아원자 입자로 이루어진 비처럼 대기권에서 쏟아져 내립니다. 그런데 한 가지 문제가 있습니다. 뮤온은 특정 시간이 지나면 붕괴합니다.[2] 그 시간은 아주 짧아서 150만 분의 1초면 사라져버립니다. 따라서 뮤온이 대기에서 태어나고 사라질 때까지 이동할 수 있는 거리는 약 500미터 정도에 불과합니다. 12.5킬로미터 밑에 있는 지표면까지 도달할 수 있는 뮤온은 사실상 하나도 없는 셈입니다.

그런데 현실은 그렇지가 않습니다.

왜냐하면 뮤온이 빛의 속도에 99.92퍼센트 근접한 속도로 움직이기 때문입니다. 관찰자에게 뮤온은 아주 느리게 움직이는 것처럼 보입니다. 실제로 뮤온의 시간은 우리보다 25배나 느리게 갑니다. 따라서 뮤온은 실제로 붕괴해야 하는 시간보다 25배나 더 긴 시간 동안 존재할 수 있습니다. 그 때문에 뮤온은 지구 표면에 닿을 수 있습니다.

그런데 이 이야기에는 또 다른 관찰자가 있습니다. 바로 뮤온입니다. 뮤온의 입장에서 보면 시간은 정상적으로 흐릅니다. 뮤온의 **상대**

적 입장에서 볼 때 뮤온은 지상의 관찰자가 그렇듯이 정지해 있습니다. 뮤온에게는 **관찰자가** 그(관찰자)가 움직이는 방향으로 수축하는 것으로 보입니다. 다시 말해 뮤온의 관점에서 봤을 때 땅이 99.92퍼센트의 빛의 속도로 다가오는 것입니다. 뮤온에게는 관찰자뿐만 아니라 대기권도 수축합니다. 원래 대기권 두께의 25분의 1로 말입니다. 그렇기 때문에 뮤온은 사라지기 전에 충분히 지표면에 닿을 수 있습니다.

관찰자의 관점에서 뮤온의 시간이 느려졌다고 하든지 뮤온의 관점에서 대기가 줄어들었다고 하든지 간에 어쨌거나 뮤온은 지상에 도달합니다. 이것이 바로 상대성이 부리는 또 다른 마술입니다.

시공간의 그림자

그런데 뮤온처럼 빛의 속도에 가까운 속도로 움직일 수 있다면 어떤 일을 할 수 있을까요? 어쩌면 이 세상에 관한 중요한 진실을 몇 가지 알아낼 수 있을지도 모릅니다. 여러분은 상대성 이론이 한 사람의 시간 간격은 다른 사람의 시간 간격과 같지 않다는 사실을 알려준다고 생각할지도 모르겠습니다. 물론 그렇습니다. 하지만 더 자세히 설명하자면, 상대성 이론은 한 사람의 시간 간격은 다른 사람의 **시간과 공간의 간격**임을 알려줍니다. 다시 말해서 한 사람에게 같은 장소에서 일어난 두 개별적 사건─두 폭발이라고 합시다─이 다른 사람에게는 두 장소에서 일어난 두 사건처럼 보일 수 있다는 뜻입니다.

또 여러분은 상대성 이론이 한 사람의 공간 간격은 다른 사람의 공간 간격과 같지 않다는 사실을 알려준다고 생각할지도 모르겠습니다. 하지만 실제로 상대성 이론은 한 사람의 공간 간격은 다른 사람의 **공간과 시간의 간격**이라고 말합니다. 다시 말해서 한 사람에게는 동시에 일어난 두 사건이 다른 사람에게는 다른 시간에 일어난 두 사건일 수 있다는 뜻입니다.[3]

빛에 가까운 속도로 움직일 때 시간 간격과 공간 간격이 서로 바뀐다면, 시간과 공간을 과연 이 세상을 구성하는 본질적인 요소라고 할 수 있을까요? 물론 그럴 수 없습니다. 우주를 구성하는 본질적 실재(fundamental entity)는 서로 구분되는 '시간'과 '공간'이 아니라 오직 빛의 속도에 가까울 때에만 나타나는 **시공간**(space-time)입니다. 우리가 사는 느린 세상에서는 시공간이라는 구분되지 않는 실체의 그림자만을 볼 수 있습니다. 공간 그림자 또는 시간 그림자 말입니다.

한 가지 비유를 들어봅시다. 지팡이 가운데를 묶어 커다란 나침반 바늘처럼 방 천장에 매답니다. 지팡이는 인접한 두 벽에 각각 창문이 있는 네모난 방 안에 있습니다. 아, 그런데 방이 어두워서 밖에서 방을 들여다보는 사람은 자신이 보고 있는 물체가 지팡이인 것을 모릅니다. 그 사람이 한 창문으로 들여다보니 물체의 '길이'가 보입니다. 옆에 있는 창문으로 들여다보니 물체의 '폭'이 보입니다. 이제 그는 매달린 물체를 완벽하게 파악했습니다. 지금까지는, 모든 것이 아주 좋습니다.

이제 그 방의 벽들이 회전반 위에 있다고 생각해봅시다.(이건 간단한 비유가 아닙니다!) 회전반이 돌아갑니다. 그 사람이 다시 창문으로 방을 들여다봅니다. 놀랍게도 물체의 길이가 바뀌었습니다. 폭도 바뀌었습니다. 그는 자신이 가진 길이와 폭을 재는 눈금 표에 문제가 있다는 사실을 깨닫습니다. 물체―매달려 있는 지팡이―는 본질적 실재입니다. 반면에 밖에 있는 사람이 창문으로 본 것은 그림자, 즉 본질적 실재를 투사한 영상일 뿐입니다.

이것이 시간과 공간이 존재하는 방식입니다. 본질적 실재는 시공간입니다. 그러나 우리는 본질적 실재가 투사된 영상, 그러니까 그림자를 실재라고 잘못 판단합니다. 하지만 우리의 잘못은 아닙니다. 우리가 잘못 판단했다는 사실은 빛에 가까운 엄청난 속도로 움직여 공간이 시간이 되고 시간이 공간이 될 때에만 확연하게 드러납니다. 실제로 깊이 생각해보면 빛의 속도에 가까운 속도로 움직이면 관찰자의 관점은 회전반 위에서 도는 방을 볼 때처럼 바뀌기 때문에 시간과 공간을 전혀 다른 식으로 보게 됩니다.

이런 기발한 생각에 처음 영감을 불어넣은 사람은 아인슈타인이 아니라 아인슈타인의 수학 교수였던 헤르만 민코프스키(Hermann Minkowski, 1864~1909)입니다. 자신의 학생(아인슈타인)을 '게으른 개'라고 불러서 유명해진 사람입니다. 아인슈타인을 그렇게 평가한 것이 잘못이었다는 사실을 나중에는 깨닫게 되지만, 아무튼 민코프스키도 시공간의 핵심 내용을 알고 있었습니다. 그는 "이제부터 공간과 시간은 그 자체로는 그저 그림자에 지나지 않을 것이며, 그 둘이 하나로 통합된 것만이 살아남을 것이다."라고 했습니다.

질량은 에너지다

어떤 물체도 빛의 속도를 따라잡을 수 없습니다. 이것은 정말 놀라운 사실입니다. 우리가 무한대의 속도를 이야기할 때, 분명한 것은 물체를 아무리 세게 오랫동안 밀어도 결국 물체는 무한대의 속도로 운동할 수 없다는 점입니다. 사람의 기준으로 보았을 때 빛의 속도는 아주 엄청난 속도임이 분명하지만 무한대에 비하면 **정말** 보잘것 없는 속도처럼 느껴집니다.

그런데 어떤 방법을 써도 우주의 한계 속도인 빛의 속도에는 도달할 수 없습니다. 물체가 점점 빠르게 움직이도록 계속 밀면 반드시 어떤 일이 생깁니다. 미는 힘에 반발하는 저항이 생기는 것인데, 그 저항은 빛의 속도에 가까워질수록 무한히 커지기 때문에 결국 아무리 큰 힘을 가해도 물체는 빛의 속도에 도달할 수 없습니다.

저항이 생기는 이유는 물체의 한 가지 특성 때문입니다. 질량이 있다는 특성 말입니다. 실제로 질량은 물체의 저항력이라고 정의합니다. 속이 꽉 찬 냉장고처럼 아무리 힘껏 밀어도 꼼짝도 하지 않고 저항하는 물체는 질량이 크다고 합니다. 하지만 깃털처럼 손가락으로 튕겨도 별다른 저항 없이 휙 날아가는 가벼운 물체는 질량이 작다고 합니다. 이것은 무엇을 뜻하는 것일까요? 바로 어떤 물체의 속도가 빛의 속도에 가까워지면 저항이 커지기 때문에 물체는 **점점 무거워진다**는 뜻입니다.

그렇다면 늘어난 질량은 어디에서 왔을까요? 에너지 보존의 법칙은 가장 기본적인 물리 법칙입니다. 에너지 보존의 법칙에 따르면 에너지는 한 형태에서 다른 형태로 전환될 뿐, 새로 생기거나 사라지지 않습니다. 전기난로에서 전기 에너지는 열 에너지로 바뀝니다. 음식에 들어 있는 화학 에너지는 근육에서 운동 에너지로 바뀝니다. 물체를 계속 밀어서 물체에 에너지를 공급해도 그 에너지가 운동 에너지로 바뀌지 않는다면, 에너지는 다른 형태로 바뀌어야 합니다. 그런데 빛의 속도에 가까울 정도로 속력을 올릴 때 변한 것은 질량이 늘었다는 것 외에는 없습니다. 따라서 미는 힘이 공급한 에너지가 질량으로 바뀐 것이 분명합니다. 그런데 에너지는 오직 한 에너지에서 다른 에너지로만 바뀔 수 있다는 점을 명심해야 합니다. 그 말은 곧 **질량도 에너지의 한 형태여야 한다는 뜻입니다.**

그리고 실제로도 질량은 에너지입니다. 아인슈타인은 시간과 공간이 한 가지 실재의 다른 두 측면이라는 사실뿐 아니라, 에너지—운동 에너지, 소리 에너지 할 것 없이 모든 에너지—가 질량의 다른 모습이라는 사실을 알아냈습니다.

이런 이야기들이 너무 심오하다거나 자신과는 아무 상관이 없다고 생각하는 사람이 있다면, 그런 사람은 다시 생각해볼 필요가 있습니다. 사람의 질량을 대부분 차지하는 쿼크는 실은 정말 보잘것없습니다.[4] 물질은 원자로 이루어져 있고, 원자는 원자핵과 전자로 이루어집니다. 원자 질량의 거의 전부를 차지하는 원자핵은 양성자와 중성자로 되어 있는데, 양성자와 중성자는 각각 쿼크 3개가 모여 이루어집니다. 아주 단순하게 생각하면 쿼크 하나의 질량과 어떤 물질을 이루는 쿼크의 개수를 알면 그 물질의 질량을 쉽게 계산할 수 있을 것 같습니다. 하지만 사람의 질량에서 쿼크 자체의 질량이 차지하는 비율은 겨우 1퍼센트 정도에 불과합니다. 그러면 나머지 99퍼센트의 질량은 어떻게 된 걸까요?

이 의문을 풀려면 먼저 힉스 메커니즘(Higgs mechanism)부터 알아보는 게 좋겠습니다. 아마 힉스 입자라는 말을 들어본 적이 있을 겁니다. 2012년 7월 4일에 제네바 근처에 있는 유럽입자물리학연구소(CERN)에서 강입자 충돌기(the Large Hadron Collider) 실험을 통해 힉스 입자를 발견했다는 엄청난 소식이 전해졌습니다.[5] 힉스 메커니즘은 여러 기본 입자에 질량을 주는 과정을 말하는데, 힉스 입자는 그 과정에 관여하는 입자로 여겨져 왔습니다. 힉스 입자를 발견했다는 것은 곧 힉스 메커니즘이 증명되었다는 뜻이지요.

다시 99퍼센트의 질량 이야기로 돌아가볼까요? 우리 몸을 이루는 모든 쿼크의 질량을 다 더한다고 해도 사람 질량의 1퍼센트에 불과하다고 했습니다. 양성자나 중성자를 구성하는 쿼크 입자의 질량을 모두 합쳐도 양성자나 중성자 질량의 약 1퍼센트밖에 되지 않기 때문입니다. 그 1퍼센트는 힉스 메커니즘 덕분이지요. 그러면 나머지 99퍼센트의 질량은 어디에 있는 걸까요? 바로 상대성 이론에서 답을 찾을 수 있습니다.

쿼크는 양성자나 중성자 안에서 거의 빛에 가까운 속도로 날아다니고 있는데 이것은 쿼크의 운동 에너지가 아주 크다는 뜻입니다.(힉스 메커니즘이 없다면 쿼크는 질량을 가질 수 없고, 질량이 없다면 실제 쿼크가 보이는 운동 형태를 보일 수 없습니다.) 아인슈타인에 따르면 운동 에너지에는 질량이 있습니다. 활발하게 움직이는 쿼크의 운동 에너지가 질량으로 작용해서, 밖에서 보면 양성자나 중성자가 질량을 가지고 있는 것처럼 보이는 것이지요. 결국 양성자와 중성자에 질량이 있는 이유도, 우리 몸에 질량이 있는 이유도 모두 운동 에너지가 질량으로 변환되기 때문입니다. 이런 상대론적 효과가 없다면 우리 몸은 1킬로그램도 되지 않을 것입니다.

그런데 여기서 다시 이런 의문이 생길 수도 있습니다. 쿼크가 빛의 속도에 가까운 빠르기로 움직이는 이유는 무엇일까? 그것은 쿼크가 강한 핵력*이라는 엄청난 힘에 사로잡혀 있기 때문입니다. 강한 핵력은 양성자와 중성자를 이루는 쿼크들 사이에서 작용하는 힘입니다. 그리고 이 힘은 글루온(gluon)이라는 입자가 전달합니다.(힘을 매개하는 입자인 글루온은 질량이 없습니다.) 쿼크들을 접착제(glue)로 붙여놓은 셈이라고 할까요. 쿼크가 글루온을 흡수하거나 방출하는 과정에서 강한 상호작용(강한 핵력)이 일어납니다. 그러므로 궁극적으로는 글루온 장(gluon field)이 있기에 우리 몸이 질량을 가질 수 있는 것입니다.

우리가 이 소립자의 세계를 볼 수 있는지 여부는 중요하지 않습니다. 질량처럼 일상적이고 평범한 것도 상대론적 효과 없이는 설명할 수 없다는 것만 기억하면 됩니다.

하지만 아인슈타인은 에너지가 질량을 갖는다는 것뿐 아니라 질량은 질량과 관계가 있는 에너지를 갖는다는 사실을 입증해 보였습니다. 실제로 질량은 지금까지 알려진 에너지 가운데 가장 농축된 형

강한 핵력(strong nuclear force) 자연계에 존재하는 네 가지 힘 중 하나. 쿼크끼리 결합해 양성자와 중성자가 존재할 수 있게 해주는 강력한 힘이다. 네 가지 힘을 크기로 따지면, '강한 핵력 〉전자기력 〉약한 핵력 〉중력' 순이다.

태인데, 그 에너지량은 물리학 공식 가운데 가장 유명한 $E=mc^2$으로 구할 수 있습니다.

$E=mc^2$은 두 가지 방식으로 적용할 수 있습니다. 강입자 충돌기에 묻혀 있는 거대한 트랙에서 서로 반대 방향으로 돌고 있는 아원자 입자 두 개가 있다고 생각해봅시다. 이 입자들이 정면으로 충돌하면 두 입자의 운동 에너지는 질량 에너지로 전환됩니다. 그러면 마치 모자 밖으로 토끼가 튀어나오는 것처럼 진공 속에서 새로운 입자가 나타납니다. 하지만 가장 놀라운 일은 질량 에너지도 열 에너지처럼 다른 형태의 에너지로 전환할 수 있다는 것입니다. 핵폭탄이 바로 그런 경우입니다. 핵폭탄 내부에 있는 소량의 질량은 핵폭발을 일으킬 만큼 어마어마한 양의 열 에너지로 전환됩니다.

어쩌면 상대성 이론이 이 세상에 대한 우리의 확신을 벗겨냈다고 생각할지도 모르겠습니다. 하지만 실제로 상대성 이론이 베일을 올리고 드러내 보인 것은 그 밑에 더 깊이 놓여 있는 진실입니다.

이 세상은 당혹스럽고 복잡하고 끊임없이 변합니다. 세상을 이해하려고 시도할 때마다 우리는 마치 광폭한 바다에서 난파된 뒤에, 바위를 잡고 버텨야 하는 선원이 된 것처럼 느껴집니다. 물리학자들은 단단해 보이고 영원해 보이는 것은 무엇이든지 필사적으로 움켜잡습니다. 그러니까 보는 관점에 따라 달라지지 않는, 누구에게나 똑같아 보이는 것들을 잡으려고 필사적으로 애를 씁니다.

아주 오래전에 물리학자들은 공간과 시간은 우주에 존재하는 바위라고 생각했습니다. 사물의 길이는 누가 측정해도 같고, 두 사건이 벌어지는 시간 간격은 누가 측정해도 같다고 믿었습니다. 하지만 아인슈타인이 그것은 오해라는 사실을 드러내 보였습니다. 보는 사람의 관점에 따라, 구체적으로 말해서 서로의 상대적 빠르기에 따라 공간과 시간은 달라졌습니다.

아주 오래전에 물리학자들은 질량은 우주에 존재하는 바위라고 생각했습니다. 오늘 1킬로그램인 물체는 내일도 1킬로그램이고 영원히 1킬로그램으로 존재한다고 믿었습니다. 하지만 아인슈타인이 그것은 오해라는 사실을 드러내 보였습니다. 수소 폭탄은 1퍼센트의 질량만으로도 엄청난 에너지를 내는데, 그 에너지는 대부분 열 에너지로 전환됩니다.

자연은 한 손으로 무언가를 가져가면 다른 손으로 무언가를 내줍니다. 질량은 우리가 생각하는 것처럼 견고한 바위가 아닐지 모릅니다. **하지만 에너지는 그렇습니다.** 질량은 그저 에너지의 한 형태일 뿐입니다. 공간과 시간은 우리가 생각하는 것처럼 견고한 바위가 아닐지 모릅니다. **하지만 시공간은 그렇습니다.**[6] 물리학은 밝혀진 것처럼 관찰자의 관점에 따라 변하는 세상이 품은 변치 않는 진리를 탐구합니다. 아인슈타인은 진실을 덮고 있던 베일을 들어 올려 정말로 바위 같고 정말로 변함없는 그 사실을 알려주었습니다.

17장

중력은 시공간을
비틀어놓는다

[일반 상대성 이론]

✳

✳

"적어도 한 가지는 확실하다.
빛은 무게가 있다는 것…….
광선은 태양 가까이 가면 똑바로 나가지 않는다."
– 아서 에딩턴

"물질은 시공간이 어떻게 구부러지는지 말해주고
구부러진 시공간은 물질이
어떻게 움직이는지 말해준다."
– 존 휠러

✳

✳

* * *

아인슈타인의 상대성 원리는 모든 사람이 빛의 속도를 동일하게 측정하려면 시간과 공간에 반드시 일어나야 하는 일을 예측하는 도구입니다.[1] 아인슈타인에게 '모든 사람'이란 서로에 대해 일정한 속도로 움직이는 사람들을 뜻합니다. 하지만 조금만 생각해보면 그런 상황은 아주 특별한 경우임을 알 수 있습니다. 일정하게 속도를 유지할 수 있는 물체는 거의 없거든요. 도로를 달리는 차는 교통 신호를 받으면 속도를 줄여야 합니다. 주황색과 흰색 연기 기둥을 뿜으며 솟구쳐 오른 로켓은 시속 2만 9000킬로미터를 유지하면서 지구 주위를 돌 수 있을 때까지는 점점 더 속도를 높여야 합니다.

따라서 아인슈타인이 1905년에 규정한 세상은 서로에 대하여 일정한 속도로 움직이는 특별하고 이례적인 관찰자만이 볼 수 있는 세상처럼 느껴집니다. 아인슈타인이 두 번째 마술을 부리려면 서로에 대하여 시간에 따라 속도가 변하는 운동, 즉 가속 운동을 하는 전형적이고 일반적인 관찰자가 볼 수 있는 세상을 규정할 필요가 있었습니다. 그러니까 아인슈타인은 특수 상대성 이론을 일반 상대성 이론으로 바꿀 필요가 있었던 것입니다. 특수성을 일반성으로 바꾸는 과정은 10년 동안 아인슈타인의 정신을 괴롭힌 엄청난 과업이었지만, 일단 해낸 뒤에는 아인슈타인을 뉴턴 이후에 가장 위대한 물리학자로 역사에 우뚝 서게 했습니다.

특수 상대성 이론을 일반화하려고 시도하던 아인슈타인은 심각한 문제에 직면했습니다. 특수 상대성 이론은 특별한 상황을 묘사할 뿐 아니라 과학의 초석이 된 뉴턴의 중력 법칙에도 **완벽하게 어긋난다는 것입니다.**

뉴턴은 두 물체, 가령 태양과 지구 같은 물체 사이에는 끌어당기는 힘이 작용하는데, 그 힘은 물체의 질량과 거리에 따라 달라진다고 했습니다. 하지만 특수 상대성 이론은 **모든 형태의 에너지**에는 유효질량(effective mass, 역학 방정식에서 물체의 운동을 기술할 때 사용하는 실질적인 질량)이 있다고 합니다. 컵에 든 커피를 가열하면 커피에 열에너지가 추가되기 때문에 뜨거워진 커피는 차가운 커피였을 때보다 아주 조금 무거워집니다. 결국 질량뿐 아니라 에너지는 모두 서로를 끌어당깁니다. 뉴턴이 믿었던 것과 달리 질량이 아니라 **에너지**가 바로 중력의 근원인 것입니다. 질량은 그저 가장 친숙한 형태의 에너지일 뿐입니다.

특수 상대성 이론과 뉴턴의 중력 법칙이 일치하지 않는 점은 이외에도 또 있습니다. 뉴턴은 두 물체가 두 물체 사이에 작용하는 **힘을 즉각적으로** 느낀다고 했습니다. 이는 중력이 두 물체 사이를 무한히 빠르게 움직여 서로에게 영향을 끼친다는 뜻입니다. 따라서 뉴턴의 중력 법칙대로라면 태양이 사라지는 순간—일어나지 않을 것 같은 이야기지만 상상해본다면—지구는 그 사실을 즉시 알아채야 합니다. 그런데 그렇게 되면 아인슈타인이 설정한 우주의 속도 한계를 넘어서게 됩니다.

새로운 중력 이론

아인슈타인은 빛의 속도가 우주의 궁극적인 한계 속도라고 했습니다. 아인슈타인의 이론에 따르면 태양이 갑자기 사라져도 지구는 그 사실을 바로 눈치채지 못할 것입니다. 중력이 빛의 속도로 움직인다고 가정했을 때 태양을 떠나 지구에 도달하려면 시간이 걸리기 때문에 태양이 사라진 뒤에도 지구는 조금 더 태양 중력의 영향을 받으며 공전할 것입니다. 약 8분 19초가 지난 뒤에야 지구는 태양이 사라졌다는 사실을 알고 다른 항성을 향해 날아갈 테지요. 이 같은 아인슈타인의 예측은 분명히 뉴턴의 중력 법칙에 위배됩니다.

본의 아니게 아인슈타인은 특수 상대성 이론을 만들면서 물리학의 한 초석인 뉴턴의 중력 법칙을 박살내버린 것입니다. 분명히 아인슈타인은 재건할 방법이라곤 전혀 모르면서 아름다운 건물을 무너뜨려버린 공공 기물 파괴자가 된 느낌이었을 겁니다. 이제 상대성 이론에 맞는 새로운 중력 이론이 필요했습니다. 절망적으로 옳은 길을 찾으려고 노력하던 아인슈타인은 기발한 생각을 떠올렸습니다. 그 생각은 수세기 전부터 알려져 있었지만 누구도 중요성을 깨닫지 못한 간단한 관찰 내용과 관계가 있었습니다.

17세기에 이탈리아 과학자 갈릴레오 갈릴레이가 피사의 사탑에 올라가 무거운 물체와 가벼운 물체를 동시에 떨어뜨려서, 두 물체가 동시에 바닥에 닿는 모습을 관찰했다는 이야기[*]가 전해집니다. 물체 낙하 실험은 이후에도 여러 과학자들이 더 정밀한 조건을 만들어 실험했고, 1971년에는 실험에 복잡하게 영향을 주는 공기 저항을 최소로 줄이기 위해 달에서 실험이 진행되었습니다. 아폴로 15호의 선장인 데이브 스콧(Dave Scott)이 망치와 깃털을 동시에 떨어뜨리자 달의 흙먼지가 동시에 솟아올랐습니다. 두 물체가 동시에 바닥에 닿은 것입니다.

이것은 정말 기이한 실험입니다. 왜 그런지 잠시 생각해봅시다. 만약 질량이 큰 물체와 작은 물체를 동시에 같은 힘으로 밀면, 당연히 질량이 작은 물체가 더 빠른 속도로 움직입니다. 무거운 냉장고보다 가벼운 의자를 더 쉽게 옮길 수 있다는 것은 누구나 아는 상식입니다. 그것이 바로 우리가 **아는** 질량입니다. 그런데 중력이 끼어들면 어떻게 될까요? 냉장고와 의자를 같은 힘으로 밀 때 질량이 가벼운 쪽이 더 빠른 속도로 움직인다는 사실을 떠올려보면, 냉장고와 의자를 건물 옥상에서 동시에 땅으로 떨어뜨렸을 때 가벼운 의자가 더 빨리 떨어져야 할 것 같습니다. 공기 저항이 없고 힘(중력)이 같은 크기로 작용한다는 전제 아래 말입니다. 하지만 달에서 진행한 실험에서 보았듯이, 중력이 가벼운 물체와 무거운 물체를 땅으로 잡아당길 때 두 물체는 정확하게 같은 비율로 속도가 증가합니다. 질량에 상관없이 똑같은 가속도**로 땅으로 떨어지는 것입니다. 물체에 힘을 가할 때 발생하는 가속도는 물체의 질량에 반비례하므로, 두 물체의

---

* 갈릴레이가 피사의 사탑에서 무거운 물체와 가벼운 물체의 낙하 실험을 했다는 이야기는 갈릴레이의 제자이자 그의 전기를 쓴 사람이 지어낸 이야기일 가능성이 높다고 알려져 있다. 실제로 이런 실험을 지상에서 하면 공기 저항 때문에 무거운 물체가 더 빨리 떨어진다.
** **가속도**(acceleration) 시간에 대한 속도 변화의 비율을 나타내는 물리량. 흔히 가속된다고 하면 속도가 점점 빨라지는 것만을 떠올리는데, 물리학에서 가속도는 운동하는 물체가 빨라지거나 느려지거나 방향을 바꿀 때 생겨난다.

가속도가 같으려면 가벼운 물체보다 무거운 물체에 더 큰 힘이 가해져야 합니다. 다시 말해 이것은 중력이 정확히 질량에 보조를 맞추어 증가했다는 뜻이 됩니다. 대체 어떻게 그런 일이 가능할까요? 중력은 어떻게 작용하는 대상 물체의 질량에 맞춰 조정되는 걸까요? 아인슈타인의 천재성은 아주 자연스럽게 그런 조정이 일어나는 환경을 생각해냈다는 데 있습니다.

어떠한 행성이나 위성의 중력도 영향을 끼치지 않는 곳에 우주선 한 척이 있고, 그 안에 우주인이 타고 있다고 생각해봅시다. 우주선은 1초 지날 때마다 속도가 초속 9.8미터씩 증가하고 있습니다.[2] 가속도가 $9.8m/s^2$이라는 것은 지구를 향해 낙하하는 물체의 가속도—전문 용어로 '중력 가속도'라고 하고 1g로 표시합니다—와 정확하게 같기 때문에 우주인의 발은 지구 표면을 걸을 때처럼 완벽하게 선실 바닥에 붙습니다. 이제 우주인이 페이퍼클립과 골프공을 같은 높이에서 동시에 떨어뜨립니다. 당연히 페이퍼클립과 골프공은 지구에서처럼 동시에 바닥에 닿을 것입니다.

이제부터는 좀 더 자세히 들여다봅시다. X선 눈을 가진 당신은 지금 우주선 바깥에서 유영하면서 우주선 내부를 들여다봅니다.(물론 현실적으로 가능한 이야기는 아닙니다.) 전지전능한 당신의 시점으로 보면 무엇이 보일까요? 우주인이 페이퍼클립과 골프공을 손에서 놓았는데도 두 물체가 움직이지 않고 그대로 있는 모습이 보일 겁니다. 어째서 두 물체는 움직이지 않는 걸까요? 그 이유는 우주선이 어떤 행성의 중력도 미치지 않는 곳에 있기 때문입니다. 당신이 보는 것은 두 물체는 가만히 떠서 움직이지 않는데, 우주선의 바닥이 **가속도를**

내면서 위로 올라와 두 물체에 부딪치는 모습입니다.

앞에서 살펴본 지구 이야기에서는 중력이 자신의 힘을 조절해 무거운 물체와 가벼운 물체를 똑같은 비율로 끌어당기는 마술을 부리는 이유를 도무지 알 수가 없습니다. 하지만 이 우주선 이야기에서는 전혀 문제가 없습니다. 우주선 바닥이 움직이지 않는 페이퍼클립과 골프공을 향해 가속도를 내며 올라왔으니, 두 물체가 동시에 바닥과 만나지 않을 이유가 전혀 없습니다.

잠깐, 그런데 우주선 이야기는 중력이 **가속도와 같을** 때에만 중력을 설명할 수 있습니다. 바로 그겁니다! 아인슈타인의 천재성은 중력과 가속도가 전혀 다르지 않다는 것을 생각해냈다는 데 있습니다. 우주선의 창문이 껌껌해지고 우주선의 진동을 감지할 수 없는 상태라면, 우주인은 지구의 껌껌한 방에 있을 때와 **정확히 같은 일을** 경험할 것입니다. 아인슈타인은 중력이 바로 가속도라는 사실을 깨달았습니다.

기이하게도 우리는 가속하고 있지만 그 사실을 눈치채지 못합니다. 그리고 우리가 가속하고 있다는 사실을 눈치채지 못하기 때문에 우리는 우리가 경험하는 현상을 설명하기 위해 한 가지 힘을 만들어냈습니다. 바로 중력입니다.

우주선 이야기에서처럼 중력이 곧 가속도임을 분명하게 드러내는 관점이 있다는 사실이 밝혀졌습니다. 하지만 이 관점을 이해하려면 먼저 배경 지식을 조금 살펴보아야 합니다.

중력은 시간을 늦춘다

아인슈타인은 우주선 사고 실험으로 중력과 가속도가 같음을 보여주었습니다. 아인슈타인은 속도가 증가하는 운동을 하는 사람의 관점에서 이 세상이 어떻게 보이는지를 설명하는 이론을 찾았기 때문에 자동적으로 중력에 관한 이론도 찾을 수 있었습니다. **한 개 가격으로 두 이론을 구입한 셈입니다.** 그런데 아인슈타인은 그 이론들을 어떻게 생각해냈을까요? 이런 생각을 떠올렸을 때에도 아인슈타인은 여전히 스위스 특허청에서 일하고 있었습니다. 훗날 그는 자신이 떠올린 위대한 생각을 이렇게 묘사했습니다. "돌파구는 어느 날 갑자기 나타났다. 베른에 있는 특허청 사무실에 앉아 있는데, 갑자기 이런 생각이 떠올랐다. '자유 낙하를 하는 사람은 자기 몸무게를 느끼지 못할 거야!'"

이것이 어떻게 돌파구가 되었다는 걸까요? 그 답은 중력과 가속도는 같기 때문에 사람이 몸무게를 느끼지 못하면, 즉 중력이 없으면 가속도도 생기지 않는다는 데 있습니다. 다시 말해서 자유 낙하하는 사람은 특수 상대성 이론이 설정한 상태에 놓여 있는 것입니다. 속도 변화 없이 움직이는(등속 운동을 하는) 관찰자가 보는 세상에 말입니다. 아인슈타인은 가속도에 관한 이론과 중력에 관한 이론이 같다는 사실뿐 아니라, 이미 자신이 손에 들고 있던 특수 상대성 이론과 그 사실을 연결해줄 중요한 다리도 발견했습니다. 자유 낙하하는 사람은 중력을 느낄 수 없기 때문에 그 사람이 세상을 보는 관점은 특수 상대성 이론이 묘사한 그대로라는 것을 말입니다.

상대적으로 가속 운동을 하는 사람, 다시 말해 중력을 경험하는 사람은 매 순간 일정한 속도로 움직이고 있다고 확신하게 됩니다. 따라서 특수 상대성 이론을 이용하면 자유 낙하 하는 사람의 눈에 세상이 한순간, 그리고 그 다음 순간, 또 그 다음 순간 어떻게 보일지 예측할 수 있습니다.

특수 상대성 이론에 따르면, 관찰자가 보기에 자기보다 빠르게 움직이는 사람의 시간은 느려집니다. 따라서 당연히 속도가 증가하는 가속 운동을 하는 사람의 시간도 느려집니다. 하지만 가속도와 중력은 같기 때문에 이는 중력을 더 강하게 경험하는 사람의 시간이 더 느리게 간다는 뜻입니다.

다시 말해서 **중력은 시간을 늦춥니다.**

한 건물에서 맨 아래층에서 일하는 사람과 맨 꼭대기 층에서 일하는 사람이 있다고 생각해봅시다. 맨 아래층의 사람은 지구의 질량에 더 가까이 있기 때문에 중력의 작용을 미미하게나마 더 강하게 경험합니다. 따라서 시간도 조금 더 느리게 갑니다. 만약 여러분이 오래 살고 싶다면 단층집에서 살면 됩니다.

시간이 느리게 가는 것, 즉 시간 지연 효과는 상당히 작기 때문에 시간 지연 효과를 확인하려면 극도로 정확한 원자 시계가 있어야 합니다. 그런데 믿기 어렵게도 2010년에 미국표준기술연구소(National Institute of Standards and Technology)의 물리학자들은 계단에서 단한 계단이라도 아래에 서 있는 사람의 시간이 아주 조금이지만 그래도 천천히 흐른다는 사실을 밝혀냈습니다.[3]

중력이 강하면 시간 지연 현상은 훨씬 분명하게 나타납니다. 블랙홀은 지금까지 알려진 어떤 물체보다도 중력이 강합니다.[4] 만약 여러분이 블랙홀의 가장자리, 즉 사건 지평선 주위를 맴돌 수 있다면 여러분에겐 시간이 정말 천천히 흐를 것이고 이론상 여러분은 영화를 빨리 감기 한 것처럼 우주의 전 미래가 눈앞을 스쳐 지나가는 것을 볼 수 있을 것입니다.

시공간은 왜곡된다

그럼 이제 아직 대답을 하지 않은 질문으로 다시 돌아갑시다. 중력이 가속도일 뿐이라면 우리는 어째서 가속도를 느끼지 못하는 걸까요?

$9.8m/s^2$의 가속도로 운항 중인 우주선을 다시 떠올려봅시다. 그 안에서 우주인이 한쪽 벽에서 다른 쪽 벽으로 완벽하게 수평인 상태로 레이저빔을 쏩니다. 레이저빔의 높이는 바닥에서 1미터입니다. 우주인은 무엇을 볼까요? 반대쪽 벽에 닿은 레이저빔의 높이가 **1미터보다 낮다**는 것을 보게 됩니다.

왠지 아주 독특한 일이 벌어진 것 같습니다. 하지만 충분히 예상할 수 있는 결과입니다. 빛은 우주에서 가장 빠르지만, 우주선을 가로질러 가는 동안 분명히 시간은 흐릅니다. 비행하는 동안 우주선의 바닥은 위로 움직이는 가속 운동을 합니다. 우주인이 보는 레이저빔이 아래쪽으로 휘는 이유는 그 때문입니다.(1g 정도로 작은 가속도라면 그 효과는 **아주 미미하겠지만**, 정밀한 장치를 사용하면 측정할 수 있습니다.)

두 가지 분명한 사실이 있습니다. 첫째는, 빛은 두 지점을 이동할 때 언제나 가장 짧은 경로를 택한다는 것입니다. 따라서 우주인은 가속하는 우주선 안에서 레이저빔이 택한 최단 경로가 직선이 아니라 **곡선**이라는 결론을 내릴 수 있습니다. 둘째는—이것이 더 중요한데—가속도는 중력과 구별할 수 없다는 것입니다. 따라서 우주인은 중력이 있을 때 레이저빔의 경로가 곡선이 된다는 결론을 내릴 수 있습니다. 이는 곧 **중력 때문에 빛이 휘어진다**는 뜻입니다.

실제로 아인슈타인은 일반 상대성 이론을 떠올리기도 전에 중력은 빛의 경로를 휘게 한다고 생각했습니다. 왜냐하면 특수 상대성 이론은 모든 에너지는 그에 상응하는 질량을 가지므로 중력의 영향을 받는다고 예측하기 때문입니다.(중력을 **행사한다**는 것은 말할 것도 없고 말입니다). 빛의 입자인 광자에는 에너지가 있습니다. 에너지는 유효 질량을 가지므로 결국 빛은 중력 때문에 휘어지게 됩니다.(우디 앨런은 "광자에 질량이 있다고? 광자가 가톨릭 신자인 줄은 미처 몰랐군."[5]이라고 말했습니다.*)

그런데 아인슈타인의 중력 이론(일반 상대성 이론)은 이 빛의 휘어짐에 새롭고도 교묘한 비틀기를 덧보탭니다. 중력과 가속도는 같다는 주장이 그것입니다. 하지만 가속 운동을 하는 우주선에서 이 주장은 완전히 사실은 아닙니다. 우주인의 관점에서 볼 때 손에서 놓은 두 물체는 평행한 궤적을 그리며 바닥으로 '떨어집니다'. 그러나 같은 물체를 지구에서 떨어뜨리면 같은 일이 일어나지 않습니다. 지구

---

* 질량과 가톨릭교회에서 보는 미사는 둘 다 영어로 'mass'이다.

에서는 중력이 언제나 지구 **중심**을 향하기 때문입니다.(극단적으로 말해 지구 반대편에 사는 사람들의 중력 방향은 **정반대**라고 할 수 있습니다.)[6] 이 효과 때문에 중력에 의해 빛이 휘어지는 정도가 흔히 예상하는 것보다 **두 배는 더 큽니다.**

중력이 빛을 구부린다는 아인슈타인의 주장은 개기 일식이 일어났던 1919년 5월 29일에 당당하게 입증됐습니다. 개기 일식은 태양 원반 가까이 지나가는 별빛을 관찰할 수 있는 유일한 기회인데, 왜냐하면 달이 태양 빛을 완전히 차단하기 때문입니다.[7] 아인슈타인의 예측대로라면 별에서 출발해 지구로 오는 별빛은 질량이 엄청나게 큰 태양 옆을 지나갈 때 태양의 중력 때문에 휘어져야 합니다. 아니나 다를까, 아프리카 서쪽 바다에 있는 프린시페 섬으로 탐험을 떠났던 영국의 천체물리학자 아서 에딩턴은 일반 상대성 이론이 예측한 대로 빛이 정확히 태양 옆에서, 그것도 특수 상대성 이론이 예측한 값보다 두 배나 크게 휘어진다는 사실을 입증해 보였습니다.

중력 때문에 빛이 휘어진다는 사실은 '중력이 가속도라면 우리는 왜 가속도를 느끼지 못하는가?'라는 질문에 답이 될 중요한 단서를 제공해줍니다. 앞에서 빛은 두 지점을 이동할 때 언제나 가장 짧은 경로를 택한다고 했습니다. 그렇다면 어째서 중력이 있을 때는 곡선 경로를 택하는 것일까요?

가장 짧은 경로로 산을 넘으려는 등반가가 있다고 생각해봅시다. 높이 나는 새가 되어 아래를 내려다보면 등반가가 택한 경로가 직선이 아님을 한눈에 알 수 있습니다. 지면이 울퉁불퉁하기 때문에 등반가는 복잡하고 **구불구불한 길**을 따라갈 수밖에 없습니다. 울퉁불퉁

한 표면 위에서 가장 짧은 경로를 택하면, 그 길은 직선이 아니라 곡선일 수밖에 없습니다. 둘의 유사점이 보이시나요? 중력이 있을 때 빛이 곡선 경로를 따른다는 것은 중력이 있을 때는 공간이 구부러진다는 뜻입니다.

그리고 실제로 중력에 그런 힘이 있다는 사실이 밝혀졌습니다. 중력은 공간을 휘어지게 만듭니다. 아니, 좀 더 정확히 말해서 중력은 **시공간의 뒤틀림**입니다.

아인슈타인 이전에는 아무도 그런 의심을 하지 않았습니다. 당연한 일입니다. 시공간은 4차원 구조입니다. 동서남북, 위아래, 과거와 미래로 뻗어 나갑니다. 사람은 3차원 존재이기 때문에 4차원인 실재를 직접 경험할 수 있는 능력이 없습니다.

이제 마침내 우리는 우리가 지구 표면에 찰싹 달라붙어 있는 이유를 알아냈습니다. 우리를 지구 표면에 찰싹 달라붙게 하는 중력이라는 '힘'은 없습니다. 우리를 바닥에 묶어놓는 눈에 보이지 않는 고무줄은 없습니다. 그저 지구 가까이 있는 시공간이 휘어진 것뿐입니다. 우리는 시공간의 얕은 계곡 바닥에 있습니다. 따라서 우리는 진짜 계곡에서 공이 바닥을 향해 굴러갈 때 그렇듯이 아래를 향해 가속도 운동을 하고 있습니다. 그 가속도 운동을 멈출 수 있는 것은 오직 하나, 지구의 지면뿐입니다. 지표면이 아니라면 우리는 계속해서 떨어질 것입니다. 지표면이 우리를 되밀기 때문에 우리는 **중력이 있다는 느낌**을 받습니다.

아인슈타인 이전에 그 누구도 중력이 가속도라는 의심을 하지 않았다는 사실은 전혀 놀랍지 않습니다. 우리는 우리가 존재하는 시공간의 계곡을 볼 수 없을 뿐 아니라 지구 표면이 자유 낙하 하는 우리를 막아주고 있다는 사실을 깨닫지 못합니다.

또 한 가지 친숙한 예를 들어봅시다. 지구 주위를 도는 달도 긴 고무줄로 지구에 묶인 양 중력의 힘에 붙잡혀 있는 것이 아닙니다. 아인슈타인은 지구가 시공간을 왜곡해 계곡을 만든다고 했습니다. 달은 그 계곡의 가장자리에 붙잡혀 룰렛휠을 도는 룰렛볼처럼 회전하고 있을 뿐입니다.

우리가 그런 사실을 깨닫지 못하는 이유는 시공간의 왜곡을 직접 경험하지 못하기 때문입니다. 아인슈타인의 천재성은 시공간의 왜곡을 생각해냈다는 데 있습니다.

좀 더 이해하기 쉽도록 한 가지 비유를 해봅시다. 자동차를 타고 있는데, 자동차가 갑자기 급하게 방향을 바꾸었습니다. 그렇다면 분명히 자동차에 탄 사람은 바깥쪽으로 몸이 쏠릴 것입니다. 탑승자 몸에 힘이 작용했기 때문입니다. 물리학을 조금이라도 아는 사람은 이 힘을 원심력(centrifugal force)이라고 부릅니다.

하지만 길가에 서 있는 사람의 관점에서 보면 원심력 같은 힘은 존재하지 않습니다. 길가에 서 있는 사람에게 탑승자는 그저 계속 직선 운동을 하는 것처럼 보입니다. 차가 모퉁이를 돌 때 움직인 것은 탑승자 쪽으로 다가간 **자동차의 몸체**입니다. 앞서 본 우주선의 경우에 우주선을 타고 있는 우주인은 자신이 중력을 경험한다고 생각합니다. 하지만 우주선 바깥에서 보는 사람(이 사람은 X선을 발사하는 눈이 있습니다)의 관점에서는 그런 힘은 없습니다. 우주선 밖에서 보는 사람에게 우주인은 그저 움직이지 않고 떠 있는 것처럼 보입니다. 우주인이 아니라 우주선의 바닥이 우주인에게 다가간 것입니다.

지구 표면에 사는 우리가 중력이라는 힘이 있다고 생각하는 이유는 우리가 가속 운동을 한다는 것과 움직이지 않는 무언가에 부딪쳤다는 사실을 알지 못하기 때문입니다.(그 무언가는 지표면입니다.) 우리가 가속 운동을 하는 이유는, 우리도 모르게 시공간이 왜곡되었기 때문입니다.

중력이라는 '힘'은 없습니다. 우리는 그저 구부러진 공간을 관성적으로 움직이고 있는 것뿐입니다.

아인슈타인의 중력 이론은 사실 단 한 문장으로 표현할 수 있습니다. 모두 블랙홀이라는 용어를 만들어낸 미국의 물리학자 존 휠러 덕분입니다. 휠러는 "물질은 시공간이 어떻게 구부러지는지 말해주고 구부러진 시공간은 물질이 어떻게 움직이는지 말해준다."라고 했습니다. 이것이 바로 일반 상대성 이론입니다.

물론 악마는 디테일에 들어 있습니다. 일반 상대성 이론이 악명 높은 이유는, 말로 표현하기는 쉽지만—심지어 수학 방정식으로 표현하기도 쉽습니다—현실 세계에서 어떤 의미가 있는지 좀처럼 이해하기 어렵다는 데 있습니다.[8] 왜냐하면 오직 중력이 아주 강할 때에만 뉴턴의 중력 법칙이 제시하는 예측들과 일반 상대성 이론이 제시하는 예측이 달라지기 때문입니다. 지구 위에서나 태양계 내부에서는 중력이 아주 약합니다. 지구의 중력이 약하다는 생각이 들지 않는다면 양팔을 쭉 펴봅시다. 지구의 질량은 6000톤에 10억을 두 번이나 곱한 만큼 무겁지만, 지구의 중력은 그 두 팔을 내릴 힘도 없습니다.

중력은 중력을 낳는다

증거가 그렇게 미묘하지만 않았더라도 일반 상대성 이론은 더 일찍 등장했을 겁니다. 그런데 사실 증거는 찾을 필요도 없었습니다. 아인슈타인은 그저 이미 자신이 제시한 이론을 일반화하자는 생각으로 일반 상대성 이론을 생각했던 것뿐입니다. 이런 생각은 일반 상대성 이론을 과학의 역사에서 아주 색다른 것으로 만들었습니다. 왜 그런가 하면 기존 이론에 어긋나는 현상을 관찰했기 때문에 새롭게 정립하게 된 이론이 아니기 때문입니다. 일반 상대성 이론은 한 사람의 강박적인 집착 덕에 탄생했습니다.

그런데 아인슈타인이 일반 상대성 이론을 만들기 위해 고심하고 있을 무렵, 뉴턴의 중력 법칙을 위배하는 자연 현상을 **발견했습니다**. 하지만 그 현상이 중요하다고 생각하는 사람은 말할 것도 없고, 그런 현상을 발견했다는 사실을 아는 사람조차 많지 않았습니다. 바로 수성의 궤도와 관계가 있는 현상이었습니다.

뉴턴은 질량을 가진 두 물체 사이에 작용하는 중력은 아주 특별한 방식으로 약해진다는 사실을 발견했습니다. 거리가 두 배로 멀어지면 중력은 네 배로 약해지는 것입니다. 거리가 세 배로 멀어지면 중력은 아홉 배로 약해집니다. 즉 중력은 거리의 제곱에 반비례합니다.[9] 뉴턴은 더 나아가 엄청난 수학적 업적을 세웠습니다. 이처럼 중력의 역제곱 법칙(inverse-square law)의 지배 하에서는 움직이는 물체의 이동 경로가 **타원**이 된다는 사실을 밝힌 것입니다.[10] 그 덕분에 독일 천문학자 요하네스 케플러(Johannes Kepler, 1571~1630)가 관찰했던 사실—고대 그리스인들이 생각했던 것과 달리 태양 주위를 도는 행성들의 궤도는 원이 아니라 타원이라는 사실—을 이론적으로 설명할 수 있게 되었습니다.

실제로 행성에 작용하는 태양의 힘이 태양과 행성 간 거리의 제곱과 정확하게 반비례하지는 않습니다. 태양도 행성을 잡아당기지만 **행성들끼리도 서로** 잡아당기기 때문입니다. 가장 강한 힘으로 잡아당기는 행성은 질량이 태양 질량의 1000분의 1인 목성입니다. 그렇기 때문에 행성이 움직이는 궤도는 변하지 않는 타원이 아니라, **아주 조금씩** 진행 방향을 바꾸면서—즉 세차 운동을 하면서—로제트 문양(카펫 등에 들어가는 반복적인 꽃무늬 패턴)을 그리듯 움직입니다. 뉴턴 이후 천문학자들은 천왕성 같은 태양계 행성들의 궤도를 뉴턴의 법칙에 따라 설명하려 했지만 계산 결과와 실제 관측 결과에 항상 조금씩 편차가 있었습니다. 행성들 사이에 서로 잡아당기는 힘이 존재한다는 것을 가정하고 계산해도 결과는 마찬가지였습니다. 특히 수성은 예상에서 완전히 어긋나는 기이한 궤도를 지닌 것처럼 보였습니다.

수성이 특이한 세차 운동을 하는 이유는 일반 상대성 이론이 등장하면서 풀렸습니다. 아인슈타인에 따르면 열 에너지, 빛 에너지, 소리 에너지 그리고 중력 에너지 할 것 없이 에너지는 모두 유효 질량이 있습니다. 그 말은 에너지는 모두 질량처럼 서로를 끌어당긴다는 뜻입니다. 다시 말해서 **중력은 더 많은 중력을 낳는다**는 것입니다.

중력이 중력을 낳는 효과는 아주 미미해서 상대적으로 아주 강한 중력에 가까이 갔을 때에만—태양계에서는 태양에 가까이 갔을 때에만—눈에 띄는 효과가 나타납니다. 수성은 태양과 가장 가까이 있는 행성입니다. 이 때문에 뉴턴이 예측한 것보다 좀 더 강하게 태양 중력의 영향을 받습니다. 아인슈타인은 수성이 **거의 300만 년에 한 번씩** 같은 궤도를 그리며 돈다고 계산했고, 그 결과는 관측 결과와 일치했습니다.

하지만 수성의 이상한 세차 운동처럼 난해하기 짝이 없는 현상을 설명할 수 있다는 사실만으로는 아인슈타인의 이론이 크게 이름을 떨칠 가능성은 거의 없었습니다. 아인슈타인의 이론을 성공으로 이끈 것은 1919년에 있었던 개기 일식에서 관찰한 '중력에 의한 빛의 굴절 현상'입니다. 1차 세계대전이 끝나고 얼마 지나지 않았을 때 '독일인'이 예측하고 '영국인'이 확인한 중력에 의한 빛의 굴절 현상은 아인슈타인을 과학의 창공으로 힘껏 들어 올렸습니다.* 그때부터 아인슈타인은 아이작 뉴턴 이후에 가장 위대한 물리학자라는 칭호를 얻었습니다.

태양 중력에 의한 빛의 구부러짐은 에너지가 시공간을 왜곡한다는 사실을 입증했고, 수성 궤도의 독특한 세차 운동은 중력 에너지를 포함한 모든 형태의 에너지가 중력을 지닌다는 사실을 입증했습니다. 그런데 아인슈타인의 이론은 중력은 시간을 늦춘다는 또 다른

---

* '독일인'은 아인슈타인이고, '영국인'은 1919년에 '중력에 의한 빛의 굴절 현상'을 실제로 관측해 아인슈타인의 중력 이론을 증명한 아서 에딩턴을 가리킨다. 아인슈타인은 유대계 스위스인이었으나 1차 세계대전 시기에 독일에서 활동하고 있었기 때문에 영국 과학계에선 그를 적국의 과학자로서 적대시했다. 1914년 10월에 독일의 과학자, 예술가, 작가들이 독일을 지지하는 선언('93인 선언')을 발표했을 때 아인슈타인은 서명하지 않았을 뿐 아니라 그런 동료들을 강하게 비판했지만, 영국에서 아인슈타인은 똑같은 적이었다. 그런 상황에서 에딩턴은 드물게 아인슈타인의 이론을 연구하고 옹호한 영국인이었다.

예측을 내놓았습니다. 극도로 민감한 원자 시계를 만들어 지구에서 그 증거를 관측할 날은 아직 멀었지만, 그 효과는 이미 우주에서 발견되었습니다. 백색 왜성(white dwarf)이 방출하는 빛에서 말입니다.

시간 지연의 증거, 적색 편이

백색 왜성은 태양 같은 항성이 진화 끝에 도착하는 종착지입니다. 열을 생산하는 핵연료를 모두 소비한 별은 저장하고 있던 내부의 열기를 서서히 우주로 흩뿌립니다. 백색 왜성은 부피가 지구보다 크지 않다고 해도 그 안에 태양만 한 질량을 지니고 있습니다.(태양은 지구보다 약 109배 큽니다.) 각설탕 한 개 크기의 백색 왜성 조각이 우리가 타는 승용차만큼 무게가 나가는 셈입니다. 아인슈타인은 이처럼 밀도가 큰 물체의 표면 중력은 태양의 표면 중력보다 1만 배는 크기 때문에 지구에서보다 시간이 훨씬 느리게 가야 한다고 했습니다.

시간이 정말로 느리게 가는지를 확인하려면 백색 왜성의 표면에 우리가 쉽게 관측할 수 있는 시계가 있어야 합니다. 그런데 놀랍게도 정말로 그런 시계가 있습니다.

나트륨이나 철 같은 원소들은 각각 독특한 색깔의 빛을 발산합니다. 원소가 내는 빛은 원소마다 다르기 때문에 일종의 지문과도 같습니다. 색은 빛의 파동이 얼마나 빨리 위아래로 진동하는가를 나타내는 지표일 뿐입니다. 빛의 파동이 내는 주기적 진동은 정확하게 시계의 똑딱거림과 같습니다. 그런데 천문학자들은 백색 왜성과 백색 왜성의 특정 원소가 분출하는 빛을 관찰하면서 백색 왜성에서 나오는 **빛의 진동이 지구보다 느리다**는 사실을 발견했습니다. 다시 말해서 백색 왜성의 시계는 **훨씬 천천히** 똑딱거리고 있었습니다. 백색 왜성에서 시간이 느려지는 현상은 아인슈타인이 예측한 그대로였습니다.

붉은빛이 진동하는 속도는 푸른빛이 진동하는 속도보다 절반 정도로 느립니다. 빛이 진동하는 속도가 느려지면 빛의 파장은 스펙트럼의 붉은색 쪽으로 이동합니다.[11] 이를 가리켜 중력(에 의한) 적색 편이(gravitational red shift)라고 부릅니다.

이 적색 편이—언젠가 과학 잡지 〈뉴 사이언티스트〉는 이 용어를 붉은 **셔츠**라고 표기했습니다—현상은 다른 곳에서도 관찰할 수 있습니다. 예를 들어 아주 먼 곳에 있는 은하에서 나오는 빛을 관측하면 그 빛이 지구에서보다 느리게 진동한다는 사실을 알 수 있습니다. 이것은 우주 적색 편이(cosmological red shift)입니다. 그 원인 또한 백색 왜성에서 적색 편이 현상이 나타나는 이유와 같습니다.

멀리 있는 은하를 본다는 것은 어린 우주를 본다는 뜻입니다. 빛이 우주를 가로질러 우리에게 오기까지는 시간이 오래 걸리기 때문입니다. 어린 우주는 **작았습니다**. 이는 우주가 팽창하고 있기 때문인데, 우주를 구성하는 은하들은 빅뱅의 여파로 생겨난 우주의 파편들처럼 산산이 흩어지고 있습니다. 따라서 먼 곳에 있는 은하들은 우주 물질이 좀 더 많이 모여 평균적으로 밀도가 좀 더 높은 곳에 있기 때문에 현재의 우주보다 상대적으로 중력의 영향을 강하게 받습니다. 아인슈타인은 먼 곳의 우주에서는 현재 우주보다 시간이 훨씬 느리게 간다고 했습니다. 그리고 먼 은하에서는 빛의 진동이 느려진다는 사실도 실제로 관측되었습니다. 우주 적색 편이 말입니다.

그런데 물리학에서 목적을 달성하는 방법은 여러 가지가 있습니다. 그러니까 먼 은하나 백색 왜성에서 일어나는 적색 편이 현상을 똑같이 관찰할 수 있는 방법이 있는 것입니다. 바로 강한 중력 밖으로 나오는 빛은 **에너지를 잃는다**는 사실을 이용하는 것입니다. 빛이 가진 에너지는 빛이 얼마나 빨리 진동하는가에 달려 있기 때문에 빨리 진동하는 빛은 에너지가 높고 에너지가 낮은 빛은 천천히 진동합니다. 그 때문에 **적색 편이** 현상이 생깁니다.

우주의 소리, 중력파

아인슈타인의 중력 이론이 내놓은 예측 가운데 아직 분명한 증거를 발견하지 못한 예측이 하나 남아 있습니다. 바로 중력파(gravitational wave)입니다.* 일반 상대성 이론에서 시공간은 그저 우주라는 연극이 펼쳐지는 수동적인 무대가 아닙니다. 시공간은 물질이 존재함에 따라 모습을 바꾸는 활동적인 매질입니다. 시공간은 호수에서 퍼져 나가는 동심원처럼 위아래로 요동치면서 밖으로 퍼져나가는 파장을 만듭니다. 이것이 바로 중력파입니다.

하지만 시공간은 북을 덮은 가죽처럼 탄력적이지는 않습니다. 강철의 강도에 **10억을 세 번** 곱한 것만큼이나 단단합니다. 따라서 시공간을 움직여 강력한 중력파를 만드는 일은 정말로 어렵습니다. 실제

---

* 2016년 2월 11일, 미국에 설치된 레이저간섭계중력파관측소(LIGO, 라이고) 연구진이 아인슈타인이 예측했던 '중력파'를 직접 탐지하는 데 세계 최초로 성공했다고 발표했다. 연구진이 관측한 중력파는 지구에서 13억 광년 떨어진 곳에 있는 블랙홀 두 개가 서로 충돌해 합쳐지는 과정에서 발생한 것이었다. (편집자 주)

로 중력파가 생기려면 우주에서 가장 극적인 변동이 일어나야 합니다. 엄청나게 밀도가 높은 두 중성자별[12]이나 두 블랙홀[13]이 서로 충돌하는 것 같은 일 말입니다.

사실 중성자별이나 블랙홀이 하나로 합체하기 **훨씬 전부터** 강력한 중력파는 생성됩니다. 두 천체가 소용돌이를 그리며 돌고 있을 때 말입니다. 1974년에 중력파의 존재를 확인하는 기발하고도 우아한 실험이 진행되었습니다. 미국의 천문학자 러셀 헐스(Russell Hulse)와 조지프 테일러(Joseph Taylor)는 서로의 주위를 도는 두 중성자별을 발견했습니다. 그중 하나는 등대처럼 회전하면서 주위로 전파를 방출하는 펄서(pulsar)였습니다.

이 쌍성 펄서(PSR B1913+16)를 자세히 관찰한 헐스와 테일러는 두 중성자별이 함께 회전하고 있으며 해마다 3.5미터씩 가까워지고 있다는 것을 알아냈습니다. 전문적으로 표현하면 두 별은 궤도 에너지(orbital energy)를 잃고 있는 것입니다. 중요한 것은 두 별이 잃고 있는 에너지의 양이 아인슈타인의 일반 상대성 이론이 중력파를 발산하면 잃을 것이라고 예측한 양과 **정확하게** 일치한다는 사실입니다. 중력파가 존재할지도 모른다는 이 **간접** 증거를 발견한 공로로 헐스와 테일러는 1993년에 노벨 물리학상을 받았습니다.

이제는 중력파를 **직접** 찾으려는 경쟁으로 돌입했습니다. 처음에 사람들은 천장에 매단 커다란 금속 막대로 중력파를 찾으려고 했습니다. 일반 상대성 이론에 따르면 중력파가 금속 막대를 통과하면 종소리가 납니다. 하지만 수천 킬로미터 떨어진 해변에 부딪치는 파도와 같은 일상적인 수많은 지구의 파동 때문에 미약한 중력파 신호는 묻혀버리고 맙니다.

최근에는 레이저 광선으로 만든 자로 공간 변형을 측정하는 레이저 간섭계를 사용하고 있습니다. 중력파에는 아주 독특한 특성이 있는데, 중력파가 지나가면 물질은 한 방향으로 늘어나는 동시에 그와 수직인 방향으로 압축된다는 것입니다. 유럽과 미국은 중력파를 찾기 위해 직각을 이루는 두 팔을 지상에 쭉 뻗고 있는 거대한 중력파 탐지기를 설치했습니다. 예를 들어 미국 내 각기 다른 곳에 세워진 레이저간섭계중력파관측소(LIGO, Laser Interferometer Gravitational Wave Observatory)의 팔 하나 길이는 4킬로미터에 이릅니다.

중력파 감지기를 다루는 물리학자들은 분명히 아주 어려운 문제에 봉착해 있습니다. 아무리 강력한 천체가 보낸 중력파라고 해도 아주 먼 거리에서 오기 때문에 지구에 도착할 무렵이면 엄청나게 약해집니다. 실험하는 사람들이 감지하는 공간 변형은 아주 작습니다. 지구와 태양만큼 떨어져 있을 때 공간이 변형되는 정도는 원자 지름의 10분의 1 정도에 불과합니다.

중성자별이나 블랙홀이 짝을 이루어서 회전하는 경우뿐 아니라 항성의 중심이 급격하게 붕괴하면서 블랙홀이 탄생할 때도 아주 강력한 중력파가 발생합니다. 블랙홀은 초신성처럼 거대한 별이 폭발할 때 생성된다고 알려져 있습니다.

블랙홀이 존재한다는 간접 증거는 아주 많지만 직접 증거는 하나도 없습니다. 왜냐하면 블랙홀의 본질은 아주 작고 아주 검기 때문입니다. 블랙홀이 형성될 때는 블랙홀을 둘러싼 가장자리—사건 지평선—가 크게 흔들리기 때문에 막대한 중력파가 생성됩니다. 그런데 종마다 모양과 크기에 따라 종소리가 다른 것처럼 블랙홀이 생기면서 시공간으로 퍼져 나가는 진동도 모두 다르기 때문에 이 진동은 블랙홀이 생성될 때 어떤 사건이 있었는지를 알려주는 징표가 됩니다. 블랙홀이 태어날 때 내지른 울음소리를 찾는다면 아인슈타인의 중력 이론을 확증할 수 있을 뿐 아니라 블랙홀이 존재한다는 직접 증거를 마침내 확보하는 것입니다.

중력파를 음파에 비유한 것은 적절했습니다. 인류의 전체 역사에서 우주에 관한 지식은 기본적으로 빛으로, 즉 빛을 느끼는 감각으로 얻었습니다.[14] 우주에 관한 한 우리 인류는 완벽하게 귀머거리입니다. 중력파는 **중력의 소리**입니다. 중력파를 감지하는 순간 우리는 마침내 우주를 '듣게' 되는 겁니다.

18장

우주 만물의 이론을 품은
가장 작은 세계

[원자]

✳

✳

"주먹을 쥐어보라. 그 주먹이 원자의 핵이라면
원자는 성 바오로 성당만 하다.
이 원자가 수소 원자라면 전자는 한 개인데,
그 전자는 성당을 날아다니는 나방처럼
텅 빈 성당에서 돔으로 제단으로 마구 날아다닌다."
– 톰 스토파드

"개별적인 한 인간 같은 우리 주변에서 볼 수 있는
실재는 물리학의 단순한 기본 법칙뿐 아니라
다른 식으로 일어날 수도 있었던
무수히 많은 확률적 사건의 결과로 존재하는 것이다."
– 머리 겔만

✳

✳

리처드 파인먼은 2차 세계대전 이후에 가장 중요한 미국 물리학자임이 분명합니다. 그는 빛과 물질이 상호작용하는 방법을 설명하여 현실 세계의 많은 측면을 해명한 양자 전기역학(QED, Quantum Electrodynamics)을 고안했고, 그 공로를 인정받아 노벨상을 탔습니다. 《파인먼의 물리학 강의》에서 파인먼은 "대재앙이 일어나 과학 지식이 모두 사라지고 오직 한 문장만을 다음 세대에 전달할 수 있다면, 가장 적은 단어로 가장 많은 지식을 담을 수 있는 말은 무엇일까?"라고 묻습니다. 그리고 그는 "'모든 것은 원자로 만들어졌다.'이다."[1]라고 답합니다.

원자(atom)라는 개념은 고대부터 있었습니다. 기원전 440년 무렵에 그리스 철학자 데모크리토스는 막대기나 돌, 혹은 어쩌면 꽃병을 들고 생각했습니다. "이걸 반으로 자르고, 또 자르고, 이런 식으로 영원히 잘라 나갈 수 있을까?" 데모크리토스는 그럴 수는 없다고 생각했습니다. 데모크리토스는 곧 더는 반으로 자를 수 없는 알갱이가 있을 거라는 결론에 도달했습니다. 데모크리토스는 더는 자를 수 없는 물질을 '아톰(atom)'이라고 불렀습니다. 그리스어로 '아토모스(atomos)'가 '더는 자를 수 없다'라는 뜻이기 때문입니다.

데모크리토스는 더 나아가 원자는 몇 종류밖에 안 되지만 여러 가지 방법으로 결합해 꽃이나 구름이나 갓난아기를 만든다고 생각했습니다. 데모크리토스는 "관습상 색이 있고, 관습상 달콤함이 있고, 관습상 쏩쓸함이 있지만, 실재하는 것은 원자와 진공뿐이다."라고 했습니다.

정말 놀라운 상상력의 도약입니다. 우리를 둘러싼 세상은 당혹스러울 정도로 복잡해 보입니다. 하지만 데모크리토스에 따르면 그런 생각은 환상입니다. 실재의 껍질 밑은 아주 단순합니다.[2] 모든 것이 몇 안 되는 종류의 원자로 만들어집니다. 모든 것이 원자를 조합한 결과입니다. 간단히 말해서 원자는 자연의 알파벳입니다.

데모크리토스는 순전히 생각의 힘으로 이런 견해에 이르렀습니다. 하지만 원자는 정말로 있다고 해도 너무 작아서 직접 눈으로 볼 수 없습니다. 데모크리토스의 생각을 간접적으로라도 뒷받침하는 증거는 적어도 2000년이 흘러 과학이 많이 발전한 뒤에 나타났습니다. 증기 기관에서는 수증기가 수증기를 담은 용기에 압력을 가합니다. 용기의 벽이 움직인다면—즉, 피스톤이라면—증기는 방적기나 기차 같은 기계를 작동할 수 있습니다. 과학자들은 수증기를 무작위로 공간을 날아다니는 무수히 많은 수의 작은 원자[3]로 이루어진 물질이라고 가정하면 수증기가 피스톤을 움직이는 이유를 설명할 수 있다고 생각했습니다. 작은 원자들이 양철 지붕을 치는 물방울들처럼 끊임없이 피스톤을 치면 우리가 압력이라고 부르는 피스톤을 밀어 올리는 힘이 생깁니다.[4]

19세기에 스코틀랜드 물리학자 제임스 클러크 맥스웰은 이렇게 말했습니다. "물질이 지닌 특성 가운데 많은 부분은, 특히 기체의 형태일 때, 그 물질을 구성하는 극미하게 작은 부분들이 빠르게 움직이고 있을 때 온도가 올라감에 따라 운동 속도가 빨라진다는 가설에서 추론해낼 수 있다. 이상 기체*에서 압력, 온도, 밀도의 관계는 등속 직선 운동을 하는 입자들을 가정함으로써 설명할 수 있다. 그 입자들이 폐쇄된 용기 안에서 벽에 충돌함으로써 압력이 생겨난다."[5]

수증기 같은 기체의 행동은 물질이 작은 알갱이로 이루어져 있다는 데모크리토스의 생각을 뒷받침하는 증거입니다. 그렇다면 그 알갱이의 종류가 여럿이라는 데모크리토스의 생각은 어떨까요? 그 증거는 예상치 않은 방향에서 나타났습니다.

오랫동안 연금술사들은 납처럼 흔한 물질로 금처럼 귀중한 물질을 만들 수 있기를 바랐습니다. 하지만 연금술사들은 소원을 이루지 못했을 뿐 아니라 자신들이 보여주려고 했던 것과는 정반대되는 것을 입증하고 말았습니다. 어떤 방법을 써도 더는 분해되지 않는 물질이 있다는 사실을 밝힌 것입니다. 18세기 말에 프랑스의 화학자 앙투안 라부아지에(Antoine Lavoisier, 1743~1794)는 그런 **기본적인**(elemental) 물질은 한 종류의 원자들이 모인 집합이라고 추정했습니다. 금은 분명히 원소(element)였습니다. 그리고 시간이 흘러 연금술사들의 후계자인 화학자들은 더 많은 원소를 찾아냈습니다. 현재 우리는 가장 가벼운 수소부터 가장 무거운 우라늄에 이르기까지 자연에는 92개의 원소가 있다는 사실을 알며, 우라늄보다 더 무거운 플루토늄 같은 인공 원소도 만들어냈습니다.

이상 기체(perfect gas) 구성 분자들이 모두 동일하며 분자의 부피가 '0'이고 분자간 상호작용이 없는 가상의 기체. 실제 기체들은 충분히 낮은 압력과 높은 온도에서 이상 기체와 거의 유사한 성질을 나타낸다.

1815년에는 영국의 의사이자 화학자인 윌리엄 프라우트(William Prout, 1785~1850)가 원자의 질량은 대부분 수소 원자의 질량에 정수를 곱한 값이라는 사실을 알아차렸습니다. 그 때문에 프라우트는 모든 원자는 실제로 가장 작은 원자인 수소로 이루어져 있다고 생각했습니다. 19세기 말과 20세기 초에는 원자를 좀 더 정밀하게 분해할 수 있게 되었고, 그 결과 원자는 더 작은 **세 가지의 무엇으로** 이루어져 있다는 것이 밝혀졌습니다. 그 세 가지는 바로 양성자, 중성자, 전자였습니다. 양성자와 중성자는 프라우트가 생각한 물질의 기본 단위인 수소 원자의 질량과 비슷했지만, 전자는 수소 원자의 질량보다 2000분의 1 정도로 가벼웠습니다.

점차 원자를 작은 태양계처럼 묘사하는 설명이 대두했습니다. 원자의 중심에는 태양처럼 작은 원자핵이 있습니다. 원자핵은 원자 질량의 대부분을 차지하며 양성자와 중성자로 이루어져 있습니다.(가장 가벼운 수소 원자는 예외인데, 수소의 원자핵에는 양성자만 있습니다.) 전자는 태양을 도는 행성처럼 원자핵 주위를 돕니다. 원자핵에 들어 있는 양성자는 양전하를 띠며 양전하의 수는 음전하를 띠는 전자의 수와 같습니다. 사실, 반대되는 두 전하 사이에 작용하는 인력이 전자들을 원자핵 주위에 계속 붙들어 두는 것입니다.

원자의 태양계 모형은 1911년에 영국의 물리학자 어니스트 러더퍼드(Ernest Rutherford, 1871~1937)가 추론했습니다. 러더퍼드의 제자인 한스 가이거(Hans Geiger, 1882~1945)와 어니스트 마스던(Ernest Marsden, 1889~1970)은 1909년에 세상에서 가장 작은 기관총으로 방사성 라듐에서 나온 아원자(알파 입자) 총알을 얇은 금박을 향해 발사했습니다. 당시 과학계가 받아들였던 원자 모형은 크리스마스 푸딩처럼 양의 전하를 띤 구(球)에 전자가 건포도처럼 박혀 있는 모습이었습니다. 따라서 가이거와 마스던은 금박을 향해 쏜 아원자 총알이 모기떼를 거뜬히 통과하는 실제 총알처럼 금 원자를 거뜬히 통과하리라고 생각했습니다. 그런데 아원자 총알은 **8000번을 쏠 때마다 한 번씩 금박에 부딪치고는 튕겨 나와** 두 젊은 연구자를 깜짝 놀라게 했습니다. 결국 러더퍼드는 2년 동안 고민한 끝에, 원자는 크리스마스 푸딩처럼 생기지 않았으며 원자 질량의 99.9퍼센트는 아주 작은 원자핵에 몰려 있고 알파 입자 8000개당 한 개는 이 원자핵에 부딪친 뒤에 되튕겨 나온다고 결론을 내렸습니다.

러더퍼드가 제시한 태양계 모형의 놀라운 점은 원자 내부가 거의 텅 비어 있다고 주장한 것입니다. 99.9999999999999퍼센트는 텅 빈 공간이라고 말입니다. 만약 이 세상 모든 사람들을 구성하는 모든 원자들에서 텅 빈 부분을 없애고 압축할 수 있다면 전 인류를 각설탕 하나 크기의 공간에 모두 집어넣을 수 있습니다. 영국의 극작가 톰 스토파드(Tom Stoppard)는 그 누구보다도 원자의 태양계 모형을 멋지게 묘사했습니다. "주먹을 쥐어보라. 그 주먹이 원자의 핵이라면 원자는 성 바오로 성당만 하다. 이 원자가 수소 원자라면 전자는 한 개인데, 그 전자는 성당을 날아다니는 나방처럼 텅 빈 성당에서 돔으로 제단으로 마구 날아다닌다."[6]

원자핵과 멀리 떨어진 상태로 핵 주위를 도는 전자는 다른 원자들의 세상과 접촉하는 원자의 표면이라고 할 수 있습니다. 양성자 수와 동일한 전자의 수는 원자의 행동 방식을 결정합니다. 예를 들어 어떤 원자와 결합해 분자를 만들지를 결정합니다. 가장 가벼운 원자인 수소 원자의 원자핵에는 양성자가 한 개 들어 있고, 원자핵 주위를 도는 전자도 한 개입니다. 두 번째로 가벼운 헬륨은 양성자가 두개, 전자도 두 개입니다. 세 번째로 가벼운 리튬은 양성자 세 개, 전자 세 개입니다.

원자핵의 또 다른 구성원인 중성자는 전하를 띠지 않기 때문에 원자가 외부 세계에 자신을 드러내는 방식에 영향을 끼치지 않습니다. 대신에 핵 안에서 중재자 역할을 합니다. 강한 핵력으로 원자핵을 묶는 역할을 합니다. 중성자가 안정적으로 존재하지 않는다면, 양성자들 사이에 어마어마한 전기적 반발력(같은 전하끼리 밀어내는 척력)이 작용해 핵이 산산조각 나고 말 것입니다.

원자가 그보다 더 작은 구성 요소인 양성자, 중성자, 전자로 이루어져 있다는 사실 때문에 데모크리토스의 생각이 쓸모없어진 것처럼 보일지도 모르겠습니다. 하지만 데모크리토스는 물질은 궁극적으로 **눈에 보이지 않는** 알갱이로 만들어졌다는 생각을 내놓았을 뿐입니다. 그리고 데모크리토스가 옳았음이 밝혀졌습니다. 세상은 정말 궁극적으로 눈에 보이지 않는 알갱이로 이루어져 있습니다. 그저 그 알갱이에 원자(atom)라는 이름이 붙지 않았을 뿐이지요. 그리고 그건 우리의 실수입니다. 대신에 우리는 물질을 이루는 궁극적인 기본 요소인 **아원자 입자**에 렙톤(lepton)과 쿼크라는 이름을 붙였습니다.

궁극의 알갱이, 쿼크와 렙톤

사실 일반적인 물질은 단순히 네 가지 기본 요소로 이루어져 있는 것 같습니다. 두 종류의 렙톤과 두 종류의 쿼크 말입니다. 두 렙톤은 전자와 전자중성미자(electron-neutrino)입니다. 전자는 보통 원자 내부의 궤도를 돌고 있기 때문에 잘 알려져 있습니다. 하지만 전자중성미자는 조금 낯선 이름인데, 그것은 이 아원자 입자가 너무나도 비사교적이기 때문입니다. 전자중성미자는 태양의 중심에서 햇빛을 생성하는 핵반응이 일어날 때 엄청난 양이 만들어지지만 일반 물질과는 거의 반응하지 않기 때문에 지구에 도달해도 지구가 투명한 창문이기라도 한 것처럼 통과해버립니다.[7] 우리는 알지 못하지만 실제로 1초당 우리 손톱을 통과하는 태양의 전자중성미자는 1000억 개 정도입니다. 약 8분 19초 전만 해도 태양의 중심에 있던 입자들이 말입니다.[8]

두 개의 렙톤 말고도 물질을 이루는 아원자 입자로는 쿼크 두 개가 있습니다. 이 두 쿼크를 업쿼크(up-quark)와 다운쿼크(down-quark)라고 부릅니다. 쿼크가 세 개 모여 양성자와 중성자를 만듭니다. 양성자는 업쿼크 두 개와 다운쿼크 하나로 이루어져 있고, 중성자는 업쿼크 한 개와 다운쿼크 두 개로 이루어져 있습니다. 본질적으로 쿼크의 존재는 1909년에 가이거와 마스던이 원자에 발사한 아원자 입자가 원자 깊숙한 곳에 있는 원자핵에 부딪쳐 굴절됐을 때 입증됐습니다. 물리학자들은 전자를 양성자에 발사해보았습니다. 이 실험은 1960년대 말부터 1970년대 초에 진행되었는데, 튀어나온 전자 덕분에 양성자를 구성하는 점과 같은 세 개의 아원자 입자, 즉 쿼크의 존재를 발견했습니다.

현재 물리학자들은 양성자와 중성자가 쿼크로 이루어져 있다고 확신하지만, 기이하게도 양성자나 중성자를 분해해 쿼크를 분리할 수는 없습니다. 왜냐하면 쿼크를 한데 묶는 강한 핵력의 독특한 특성 때문입니다. 강한 핵력은 아주 강할 뿐 아니라—뉴턴이 가장 작은 입자들이 가장 강한 인력으로 묶여 있다고 했는데 맞는 말입니다—두 쿼크 간의 거리가 멀어질수록 더 강해집니다. 쿼크는 마치 늘이면 늘일수록 저항력이 커지는 고무줄로 묶여 있는 것 같습니다. 두 쿼크가 서로에게서 벗어나기 훨씬 전부터 '고무줄'을 늘이는 데 사용하는 에너지는 새로운 입자를 만드는 질량 에너지로 전환됩니다. 에너지 보존 법칙에 맞게 말입니다. 구체적으로 말해서 입자물리학의 법칙이 쿼크와 반(反)쿼크 쌍을 만드는 마법을 부리는 것입니다.[9] 두 쿼크를 분리하려는 실험을 하는 순간, 두 쿼크는 분리되기는커녕 새로운 두 쿼크가 만들어지는 것입니다.

그렇다면 전자, 전자중성미자, 업쿼크, 다운쿼크가 정말로 보이지 않는 궁극의 알갱이라는 사실을 어떻게 알 수 있을까요? 파울리의 배타 원리가 답을 줍니다.[10] 파울리의 배타 원리에 따르면 특정 아원자 입자는 같은 양자수를 공유할 수 없습니다. 전자의 경우에 한 원자 내에서 두 전자가 같은 궤도(와 스핀)를 공유할 수 없다는 뜻입니다. 그 덕분에 전자들이 차곡차곡 쌓이지 않을 수 있고, 그래서 원자가 한 종류가 아니라 92종류가 존재할 수 있으며, 그리하여 그 원자들의 조합으로 이 세상에 다양성이 생긴 것입니다.

파울리의 배타 원리는 세 가지 때문에 생긴 결과인데, 그중에 하나는 전자 같은 입자는 구별할 수 없다는 것입니다.[11] 두 물질을 구별할 수 없다는 것은 그 물질에 하부 구조가 없다는 뜻입니다. 달리 말해 하부 구조가 있다면 하부 구조의 배열 상태를 보고 두 물질을 구별할 수 있다는 것입니다. 중요한 점은 렙톤과 쿼크 모두 파울리의 배타 원리를 따른다는 것입니다. 이것은 렙톤도 쿼크도 구별할 수 없는 입자일 때에만 가능한 일입니다. 하부 구조가 없다면 그 물질은 자연의 보이지 않는 궁극의 물질 알갱이임이 분명합니다.

이것으로 이야기는 끝일까요? 궁극적으로 이 세상은 전자, 전자중성미자, 업쿼크, 다운쿼크라는 네 가지 기본 입자로 이루어져 있는 것일까요? 아뇨, 그렇지 않습니다. 아직 이야기가 더 남았습니다. 무엇 때문인지는 모르지만 자연은 기본 구성 요소를 **세 벌**이나 만들었습니다. 4중주가 하나가 아니라 **세 개**나 있는 것입니다. 세 벌 모두 본질적으로 **같은 입자**로 구성되어 있지만, 갈수록 무거워집니다. 1세대라 부르는 첫 번째 4중주는 전자, 전자중성미자, 업쿼크, 다운쿼크로 이루어져 있습니다. 두 번째 4중주(2세대)는 **더 무거운** 뮤온(muon), 뮤온중성미자, 스트레인지쿼크(strange-quark), 참쿼크(charm-quark)로 이루어져 있습니다. 세 번째 4중주(3세대)는 **훨씬 더 무거운** 타우(tau), 타우중성미자, 보텀쿼크(bottom-quark), 톱쿼크(top-quark)로 이루어져 있습니다.

이상한 점은 더 무거운 두 개의 4중주는 우리가 사는 일상 세계에서 아무런 역할도 하지 않는다는 것입니다. 실제로 2세대와 3세대 입자들을 만들려면 막대한 에너지가 필요하기 때문에 이 두 개의 4중

쿼크	페르미온			보손		힘 매개 입자
	u 업	c 참	t 톱	γ 광자		
	d 다운	s 스트레인지	b 보텀	Z Z 보손		
렙톤	ν_e 전자 중성미자	ν_μ 뮤온 중성미자	ν_τ 타우 중성미자	W W 보손		
	e 전자	μ 뮤온	τ 타우	g 글루온		
	1세대	2세대	3세대			

힉스 보손

기본 입자들

주는 우주가 탄생하고 난 뒤 아주 짧은 순간 동안 빅뱅 불덩어리 속에서만 풍부하게 존재했습니다. 기본적으로 무거운 전자라고 할 수 있는 뮤온을 1936년에 처음 발견했을 때, 미국의 물리학자 이지도어 아이작 라비(Isidor Isaac Rabi, 1898~1988)는 "**그걸** 누가 주문한 거야?"라고 했습니다. 자연의 네 가지 기본 성분의 복제품에도 같은 말을 할 수 있을 겁니다. 대체 누가 **그것들을** 주문했을까요?

그런데 물질의 기본 요소가 세 세대의 입자들 외에는 없다는 사실을 어떻게 알 수 있을까요? 아주 놀라운 곳에서 그 해답을 찾았습니다. 바로 우주론(cosmology)에서 말입니다. 우주가 탄생하고 1분에서 10분 사이에 빅뱅의 불덩어리는 충분히 뜨거워지고 조밀해졌습니다. 양성자와 중성자가 서로 부딪쳐 우주에서 두 번째로 가벼운 헬류의 원자핵을 만들기에 충분할 정도로 말이죠. 놀랍게도 이때 만들어진 고대 헬륨은 지금도 살아남아 우주 전역에서 관측됩니다. 천문학자들은 우주를 구성하는 전체 원자의 10퍼센트가 이때 만들어진 헬륨이라는 사실을 알아냈습니다. 그런데 만약 중성미자의 종류가 더 많았다면, 우주의 전체 질량은 증가하고 빅뱅 불덩어리는 팽창하지 못했을 거라는 사실이 밝혀졌습니다. 만약 그랬다면 우주는 더 조밀하고 뜨거운 상태를 더 오랫동안 유지했을 테고, 결국 현재 남은 헬륨의 양은 달라졌을 것입니다. 계산 결과에 따르면 전체 우주에서 헬륨이 차지하는 비율이 10퍼센트가 되려면 중성미자가 세 종류 내지 네 종류를 넘으면 안 됩니다. 더 무거운 4세대 입자들이 나타날 가능성은 아직 남아 있습니다. 하지만 물리학자들은 대부분 그럴 가능성은 거의 없다고 생각합니다.[12]

1세대부터 3세대까지 아원자 입자 무리를 보면 모두 열두 개의 기본 입자—쿼크 여섯 개와 렙톤 여섯 개—가 있는 것 같습니다. 하지만 이것이 전부는 아닙니다. 쿼크와 렙톤을 한데 묶는 힘도 있습니다. 예를 들어 업쿼크와 다운쿼크를 세 개 묶어 양성자나 중성자를 만드는 힘 말입니다.

입자물리학의 표준 모형

양자 이론에서는 **힘을 운반하는 입자**(force-carrying paticles)를 교환할 때 힘이 생긴다고 합니다. 테니스공을 주고받는 두 선수가 있다고 생각해봅시다. 각 선수는 테니스공을 받아칠 때마다 상대방의 힘을 느낄 것입니다. 현재 물리학자들은 네 가지 기본 힘을 압니다. 우리 몸의 원자를 한데 묶어주는 힘인 전자기력, 원자핵이라는 극히 작은 영역에서만 작용하는 약한 핵력과 강한 핵력, 별과 행성과 은하를 묶어주는 중력이 바로 그 네 가지 힘입니다. 전자기력은 광자가 운반합니다. 약한 핵력은 **세 가지** 벡터 보손(vector boson)—W^+, W^-, Z—이 운반하고, 강한 핵력은 **여덟 가지** 글루온이 운반합니다. 중력은 중력자(graviton)가 운반합니다.(하지만 아직 중력자를 발견한 사람은 아무도 없고, 그런 교환 입자로 중력을 설명하는 양자적 기술은 여전히 물리학자들의 손에 잡히지 않고 있습니다.)

지금까지 우리는 물질의 기본 입자 열두 가지와 힘을 나르는 입자 열세 가지를 살펴보았습니다. 이걸로 끝일까요? 사실 입자 하나가 더 있습니다. 앞서 잠깐 본 적이 있지요. 2012년에 대대적으로 축하를 받으며 스위스 제네바 근처에 있는 강입자 충돌기에서 모습을 드러낸 힉스 입자가 주인공입니다. 힉스 입자는 힉스 장(higgs field)에 국지적으로 생기는 덩어리인데, 눈에 보이진 않지만 공간을 가득 메운 당밀처럼 작용하기 때문에 다른 입자의 경로를 가로막아 움직임을 방해합니다. 그 방해되는 정도가 다른 입자의 질량으로 파악됩니다. 물리학에서 질량이란 물체가 움직이기 어려운 정도를 뜻한다는 걸 잊지 맙시다. 힉스 입자는 질량을 부여하는 매개체라 할 수 있습니다. 그런데 이것이 이야기의 전부가 아닙니다.

놀랍게도 양성자와 중성자를 이루는 쿼크는 아주 가벼워서 우리 인간을 포함한 보통 물질의 질량에서 차지하는 양은 1퍼센트에 불과합니다. 이 1퍼센트가 생기는 이유는 힉스 입자로 설명할 수 있습니다. 그렇다면 나머지 질량은 어떻게 생기는 것일까요? 쿼크는 막강한 핵력의 영향을 받아 거의 빛의 속도에 가까울 정도로 빠르게 움직입니다. 아인슈타인이 발견한 것처럼 모든 에너지에는 유효 질량이 있기 때문에, 이 엄청난 운동 에너지가 질량의 나머지 99퍼센트를 만듭니다.[13] 궁극적으로 이 운동 에너지(와 그 운동 에너지가 만드는 질량)는 강한 핵력을 만드는 글루온 장(gluon field) 때문에 생긴다고 하겠습니다.

이제 다 됐습니다. 물질을 이루는 기본 입자는 열두 가지가 있고, 그 입자들을 묶을 힘을 전달하는 입자가 열세 가지가 있고, 모든 입자에 질량을 부여하는 역장(힉스 장)과 관계가 있는 입자가 하나 더 있습니다. 이처럼 물질의 기본 입자와 기본 힘을 양자적으로 기술한 내용을 입자물리학의 표준 모형(Standard Model)이라고 하며, 단언컨대 이 표준 모형은 물리학이 세운 가장 위대한 업적임이 분명합니다. 하지만 결점도 있습니다. 가장 큰 결점은 자연의 네 가지 기본 힘 가운데 한 가지를 설명하지 못한다는 것입니다. 아인슈타인의 일반 상대성 이론이 묘사한 중력은 현재 표준 모형의 영역으로 들어가기를 완강하게 거부하고 있습니다.[14]

물질의 기본 입자 열두 가지, 힘을 운반하는 매개 입자 열세 가지, 힉스 입자 하나만 해도 이미 기본 입자는 충분한 것 같습니다. 그런데 사실 기본 입자는 그 외에도 또 있습니다. 이 입자는 예상하지 못한 형태로 존재합니다. 모든 입자는 전하나 스핀 같은 특성이 반대인 반입자(antiparticle)와 연결되어 있습니다. 입자와 반입자는 항상 함께 태어납니다. 그렇다면 어째서 우리는 반물질(antimatter)이 아니라 물질이 지배하는 세상에 살고 있을까요? 물리학자들이 내놓은 가장 그럴듯한 추론은 빅뱅 때 물리학의 법칙이 살짝 한쪽으로 치우쳐 물질을 만드는 쪽을 선호했거나 반물질을 파괴하는 쪽을 선호했다는 것입니다. 한편 자연은 양성자나 중성자 같은 무거운 입자(중입자 baryon)뿐 아니라 질량이 중간 정도인 중간자(meson)도 존재하게 했습니다. 중간자는 쿼크 세 개가 아니라 두 개―쿼크 한 개와 **반(反)쿼크 한 개**―로 이루어져 있습니다.

자, 그럼 지금까지의 이야기를 종합해보면, 이 세상에는 물질의 기본 입자 열두 가지, 힘 매개 입자 열세 가지, 힉스 입자 하나, 그리고 이 **모든 입자의 반(反)입자**들이 있습니다. 그런데 물리학자들은 언제나 그 수를 줄이고 싶어 합니다. 제임스 클러크 맥스웰이 전기력과 자기력은 **전자기력**의 두 측면이라는 사실을 밝힌 19세기 말부터 지금까지 물리학자들은 통일이라는 벌레에 물린 상태입니다. 물리학자들은 자연의 네 힘이 강력한 단일 힘의 네 측면이며, 이 초강력 힘은 빅뱅이 시작된 초기의 고에너지 상태를 다스리며 군림했지만, 그 뒤 온도가 곤두박질치면서 점차 우리가 아는 네 힘으로 갈라졌다고 확신합니다. 실제로 1980년대 초반에 고에너지 입자를 충돌시켰을 때 물리학자들은 전자기력과 약한 핵력이 합쳐져 약전자기력(electroweak force)이 되는 모습을 직접 목격했습니다.

초대칭 이론

이렇게 통일을 염원하면서 몇몇 물리학자들은 페르미온이라고 알려진 물질의 기본 입자들이 보손이라고 부르는 힘 매개 입자의 또 다른 측면에 불과하다고 주장하기도 했습니다.[15] '초대칭'이라는 이름을 갖게 된 이 우아한 발상에는 한 가지 심각한 결함이 있는데, 그것은 바로 알려진 페르미온 중에는 알려진 보손의 또 다른 측면이라고 생각할 만한 점이 하나도 없다는 것입니다. 하지만 물리학자들은 단념하지 않고 알려진 입자들의 초대칭성 짝은 질량이 아주 크며, 현재의 입자 가속기로는 그런 입자를 만들 만큼 강한 충돌을 일으킬 수 없다고 주장합니다.

초대칭이 정말로 존재한다는 사실을 밝히면, 그것은 페르미온이 보손의 또 다른 모습임을 입증하는 증거가 될 것입니다. 안타깝게도 수없이 많은 새로운 입자를 만들어야만 가능한 일입니다. 전자의 가상 초대칭 짝은 셀렉트론(selectron)이고 광자의 가상 초대칭 짝은 포티노(photino)입니다. 통일에 지불해야 하는 대가가 아주 커 보이지만, 엄청난 보상을 기대할 수 있습니다. 물질의 궁극적인 구성 요소에 관한 이야기에는 또 다른 반전이 있기 때문입니다.

곤혹스럽게도 원자로 이루어진 것 ─ 당신과 나와 별을 만들고 과학이 지난 350년 동안 완전히 집중해 온 물질 ─ 이 우주의 전체 질량 에너지에서 차지하는 비율은 고작 4.6퍼센트밖에 되지 않습니다.[16] 가장 큰 비율인 71.4퍼센트를 차지하는 것은 눈에 보이지 않는 암흑 에너지(dark energy)입니다. 하지만 여기서 중요한 내용은 그것이 아닙니다. 중요한 것은 우주 전체 질량 에너지의 24퍼센트를 차지하는 것이 암흑 물질(dark matter)이라는 점입니다. 암흑 물질은 구별할 수 있는 빛을 발산하지 않기 때문에 눈에 보이는 항성이나 은하를 잡아당기는 중력으로만 존재를 확인할 수 있습니다. 우주에 눈에 보이는 물질보다 다섯 배나 많은 암흑 물질이 존재하는 이유는 밝혀지지 않았습니다. 이 암흑 물질이 아직까지 그 존재가 발견되지 않은 초대칭성 입자일 수도 있습니다.

초대칭 이론은 다양한 현상이 그저 통합적인 단일 현상의 여러 측면임을 보여주려는 현대의 한 시도입니다. 그러나 통일에 관한 이런 소망은, 실재는 소수의 기본 구성 요소들이 여러 조합으로 결합해 만들어졌다는 데모크리토스의 환원주의적인 소망과 분명히 충돌할 수밖에 없습니다. 데모크리토스의 생각처럼 물질을 이루는 기본 구성 요소가 점 같은 입자라면, 여러 면이 있을 수 없습니다. 점 같은 입자는 어디에서 보나 같은 모습입니다. 하지만 통일을 고수하는 입장과 환원주의를 고수하는 입장이 갈등을 피할 방법이 한 가지 있습니다. 물질의 기본 성분이 점 같은 입자가 아니면 됩니다. 그래서 끈 이론이 등장했습니다.

끈 이론

끈 이론에 따르면 물질의 기본 구성 요소는 1차원 끈 구조인 질량 에너지입니다. 이 끈은 아주 작은 바이올린 줄처럼 진동하는데, 바이올린 줄보다 훨씬 빠르게 움직이기 때문에 훨씬 역동적입니다. 진동은 그 자체로 훨씬, 훨씬 더 무거운 입자를 만듭니다. 예를 들어 진동은 전자가 될 수도 있습니다.

이 가상의 끈은 정말 엄청나게 작은데, 일반적으로 원자보다 1000

조 배나 작다고 추정됩니다. 그렇게 작은 끈을 조사하기에는 아직 우리 기술이 부족합니다. 이 끈을 관찰하려면 입자 가속기로 아원자 입자의 에너지를 엄청나게 크게 증폭시켜야 합니다. 양자 이론에 따르면 입자와 관계 있는 양자 파동이 작을수록 입자의 운동량은 더 크기 때문입니다. 초강력 에너지는 곧 극도로 작은 영역을 관찰할 수 있게 해줍니다. 엄청난 에너지를 뿜어낸 빅뱅이 극히 작은 영역에서 시작된 것도 모두 그 때문입니다.

끈 이론이 인기를 얻은 이유는 특별한 끈—진동하는 고리—이 중력을 운반하는 가상의 매개 입자인 중력자의 특성을 나타내기 때문입니다. 따라서 끈 이론은 자연에 존재하는 네 가지 기본 힘 가운데 나머지 세 힘과 통합하기가 가장 힘든 것으로 드러난 중력을 자동적으로 포함합니다. 하지만 끈 이론에는 중요한 결함이 있습니다. 자연의 네 가지 기본 힘의 행동을 모두 재현하려면 총 10차원이 필요하다는 것입니다. 우리에게 친숙한 4차원에 6차원을 더해야 하는 것입니다. 끈 이론을 지지하는 사람들은 나머지 6차원은 원자보다 작은 공간에 돌돌 말려—압축되어—있기 때문에 밖으로 드러나지 않는다고 주장합니다.

끈 이론은 '만물의 이론(Theory of Everything)'의 후보로 거론되기도 합니다. 만물의 이론은 우표 뒷면에—우표가 과하다면 적어도 엽서 한 장에—적을 수 있는 깔끔한 한 세트의 방정식으로 모든 물질의 기본 구성 요소들에 대해, 그리고 그 구성 요소들이 자연의 기본 힘을 통해 어떻게 서로 상호작용하는지 설명할 수 있을 것입니다. 스티븐 호킹(Stephen Hawking, 1942~) 같은 물리학자는 만물의 이론이 물리학에 영광스러운 결말을 가져올 거라고 말합니다. 그러나 만물의 이론은 두 가지 중요한 이유 때문에 그러한 업적을 달성하지 못할 수도 있습니다.

첫 번째 이유는, 우주가 단순히 '만물의 이론'의 필연적인 결과일 수는 없기 때문입니다. 왜냐하면 만물의 이론은 본질적으로 **양자 이론**이기 때문입니다. 다시 말해서 끈 이론은 실제로 일어나는 일이 아니라 사건이 일어날 가능성, 즉 확률만을 예측할 수 있습니다. 전자가 장애물을 만났을 때 왼쪽으로 갈지 오른쪽으로 갈지 선택해야 할 때마다, 원자가 광자를 방출할지 방출하지 않을지 선택해야 할 때마다, 어떤 선택을 할지는 사실 무작위입니다. 이런 일은 빅뱅 이후 무수히 많이 일어났습니다. 지금 우리가 보는 우주는 그저 만물의 이론의 단순한 결과가 아니라 만물의 이론에다 무수히 많이 일어난 '얼어붙은 우연'*이 **더해진** 결과입니다. 같은 만물의 이론에서 탄생할 수 있는 우주의 수는 10억에 10억을 곱한 것만큼이나 많을 수 있습니다. 우리 우주는 그저 무작위로 선택된 하나의 우주일 뿐입니다. 미국의 물리학자 머리 겔만(Murray Gell-Mann)은 "개별적인 한 인간 같은 우리 주변에서 볼 수 있는 실재는 물리학의 단순한 기본 법칙뿐 아니라 다른 식으로 일어날 수도 있었던 무수히 많은 확률적 사건의 결

---

* '얼어붙은 우연(frozen accident)'은 그 뜻을 보면 '확정된 우연'이나 '결정된 우연'이라고 표현할 수 있다. 이것은 1968년에 프랜시스 크릭이 말한 것으로 유전학적 의미를 담고 있다. 유전자 암호는 '우연히' 지정되는데, 왜냐하면 최적의 상태를 의도하고 그렇게 지정된 것이 아니기 때문이다. 그러나 유전자 암호는 단 하나가 바뀌어도 유기체의 다른 부분이 그 암호에 맞추어 변화되기 때문에 우연하게 생긴 유전자 암호가 결국 고정될 수밖에 없다. 'frozen accident'는 이런 유전 현상의 특성을 설명하는 말이다.

과로 존재하는 것이다."[17]라고 했습니다.

만일 우리가 만물의 이론을 찾아내기만 한다면 이 만물의 이론은 분명히 인류의 상상력이 이룩한 쾌거가 될 것입니다. 틀림없이 그럴 겁니다. 하지만 만물의 이론은 2500년 전에 데모크리토스가 시작한 환원주의적 접근 방법의 한계를 드러냅니다. 만물의 이론이 발견되면 인류는 우주를 구성하는 기본 재료와 우주를 만든 요리법을 알게 될 것입니다. 그것은 굉장히 멋진 성취임은 분명합니다. 하지만 요리법의 마지막에는 이 모험에 성공하려면 반드시 지켜야 하는 지시 사항이 적혀 있을 겁니다. '137억 7000만 년 동안 요리할 것'이라는 명령 말입니다.[18]

만물의 이론에는 또 다른 한계가 있습니다. 우표 한 장이나 엽서 한 장에 적을 수 있는 만물의 이론을 구성하는 방정식들은 자연에 존재하는 물질의 기본 구성 요소들이 자연의 기본 힘들을 통해 어떻게 서로 상호작용하는지를 설명할 수 있을 것입니다. 하지만 그 방정식으로 갓난아기의 웃음이나 셰익스피어의 소네트, 두 사람이 사랑에 빠지는 이유를 설명할 수는 없습니다. 이런 일들은 어떻게 생겨날까요? 물리학자들은 이런 현상을 창발(emergence)이라고 합니다.

전체는 부분의 합보다 크다

우주의 한 가지 특성, 또는 적어도 우리에게는 특별한 우주의 한 모퉁이인 지구의 한 가지 특성은 물질의 기본 요소들이 합쳐져 더 큰 요소를 만들고, 그것들이 합쳐져 더 큰 구성 요소를 이룬다는 것입니다. 예를 들어 쿼크와 렙톤을 합치면 원자가 됩니다. 원자를 합치면 분자가 됩니다. DNA처럼 커다란 분자도 원자가 합쳐진 것입니다. 분자가 합쳐져서 기체가 되고 액체가 되고 고체가 되고, 생물의 세포도 됩니다. 세포를 합치면 식물이 되고 동물이 되고 사람이 되고, 뇌가 됩니다. 모든 인간의 뇌를 합치면 지구의 기술 문명이 됩니다.

더 새롭고 더 복잡한 것을 낳는 이 계층적 질서의 특징은, 한 단계의 구성 요소들이 상호작용하는 방식을 조정하는 법칙을 안다고 해도 그것이 다음 위 단계에서 구성 요소들의 행동을 지배하는 법칙에 관해 아무런 실마리도 제공하지 않는다는 것입니다. 미국의 생물학자 에드윈 그랜트 콘클린(Edwin Grant Conklin, 1863~1952)은 "생명은 원자나 분자나 유전자가 아니라 조직(organization)에서 찾을 수 있다. 공생(symbiosis)이 아니라 합성(synthesis)에서 찾을 수 있다."[19]라고 했습니다.

전체는 부분의 합보다 큽니다. 예를 들어 화학자가 원자핵을 만드는 쿼크의 결합 방식을 안다고 해서 원자가 분자를 만드는 방법을 저절로 알게 되지는 않습니다. 신경학자가 단일 세포가 작동하는 방식을 안다고 해서 1000억 개의 세포가 어떤 식으로 뇌를 작동해 사람을 웃게 하고 인류를 달에 보낼 계획을 세우게 하고 모나리자를 그리게 하는지는 알 수 없습니다.

세계를 설명하는 이론들의 계층 구조에서 가장 아래층을 차지하고 있다는 물리학의 본질적 위상에도 불구하고 여전히 화학자·생물학자·사회학자가 필요한 이유입니다. 각 단계에서 나타나는 새로운 현상, 즉 새로운 법칙으로 설명해야 하는 복잡성은 하위 단계의 구성 요소들이 상호작용함으로써 출현합니다. 예를 들어 많은 물 분자가 모여 물방울을 만들면, 그저 단일 H_2O 분자였을 때에는 없었던 '습기'라는 특성이 생깁니다. 수많은 원자가 모여 페인트 한 통을 만들면 개별 색소였을 때에는 없었던 '색상'이라는 특성이 생깁니다.

이런 창발 현상은 마치 마술처럼 보이지만, 실제로는 그렇지 않습니다. 더해지는 것은 없습니다. 이것은 흘려버릴 정보가 아닙니다. 기체 분자 한 개가 공간을 퍼져 나가는 움직임을 정확하게 예측할 수 있다 하더라도, 전체 기체를 구성하는 헤아릴 수 없이 많은 수천조 개 기체 원자의 경로를 추적하는 일은 불가능합니다. 그렇기 때문에 물리학자들은 막대한 양의 정보를 무시하고 근사치를 계산할 뿐입니다. 물리학자들은 관계가 없는 세부 사항은 버리고 뒤로 물러나 큰 그림을 들여다봅니다. 그 덕분에 엄청나게 작은 수많은 구성 요소들의 평균 행동인 압력과 온도 같은 양적 특성을 고안해냈습니다. 물리학자들이 평균 변수들 사이의 상관관계, 즉 그 변수들의 행동을 지배하는 새로운 법칙을 발견한 때는 현명하게 시야를 넓게 보았을 때뿐입니다.

중국계 미국 시인 아서 스(Arthur Sze)는 "쿼크의 세상은 밤중에 빙글빙글 도는 재규어와 모든 면에서 관계가 있다."라고 했습니다. 그러나 현실적으로 그 둘을 같은 틀 안에 넣어서 설명하는 것은 21세기를 사는 우리의 능력으로는 불가능합니다. 그저 어림잡을 수밖에 없는데, 그 이유는 물질을 구성하는 가장 기본적인 요소들의 행동에 관한 모든 것을 수학적으로 설명할 능력이 없기 때문입니다.

따라서 우리는 근사치를 쌓고 또 쌓을 수밖에 없습니다. 그런 과정을 반복하는 동안 새로운 법칙이 떠오릅니다. 이것이 우리가 우주를 **이해하는** 방법입니다. 젤리와 물로 이루어진 1.4킬로그램밖에 안 되는 우리의 작은 뇌가 그 실체를 이해하기에는 너무나 복잡해서 제대로 알 수 없는 이 세상을 이해하는 방법입니다. 영국의 비평가이자 역사가인 토머스 칼라일(Thomas Carlyle)은 "우주를 이해하고 있다는 척은 못 하겠다. 우주는 나보다 엄청나게 크지 않은가. …… 사람은 겸손해야 한다."라고 했습니다.

이 모든 것이 뜻하는 바는 설사 만물의 이론을 발견하더라도 그 이론이 모든 과학을 밀어내지는 못한다는 것입니다. 만물의 이론은 이 세상에서 물질의 기본 구성 요소들이 어떻게 상호작용하는지를 설명해주겠지만, 꽃이나 소네트 그리고 갓난아기의 깔깔거리는 웃음에 관해서는 아무 말도 하지 못할 것입니다.

19장

현재라는
시간은 없다

[시간]

"시간은 일어나는
즉시 모든 것을 멈추게 하는 것이다."
– 존 휠러

"상대성 이론이 제시한 가장 중요한 교훈은,
공간과 시간은 서로 분리해서 생각해야 하는 개념이
아니라는 것이다. 공간과 시간은 반드시
한데 묶여 4차원이라는 현상을 만들어낸다."
– 로저 펜로즈

***

창문 밖을 내다보세요. 분명히 노르만인이 보이고 그 뒤로 로마인이 보이고, 그 뒤로 이집트인이 보일 겁니다. 미쳤냐고요? 하지만 망원경으로 우주를 쳐다보고 있는 천문학자들에게 이런 상상은 전혀 미친 생각이 아닙니다. 멀리 떨어져 있는 천체일수록 **시간은 점점 뒤로 갑니다.**

진공 속에서 빛은 1초에 약 30만 킬로미터를 갑니다. 그런데 만약에 빛이 **1세기에 100미터만** 간다면 1킬로미터 떨어진 곳에서는 실제로 정복자 윌리엄이 **여전히** 영국을 침공하는 모습이 보일 테고, 2.2 킬로미터 떨어진 곳에서는 푸블리우스 스키피오 아프리카누스가 **여전히** 한니발과 그의 코끼리들을 물리치기 위해 애쓰는 모습이 보일 테고, 대략 4.5킬로미터 떨어진 지평선과 가까운 곳에서는 쿠푸 왕이 **여전히** 기자의 대(大)피라미드 건설 현장을 일 주일에 한 번씩 시찰하는 모습이 보일 것입니다.

그런 사건들을 여전히 볼 수 있는 이유는, 빛이 1세기에 100미터라는 **달팽이가 기어가는 속도로** 그 사건들이 벌어지는 시간부터 우리가 사는 시간까지 그 소식들을 가지고 오기 때문입니다. 지금 하고 싶은 말이 무엇이냐고요? 영국 소설가 더글러스 애덤스(Douglas Adams)는 기억할 만한 말을 남겼습니다. "우주는 크다. 정말 크다. 믿기 어려울 만큼 어마어마하게 거대하고 경탄스러울 정도로 크다."[1]

라고 했습니다. 그렇기 때문에 빛은 1세기에 100미터가 아니라 그보다 1천만 배에 10억을 곱한 것만큼이나 더 빠른데도 우주의 크기를 생각하면 달팽이가 기어가는 속도라고 이야기할 수밖에 없습니다.

맑은 날 밤하늘에 보이는 밝은 달은 사실 1초 하고도 4분의 1초 전의 달입니다. 남반구에 살아야만 볼 수 있는, 태양계와 가장 가까운 항성계인 켄타우루스자리의 알파성은 4.3년 전의 모습입니다. 육안으로 볼 수 있는 가장 먼 천체인 안드로메다은하는 호모 에렉투스가 아프리카 초원으로 처음 모험에 나선 180만 년 전의 모습입니다.

천문학자는 성능이 좋은 망원경을 이용해 더 먼 과거에 존재했던 우주의 모습을 관찰할 수 있었고, 태양과 지구가 태어나기 훨씬 전에 살았고 죽은 은하를 발견했습니다. 그리고 관찰할 수 있는 우주의 맨 가장자리에는 '최후의 산란면(surface of last scattering)'[2]이라는 반짝이는 장막이 있다는 사실을 발견했습니다. 최후의 산란면은 시간이 138억 년 전으로 거슬러 올라가는 곳이고, 빛을 볼 수 있는 가장 먼 곳입니다.

이 모든 설명의 핵심은 '시간은 우리가 생각하는 것과 다르다'는 것입니다. 빛의 속도에는 한계가 있기 때문에 시간은 거리에 묶여 있을 수밖에 없습니다. 아인슈타인의 말처럼 "시간과 신호 속도*는 떼려야 뗄 수 없는 관계"입니다. 지구에서 우주를 보는 사람은 우리가 '지금' 우주를 본다고 생각합니다. 하지만 실제로는 연속적으로 이어지는 과거의 우주 '껍질'을 봅니다.

신호 속도(signal velocity) 파동이 정보를 전달하는 속도. 특수 상대성 이론에 따르면 진공 상태에서 모든 신호 속도는 언제나 빛의 파동보다 느리다.

고고학자들이 지구의 시간인 지층을 파고들어 가는 것처럼 망원경은 양파처럼 겹겹이 쌓인 우주의 시간을 파고들어 갑니다. 하지만 고고학자들과 달리 천문학자들에게는 실제로 과거를 **볼 수** 있다는 엄청난 이점이 있습니다. 비록 천문학자들은 '현재' 우주가 어떻게 생겼는지는 알 수 없지만, 그 대신 망원경이라는 눈앞에 펼쳐진 우주의 전체 역사를 볼 수 있습니다.[3]

따라서 우리의 우주에서 '지금'이라는 개념은 의미가 없습니다. 지금 이 순간 켄타우루스자리의 알파성이 어떤 모습인지는 절대로 알 수 없습니다. 항성의 정보를 전달하는 빛이 우리에게 알려주는 것은 **그저 최소한 4.3년** 전에 형성된 모습일 뿐이기 때문입니다.

지구에서도 시간과 공간과 광속의 관계는 우주와 다르지 않습니다. 하지만 중요한 차이가 있는데, 지구의 거리가 훨씬 짧다는 것입니다. 이야기를 나누고 있는 친구의 얼굴에 떠오른 표정을 빛이 우리 눈에 전달하는 데 걸리는 시간은 10억 분의 1초도 되지 않습니다. 이 시간은 우리 뇌가 감지할 수 있는 가장 짧은 시간 간격보다도 1000배 정도 짧습니다. 그렇기 때문에 우리는 시간이 지연됐다는 사실을 눈치채지 못합니다. 지구에서는 대부분의 경우, 규모가 큰 우주에는 존재하지 않는 '지금'이라는 개념에 아주 가까이 접근할 수 있습니다. 따라서 우리는 누구나 똑같이 **현재**에 살고 있다고 생각하고 안심해도 됩니다.

그런데, 정말 그럴까요?

상대성 이론과 시간

아인슈타인은 빛의 속도에 한계가 있다는 것은 단순히 사건이 일어난 사실을 **늦게** 아는 것 이상의 의미가 있다고 했습니다. 우주의 한계 속도인 빛은 관찰자가 광원에 대해 어떤 속도로 움직이는지에 상관없이, 누구에게나 동일한 속도로 측정됩니다.[4] 하지만 누구나 빛을 동일하게 측정하려면 1905년에 아인슈타인이 깨달은 것처럼 관찰자보다 **빠른** 속도로 움직이는 사람의 공간은 움직이는 방향으로 줄어들고 시간은 천천히 흘러야 합니다.

나중에 아인슈타인은 특수 상대성 이론을 일반화했습니다. 1915년에 발표한 일반 상대성 이론에 따르면 가속도 운동을 하는 사람, 다시 말해 **더 강한 중력을 경험하는** 사람의 시간은 천천히 가는 것처럼 보입니다.[5] 예를 들어 천문학자들이 우주를 가로질러 초창기의 우주 껍질을 보면 그 무렵의 우주에서 물질이 차지하는 부피는 지금보다 작다는 사실을 알 수 있는데, 그 이유는 단순히 빅뱅 이후에 우주가 팽창해 왔기 때문입니다. 물질이 좀 더 압축해 있기 때문에 과거의 우주에서는 전체 중력이 지금보다 더 강하고, 따라서 시간은 더 천천히 흐릅니다.

서로 다른 속도로 움직이거나 다른 중력을 경험하는 사람들에게는 시간이 다른 속도로 흐르기 때문에 모든 사람의 과거와 현재와 미래가 동일할 수는 없습니다. 실재를 본질적으로 설명하는 아인슈타인의 상대성 이론에는 공통된 과거와 현재와 미래라는 개념이 없습니다. 모든 사람에게 동일한 절대적인 시간이란 개념이 존재하지 않는다는 뜻이지요. 여기서 한 가지 의문이 생깁니다. 그렇다면 우리가 과거와 현재와 미래를 실제로 존재하는 공통된 시간으로 느끼는 이유는 무엇일까요?

그 이유는 시간에 나타나는 상대론적 효과를 분명하게 느끼려면 두 사람이 뚜렷하게 다른 중력을 경험하거나 두 사람 모두 분명하게 빛의 속도에 근접하는 속도로 서로에 대해 운동을 해야 한다는 데 있습니다. 지구에서는 70억 인구 모두가 거의 **같은** 중력을 경험하며, 제트 여객기를 타고 여행을 한다고 해도 그 속도는 빛의 속도의 100만 분의 1도 되지 않습니다.

그런데 위성 항법 시스템(GPS, Global Positioning Satellites System)에서 위치 정보를 제공하는 인공위성의 경우에는 시간의 상대론적 효과가 문제가 됩니다. 위성 항법 시스템은 자동차의 내비게이션이나 휴대 전화에 장착된 수신기를 통해 위성에서 정보를 받아 지표면에서 현재 사용자의 위치를 파악하게 해줍니다. 문제는 지표면과 위성의 시간이 어긋난다는 것입니다. 위성은 길쭉한 궤도를 도는데 먼 우주로 날아가기 직전에 다시 지구로 튕겨 돌아옵니다. 이 말은 곧 위성이 궤도를 도는 동안 속도가 높아졌다가 줄어들 뿐 아니라 지구에 가까워졌을 때에는 중력의 영향을 강하게 받고 지구에서 멀어졌을 때에는 그만큼 중력의 영향을 덜 받는다는 뜻입니다. 그 결과, 위성은 지표면에 있는 우리와 공통된 과거, 현재, 미래를 경험하지 못합니다. 그렇기 때문에 위성에서 정보를 받아 사용자의 위치를 계산하는 프로그램은 이 차이를 반드시 고려해야 합니다. 이 예에서도 알 수 있듯이 상대성 이론은 소수만 알아도 되는 독특한 과학 이론이 아닙니다. 상대성 이론은 21세기를 사는 모두에게 일상의 일부가 되었습니다.

물론 우리는 상대성 효과가 거의 나타나지 않는 엄청나게 느리게 움직이는 길 위에서 엄청나게 약한 중력의 영향을 받으며 살고 있습니다. 하지만 이 겉모습은 속임수일 수도 있습니다. 밝혀진 것처럼 상대성은 아직 자신의 모습을 전부 드러내지 않았습니다. 그 모습을 드러낸다면 우리의 시간 개념에는 큰 재앙이 닥칠 것입니다.

동시에 존재하는 과거, 현재, 미래

아인슈타인이 우리에게 알려준 것은 한 사람의 시간 간격은 다른 사람의 시간 간격과 다르다는 사실만이 아닙니다. 아인슈타인은 한 사람의 시간 간격은 다른 사람의 시간 간격에 **공간을 더한 것**임을 보여주었고, 한 사람의 공간 간격은 다른 사람의 공간 간격에 **시간을 더한 것**임을 보여주었습니다. 아인슈타인의 수학 교수였던 헤르만 민코프스키는 "이제부터 공간과 시간은 그 자체로는 그저 그림자에 지나지 않을 것이며, 그 둘이 하나로 통합된 것만이 살아남을 것이다."라고 했습니다.

민코프스키가 말한 '통합된 것'이 바로 시공간입니다. 영국 물리학자 로저 펜로즈(Roger Penrose)는 "상대성 이론이 제시한 가장 중요한 교훈은, 공간과 시간은 서로 분리해서 생각해야 하는 개념이 아니라는 것이다. 공간과 시간은 반드시 한데 묶여 4차원이라는 현상을 만들어낸다. 시공간이라고 부르는 현상 말이다."[6]라고 했습니다.

그저 3차원의 존재일 뿐인 우리 인간이 4차원인 시공간을 완전하게 경험할 수는 없습니다. 우리가 경험하는 것은 그저 민코프스키의 말처럼 4차원 시공간의 **그림자**일 뿐입니다. 그리고 시공간의 그림자들, 곧 시간과 공간은 우리가 다른 사람과 비교해 얼마나 **빠른** 속도로 움직이느냐에 따라 그 크기가 바뀝니다. 흔히 우리는 서로 분리된 3차원 공간과 1차원 시간을 경험하는 우주에서 살고 있다고 생각하지만, 실제로 우리는 시공간이라는 4차원 우주에서 삽니다.

그렇기 때문에 우리가 생각하는 시간이라는 개념은 재앙을 맞을 수밖에 없습니다.

시공간의 네 차원에는 각각 **공간의 특징**이 있습니다. 그 말은 시공간은 일종의 **지도**라는 뜻입니다. 4차원이기는 하지만, 그래도 지도는 지도입니다. 지구를 나타내는 지도에 뉴욕, 로스앤젤레스, 그랜드 캐니언 같은 장소가 있다면 4차원 시공간 지도에는 빅뱅, 지구의 탄생, 우주의 끝 같은 장소가 있습니다. 물론 당신의 일생도 4차원 시공간 지도에 있습니다. 아인슈타인에 따르면 이는 과거와 현재와 미래가 **동시에** 존재한다는 뜻입니다.

대부분의 사람들에게는 당혹스러운 생각이겠지만, 1955년에 아인슈타인의 오랜 친구인 미켈레 베소(Michele Besso)가 죽었을 때 시간이 동시에 존재한다는 생각은 아인슈타인을 위로해주었습니다. 베소의 가족에게 보낸 편지에서—아마 베소의 가족들은 그다지 환영했을 것 같지는 않지만—아인슈타인은 "이제 베소는 이 이상한 세상을 우리보다 조금 앞서 떠났습니다. 하지만 죽음은 아무런 의미가 없습니다. 우리처럼 물리학을 믿는 사람들은 과거와 현재와 미래를 구분하는 것이 그저 고집스럽게 사라지지 않는 환상일 뿐임을 아니까요."라고 했습니다.

하지만 과거와 현재와 미래가 그저 고집스러운 환상일 뿐이고 우리가 실제로 **시간을 헤치고 나가는** 것이 아니라고 한다면, 무엇 때문에 우리는 실제로 시간이 흐른다는 느낌을 강하게 받는 걸까요? 실제로 우리는 시간이 흐른다는 느낌뿐 아니라 **특정 방향**으로 흐른다는 느낌을 강하게 받습니다. 어째서 우리에게 과거는 L. P. 하틀리가 말한 '외국'처럼 느껴지는 것일까요?

아주 오랫동안, 심지어 아인슈타인이 나타나 이 문제가 큰 관심을 끌기 훨씬 전에도 물리학자들에게 시간의 흐름이라는 문제는 완벽하게 베일에 싸인 수수께끼였습니다. 물리학의 기본 법칙은 시간이 방향성을 갖는 것을 선호하지 않습니다. 예를 들어 중력 법칙은 지구가 태양의 궤도를 반대 방향으로 도는 것을 허용합니다. 그러나 설사 시간에 가역성이 있다고 해도 우리는 절대로 삶을 거꾸로 살 수 없습니다. 시간이 흘러 무덤에 있던 사람이 되살아나 점점 더 어려져 요람으로 갈 수는 없습니다. 믿기 어렵겠지만 우리가 시간이 흐른다고 느끼는 이유, 그것도 특정 방향으로 흐른다고 느끼는 이유를 설명해주는 기본 물리 법칙은 없습니다. 하지만 시간의 방향성을 설명하는 이론은 있습니다. 바로 열역학입니다.[7]

시간의 화살

만약 그림으로 본 적이 있는 성을 직접 보았는데 이미 무너지고 덩굴에 덮인 모습이라면 누구나 그 성이 그림에 담긴 뒤에 버려졌다는 것을 **알 수** 있습니다. 성은 무너집니다. 한번 무너진 성은 다시 멀쩡한 성이 될 수 없습니다. 우리와 관계 있는 시간의 방향은 물질이 부식되거나 무질서해지는 방향입니다. 그리고 이 '시간의 화살'이 날아가는 방향을 알려주는 것이 열역학 제2법칙입니다.

시간이 무질서도가 증가하는 방향으로 흐른다는 사실을 알 수 있는 간단한 방법이 있습니다. 깨진 컵 조각을 공중으로 집어던져봅시다. 깨진 조각들이 한데 모여 원래 상태로 돌아갈지도 모릅니다. 하지만 그런 일이 일어날 수 있는 방법은 오직 한 가지뿐입니다. 컵을 온전한 상태로 돌릴 수 있는 길은 단 **하나뿐**인 것입니다. 그와 달리 깨진 조각이 **더욱 산산조각 날** 길은 무수히 많습니다. 컵이 원래대로 돌아가는 길보다 더 잘게 부서지는 길이 압도적으로 많기 때문에—질서를 유지하는 상태보다 질서가 깨지는 상태가 훨씬 많기 때문에—컵은 깨지고 또 깨집니다. 이것이 바로 시간이 뒤로 돌아가지 않고 앞으로만 가는 이유입니다. 성은 무너진 뒤에 다시 성이 될 수 없으며, 한 번 식은 커피는 다시 뜨거워지지 않으며, 나이가 든 사람은 다시 젊어질 수 없습니다.

그리고 이것이 바로 19세기에 오스트리아의 물리학자 루트비히 볼츠만(Ludwig Boltzmann, 1844~1906)이 열역학 제2법칙을 새롭게 진술한 방식입니다.[8] 볼츠만에 따르면, 열역학 제2법칙은 한 물체를 이루는 구성 요소들이 배열되어 여전히 그 물체로 존재할 가능성이 있는 방법이 얼마나 되는지를 다룹니다.[9] 깨진 컵이 원래 상태로 복구되는 길은 오직 한 가지뿐입니다. 하지만 컵이 깨지는 방법은 수조에 수조를 곱한 것만큼 많습니다. 모든 결과가 나타날 확률이 동일하다면 당연히 컵이 여전히 깨진 상태로 있는 결과가 컵이 원상태로 돌아가는 결과보다 압도적으로 많을 것입니다. 컵이 원상태로 돌아가는 일이 완전히 불가능하지는 않지만—열역학 제2법칙은 확고부동한 물리학의 기본 법칙과 달리 **확률적**이기 때문에 그렇습니다—컵이 원래 상태로 돌아가는 모습을 보려면 지금 우주가 먹은 나이의 몇 배나 되는 시간 동안 기다려야 할 수도 있습니다.

비록 현실을 규정하는 기본 그림—상대성 이론—이 모든 시공간을 지도처럼 펼쳐놓을 수 있고 실제로 시간은 흐르는 것이 아니라고 예측한다 해도, 열역학적 시간의 화살은 우리가 왜 시간을 무자비하게 한 방향으로만 흐르는 것으로 경험하는지 그 이유를 설명해줍니다.

그렇다면 궁극적으로 시간의 화살은 어디에서 생겼을까요? 한 가지 분명한 점은 우주가 점점 무질서해지고 있다면, 과거는 지금보다 **더 질서 정연했다**는 겁니다. 그리고 이미 무질서도가 최대가 되었다면 더는 갈 데가 없다는 것입니다. 따라서 시간의 화살은 우주가 가장 안정적인 상태였던 빅뱅 때 생긴 것이 분명합니다.[10]

어쩌면 마침내 우리는 시간을 이해할 수 있는 지점에 이르렀는지도 모릅니다. 실재에 관한 본질적 설명—상대성 이론—에는 어디에도 모두에게 공통된 과거와 현재와 미래라는 개념이 없습니다. 그런데도 우리가 공통된 과거와 현재와 미래를 경험하는 이유는 아주 느리게 움직이는 우주의 길 위에서 아주 약한 중력의 영향을 받으며 살기 때문입니다. 상대성 이론은 시간에는 방향성이 없다고 하지만, 우리가 젊어지지 않고 늙기만 하는 이유는 빅뱅이 유별나게 극도로 질서 정연한 상태였기 때문입니다.

하지만 사실 이 모든 설명으로도 우리가 현재를 경험하는 정확한 이유는 알 수 없습니다. 어째서 우리는 우리 감각이 가장 최근에 수집한 정보에 주의를 집중하는 것일까요? 어째서 우리는 **지연된 현재**를 느끼지 못하고 10초 전에 모은 정보에 초점을 맞추는 것일까요? 어째서 **두 가지 현재**를 느끼지 못하고 10분 전에 모은 정보를 또 다른 현재로 분류하지 않는 걸까요? 샌타바버라 캘리포니아대학의 물리학자 제임스 하틀(James Hartle)은 우리가 물리학에서 설명을 찾으려 한다면 전혀 엉뚱한 장소에서 해답을 찾아 헤매는 것이라고 말합니다. 하틀은 적절한 대답을 찾으려면 물리학이 아니라 생물학을 들여다보아야 한다고 말합니다.

현재라는 시간은 없다

하틀은 지구에 생명체가 등장했을 때, 생명체들이 시간을 인지하는 방법은 아주 다양했다고 생각합니다. 그러니까 지연된 현재를 경험하는 생명체도 있었고, 현재를 두 개 혹은 세 개로 인지하는 생명체도 있었던 것입니다. 하지만 지연된 현재를 인지하는 청개구리의 삶을 생각해보라고, 그 청개구리의 삶이 어땠을지 생각해보라고 하틀은 말합니다. 지연된 현재를 인지하는 청개구리가 파리를 보았다고 생각해봅시다. 개구리는 분명히 혀를 길게 뻗어 파리를 잡으려고 할 것입니다. 하지만 청개구리의 정보는 낡은 것이기 때문에 청개구리가 혀를 완전히 뻗었을 때는 이미 파리가 날아가버린 뒤일 것입니다. 이런 정보 처리 방식은 생존에 불리하므로 불행하게도 결국 청개구리는 굶어 죽고 말 것입니다. 하틀은 그래서 우리가 가장 최근에 모은 정보에 집중하는 것이고, 우리에게 '지금'이 있는 것이라고 설명합니다.[11] 그래야 생존할 수 있으니까요. 현실을 경험하는 다른 모든 방식은 생명체를 멸종으로 이끌었을 테니까 말입니다. 그렇기 때문에 하틀은 우주의 다른 곳에 생명체가 산다면, 그 생명체도 우리와 같은 방식으로 시간을 경험한다고 믿습니다.

그렇다고 해도 여전히 의문은 남습니다. 예컨대 시간이 **흘러간다는** 우리의 믿음이 진실일 수는 없습니다. 흐르는 강물이 강둑을 만나면 경로를 바꾸는 것처럼 흐르는 것들은 바뀔 수 있습니다. 시간이 정말로 흐른다면, **무언가를** 만나면 시간도 바뀌어야 합니다. 그렇다면 종류가 다른 시간이 있어야 한다는 뜻인데, 터무니없는 소리입니다.

미국 칼럼니스트 데이브 배리(Dave Barry)는 "벨크로(velcro)를 제외하면 시간이야말로 우주에서 가장 수수께끼 같은 것이다. 시간은 볼 수도 없고 만질 수도 없는데, 배관공은 아무것도 고치지 못하고서도 시간을 썼다며 1시간에 75달러를 청구한다."라고 했습니다. 아인슈타인의 천재성은 시간이 **무엇인지**를 고민하는 데 시간을 낭비하지 않고 시간에 관해 어떤 유용한 말을 할 수 있는가를 고민했다는 데 있습니다. 아인슈타인은 "시간은 시계가 측정하는 것"이라고 했습니다. 위대한 물리학자 존 휠러는 아인슈타인의 실용주의와 데이브 배리의 당혹감을 모두 담아 이렇게 말했습니다. "시간은 일어나는 즉시 모든 것을 멈추게 하는 것이다."

20장

어떻게 무에서
우주가 생겨났을까?

[물리 법칙]

*

*

"물리학이 대칭성의 학문이라는 말은
단지 아주 조금 과장되었을 뿐이다."
– 필립 앤더슨[1]

"물리 법칙이 놀라운 이유는
그 법칙을 믿건 안 믿건 간에
어디에나 적용할 수 있다는 것이다."
– 닐 디그래스 타이슨

*

*

세상에는 질서가 있습니다. 해는 매일 아침 떠오르고 사람은 늙어갑니다. 원인이 있어야 결과가 생깁니다. 세상이라는 베틀에는 규칙적인 패턴이 있습니다. 리처드 파인먼은 "자연은 자신의 패턴을 짜는 데 가장 긴 실을 이용하는데, 그 이유는 각각의 작은 직물 조각으로 전체 작품의 **체계성**을 드러내 보이기 위해서이다."라고 했습니다. 자연이 만든 직물이 드러내는 체계성의 이면에는, 다시 말해서 현실이라는 껍질 뒤에는 이 세상을 조정하는 규칙(법칙)이 있음을 암시합니다.

인류 역사는 대부분 절대자가 만물을 운영한다는 믿음이 지배한 시간이었기 때문에 사람들은 진실을 들여다볼 생각을 하지 않았습니다. 그러나 뉴턴이 모든 것을 바꾸었습니다. 뉴턴은 신앙심이 깊은 사람이었지만, 신의 마음을 알고 싶었습니다. 절대자가 자신이 창조한 세계를 조화롭게 하려고 만든 게임의 규칙을 알고 싶었습니다. 그리고 놀랍게도 뉴턴은 모든 장소, 모든 시간에 적용할 수 있는 보편 법칙을 찾아냈습니다. 만유인력의 법칙은 두 물체의 질량과 두 물체 사이의 공간에 따라 두 물체에 작용하는 인력(끌어당기는 힘)의 크기를 수량화했습니다. 이 만유인력의 법칙은 몇 가지 점에서 아주 놀랍습니다.

첫째는 만유인력의 법칙을 고안하는 데는 크나큰 용기는 말할 것도 없고 엄청난 상상력의 도약이 필요했다는 것입니다. 뉴턴이 만유인력의 법칙을 생각할 무렵에 사람들은 하늘을 신의 영역이라고 생각했습니다. 심지어 고대 그리스 사람들도 지구는 흙과 공기와 불과 물로 이루어져 있지만 하늘은 전적으로 다르기 때문에 천상의 물질인 '다섯 번째 원소'로 이루어져 있다고 믿었습니다. 그런데 감히 뉴턴은 하늘과 땅이 동일하다고 보았고, 같은 법칙들의 지배를 받는다고 생각했습니다.

뉴턴이 발견한 보편적 물리 법칙

그런데 뉴턴은 이 법칙을 어떻게 발견했을까요? 뉴턴의 천재성은 질량이 있는 모든 물체 사이에는 인력이 작용하며, 그 힘은 사과를 지구 표면에 떨어지게 할 뿐 아니라 달 또한 떨어지게 한다는 사실을 깨달은 데 있습니다. 물론 달은 떨어지고 있는 것처럼 보이지는 않습니다. 하지만 뉴턴의 운동 제1법칙(관성의 법칙)에 따르면 아무 힘이 작용하지 않을 때 움직이던 물체는 직선 운동을 합니다.(이것은 '고양이 관성'의 법칙과 다르지 않습니다. 쉬고 있는 고양이는 먹이를 꺼내거나 근처에서 쥐가 돌아다니는 것 같은 외부의 힘이 작용하지 않으면 계속해서 쉬려는 경향이 있습니다.[2]) 따라서 달이 직선 운동을 하지 못하고 계속해서 지구가 있는 쪽으로 경로를 꺾게 하는 힘이 존재하는 것이 분명합니다. 그 힘이 바로 두 물체 사이에 작용하는 중력입니다. 나무에서 사과가 지구 표면으로 떨어지는 것처럼 달도 분명히 지구를 향해 떨어집니다. 사과와 달의 차이라면 달이 떨어지는 속도와 같은 속도로 지구가 **몸을 틀어 옆으로 피한다**는 것입니다. 그 때문에 달은 지표면에 도달하지 못하고 **영원히 원운동**을 해야 합니다.

달은 사과보다 훨씬 천천히 지구를 향해 떨어지기 때문에 달이 지구를 한 바퀴 도는 데는 27일이 걸립니다. 뉴턴은 달에서 지구 중심까지의 거리가 사과와 지구 중심 사이의 거리보다 얼마나 더 먼지 알고 있었습니다. 그래서 그는 거리에 따라 중력이 얼마나 약해지는지 정확히 추론할 수 있었습니다. 그리고 중력이 역제곱 법칙을 따른다는 사실도 밝혀졌습니다. 다시 말해 두 물체 사이의 거리가 두 배 멀어지면 인력은 네 배 약해집니다. 두 물체 사이의 거리가 세 배 멀어지면 인력은 아홉 배 약해집니다.

세부적인 내용은 중요하지 않습니다. 중요한 것은 뉴턴이 물리학의 보편 법칙을 발견했다는 사실입니다. 오늘날 우리는 뉴턴의 중력 법칙이 나무에서 떨어지는 사과의 움직임과 지구 주위를 도는 달의 움직임뿐 아니라 은하의 중심을 도는 항성과 거대한 은하단 내부에서 궤도를 도는 은하의 움직임도 설명할 수 있다는 것을 알고 있습니다.[3]

단순하다는 것도 뉴턴의 중력 법칙이 놀라운 이유입니다. 우리가 주변에서 보는 세상은 너무나도 복잡합니다. 따라서 그런 세상을 지배하는 법칙도 마찬가지로 복잡하리라고 예상하는 것이 당연합니다. 너무나도 복잡해서 우리의 1.4킬로그램짜리 작은 뇌로는 이해할 수 없을 것만 같습니다. 그런데 실제로는 그렇지 않습니다. 우주는 아주 단순합니다. 현대적인 과학이 이제 막 움트려 하던 시기인 350여 년 전에 한 남자가 보편 법칙을 발견할 수 있었을 정도로 말입니다. 모든 시간과 장소에 적용할 수 있고, 시간이 시작되고 끝날 때까지 우주의 한쪽 끝에서 다른 쪽 끝까지 모두 적용할 수 있는 그런 법칙을 말입니다.

뉴턴이 발견한 법칙은 간단하고 보편적일 뿐 아니라 **수학으로도** 표현할 수 있습니다. 그가 제시한 간단한 공식은 수많은 현상을 간단하게 설명할 수 있습니다.[4] 특히 뉴턴의 공식은 두 물체 사이에 작용하는 중력이 두 물체 사이의 거리와 각각의 질량과 관계가 있음을 밝힙니다. 뉴턴 이후의 과학자들은 모두 이 위대한 인물을 뒤따르고 있습니다. 뉴턴을 따르는 과학자들은 우주의 보편 법칙을 더 많이 찾아냈는데, 그 법칙들은 모두 수학으로 설명할 수 있습니다. 헝가리 태생의 미국 물리학자 유진 위그너(Eugene Wigner, 1902~1995)가 "자연과학에 수학이 엄청난 영향을 끼치고 있다."라고 한 것은 그 때문입니다. 영국의 물리학자 폴 디랙(Paul Dirac, 1902~1984)은 "신은 아주 뛰어난 수학자이다."[5]라고 했습니다.

대부분 물리학자들은 지금도 자연이 정말로 자신들이 칠판이나 종이에 끄적거리는 수학 공식이나 기호에 맞추어 춤을 춘다는 사실을 완벽하게 믿지는 않습니다. 아인슈타인이 우주를 묘사하려고 세운 자신의 공식에서 빅뱅을 놓쳤던 것처럼 많은 과학자가 매번 자신이 만든 공식에 담긴 메시지를 놓칩니다. 노벨상 수상자인 미국 물리학자 스티븐 와인버그(Steven Weinberg)는 "우리가 실수를 하는 이유는 자신의 이론을 너무 심각하게 생각하기 때문이 아니다. 오히려 충분히 심각하게 생각하지 않기 때문이다."라고 했습니다.

미국의 천문학자 닐 더그래스 타이슨(Neil deGrasse Tyson)은 "물리 법칙이 놀라운 이유는 그 법칙을 믿건 안 믿건 간에 어디에나 적용할 수 있다는 것이다."[6]라고 했습니다. 미국 물리학자 앨런 소칼 (Alan Sokal)은 "물리 법칙이 그저 사회적 관습이라고 믿는 사람은 우리 집 창문에서 그 관습을 벗어나려는 시도를 했으면 좋겠다. 그런데 우리 집은 21층이다."[7]라고 했습니다.

그런데 물리 법칙들은 어떻게 생겨났을까요?

무의 대칭성

단서까지는 아니라고 해도 적어도 이 질문을 예리하게 생각해보는 방식은 독일의 수학자 에미 뇌터(Emmy Noether, 1882~1935)가 제시했습니다. 1918년에 뇌터는 과학의 역사에서 거의 틀림없이 가장 중요한 사실 하나를 발견했습니다. 물리 법칙은 자연의 심오한 대칭성이 낳은 결과임을 입증한 것입니다.

대칭성이란 가변적인, 즉 변하는 상황에서 불변적인, 즉 변하지 않는 세상의 측면을 의미합니다.[8] 독일 태생의 미국 수학자 헤르만 바일(Herman Weyl, 1885~1955)은 "어떤 것이 있는데, 그것에 할 수 있는 일이 있고, 그 일을 했을 때 그것이 그 전과 똑같아 보인다면, 그것은 대칭성이 있는 것이다."라고 했습니다. 팔이 다섯 개인 불가사리 한 마리를 생각해봅시다.[9] 이 불가사리를 72도(5분의 1)쯤 돌려도 불가사리의 모양은 같아 보입니다. 수학자들은 불가사리에게 5중 회전 대칭(five-fold rotational symmetry)이 있다고 합니다.

얼핏 보기에 대칭성은 물리학과는 전혀 관계가 없는 것처럼 보입니다. 하지만 그것은 사실이 아닙니다. 뇌터가 발견한 것은 대칭성이 물리 법칙을 낳았다는 사실입니다.

　실험을 오늘 하건 다음 주에 하건 모든 조건이 동일하다면 같은 결과를 얻는다는 사실을 생각해봅시다. 이 시간 변환 대칭(time-translation symmetry)은 아주 유명한 물리 법칙을 낳았습니다. 바로 에너지는 새로 만들어지거나 사라지지 않고 다만 한 형태에서 다른 형태로 변할 뿐이라는 에너지 보존의 법칙 말입니다. 예를 들어 석유의 화학 에너지는 자동차를 움직이는 운동 에너지로 바뀝니다.

　또 실험을 런던에서 하든지 뉴욕에서 하든지 간에 모든 조건이 동일하다면 같은 결과를 얻는다는 사실을 생각해봅시다. 이 장소 변환 대칭은 포켓볼을 하는 사람이라면 본능적으로 아는 운동량 보존의 법칙을 낳았습니다. 운동량이라고 불리는 물리량은 물체의 질량에 물체의 속도를 곱한 값입니다. 포켓볼에서 큐볼이 정지해 있던 공을 친 후에도 큐볼과 타격을 당한 공의 운동량의 합은 충돌 이전과 반드시 같아야 합니다. 이것이 바로 운동량 보존의 법칙입니다.

　2차원 공간에도 대칭성이 있습니다. 바로 회전 대칭(rotational symmetry)입니다. 실험을 남-북 방향에 맞춰서 하건 동-서 방향에 맞춰서 하건 같은 결과를 얻습니다. 이 회전 대칭에서 각운동량 보존 법칙이 나왔습니다. 여기서 자세한 내용을 알 필요는 없습니다. 하지만 피겨 스케이팅 선수가 한자리에서 돌 때 팔을 모으면 훨씬 빨리 돌 수 있는 이유가 바로 회전 대칭성 때문입니다.

　우리는 3차원 공간과 1차원 시간으로 이루어진 세상에서 삽니다. 하지만 사실은 빛의 속도가 일정하기 때문에 시간과 공간이 서로 떼려야 뗄 수 없는 상태로 합쳐져 있어서 실제로 우리는 **시공간**이라는

4차원 우주에서 산다고 할 수 있습니다. 4차원인 시공간이 갖는 회전 대칭은 아인슈타인의 특수 상대성 이론을 낳았습니다. 그리고 시공간의 또 다른 대칭성이 일반 상대성 이론을 낳았습니다.

물리 법칙과 대칭성 이야기는 여기서 끝나지 않습니다. 아직 갈 길이 멉니다. 예컨대 전자와 같은 양자 세계의 구성원은 실재와는 상당히 다른, 수학적이고도 전적으로 추상적인 공간 차원에 존재한다고 여겨집니다. 예를 들어 두 양자 입자를 묘사하려면 6차원 공간이 필요하고, 세 양자 입자를 묘사하려면 9차원 공간이 필요합니다. 입자가 늘어나면 필요한 차원도 늘어납니다. 놀랍게도 이런 추상적인 공간의 대칭성에서 모든 양자 이론이 튀어나왔습니다. 모든 물리학은 자연의 깊은 곳에 존재하는 대칭성 때문에 생겼다는 뇌터의 정리는 실로 강력합니다. 미국의 물리학자 존 휠러는 "대칭성 원리에 빚지지 않은 물리 법칙은 하나도 없다."라고 했습니다.

자연의 모든 기본 법칙의 저변에는 대칭성이 있다는 뇌터의 발견은 기초 물리학에 관한 가장 강력한 발상입니다. 1935년에 뇌터가 사망했을 때 아인슈타인은 〈뉴욕 타임스〉에 보낸 추도문에서 이렇게 썼습니다. "에미 뇌터는 여성이 고등교육을 받은 이래 배출된 가장 주목할 만한 창조적인 수학 천재였습니다."

그런데 이런 대칭성으로 우리는 무엇을 할 수 있을까요? 음, 이 모든 대칭성에는 아주 놀라운 측면이 있는데, 그것은 바로 모든 대칭성은 '무(nothing)'의 대칭성이라는 것입니다. 에너지 보존의 법칙 따위를 낳은 일반적인 공간과 시간의 대칭성은 또한 텅 빈 공간과 시간의 대칭성, 곧 진공(void)의 대칭성입니다. 말할 것도 없이 양자 이론의 법칙을 낳은 추상 공간의 대칭성은 또한 무의 대칭성입니다. 결국 추상 공간의 대칭성은 실재가 존재하지 않는 추상적인 수학 공간의 대칭성입니다. 이 모든 것이 의미하는 바는 우리가 사는 세상을 지배하는 물리 법칙이 완전히 텅 빈 우주를 지배하는 물리 법칙과 정확히 같다는 것입니다. 프랑스의 시인 폴 발레리(Paul Valéry)는 "신은 무에서 모든 것을 창조했는데, 모든 것 뒤로 무가 비친다."라고 했습니다.

이런 주장들은 어느 것 하나 도발적이지 않은 것이 없습니다. 우주에 관한 궁극의 질문은 결국 어떻게 무에서 무언가가 생겨날 수 있는가일 것입니다. 물리 법칙은 우리가 생각하는 것보다 우주는 훨씬 무에 가깝다고 합니다. 이것은 **구조적** 무입니다. 어쩌면 무에서 무언가를 만드는 일은 우리가 생각하는 것만큼 어렵지 않은지도 모르겠습니다.

물질이 차가워지면 대칭성은 떨어집니다. 물을 생각해봅시다. 물은 어디에서 보나 같은 모습입니다. 하지만 물이 얼어 얼음이 되면 균열이 생기고 기포가 생깁니다. 그래서 보는 방향에 따라 다르게 보입니다.

빅뱅 이후 우주가 팽창하고 식으면서 물이 얼음이 될 때와 비슷한 일이 일어났다고 여겨집니다. 원래 우주는 대칭성이 최고인 상태였습니다. 그러나 우주가 식고 구조가 점점 '고착'되면서 대칭성은 감소했습니다. 물리학자들은 대칭성이 '깨졌다'고 말합니다. 지금은 너무나도 잘 숨어 있어서 그 숨은 대칭성을 드러내 보이려면 물리학자들이 아주 특별한 독창성을 발휘해야 합니다. 이는 물리학자들이 강입자 충돌기에서 아원자 입자를 강하게 부딪쳐 빅뱅의 불덩어리 같은 상태를 만든다면 대칭성이 더욱 강했던 원시 우주 상태를 만들 수 있고, 본질적인 대칭성을 더욱 쉽게 관찰해 자연의 기본 법칙을 알아낼 수 있다는 뜻입니다.

다시 물을 살펴봅시다. 온도가 낮으면 얼음의 구조적 무는 물의 비구조적 무보다 훨씬 안정된 상태를 이룹니다. 이것이 바로 우리가 이 우주에서 살 수 있는 이유 아닐까요? 미국의 물리학자 빅터 스텐저(Victor Stenger)는 그렇게 생각합니다. 스텐저는 무가 아니라 무언가가 있는 이유는 그편이 무보다 더 안정적이기 때문이라고 말합니다. 우리와 우리 주변에 있는 모든 것은 그저 진공 안에 만들어진 일종의 패턴인 것입니다.

5부

우주는 어떻게 움직이나

21장

우주는
어떻게 시작되었는가

[우주론]

*

*

"아무것도 없는 무(無)에서 애플파이를 만들고 싶다면,
먼저 우주를 창조해야 한다."
— 칼 세이건

"한 이론이 있다. 그 이론에 따르면 누군가가
이 우주가 무엇 때문에 존재하고, 왜 여기에 존재하는지를
정확하게 밝히는 순간 그 우주는 사라지고 더욱 이상하고
난해한 우주로 대체된다고 한다. 또 한 이론이 있다.
그 이론에 따르면 그런 일은 이미 일어났다."
— 더글러스 애덤스, 《은하수를 여행하는 히치하이커를 위한 안내서》

*

*

＊＊＊

만일 여러분이 벌판 한가운데에 놓인 의자에 앉아서 평생을 보낸다면 머릿속에서 지구의 모습을 그리기가 (불가능하지는 않다고 해도) 정말 어려울 것입니다. 천문학자도 비슷한 어려움을 겪습니다. 천문학자들은 우주 벽지에 있는 작은 바위 덩어리 표면에서 움직이지 않고 일생을 보냅니다. 하지만 이렇게 엄청나게 불리한 상황에서도 천문학자들은 우주를 놀라울 정도로 정확하게 그려냈습니다. 천문학자들은 우주의 범위와 우주의 내용물을 알아냈을 뿐 아니라 우주가 처음에 어떻게 태어났는지에 관해서도 상당히 훌륭한 생각을 해냈습니다.

자연은 지금까지 우리 인간에게 친절을 베풀었습니다. 우리가 사는 행성은 햇빛도 투과하지 못하는 짙은 구름에 쌓인 금성과는 다릅니다. 밤이라는 개념 자체가 없는 은하수의 중심처럼 항성이 모여 있는 곳도 아닙니다. 우리는 대다수의 별이 연료를 소진하고 타닥거리며 꺼져 가는 우주의 마지막 순간에 태어나지도 않았습니다. 그 대신 우리는 지구에 설치한 망원경으로 저 멀리 우주 끝의 지평선을 봅니다.

옛날 사람들은 지금 우리가 아는 우주의 모습을 그렸다는 이유로 목숨을 내놓아야 했습니다. 지구는 여러 행성과 태양계가 형성될 때 남은 잔해들과 함께 태양 주위를 돕니다. 태양은 밤하늘을 묵직하게 도는 별 1000억 개가 모인 거대한 바람개비 모양의 은하 중심을 원점 삼아 돕니다. 태양은 우리 은하의 중심에서 바깥쪽으로 3분의 2 정도 지점에 있습니다. 태양이 우리 은하를 한 바퀴 도는 데 걸리는 시간은 2억 2000만 년 정도입니다. 다시 말해 지구가 지금 위치에 마지막으로 있었던 때는 공룡이 그때부터 1억 5000만 년 동안 지속될 왕국의 왕좌에 막 오른 시기였다는 뜻입니다.

하지만 우주에는 은하가 1000억 개나 있고, 우리 은하는 그 많은 별들의 섬 가운데 하나일 뿐입니다. 우주가 얼마나 큰지 이해하기 위해 우주를 지름이 1킬로미터인 구라고 상상해봅시다. 우주를 가득 채우고 있는 은하 1000억 개는 아스피린 알약만 한 크기이고, 우리 은하와 가장 가까이 있는 안드로메다은하는 우리 은하와 고작 10센티미터 떨어져 있습니다. 안드로메다은하를 비롯해 우리 은하와 가까이 있는 은하 몇 개는 중력으로 묶여 있습니다. 하지만 다른 은하들은 폭발의 여파로 생긴 파편들처럼 서로에게서 멀어지고 있습니다.

은하들이 서로 멀어지고 있다는 사실은 1929년에 미국의 천문학자 에드윈 허블(Edwin Hubble, 1889~1953)이 발견했습니다. 은하가 서로 멀어지고 있다는 것은 과거에 우주가 지금보다 훨씬 작았다는 분명한 증거입니다. 영화를 뒤로 되감는 것처럼 우주가 팽창해 온 과정을 과거로 되돌려본다고 상상해보면 시간은 138억 년 전, 그러니까 이 세상 모든 것이 아주 작은 공간 안에 들어 있던 순간에 가 닿을 것입니다. 그때가 바로 우주가 태어난 순간, 즉 빅뱅입니다.

우주가 영원히 존재했던 것이 아니라 어느 순간 태어났다는 사실은 과학의 역사에서 정말로 중요한 발견임이 분명합니다. 벨기에의 사제이자 천체물리학자인 조르주 르메트르(George Lemaître,

1894~1966)의 말처럼 "어제가 없는 하루"가 있었던 것입니다.

빅뱅은 어디에서 일어났는가?

우주가 작은 공간 안에 꾹꾹 눌려 담겨 있을 때는 분명히 아주 뜨거웠을 겁니다. 자전거 공기 주입기에 압축해 집어넣은 공기가 뜨거운 것처럼 말입니다. 따라서 빅뱅은 **뜨거운** 빅뱅입니다. 우주는 뜨겁고 조밀한 불덩어리 상태로 태어났습니다. 태어난 뒤부터는 계속해서 팽창하고 차가워지고 있으며, 이 차가워진 잔해들이 엉겨 붙어 우리 은하를 비롯해 우리가 볼 수 있는 은하들이 되었습니다.[1]

> 차가움 속에서 날아다니는 먼지는
> 절대 오지 않는다. 항상 오는 건
> 침묵과 쓰레기……
>
> 이 팔, 이 손
> 내 목소리, 당신 얼굴, 이 사랑.
> – 존 헤인스(John Haines)[2]

빅뱅의 불덩어리는 핵 폭탄의 불덩어리와 같습니다. 하지만 핵 폭탄의 불덩어리가 내뿜는 열은 한 시간이나 하루, 늦어도 일 주일이면 공기 중으로 흩어져 사라지지만 빅뱅 불덩어리의 열은 갈 곳이 없습니다. 빅뱅 불덩어리는 우주에 봉인되어 있습니다. 정의상, 이 세상 전체인 우주에 말입니다. 바로 지금도 우리는 빅뱅의 열기에 감싸여 있습니다.

우주 배경 복사가 눈도 못 뜰 정도로 밝게 빛나던 때가 있었지만, 빅뱅 이후 우주가 팽창하면서 차갑게 식었기 때문에 이제 더는 눈으로 그 빛을 볼 수 없습니다. 대신에 지금은 극초단파의 형태로 존재하는데, 맨눈으로는 볼 수 없는 빛이지만 우리가 보는 텔레비전이 포착할 수 있습니다.[3] 텔레비전 채널을 돌려봅시다. 텔레비전에서 흘러나오는 잡음이나 화면에 나타나는 작은 흰 반점의 1퍼센트는 빅뱅이 남긴 잔열입니다. 텔레비전 안테나에 잡히기 전까지 우주 배경 복사는 138억 년 동안 우주를 가로질러 날아왔습니다. 우주 배경 복사가 마지막으로 접촉한 것은 빅뱅의 불덩어리였습니다.

우주 배경 복사는 우리 우주의 가장 두드러진 특징입니다. 우주에 존재하는 광자(빛 입자)는 99.9퍼센트가 이 빅뱅의 잔광이고 별이나 은하가 발산하는 광자는 0.1퍼센트에 불과합니다. 우리 눈이 가시광선이 아니라 극초단파를 볼 수 있다면 우리가 보는 세상은 거대한 백열전구 안처럼 하얗게 빛날 것입니다.[4]

빅뱅 불덩어리가 남긴 잔광과 우주의 팽창은 처음 우주가 생겼을 때는 아주 뜨겁고 조밀했지만 그 뒤로 줄곧 차가워지고 확장되어 왔음을 알려주는 강력한 두 가지 증거입니다.[5] 세 번째 증거는 두 번째로 가벼운 원소인 헬륨이 우주 전체 질량의 25퍼센트를 차지한다는 것입니다. 태양 같은 항성의 빛은 가장 가벼운 원소인 수소가 융합해 헬륨이 만들어질 때 나오는 부산물입니다.[6] 천문학자들은 우주에 있는 별빛의 양을 추산해 항성이 수소를 헬륨으로 바꾼 양은 우주에 처음부터 있었던 수소의 1퍼센트 내지 2퍼센트밖에 되지 않는다는 결과를 얻었습니다. 따라서 나머지 헬륨은 다른 식으로 만들어진 것이 분명합니다.

수소 원자 중심에 있는 원자핵은 전하를 띠기 때문에 원자핵끼리는 맹렬하게 밀어냅니다. 강한 반발력을 이기고 한데 뭉쳐 헬륨 원자핵이 되려면 엄청난 속도로 서로 부딪쳐야 하는데, 당연히 온도가 아주 높아야 하고, 또 자주 부딪치려면 밀도도 높아야 합니다. 우주가 탄생한 뒤 1분에서 10분 정도 지났을 때 빅뱅의 불덩어리가 바로 그런 상태였습니다. 계산대로라면 우주에 존재하는 수소의 25퍼센트가 헬륨으로 바뀌었어야 합니다. 이는 우주 전역에서 관측되는 헬륨의 비율과 정확히 같습니다.

빅뱅이라는 우주의 탄생 모습은 여러 의문을 불러일으킵니다. 가장 큰 의문은 빅뱅이 정확하게 어디에서 일어났는가 하는 점입니다. '빅뱅'이라는 용어는 1949년에 BBC 라디오 방송에 출현한 영국 천문학자 프레드 호일(Fred Hoyle, 1915~2001)이 만들었습니다. 이 빅뱅이라는 용어는 큰 혼란을 불러왔습니다. '뱅(bang)'이라고 하면 특정한 한 지역에서 폭발한 뒤에 그 파편이 원래 존재하던 우주에 퍼져나간 것처럼 느껴집니다. 하지만 빅뱅은 어느 한곳에서 일어나지 않았습니다. 빅뱅은 **모든 곳에서** 일어났습니다. 원래 존재하던 우주란 없습니다. 공간은 물질과 에너지와 심지어 시간과 함께 한꺼번에 빅뱅으로 생겨났습니다.

지구에서 우주를 바라보면 모든 은하가 멀어져 가는 모습을 볼 수 있습니다. 그렇다고 빅뱅이 지구에서 일어났다는 뜻은 아닙니다. 천문학자가 우주가 팽창한다고 말할 때는 **모든** 은하가 **모든 다른** 은하에게서 멀어지고 있다는 뜻입니다. 다시 말해서 우리가 마법을 부려 아주 멀리 있는 은하로 공간 이동을 해도 마찬가지로 다른 은하들이 멀어지는 모습을 본다는 것입니다. 우주에서는 누구나 중심에 있는 동시에 그 누구도 중심에 있지 않습니다. 왜냐하면 **중심이 없기 때문입니다.**

우주에 중심이 없다는 개념을 설명하기 위해 흔히 오븐에서 구워지는 건포도 케이크를 이야기합니다. 건포도 케이크는 오븐 안에서 점점 커지는데, 이때 건포도 사이의 거리는 점점 멀어집니다. 팽창하는 케이크에서 중심이라고 말할 수 있는 건포도는 없습니다. 물론 진짜 케이크에는 가장자리가 있다는 사실은 무시합시다. 우리는 가장자리가 없는 가상의 케이크를 생각해야 합니다. 하지만 우주의 빅뱅 팽창은 어떤 가시적인 비유를 제시해도 부분적인 그림을 보여주는 데 그칠 수밖에 없습니다. 왜냐하면 빅뱅은 **본질적으로 상상할 수 없기** 때문입니다. 빅뱅은 기껏해야 3차원의 존재인 우리로서는 직접 이해할 수 없는 4차원 시공간에서 일어난 일입니다.

우주의 탄생인 빅뱅은 계속 많은 의문을 낳습니다. 빅뱅이란 무엇일까요? 무엇이 빅뱅을 일으켰을까요? 빅뱅 전에는 어떤 일이 있었을까요? 이 질문들에 답을 할 수 있습니다. 하지만 그 답은—여기서 반드시 강조되어야 하는 점은 모두 추측이라는 것입니다.—모두 기본 빅뱅 모형의 맥락 안에서 가능합니다.

인플레이션

빅뱅 가설은 성공한 가설이지만 우리가 관찰하는 우주와는 몇 가지 점에서 크게 어긋납니다. 우선 우주 배경 복사가 하늘의 모든 방향에서 거의 일정하게 도달한다는 점이 그렇습니다. 바꿔 말하면 하늘의 모든 곳에서 우주 배경 복사의 온도는 대부분 비슷하게 절대 영도보다 2.725도 높습니다(절대 온도 2.725도는 섭씨 영하 270.4도 정도입니다).[7] 이것이 바로 문제입니다. 왜냐하면 영화를 뒤로 돌리는 것처럼 팽창하는 우주를 빅뱅 복사가 처음 나타났을 때로 되돌리면, 오늘날 하늘에서 각거리*가 1° 이상 떨어져 있는 우주의 지역들이 그때는 서로 접촉하지 않는다는 걸 알게 되기 때문입니다.[8] 정확하게 말하면 우주가 시작된 뒤로 어떠한 영향력도—우주의 한계 속도인 빛의 속도로 여행한다고 해도—두 지점 사이를 통과할 만큼 충분한 시간이 없었다는 이야기가 되기 때문입니다. 빅뱅 불덩어리의 어느 한 부분이 다른 부분보다 조금 더 빨리 온도가 내려갔더라도 주변에 있던 열이 온도가 낮은 쪽으로 이동해 두 곳의 온도를 균일하게 맞출 만한 시간이 없었다는 말입니다. 따라서 하늘 전역에서 내려오는 우주 배경 복사의 온도는 어느 지역에서 왔느냐에 따라 달라야 합니다. 그런데 지금 지구에 도착하는 우주 배경 복사의 온도는 **하늘의 모든 지역에서 동일합니다.**

각거리(angular distance) 겉보기 거리라고도 한다. 관찰자로부터 멀리 떨어진 두 점 A, B를 관찰자와 연결했을 때 두 선분이 이루는 각을 말한다. 천문학에서 주로 쓰이는데, 멀리 떨어진 천체들 사이에서는 실제 거리를 잴 수 없으므로 일반적인 길이 대신 각거리로 거리를 나타낸다.

물리학에서 이 모순을 설명하는 방법은 아주 괴상하지만 많은 물리학자가 받아들이고 있습니다. 바로 우주가 태어나고 눈 깜짝할 시간도 지나기 전에 아주 빨리 팽창했다는 것입니다. 심지어 빛의 속도보다도 빠르게 말입니다.[9] 물리학자들은 이 인플레이션 기간 동안에 우주가 믿기 어려운 속도로 두 배로 팽창한 뒤 또 두 배로 팽창하기를 60번 이상 반복했다고 보았습니다. 인플레이션은 빅뱅이라는 작은 다이너마이트가 폭발한 뒤에 갑자기 수소 폭탄이 폭발한 것에 비유합니다.

인플레이션은 우리가 보는 하늘 전역에서 우주 배경 복사의 온도가 동일한 이유를 말끔하게 설명합니다. 우주가 우리 생각보다 훨씬 빨리 팽창했다면, 우리가 생각했던 것보다 작은 우주로 시작했더라도 138억 년이 지난 지금과 같은 크기가 될 수 있습니다. 또 우주가 처음에 우리가 생각했던 것보다 작았다면 우주의 각 구역들은 훨씬 가까운 거리에서 서로 열을 주고받을 수 있었을 것이고 우주가 팽창하는 동안 동일한 온도를 유지할 수 있었을 것입니다.

입자물리학에서 생각해낸 인플레이션 개념은 1979년에 러시아의 물리학자 알렉세이 스타로빈스키(Alexei Starobinsky)와 1981년에 미국의 물리학자 앨런 구스(Alan Guth)가 독자적으로 제안했습니다. 인플레이션 가설을 뒷받침할 상세한 물리학적 메커니즘은 절망스러울 정도로 밝혀진 것이 없지만, 인플레이션 개념을 이용하면 우리 우주의 장엄한 탄생 순간을 묘사할 수 있으며, 특히 빅뱅이 **어떤 모습이었는지**를 설명할 수 있습니다.

다음은 대다수 우주론 학자들이 받아들인 인플레이션에 관한 기이한 이야기입니다. 처음에 인플레이션 진공, 즉 가짜 진공이 있었습니다. 이 가짜 진공은 오늘날 볼 수 있는 진짜 진공보다 훨씬 괴상하고 에너지가 높은 상태였습니다.[10] 먼저 밀어내는 중력(repulsive gravity)이 생깁니다.[11] 밀어내는 중력 때문에 진공이 팽창하면서 더 많은 진공이 생기고, 진공이 생기면서 밀어내는 중력이 더 커지기 때문에 진공은 훨씬 더 빠르게 팽창합니다. 두 손으로 지폐 뭉치를 들고 있다고 생각해봅시다. 지폐 뭉치를 든 손을 양쪽으로 벌리면 더 많은 지폐가 모습을 드러냅니다. 인플레이션 진공에서도 그런 일이 일어났습니다. 물리학자들이 인플레이션을 '궁극의 공짜 점심'이라고 부르는 것도 그리 놀랍지는 않습니다.

하지만 인플레이션 진공은 본질적으로 불안정합니다.[12] 시간이 흐르면서 여기저기에서, 무작위로, 작은 부분들이 붕괴되거나 해체되고 에너지가 낮은 진짜 진공으로 바뀌었습니다. 진짜 진공으로 바뀌면서 인플레이션 진공이 가지고 있던 막대한 양의 에너지는 다른 곳으로 가야 했습니다. 그래서 물질이 생겨났고, 동시에 인플레이션 진공이 가지고 있던 열기는 엄청나게 높은 온도로 바뀌었습니다. **그 결과 뜨거운 빅뱅들이 탄생했습니다.**

아무 때나, 아무 장소에서 거품이 생기는 끝이 없는 바다를 상상해보세요. 각 거품은 빅뱅으로 태어나는 우주입니다. 그중 하나가 바로 **우리 우주입니다.**

이제 빅뱅에 관해 끊임없이 제기되는 질문 가운데 몇 가지에는 답할 수 있게 되었습니다. 빅뱅은 단 한차례 있었던 사건이 아닙니다. 빅뱅은 인플레이션 진공이라는 끝없이 확장되는 바다에서 그저 국소적으로 일어나는 사건이었을 뿐입니다. 빅뱅은 붕괴하는 진공의 에너지 때문에 생겼습니다. 빅뱅은 시작이 아니었습니다. 인플레이션 진공이 시작되고 팽창하면서 인플레이션 진공 전역에서 띄엄띄엄 폭죽이 터지듯이 빅뱅들이 생겨났습니다.

거품 우주는 빠른 속도로 생겨났고, 서로가 점점 더 멀어졌습니다. 실제로 새로운 진공은 사라지는 속도보다 더 빠른 속도로 생겨나기 때문에 한번 시작된 인플레이션은 멈출 수 없습니다. **영원히** 계속되는 것입니다. 하지만 인플레이션이 무한한 미래까지 계속될지라도, 놀랍게도 그것이 곧 무한한 과거에서 시작되었다는 뜻은 아닙니다. 인플레이션은 분명히 과거의 어느 때에 시작되었습니다. 따라서 "이전에 무슨 일이 일어났는가?"라는 질문은 빅뱅보다 더 이전 시간으로 돌려야 합니다. 그런데 어쩌면 양자 이론이 구원 투수가 될 수도 있습니다. 양자 이론은 문자 그대로 무에서 물질이 생기는 상황을 허용하기 때문입니다. 그저 아주 조그만 가짜 진공이 생기고 그 뒤에 팽창이 시작되기만 하면 됩니다. 그런 일이 벌어지려면 먼저 양자 이론이 있어야 합니다. 그렇다면 이제 이런 의문이 생깁니다. "물리 법칙은 어떻게 생겨났을까요?"

우리의 빅뱅이 어쩌면 영원히 팽창하는 진공의 바다에서 무수히 많이 생겨나는 폭발 가운데 하나일 거라는 생각은 정말 놀랍습니다. 하지만 확고한 이론적 기반이 마련된 생각은 아닙니다. 인플레이션은 기본적인 빅뱅 이론에 내용을 접목하고 더한 것입니다. 우주에 관한 아주 매끄러운 단일 이론의 일부도 아닙니다. 더구나 유일하게 추가된 부분도 아닙니다.

암흑 에너지

기본 빅뱅 모형대로라면 하늘 전역에 퍼져 있는 우주 배경 복사의 온도는 지역마다 달라야 할 뿐 아니라 현재 관측되는 결과와 다른 점이 두 가지 더 있어야 합니다. 예를 들어 기본 빅뱅 모형에 따르면 우주의 팽창 속도는 느려져야 합니다. 어쨌거나 은하들은 상호 중력의 작용으로 인해 서로를 끌어당기고 있으니까요. 마치 고무줄로 만든 거대한 그물이 은하를 잡아당겨 서로에게서 황급히 도망가지 못하게 하려는 것처럼 말입니다. 하지만 1998년에 물리학자들이 발견한 대로라면 우주의 팽창 속도는 모든 예상과 달리 늦춰지지 않았습니다. 오히려 **빨라졌습니다.**

이것은 우주에는 중력을 이기고 은하를 서로 멀어지게 하는 더 큰 규모의 또 다른 힘이 있다는 뜻입니다. 이 신비한 힘은 100억 년 전쯤에 작동하기 시작했고, 그때부터 우주를 지휘했다고 여겨집니다. 물리학자들은 은하와 은하 사이에 있는 진공에 주목합니다. 그들은 진공이 암흑 에너지로 가득 차 있다고 주장합니다. 눈에 보이지 않는 암흑 에너지가 우주를 가득 채우고 있다고 말입니다. 암흑 에너지는 밀어내는 중력을 가지고 있습니다. 우주의 팽창 속도가 점점 증가하는 이유는 바로 밀어내는 중력 때문입니다.

암흑 에너지는 우주의 전체 질량 에너지 중에서 71.4퍼센트를 차지합니다. 이렇게 우주에서 가장 많은 양을 차지하는 암흑 에너지는 1998년이 될 때까지 조금도 주목받지 못했습니다. 정말 당혹스러운 일입니다.

암흑 에너지는 아인슈타인의 일반 상대성 이론이 예측한 공간의 고유 에너지일 수도 있고, 전혀 기원이 다를 수도 있습니다. 정확한 내용은 아무도 모릅니다. 물리학자들에게도 암흑 에너지의 기원을 설명할 방법은 없습니다. 양자 이론으로 우주의 진공 에너지(암흑 에너지) 밀도를 예측하면 실제 관측된 것보다 1 뒤에 0이 120개 덧붙는 것만큼 큽니다.[13] 과학의 역사에서 이렇게 예측과 관측 결과가 크게 어긋난 예는 찾아볼 수 없습니다. 따라서 무언가 크게 놓친 부분이 있다는 것은 천재가 아니라도 알 수 있습니다.

밀어내는 중력을 가진 암흑 에너지는 우주가 태어나고 1초도 지나기 전에 우주를 빠른 속도로 팽창시킨 인플레이션 진공을 떠오르게 합니다. 둘의 차이라면 인플레이션 진공은 훨씬 작고 훨씬 짧게 존재했다는 것입니다. 암흑 에너지와 인플레이션 진공의 관계를 아는 사람은 아직 아무도 없습니다.

그런데 암흑 에너지와 인플레이션 개념만으로는 실제로 관측되는 우주와 기본 빅뱅 모형의 차이를 완전히 설명하기 어렵습니다. 빅뱅 모형에 따르면 현실과 일치하지 않는 세 번째 예측이 존재합니다. 사실 이 예측은 꽤 심각합니다. 기본 빅뱅 모형대로라면 **우리는 존재할 수 없습니다.**

암흑 물질

우리 은하 같은 은하들이 빅뱅 불덩어리의 파편이 식고 굳어져 생성됐다는 사실을 떠올려봅시다.[14] 그것은 빅뱅 불덩어리가 완벽하게 균일한 상태가 아니었기 때문에 가능한 일이었습니다. 우주 배경 복사의 온도는 전 우주에서 놀라울 정도로 동일하지만, **완벽하게 동일한 것은 아닙니다.** 10만 곳 중에 몇 곳 정도는 온도가 평균 온도와 조금 다릅니다. 이런 온도 차이는 빅뱅 불덩어리에 밀도가 주변보다 높았던 부분이 있었음을 의미합니다.

빅뱅 불덩어리를 이루던 물질에는 균일하지 않은 부분이 조금 있었는데, 이 불균일한 부분은 우주 생성 초기에 아주 짧았던 순간에 있었던 미세한 진동―양자 요동(quantum fluctuations)―때문에 생겼다고 여겨집니다. 양자 요동은 인플레이션으로 우주가 팽창하는 동안 훨씬 격렬해졌습니다. 우주가 탄생하고 37만 9000년 정도 흘렀을 때 빅뱅 불덩어리에 분포한 물질이 조금씩 덩어리를 이루었습니다. 덩어리를 이루면서 중력이 조금 더 커지면 더 많은 물질이 한데 모였고, 그 때문에 다시 중력이 커졌습니다. 부자가 더 큰 부자가 되듯이 물질들은 점점 더 빠르게 뭉쳐 결국 오늘날 우리가 볼 수 있는 은하가 탄생했습니다.

이 같은 설명은 정말 상세하고도 흥미롭습니다. 단 한 가지 문제만 빼면 말입니다. 빅뱅 이후 우주는 138억 년을 살았습니다. 그런데 그 정도 시간으로는 우리 은하처럼 커다란 은하를 만들 수 없습니다. 시간이 턱없이 모자랍니다. 다시 말해서 우리가 존재할 수 없는 시간인 것입니다.

하지만 물리학자들은 단념하지 않고 은하가 138억 년 안에 만들어질 수 있도록 은하 형성 과정을 가속할 수 있는 여분의 중력을 생각해냈습니다. 바로 우주에는 눈에 보이지 않는 막대한 양의 암흑 물질이 있다고 추정한 것입니다.[15] 실제로 암흑 물질이 우주에서 차지하는 양은 전체 물질의 24퍼센트 정도입니다.[16] 이는 눈에 보이는 항성의 질량을 모두 합한 양의 다섯 배보다 많습니다.

암흑 물질의 정체를 아는 사람은 아무도 없습니다. 어쩌면 우주가 태어나고 1초도 지나지 않았을 때 형성된 냉장고 크기만 한 블랙홀일 수도 있습니다.[17] 아직 발견하지 못한 아원자 입자일 수도 있고요. 분명히 입자물리학 이론들은 암흑 물질일 수 있는 후보들을 부족하지 않게 갖추고 있습니다. 하지만 최종 결과는 **아무도 모릅니다.**

요약하자면, 빅뱅의 기본 그림에는 반드시 세 가지 추가 사항—인플레이션, 암흑 에너지, 암흑 물질—을 덧붙여야 합니다. 우주에서 전체 물질의 71.4퍼센트를 차지하는 것은 암흑 에너지입니다. 신비에 싸여 있는 암흑 물질은 전체 물질의 24퍼센트를 차지합니다. 우주는 4.6퍼센트만이 우리가 아는 평범한 물질로 이루어져 있습니다. 당신과 나, 그리고 항성과 은하를 만든 물질들 말입니다.[18] 더구나 이런 일반적인 물질도 우리는 망원경을 이용해 절반만 볼 수 있을 뿐입니다. 나머지는 너무나도 뜨거운 기체 상태로 은하 주위를 떠다니는데, 가시광선을 거의 발산하지 않기 때문에 보이지 않습니다.

이런 상황은 당혹스럽다고 말하는 것만으로는 충분하지 않습니다. 우리가 구축한 우주 모형은 우리가 직접 볼 수 있는 불과 4.6퍼센트밖에 안 되는 우주의 모습에 근거를 두고 있습니다. 95.4퍼센트에 달하는 막대한 부분은 볼 수가 없기 때문에 우리로서는 그 정체를 알 수가 없습니다. 찰스 다윈이 물고기나 새나 코끼리에 대해선 전혀 모르는 상태로 개구리만을 본 뒤에 생물학 이론을 세우려 했다면 어땠을지 상상해보세요.

사실 상황이 그렇게 나쁜 것은 아닙니다. 미국 국방장관을 지낸 도널드 럼즈펠드의 말을 빌리자면, 암흑 물질과 암흑 에너지는 '모른다는 것을 아는 것'입니다. 천문학자들은 상세한 내용은 모르지만 전체 그림은 옳게 그렸다고 확신합니다. 그렇더라도 인플레이션과 암흑 물질과 암흑 에너지를 매끄럽게 한데 묶을, 우주를 설명하는 더 근본적인 이론이 있을 거라는 데 이의를 제기하는 사람은 거의 없습니다.

그런 근본적인 이론은 어쩌면 아주 기본적인 한 가지 사실을 인정할 수도 있습니다. 우리 우주가 전부는 아니라는 것 말입니다. 세상에는 다른 우주가 있을지도 모릅니다.

다중 우주

우주는 138억 년 전에 태어났다는 사실을 반드시 기억해야 합니다. 그 말은 우리는 우리에게 빛이 도달하는 데 걸리는 시간이 138억 년 미만인 은하들만 볼 수 있다는 뜻입니다. 다시 말해서 도달하는 데 138억 년이 넘게 걸리는 빛은 아직 우리를 향해 오고 있다는 것입니다. 결국 우주는 경계로 둘러싸여 있습니다. 빛의 지평선(light horizon)이라는 경계로 말입니다. 그 경계는 비누 거품의 표면과 같습니다. 거품의 중심에는 지구가 있고, 거품 전역에 관찰 가능한 우주라고 알려져 있는 1000억 개에 달하는 은하가 있습니다.

하지만 바다에서 보이는 수평선 뒤에 더 넓은 대양이 있는 것처럼 우리는 우리가 보는 우주의 지평선 뒤로 더 많은 우주가 있다는 것을 압니다. 인플레이션 이론대로라면 실제로 거품이 **무수히 많아야** 합니다. 다시 말해 우리가 관찰할 수 있는 거품들 뒤에는 훨씬 많은 거품이 존재하는 것입니다. 거품들 속에는 무엇이 존재할까요? 아마도 각자 나름의 빅뱅이 있을 겁니다. 어쩌면 우리의 빅뱅과 비슷한 **운명**이었을지도 모르지요. 그리고 우주의 파편들이 식어 가면서 은하와 항성으로, 우리와는 **다른** 은하와 항성으로 응축되었을 것입니다.[19] 다시 말해서 거품들은 저마다 역사가 다른 것입니다. 아서 C. 클라크는 "시간의 강에 거품처럼 떠 있는 우주들은 아주 많고 이상하다."[20]라고 했습니다.

그런데 한 가지 반전이 있습니다. 우주는 양자, 즉 알갱이이기 때문에 각 거품마다 가능한 역사의 수는 유한합니다. 그 이유는 다음과 같습니다.

양자 이론에 따르면 미시적 차원에서 세계는 신문에 실린 사진처럼 입자로 이루어져 있습니다. 결국 모든 것은 나누어지지 않는 덩어리인 양자에서 시작합니다. 에너지도 양자에서 시작합니다. 물질도 시간도 마찬가지입니다. **공간도** 양자로 이루어져 있습니다. 그러므로 우리가 해상도가 아주 높은 현미경을 가지고 공간을 자세히 들여다보면 나누어지지 않는 알갱이들을 볼 수 있을 겁니다. 공간이 정사각형 모양으로 나누어진 체스 판을 떠올려보세요. 만약 팽창한 우주를 수축해 인플레이션이 시작하는 순간으로 되돌리면 체스 판의 네모 칸은 1000개 정도밖에 없을 겁니다. 놀라울 정도로 적은 수이기는 하지만 수는 크게 상관없습니다. 중요한 것은 한정된 수의 네모 칸만이 존재한다는 사실입니다.

각 네모 칸에 있는 물질이 은하를 만든 씨앗입니다. 네모 칸에 에너지가 들어 있다면, 그 에너지가 은하를 만든 씨앗입니다. 하지만 체스 판 위에 체스 말을 놓을 수 있는 방법이 한정되어 있듯이, 공간의 네모 칸을 채울 수 있는 방법에도 한계가 있기 때문에 에너지가 있는 네모 칸과 에너지가 없는 네모 칸으로 나누어집니다. 다시 말해서 인플레이션 체스 판은 일정 양의 은하만을 만들 수 있고, **일정한 수의 우주 역사만을 만들 수 있습니다.**

따라서 우주의 역사는 한정된 수만큼 펼쳐집니다. 그런데 역사가 펼쳐질 수 있는 장소에는 한계가 없습니다. 결론적으로 각각의 모든 역사가 몇 번이고 펼쳐질 수 있는 것입니다. 따라서 바로 지금과 같은 모습으로 우리가 살기 전까지 무수히 많은 우리가 존재했을 수도 있습니다. 가장 가까이에 사는 도플갱어를 만나려면 얼마나 멀리 가야 할까요? 그 대답은 약 $10^{10^{28}}$미터입니다.

과학 표기법에서 10^{28}이란 1 다음에 0을 스물여덟 번 적는다는 뜻입니다. 즉 10에 10억을 세 번 곱한 값입니다. 결론적으로 $10^{10^{28}}$이란 1 다음에 0을 10에 10억을 세 번 곱한 만큼 적는다는 뜻입니다. 그러니까 아주 큰 숫자입니다. 지구에서 가장 크고 가장 강력한 망원경으로 관찰할 수 있는 한계를 훨씬 뛰어넘는 거리입니다. 하지만 숫자의 크기에 집착하지 맙시다. 중요한 것은 또 다른 내가 지구에서 아주 멀리 떨어진 곳에 있다는 것이 아니라 또 다른 내가 있다는 사실 자체입니다.

믿어지지 않는다고요? 안타깝게도 이것은 두 가지 이론—우주에 관한 기본 이론과 물리학에 관한 기본 이론인 양자 이론—을 사실이라고 인정할 때 필연적으로 따라오는 결론입니다. 또 다른 내가 없다면 두 이론 가운데 하나 혹은 둘 모두가 틀린 것입니다. 또 다른 내가 있다는 것은 전혀 특이한 상황이 아닙니다. 러시아의 위대한 물리학자 레프 란다우(Lev Landau, 1908~1968)는 이렇게 말했습니다. "우주론 학자는 자주 틀린다. 하지만 결코 의심하지 않는다."

22장

모든 은하의
중심에는 블랙홀이 있다

[블랙홀]

✳

✳

"자연계의 블랙홀은 우주에 존재하는
가장 완벽한 거시적 대상이다. 블랙홀을 만드는
유일한 요소는 시간과 공간이라는 개념이다."
― 수브라마니안 찬드라세카르

"블랙홀은 공간도 종이처럼 아주 작은 점으로 구겨져
접힐 수 있으며, 시간도 꺼져버린 불꽃처럼
사라져버릴 수 있고, 우리가 변하지 않는다고 생각해
'신성하게' 여기는 물리 법칙도 사실은
전혀 신성하지 않다는 것을 알려주었다."
― 존 휠러

✳

✳

* * *

블랙홀은 중력이 아주 막강하기 때문에 그 어떤 것도, 심지어 빛조차도 빠져나올 수 없는 시공간의 한 지역입니다. 아마도 대부분의 사람들은 블랙홀을 아주 난해하고 우리의 일상생활과는 아무런 관계가 없는 것이라고 생각할 것입니다. 하지만 전혀 그렇지 않습니다. 우리 은하는—우리 은하가 없었다면 여러분들은 지금 이 글을 읽을 수도 없을 테지요—블랙홀 때문에 태어났을 수도 있습니다. 그뿐 아니라 블랙홀은 너무나도 놀라워서 쉽게 믿을 수 없는 일상의 실재도 폭로합니다. 우리 우주가 거대한 홀로그램일 수 있다는 가능성을 말입니다. 이 말은 **당신도** 홀로그램일 수 있다는 뜻입니다.

블랙홀은 세상에는 저항할 수 없는 중력이라는 힘이 존재한다는 증거입니다. 블랙홀은 독일 축구 팀이 그렇듯이 일시적으로는 고전할 수 있지만 결국에는 승리합니다. 블랙홀이 승리하는 이유는, 중력은 우주에 있는 **모든** 물질 조각과 **다른 모든** 물질 조각이 서로를 끌어당기는 힘이고, 어떤 것도 그 힘을 없앨 수 없기 때문입니다. 우리 몸을 구성하는 원자를 한데 묶는 전자기력은 중력과 달리 끌어당기는 힘과 밀어내는 힘이 함께 존재하기 때문에 전체적으로 보아 거의 항상 상쇄된 상태를 유지합니다.

블랙홀은 아인슈타인의 중력 법칙인 일반 상대성 이론이 내놓은 예측입니다. 블랙홀은 사건 지평선으로 둘러싸여 있는데, 사건 지평선은 그 안으로 들어간 물질과 빛이 다시는 돌아올 수 없게 막는 가상의 막입니다. 사건 지평선의 바로 바깥 부분을 맴돌 수 있는 우주 비행사가 있다면, 그 사람의 시간은 아인슈타인의 이론대로 아주 느리게 갈 테고, 이론적으로는 바깥쪽을 쳐다보면 우주의 모든 미래가 영화를 빨리 감은 것처럼 눈앞에 스쳐 지나갈 것입니다.[1]

사건 지평선 안쪽은 시간이 아주 크게 뒤틀리기 때문에 실제로 시간과 공간이 자리를 바꿉니다. 이것이 바로 특이점*을 피할 수 없는 이유입니다. 특이점은 공간을 가로질러 존재하지 않고 **시간**을 가로질러 존재하기 때문에 내일을 피할 수 없는 것처럼 특이점도 피할 수 없습니다.

특이점에서는 밀도와 같은 물리량이 무한대까지 치솟습니다. 특이점은 아인슈타인의 일반 상대성 이론이 설명할 수 있는 한계를 넘어서는 것이어서 일반 상대성 이론으로는 특이점에 관해서 이치에 맞는 설명을 할 수 없습니다. 특이점이 사실은 하나의 점이 아니라 고도로 밀도가 높은 질량 에너지 덩어리라는 사실을 밝히려면 더 나은 이론(양자 중력 이론)이 필요합니다.

블랙홀이라는 용어를 널리 알린 미국 물리학자 존 휠러는 "블랙홀은 공간도 종이처럼 아주 작은 점으로 구겨져 접힐 수 있으며, 시간도 꺼져버린 불꽃처럼 사라져버릴 수 있고, 우리가 변하지 않는다고 생각해 '신성하게' 여기는 물리 법칙도 사실은 전혀 신성하지 않다는 것을 알려주었다."[2]라고 했습니다.[3]

특이점(singularity) 블랙홀로 떨어진 물질이 붕괴되면서 모이는 블랙홀의 중심.

일반 상대성 이론이 블랙홀을 예측하기는 했지만, 아인슈타인은 끝까지 블랙홀이 있다고 생각하지 않았습니다. 물리학에서는 흔한 일입니다. 이론물리학자들은 자신들이 칠판에 끄적거린 신비로운 기호에 맞춰 자연이 춤을 춘다는 사실을 쉽게 믿지 못할 때가 많습니다. 노벨상 수상자인 스티븐 와인버그가 "우리가 실수를 하는 이유는 자신의 이론을 너무 심각하게 생각하기 때문이 아니다. 오히려 충분히 심각하게 생각하지 않기 때문이다."라고 할 정도로 말입니다.

거대한 항성이 생애 마지막 순간에 무지막지하게 수축해 만들어진 항성 블랙홀은 그 본질 때문에 찾기가 쉽지 않습니다. 왜냐하면 아주 작고 또 아주 시꺼멓기 때문입니다. 하지만 쌍성계(binary system)에 블랙홀이 있다면 우리는 블랙홀과 짝을 이룬 별(동반성)에서 찢겨져 나와 블랙홀로 빨려 들어가는 물질이 불타오르면서 발산하는 X선을 볼 수 있습니다. 1971년에 인공위성 우후루(Uhuru)는 처음으로 항성의 질량을 가진 블랙홀을 백조자리 X-1(Cygnus X-1)에서 발견했습니다. 그런데 밝혀진 바에 따르면 실제로 블랙홀 이야기에서 훨씬 더 중요하고, 사실 **우리**에게도 훨씬 더 의미가 있는 발견은 그보다 8년 전에 있었습니다.

거대 질량 블랙홀

1963년에 네덜란드 출신 미국 천문학자 마르턴 슈미트(Maarten Schmidt)가 발견한 퀘이사*는 은하의 아주 밝은 중심부에 있으며, 우주의 가장자리에서 봉화처럼 빛납니다. 퀘이사의 빛이 우리에게 도달하려면 거의 우주의 나이만큼 시간이 걸리기 때문에, 퀘이사는 시간이 시작될 때도 빛나고 있었던 것이 분명합니다.

보통 퀘이사는 우리 은하 같은 평범한 은하 100개가 내는 에너지를 밖으로 분출하지만, 차지하는 면적은 우리 태양계보다도 좁습니다. 항성의 전력 공급원인 핵 에너지로는 그렇게 큰 에너지를 낼 수 없습니다. 그런 막대한 에너지를 방출할 수 있는 경우는 블랙홀로 물질이 빨려 들어가면서 엄청난 열과 빛을 내는 경우뿐입니다. 하지만 보통의 항성 블랙홀은 그런 에너지를 낼 수 없습니다. **태양을 수십억 개 합친** 정도의 질량을 가진 블랙홀만이 그 정도로 큰 에너지를 방출할 수 있습니다.

슈미트가 퀘이사를 발견하고 오랜 시간이 흐를 때까지도 천문학자들은 그런 거대 질량 블랙홀은 우주에서 거의 찾아볼 수 없는 특이한 현상이라고 생각했습니다. 퀘이사처럼 극단적으로 행동하는 강력한 괴물은 전체 은하의 1퍼센트에 해당하는 곳에서만 나타나는 드문 예라고 믿었습니다. 하지만 지난 몇십 년 동안 거대 질량 블랙홀은 활발하게 활동하는 몇몇 은하뿐 아니라 우리 은하를 포함한 거의 **모든** 은하의 중심부에 있다는 것이 분명해졌습니다. 거대 질량 블랙홀은 대부분 휴지(休止) 상태인데, 주변에 있는 성간 가스(항성과 항성 사이의 공간 대부분을 차지하는 기체)와 항성을 모두 집어삼켰기 때문에 더는 먹을 것이 없어서 그렇습니다.

퀘이사(Quasar) 준성전파원(準星電波源, Quasi-stellar Radio Source) 또는 준성(準星, Quasi-stellar Object)의 준말. 퀘이사가 방출하는 강한 에너지는 중심부에 자리 잡은 거대한 블랙홀로 주변 물질들이 빠르게 빨려 들어갈 때 나는 빛이다.

항성 블랙홀과 달리 거대 질량 블랙홀은 어떻게 생겨났는지 아직 알려지지 않았습니다. 어쩌면 붐비는 은하 중심부에서 항성 블랙홀들이 서로 충돌하여 합쳐졌을 수도 있습니다. 어쩌면 별이 되기 이전의 거대한 가스 구름이 직접 수축해서 생겨났을 수도 있습니다. 한 가지 확실한 점은 거대 질량 블랙홀이 극단적으로 빠른 속도로 성장했다는 사실입니다. 우주가 지금 나이의 5퍼센트 정도에 불과한 5억 살가량이 됐을 때 거대 질량 블랙홀은 이미 태양의 수십억 배에 달하는 질량에 도달했습니다.

그런데 거대 질량 블랙홀은 사람의 기준으로 보았을 때는 아주 거대하지만 우주의 기준으로 보면 보잘것없습니다. 부모 은하에 비하면 아주 작을 뿐 아니라(심지어 가장 큰 것이라 해도 태양계 안에 집어넣을 수 있을 정도입니다), 부모 은하를 이루는 항성과 비교하면 질량도 아주 가벼운 편입니다.

그렇지만 거대 질량 블랙홀은 부모 은하의 구조와 항성 구성 성분을 통제하고 있다고 여겨집니다. 예를 들어 은하 중심에 있는 항성들의 질량과 블랙홀의 질량은 거의 변함없이 1000배 정도 차이가 나는데, 이는 거대 질량 블랙홀과 부모 은하가 긴밀하게 관계를 맺고 있을지도 모른다는 뜻입니다. 이것은 정말 놀라운 일입니다. 마치 로스앤젤레스 같은 거대 도시를 모기처럼 작은 존재가 통제하고 있다는 뜻이기 때문입니다.

항성을 만들거나 사라지게 하는 블랙홀

아주 작은 거대 질량 블랙홀이 광대한 우주 공간으로 자신의 힘을 내보일 수 있는 것은 모두 제트(jet) 덕분입니다. 소용돌이치며 망각의 강으로 들어가는 가스에 회전하는 자기장이 생기고, 그 때문에 회전하는 블랙홀의 양극에서 바깥쪽으로 엄청나게 빠른 속도로 물질이 뿜어져 나옵니다. 이렇게 분출되는 강력한 물질의 흐름을 제트라고 부릅니다. 제트는 은하의 항성들을 뚫고서 은하간 공간으로 나와 뜨거운 가스로 가득 찬 커다란 풍선처럼 부풀어 오릅니다.

실제로 이런 가스 풍선이 과학계에 거대한 블랙홀이 존재한다는 첫 번째 단서를 제공했습니다. 1950년대에 전파 천문학자들은 전쟁 때 쓰던 전파 탐지기를 변형하여 은하에서 방출한 전파를 탐지했는데, 이상하게도 예상과 달리 전파는 별들이 모인 은하 중심부가 아니라 은하의 양쪽에 있는 거대한 오렌지 빛깔의 가스 구름(로브lobe)에서 오고 있었습니다.

1980년대 초반에 미국 뉴멕시코에 설치한 극대배열 전파망원경(Very Large Array)의 스물일곱 대 전파 안테나가 처음으로 로브에 에너지를 공급하는 얇은 실 같은 제트를 영상화하는 데 성공했습니다. 제트는 물질을 가속화하려는 우리의 소박한 시도를 조롱합니다. 제네바 근교에 있는 강입자 충돌기는 고작 1나노그램을 빛에 가까운 속도로 가속시킬 수 있을 뿐이지만 자연은 매년 태양 질량의 몇 배에 달하는 질량을 빛에 가까운 속도로 가속해 우주에 제트를 뿜어냅니다.

제트는 부모 은하의 구조를 결정합니다. 그 이유는 이렇습니다.

제트가 여전히 빠르고 막강한 은하의 내부 지역에서 제트는 항성을 만드는 데 필요한 기체 원료를 은하 밖으로 몰아내 항성이 형성되는 과정을 막습니다. 반대로 은하 외부 지역에서는 제트의 흐름이 느려지기 때문에 내부에서와는 정반대 역할을 합니다. 제트가 가스 구름과 충돌하면서 생긴 충격 때문에 가스 구름이 붕괴되면서 새로운 항성이 태어납니다.

항성을 만들거나 사라지게 하는 거대 질량 블랙홀은 은하를 조각하는 일 외에 다른 일도 합니다. 거대 질량 블랙홀은 은하 안에서 만들어지는 항성의 **특성**까지 결정하는지도 모릅니다. 아주 커다란 거대 질량 블랙홀이 존재하는 은하—흔히 거대 타원 은하라고 말하는—에는 차갑고 붉고 수명이 오래된 항성이 아주 많은데, 그 이유가 블랙홀 때문일 수도 있다는 증거가 있습니다. 이러한 적색 왜성*은 탄소나 마그네슘이나 철 같은 무거운 물질로 이루어진 행성들을 거느립니다. 결정적으로 이 물질들은 생명체에 필수적입니다.

이는 우리 은하에도 어두운 중심부에서 2만 7000광년 떨어진 곳에 태양 질량의 430만 배에 달하는 거대 질량 블랙홀이 숨어 있다는 것을 암시합니다. 이 궁수자리 A별(Sagittarius A*)은 아주 거대하게 느껴지지만 사실 다른 퀘이사에 있는 태양 질량의 300억 배에 달하는 거대 질량 블랙홀에 비하면 아주 작은 꼬마에 지나지 않습니다. 최근까지만 해도 우리 은하에 비교적 작은 거대 질량 블랙홀밖에 없다는 것은 그저 우연이라고 믿었습니다. 하지만 정말 그럴까요? 우주

적색 왜성(red dwarf) 태양 질량의 대략 절반 이하의 질량을 가진 항성이며, 어두운 적색 빛을 띤다. 우리 은하에 존재하는 항성의 80퍼센트 이상을 차지하는 흔한 항성이다.

전역에 흩어져 있는 거대 타원 은하에는 행성이 **빽빽하게** 들어차 있을 수도 있지만, 그 행성들은 모두 생명이 살지 않는 삭막하고 척박한 세상일 수도 있습니다. 우리 은하 중심부에 유순한 블랙홀이 있기에 우리가 다른 어느 곳이 아닌 바로 여기에 존재할 수 있는지 모릅니다. 그 덕분에 지금 이 순간 여러분이 이 글을 읽을 수 있는지도 모릅니다.

우리 은하를 만든 것은 거대 질량 블랙홀인가?

그런데 사실 우리가 거대 질량 블랙홀에 지고 있는 빚은 그보다 훨씬 클 수도 있습니다. 천문학자들은 대부분 은하에서 거대 질량 블랙홀이 태어났다고 생각합니다. 하지만 정반대로 거대 질량 블랙홀이 **은하를 만들었다고** 생각하는 사람들도 있습니다.

거대 질량 블랙홀이 먼저라고 생각하는 사람들은 우주에 생긴 거대한 가스 구름이 자체 중력 때문에 극적으로 붕괴하면서 항성을 만들지 않고 먼저 거대 질량 블랙홀이 된다고 주장합니다. 그 뒤에 제트가 분출하면서 우주 공간으로 퍼져 나갑니다. 제트가 진공을 떠다니던 비활성 가스 구름과 충돌하면 그 충격으로 인해 구름이 붕괴되고 산산조각 나면서 항성이 됩니다. 다시 말해 은하가 생기는 것입니다.

이 추론은 머리로만 생각한 것이 아닙니다. 천문학자들은 실제로 주변에 식별할 수 있는 항성들로 이루어진 은하 없이 진공을 떠다니는 거대 질량 블랙홀을 관찰했습니다. 이 벌거벗은 퀘이사는 반대 방향으로 각각 제트를 분출합니다. 그리고 한쪽 제트의 끝에서는 우리 은하만 한 은하가 태어나고 있습니다. 이 은하는 대략 2억 년 전에 잠들어 있던 가스 구름에 제트가 레이저 광선처럼 쏟아진 것이 계기가 되어 만들어졌을 것입니다. 시간이 흐르면 거대 질량 블랙홀은 자기가 만든 은하의 중심으로 내려가고, 은하의 생성 과정은 마무리될 것입니다.[4]

거대 질량 블랙홀이 은하를 존재하게 한다는 생각이 옳다면 이 블랙홀들이 천체의 일원이 된 것은 아주 놀라운 일입니다. 한때는 거대 질량 블랙홀이 아주 극소수의 활성 은하에서만 이례적으로 힘을 과시한다고 생각했습니다. 그러다가 거의 모든 은하의 중심부에 거대 질량 블랙홀이 있다는 사실이 밝혀졌습니다. 그리고 지금은 어쩌면 거대 질량 블랙홀이 은하를 **만들었을지도** 모른다고 생각하게 되었습니다. 당신과 내가 바로 지금 여기에 존재하는 것이 모두 거대 질량 블랙홀 덕분일 수도 있다는 말입니다.

홀로그램 우주

블랙홀은 우리를 존재하게 했을 뿐 아니라 우리가 살고 있는 우주와 일상에서 경험하는 자연의 실재에 관해 또 한 가지 놀라운 이야기를 해줍니다. 우주가 홀로그램일 수도 있다는 이야기 말입니다. 우주는 근본적으로 2차원인 실재의 3차원적 표현일 수 있습니다. 그러니까 인지하지는 못한다고 해도 **당신은** 홀로그램일지도 모릅니다.

거대한 항성이 수명을 다했을 때 엄청나게 수축하면서 전체 항성이 단 하나의 특이점으로 압축될 때 블랙홀이 생긴다는 사실을 떠올려봅시다. 항성이 극적인 방식으로 소멸한다는 것은 천체물리학에서 아무런 문제가 되지 않았습니다. 스티븐 호킹이 블랙홀은 역설적이게도 완벽하게 검지는 않다는 것을 밝힌 1974년까지는 그랬습니다. 블랙홀은 우주 공간으로 이른바 호킹 복사(Hawking radiation)를 방출합니다.

호킹은 사건 지평선 바로 밖에서 진행되는 양자적 과정을 상상했습니다. 우리를 감싼 진공에서는 언제나 아원자 입자와 그 반(反)입자들이 갑자기 함께 생겼다가 사라지기를 반복합니다. 자연은 이런 가상 입자를 만드는 데 쓴 에너지는 금방 돌려받기 때문에 에너지를 소비한다는 사실을 모르는 척합니다. 그런데 가끔은 쌍을 이루는 입자 가운데 하나가 블랙홀로 떨어질 때가 있습니다. 홀로 남은 입자는 사라질 때 필요한 짝 입자가 없기 때문에 사라질 수 없습니다. 결국 잠깐 동안 존재하는 입자가 아니라 영구히 남는 입자가 된 것입니다. 입자를 영구히 남게 하려면 다른 곳에서 에너지를 가져 와야합니다. 바로 블랙홀의 중력 에너지에서 말입니다. 블랙홀은 호킹 복사를 이루는 무수히 많은 입자에 자신의 에너지를 주어야 하기 때문에 완전히 사라지거나 증발할 때까지 질량 에너지를 서서히 잃어 갑니다.

호킹이 발견한 내용에는 문제가 있는데, 그것은 블랙홀이 증발할 때 블랙홀로 수축한 원래 항성이 가지고 있던 모든 정보 ―항성을 구성하는 모든 원자의 종류와 위치 ―까지 함께 사라질 거라는 것입니다. 이는 정보는 새로 만들어지지도 않고 파괴되지도 않는다는 물리학의 기본 원칙에 어긋납니다.[5]

블랙홀의 정보 손실 역설을 해결할 단서는 이스라엘의 물리학자 야코브 베켄스테인(Jacob Bekenstein)이 제시했습니다. 베켄스테인은 사건 지평선에 관한 중요한 내용을 발견했는데, 바로 블랙홀의 표면 적은 블랙홀의 엔트로피와 관계가 있다는 것입니다. 물리학에서 물체의 엔트로피는 미시 세계의 무질서도를 의미합니다.[6] 하지만 지금 그 내용을 알 필요는 없습니다. 중요한 것은 엔트로피는 정보와 밀접하게 관련이 있다는 것입니다. 각 자리의 숫자가 다른 자리의 숫자와 관계가 없는 십억 단위의 수는 엔트로피, 즉 무질서도가 아주 높습니다. 또한 그 정보를 모두 전달하려면 10억 개에 달하는 숫자를 모두 말하는 수밖에 없기 때문에 십억 단위의 수는 아주 많은 정보를 담고 있습니다.

이것이 바로 블랙홀의 정보 손실 역설을 풀 단서입니다. 1997년에 프린스턴고등연구소의 물리학자 후안 말다세나(Juan Maldacena)는 사건 지평선이 항성의 정보를 미세한 덩어리와 융기 형태로 저장하고 있다는 사실을 밝혔습니다. 따라서 블랙홀이 사건 지평선 근처에서 호킹 복사를 방출할 때는 BBC 라디오 방송국이 방출하는 전파가 음악을 싣고 있는 것처럼 호킹 복사도 항성 정보를 싣고 갑니다. 그렇기 때문에 블랙홀이 완전히 사라져도 항성의 노래는 사라지지 않습니다. 호킹 복사라는 전파를 타고 전 우주로 퍼져 나갑니다. 사라지는 정보는 없습니다.

이 모든 내용이 암시하는 것은 블랙홀의 사건 지평선이라는 2차원 표면은 항성이라는 3차원 물체의 정보를 충분히 전달할 수 있다는 사실입니다. 신용카드에 붙여놓은 홀로그램처럼 말입니다.

이런 일은 아주 진귀한 천체에 관한 아주 진귀한 추론이라고 생각할지도 모르겠습니다. 하지만 1990년대 말에 캘리포니아 스탠퍼드 대학의 레너드 서스킨드(Leonard Susskind)는 놀랍고도 충격적인 주장을 했습니다. 우주도 블랙홀처럼 지평선으로 둘러싸여 있다는 주장이었습니다. 이 지평선은 공간이 아니라 시간을 감싸지만, 어쨌거나 지평선입니다. 따라서 서스킨드는 우주의 지평선이 3차원 우주를 묘사하는 정보를 저장하고 있을지도 모른다고 했습니다.

　이것이 뜻하는 바는 해석의 범위가 넓어질 여지가 있다는 것입니다. 기존에는 우주가 우리 예상보다 훨씬 적은 정보를 품고 있다고 생각했습니다. 정교하고 세밀한 유화라기보다는 대충 그려놓은 스케치처럼 말입니다. 우주 지평선에 저장된 2차원 물질이 3차원 우주라는 환상을 만든다는 해석 즉, 우주가 홀로그램이라는 해석은 훨씬 극단적입니다. 이 말은 우리가 스스로를 3차원이라고 생각하면서 2차원 표면에 살고 있거나 우리 우주가 2차원 표면에서 투사한 3차원 영상이라는 뜻입니다. 그리고 당신과 나를 포함한 전 지구인이 거대한 홀로그램 안에서 살고 있다고 말하는 것입니다. 블랙홀은 단순히 아주 특이한 천체가 아니라 우리와 우리의 일상에 관한 가장 심오한 사실을 함축하고 있습니다. 블랙홀이야말로 진정한 우주의 지배자입니다.

| 감사의 말 |

이 책을 쓰는 동안 나를 직접 도와주신 분들, 영감을 불어넣어주신 분들, 격려를 해주신 모든 분들께 감사 인사를 전합니다. 카렌, 닐 벨턴, 펠리시티 브라이언, 만지트 쿠마르, 팀 하퍼드, 장하준, 스티브 러셀, 레지 키블, 로런스 슐먼, 닉 레인, 수 보울러, 앨릭스 홀로이드, 크리스 스트링어, 스티브 존스, 조앤 머내스터, 애덤 러더퍼드, 앤디 코글런, 칼 지머, 애드리언 워시번, 존 킹, 크리스 스카, 브라이언 메이, 줄리언 루스, 존 그린로드, 브라이언 칠버, 조시 테이트, 캐런 구넬, 패트릭 오헬로런, 제러미 웹, 헨리 볼랜스, 사이먼 싱, 사라 새빗, 타니아 몬테이로, 미셸 토펌, 밸러리 제이미슨, 로저 하이필드, 알롬 샤하, 피터 사라피노비츠, 스튜어트 클락, 마일스 포인튼, 스티븐 페이지, 실비아 노박, 질 버로우스가 그런 분들입니다.

1부 생명은 어떻게 움직이나

1장 우리 몸, 100조 개의 세포로 된 은하계 : 세포

1. 신경세포는 사람의 몸에서 가장 긴 세포입니다. 어떤 신경세포는 세포 하나가 뇌에서부터 발가락 끝까지 뻗을 수 있습니다.

2. Lewis Thomas, *The Lives of a Cell*.

3. 보통 세균은 두세 시간이 지나면 두 개체로 분열합니다. 그런 비율로 분열이 계속되면 4일이 지나면 세균의 자손은 1조 개 정도로 늘어나 각설탕 한 개의 부피를 가득 채울 정도가 되고, 또 4일이 지나면 호수를 가득 채울 정도가 되고, 또 4일이 지나면 태평양을 채울 정도가 됩니다. 실제로 2주가 채 지나기 전에 한 세균의 질량은 우리 은하의 질량에 맞먹을 정도로 불어날 수 있습니다. 하지만 다행히 그런 일은 일어나지 않습니다. 새 집을 지으려면 벽돌과 회반죽이 있어야 하는 것처럼 세균이 새로운 세균을 만들려면 화학 재료가 필요한데, 현실적으로 세균이 화학 재료를 구하는 데는 한계가 있습니다.

4. RNA는 다재다능합니다. DNA처럼 정보를 저장할 수도 있고, 화학 반응을 촉진하는 촉매 역할을 하는 단백질처럼 행동할 수도 있습니다. 스스로를 복제하는 RNA도 있기 때문에 RNA를 DNA의 전구체라고 믿는 사람들도 있습니다. 하지만 RNA는 결정적인 결점이 있는데, 바로 너무 약하다는 것입니다. 결국 생명체는 RNA보다 훨씬 강한 정보 저장 분자를 찾아야 했습니다. 그리하여 RNA와는 화학 구조가 조금 다른 DNA를 찾아냈습니다. 'RNA의 세계'와 달리 'DNA의 세계'에서는 DNA가 단백질을 만들 제조법을 기록하고, 그 사본을

RNA에 실어 세포 안에 있는 단백질 제조 기계로 보냅니다. 촉매 역할은 RNA가 아닌 단백질이 하고, RNA는 DNA와 단백질을 이어주는 중개자 역할만 합니다.

5. 1977년에 미국의 생물학자 칼 우스(Carl Woese, 1928~2012)는 유기체의 DNA에 존재하는 유사성을 근거로 '생명의 나무(tree of life)'를 다시 그렸습니다. 우스가 그린 생명의 나무 맨 아래에는 **세균, 고세균, 진핵생물**로 나누어진 세 기둥(영역)이 있습니다. 아주 먼 옛날에 세균에서 고세균이 분리되어 나왔습니다. 우리를 비롯한 모든 다세포생물을 낳은 진핵생물은 더 나중에 고세균에서 분리되어 나옵니다. 세균과 고세균은 세포막의 구조를 비롯해 여러 가지 다른 점이 있습니다. 고세균은 사실 진핵생물과 비슷한 점이 많기 때문에 인체를 구성하는 복잡한 세포의 직접 조상이라고 여겨집니다.

6. 진핵세포인 식물 세포에서 에너지를 생산하는 엽록체는 독립 생활을 하는 남세균(시아노박테리아)과 놀랍도록 비슷하게 생겼습니다.(원반처럼 생긴 엽록체는 햇빛을 이용해 화학 에너지를 만드는 광합성 작용을 합니다.) 남세균은 고세균이 세균을 삼키는 사건이 일어난 20억 년 전쯤에 세포 안으로 들어가 자리 잡았다고 여겨집니다.

7. 이 책(《만물 과학》)의 14장 참조.

8. Lewis Thomas, *The Lives of a Cell*.

9. 노리치 연구 단지의 식품연구소와 존 이네스 센터를 위한 BioPic 프로덕션의 '셀 시티(Cell City)' 참조(http://www.biopic.co.uk/cellcity/index.htm).

10. Stephen Jay Gould, *Wonderful Life*. 한국어판은 김동광 옮김, 《생명, 그 경이로움에 대하여》(경문사, 2004).

11. 로버트 브라운은 물에서 꽃가루가 신기한 춤을 춘다는 사실을 발견했습니다. 1905년에 아인슈타인은 꽃가루가 정신없이 움직이는 이유가 물 '원자(정확하게 말하면 분자)'가 꽃가루를 맹렬하게 치기 때문이라는 것을 알았습니다. 결국 브라운은 물리학과 생물학 모두에서 기본 구성 요소를 밝히는 데 도움을 주었다는 명성을 얻었습니다.

12. DNA는 인체를 구성하는 평범한 세포의 핵 안에 들어 있고, 길게 펼치면 2미터 정도 됩니다. DNA는 대략 6000분의 1밀리미터 크기의 세포핵 안에 들어 있는

데, 이는 테니스공 안에 길이가 40킬로미터나 되는 끈을 욱여넣는 것과 같습니다.

13. Peter Gwynne, Sharon Begley and Mary Hager, 'The Secrets of the Human Cell'

14. Adam Rutherford, *Creation*. 한국어판은 김학영 옮김, 《크리에이션》(중앙북스, 2014).

15. 균류는 효모 같은 미생물이나 곰팡이, 버섯 같은 진핵생물로 이루어진 거대한 생물군입니다.

16. 이 책의 3장 참조.

17. Lewis Thomas, *The Lives of a Cell*.

2장 우리는 매일 태양 에너지를 먹는다 : 호흡

1. 이것은 증기 기관의 기본 원리이자 이 세상 모든 활동을 가능하게 하는 원동력입니다(14장 참조). 에너지는 온도가 높은 쪽에서 온도가 낮은 쪽으로 이동합니다. 그 과정에서 에너지는 일을 합니다. 다시 말해서 특정한 힘을 이기고 물체를 움직이는 것입니다. 예를 들어 증기 기관에서는 기체의 압력을 이기고 피스톤을 움직입니다.

2. 액체 수소와 액체 산소가 결합할 때 방출되는 에너지로는 두 원소의 질량에 금속으로 만든 로켓의 질량을 합한 무거운 물체를 우주로 쏘아 보낼 수 없습니다. 로켓을 여러 단으로 나누어 제작하는 이유는 그 때문입니다. 하늘 높이 올라간 로켓은 각 단을 버리면서 몸을 가볍게 합니다. 그러면 보유한 연료로 좀 더 먼 우주로 날아갈 수 있습니다.

3. 원자에서 전자들은 전자껍질에 배열되는데, 각 전자껍질에 들어갈 수 있는 전자의 수는 정해져 있습니다. 전자껍질은 완벽해지고 싶어 합니다. 수소 원자의 전자껍질은 전자를 하나 버리면 완벽해집니다.(사실 수소 원자는 전자가 단 한 개뿐입니다.) 산소 원자의 전자껍질은 전자를 두 개 얻으면 완벽해집니다. 이것이 바로 산소 원자 한 개가 수소 원자 두 개를 잡아채는 이유입니다. 수소 원자는 전자 하나를 잃고 산소 원자는 전자 두 개를 얻어야 에너지가 낮은 상태, 즉

공이 언덕 아래로 굴러 내려온 것처럼 바람직한 상태가 됩니다.

4. 예전에 화학자들은 '산화(oxidation)'와 '환원(reduction)'이라는 용어를 썼는데, 왜냐하면 화학 반응이 진행되는 과정을 자세하게 알지 못했기 때문입니다. 실제로 산소 같은 산화제는 에너지를 낮추기 위해 다른 원자의 **전자를 뺏고** 수소 같은 환원제는 에너지를 낮추기 위해 다른 원자에게 **전자를 줍니다.**

5. 단백질은 세포의 골격을 형성하거나 화학 반응을 촉진하는 일처럼 다양한 목적으로 활용되는 거대한 생체 분자입니다.

6. 양성자는 전자보다 2000배가량 큰데, 원자핵의 두 구성 요소 가운데 하나입니다. 원자핵의 또 다른 구성 요소는 중성자입니다. 수소를 제외한 모든 원자의 핵에는 양성자와 중성자가 들어 있습니다. 수소의 원자핵에는 양성자만 한 개 있습니다.

7. 천진난만하게 전자가 양성자에 세게 부딪치기 때문에 양성자가 세포막의 구멍으로 밀려난다고 생각할 수도 있습니다. 실제로는 전자가 단백질의 형태를 바꿉니다. 단백질은 전자가 없을 때와 전자가 있을 때 모양이 다릅니다. 이렇게 단백질의 모양이 변하면 양성자는 세포막을 빠져나가게 됩니다.

8. 이 책의 8장 참조.

9. 평균적으로 사람은 음식을 먹지 않고 최대 한 달 정도를 살 수 있지만, 고도 비만인 사람이 몸에 저장한 지방만으로도 전혀 먹지 않고 1년을 버틴 기록도 있습니다.

10. 지구 생명체는 태양 에너지 외에 다른 에너지원도 활용합니다. 수소(H_2) 분자와 이산화탄소(CO_2) 분자의 화학 반응으로 생기는 에너지 같은 지화학(geochemical) 에너지를 활용하는 유기체도 있습니다. 지구에 처음 등장한 생명체들은 지화학 에너지를 활용했을 것입니다.

3장 돌연변이가 개척한 진화의 길 : 진화

1. 유용한 형질을 보유하면 한 개체가 생식을 할 수 있을 정도로 오래 살아남을 가능성이 커질 뿐 아니라 오래 살아남았을 때 생식을 할 기회도 높아집니다. 유용한 형질로는 암컷을 유혹하는 공작의 꼬리와 다른 수컷과의 경쟁에서 유리한

위치를 차지하는 데 도움을 주는 수사슴의 뿔 같은 성 선택 형질이 있습니다.

2. 앨프리드 러셀 윌리스는 자연 선택 과정에서 사람을 제외했습니다. 따라서 찰스 다윈이 직면해야 했던 논쟁에서 벗어날 수 있었지만, 명성도 얻지 못했습니다. 윌리스의 저작과 문헌, 원고, 삽화는 http://wallace-online.org에서 볼 수 있습니다.

3. 찰스 다윈의 모든 저작은 http://darwin-online.org.uk에서 볼 수 있습니다.

4. 실제로 우리 은하는 모든 물질의 중심이 아니라, 우리 우주에 1000억 개쯤 있는 은하 가운데 하나임이 밝혀졌습니다. 더구나 우리가 아는 이 우주도 특별한 공간이 아니라 여러 다중 우주 가운데 하나일 수도 있다는 의심이 점점 커지고 있습니다. 그런 맥락에서 본다면 다윈은 그저 코페르니쿠스 원리를 받아들여 인간이 우주의 분명한 중심이 아니라 아주 거대한, 어쩌면 무한대일 수도 있는 우주에서 다른 존재와 마찬가지로 하찮은 존재임을 드러내 보인 과학자 가운데 한 명일 뿐입니다. 이 책의 21장 참조.

5. 이 책의 1장 참조.

6. DNA가 복제되는 과정은 정말 경이롭습니다. 아데닌은 항상 티민과 결합하고 구아닌은 항상 시토신과 결합합니다. 따라서 한 세포의 DNA 이중나선 가닥이 반으로 갈라지면 상보적인 DNA 가닥이 두 개 생깁니다. 실험 용액 속에서 아데닌은 자동적으로 밖으로 노출된 티민과 결합하고 티민은 아데닌과 결합하고 구아닌은 시토신과 결합하고 시토신은 구아닌과 결합합니다. 그 결과 원래 DNA 가닥과 동일한 DNA 가닥이 두 개가 됩니다. 1953년에 프랜시스 크릭과 제임스 왓슨이 영국 케임브리지에 있는 이글 펍(Eagle pub)으로 뛰어가서 생명의 비밀을 밝혔다고 선언한 것도 당연한 일입니다. James Watson, *The Double Helix* 참조. 한국어판은 최돈찬 옮김, 《이중나선》(궁리, 2006).

7. 1960년대에 영국의 생물학자 루이스 울퍼트는 배아가 성장하는 동안 체내 화학 물질의 양이 변하기 때문에 동물의 신체 구조가 복잡하게 발달한다고 주장했습니다('Shaping Life', *New Scientist*, 1 September 2012). 형태형성인자(morphogen)라고 부르는 이 화학 물질들이 신체 부위에 다른 식으로 분포하기 때문에 신체 부위마다 다른 유전자가 활성화됩니다.

8. DNA는 현재까지 개발된 어떠한 저장 장비 성능에 수천에 수천 배를 곱한 것보다 더 많은 정보를 저장할 수 있습니다. 2012년에 하버드의과대학의 조지 처치(George Church, 1954~)가 이끄는 대표 팀은 5만 3000여 개의 단어, 11개 그림 파일이 포함된 책 한 권을 DNA에 옮겼습니다. 처치 대표 팀은 아데닌과 시토신은 '0'으로 구아닌과 티민은 '1'로 표기하는 이진법을 사용해 책 내용을 DNA에 저장했습니다. 이 책의 크기는 평범한 세균의 DNA 크기입니다. 세포 분열을 이용해 처치 대표 팀은 벌써 책 사본을 700억 권이나 만들었습니다. 지구에 있는 모든 사람이 10권씩 가질 수 있는 분량입니다. 이 모든 정보는 겨우 물 한 방울 안에 다 들어갑니다.

9. 성이 없어도 완벽하게 생식하는 유기체는 아주 많기 때문에 성이 진화한 이유를 정확하게 설명할 수 있는 사람은 없습니다. 성은 숙주와 끝없는 군비 경쟁을 벌이며 갑자기 뒤통수를 치는 기생 생물 때문에 생겼을 수도 있습니다. 숙주가 끊임없이 새로운 모습으로 변하면 기생 생물은 숙주에 완벽하게 적응하지 못하고, 많은 수가 죽어 나갈 것입니다. 이 책의 4장 참조.

10. Michael Le Page, 'A Brief History of the Genome', *New Scientist*, 15 September 2012, p. 30.

11. Lewis Thomas, *The Lives of a Cell*.

12. Richard Dawkins, *The Blind Watchmaker*. 한국어판은 이용철 옮김, 《눈먼 시계공》(사이언스북스, 2004).

13. Gilbert Newton Lewis, *The Anatomy of Science*, pp. 158~159.

14. 스티브 존스와 전화로 나눈 인터뷰 내용.

15. Richard Dawkins, *The Greatest Show on Earth: The Evidence for Evolution*. 한국어판은 김명남 옮김, 《지상 최대의 쇼》(김영사, 2009).

4장 생명 세계를 제패한 암컷과 수컷 : 성

1. 윈스턴 처칠은 이 말을 1939년 10월에 라디오 대국민 방송에서 했는데, 사실 성이 아니라 러시아에 관해 한 말입니다. 그때 처칠은 "러시아의 행동은 예측할 수 없습니다. 러시아는 불가사의 속에 미스터리로 포장된 수수께끼입니다."라

고 했습니다.

2. 생명체의 기원에서 처음 몇 단계는 지구가 아니라 성간 우주에서 시작했다고 주장하는 과학자도 소수 있습니다. 지구에 충돌한 혜성에 원시 세균이 있었다고 말입니다. 나는 지구 생명체의 씨앗은 우주에서 왔다는 이 범종설(panspermia)을 《문 옆 우주(The Universe Next Door)》라는 내 책의 'The Life Plague' 장에서 자세하게 설명했습니다.

3. Lewis Thomas, *The Medusa and the Snail*.

4. Samuel Butler, *Life and Habit*.

5. Martin Luther, *The Table Talk of Martin Luther*, translated by William Hazlitt.

6. 가끔 과학자, 화가, 음악가 같은 '천재들'의 정자를 가지고 있다고 사기를 치는 사람들이 있습니다. 그들은 상세한 설명은 회피하면서 여성이 자기가 제공하는 서비스를 이용하면 천재인 아이를 낳을 수 있다고 주장합니다. 하지만 이것은 생물학적으로 볼 때 말도 안 되는 이야기입니다. 만일 어떤 남성 천재가 지닌 특성이 특정한 유전자 염기 서열에 의해 결정된 것이라고 해도—그리고 환경의 영향은 생각할 필요도 없이 오로지 유전자 염기 서열만 문제가 되는 상황이라고 해도—그가 지닌 유전자 염기 서열은 절대로 후손에게 그대로 유전되지 않기 때문입니다. 천재 아버지의 유전자 염기 서열은 어머니의 유전자 염기 서열과 **뒤섞여 후손에게 전해집니다**. 세균이라면 천재 세균이 또 다른 천재 세균을 낳는 일이 가능합니다. 하지만 유성 생식을 하는 유기체에서는 거의 일어날 수 없는 일입니다.

7. Leigh Van Valen, 'A New Evolutionary Law', *Evolutionary Theory*, VOL. 1 (1973~1976), P. 1.

8. Matt Ridley, *The Red Queen: Sex and the Evolution of Human Nature*. 한국어판은 김윤택 옮김, 최재천 감수, 《붉은 여왕》(김영사, 2006).

9. Levi Morran et al., 'Running with the Red Queen: Host-Parasite Coevolution Selects for Biparental Sex', *Science*, 8 July 2011, vol. 333, p. 216.

10. DNA의 긴 이중나선 가닥은 돌돌 감기고 말리고 접혀서 세포에 있는 작은 핵 안으로 구겨져 들어갑니다. 진핵세포에서는 DNA가 히스톤(histone)이라는 특별한 단백질을 나선 형태로 감싸고 돌면서 염색질(chromatin)이라고 알려진 구조를 만듭니다. 히스톤 단백질은 DNA를 더욱 꼬아 더 압축되게 하는데, 이 과정을 초나선(supercoiling)이라고 합니다. 원핵세포에는 거의 대부분 히스톤 단백질이 없습니다. 하지만 원핵세포도 진핵세포와 마찬가지 방법으로 DNA를 꼬는 단백질을 가지고 있습니다. 진핵세포와 원핵세포는 모두 DNA를 한껏 압축해 염색체로 만듭니다.

11. Ilea Leitch. et al., 'Evolution of DNA Amounts Across Land Plants', *Annals of Botany*, vol. 95 issue 1 (January 2005), p. 207.

12. 이 책의 1장 참조.

13. 솔직히 말해서 우리는 아버지보다 어머니에게서 DNA를 조금 더 많이 받습니다. 왜냐하면 난자에는 자체 DNA를 가진 에너지 생산 기계인 미토콘드리아가 있기 때문입니다. 미토콘드리아의 DNA는 생물 세포핵의 DNA와는 전적으로 다릅니다. 아이들에게 전달되는 미토콘드리아의 DNA는 다른 DNA와는 절대 섞이지 않는, 전적으로 어머니의 DNA입니다. 따라서 과학자들은 미토콘드리아의 DNA를 추적해 우리의 공통 모계 조상을 찾을 수 있다고 봅니다.

14. 이 책의 6장 참조.

15. 감수 분열에서 접합체를 만들기 위해 유전자를 섞는 과정은 간단히 말해서 각 염색체 쌍에서 염색체를 한 개씩 택하는 과정입니다. 염색체는 무작위로 선택되며 생식세포가 가질 수 있는 염색체 조합의 수는 2^{23}개, 즉 8388608개에 이릅니다. 이는 남성의 경우 생식세포에 X, Y가 들어 있고, 여성은 모두 X만 들어 있다는 뜻입니다. 생식세포가 융합하면 그 결과 접합체에는 XX, XX, XY, XY 가운데 하나가 들어갑니다. Y 염색체 때문에 남자와 여자의 비율은 1 대 1이 됩니다.

16. 'The Origin of Sexual Reproduction', http://tinyurl.com/ca8sjwg 참조.

17. 이 책의 5장 참조.

18. 이 책의 1장 참조.

19. 모두 그런 것은 아니지만 유성 생식을 하는 유기체는 대부분 성이 두 종류입니다. 점균류(slime mould)는 성이 열세 종류나 됩니다. 아메바처럼 생긴 점균류는 동물도 식물도 아니지만, 동식물의 특징을 모두 갖고 있습니다. 점균류는 자신과 다른 성이라면 나머지 열두 성과 모두 결합할 수 있습니다.(배우자를 찾고 관계를 유지하는 건 정말 쉽지 않습니다!) 그런데 점균류는 뇌도 없고 특정한 형태도 없지만 미궁을 뚫고 멋들어지게 제짝을 찾아냅니다. Ed Grabianowski, 'Why slime molds can solve mazes better than robots', www.io9.com, 12 October 2012, http://tinyurl.com/9ud95jx 참조.

20. Philip Larkin, 'Annus Mirabilis', *High Windows*.

21. Richard Dawkins, 'The Ultraviolet Garden', Royal Institution Christmas Lecture No. 4, 1991.

5장 쓸수록 똑똑해지는 1400그램짜리 우주 : 뇌

1. Ambrose Bierce, *The Devil's Dictionary*. 한국어판은 정예원 옮김, 《악마의 위트 사전》(함께, 2007).

2. Oscar Wilde, *De Profundis*. 한국어판은 임헌영 옮김, 《옥중기》(범우사, 1996).

3. 놀랍게도 해면동물을 갈아서 물에 넣으면 세포들이 서로 붙어서 다시 해면동물이 됩니다.

4. 전하를 띤 원자나 분자 즉 이온이 한곳에 몰려 있다면 이온은 농도가 낮은 곳으로 이동하거나 확산려는 경향을 보입니다.

5. 'The Origin of the Brain', http://tinyurl.com/d7sbhpk.

6. 정확하게 말해서 화학 전달 물질은 축삭 돌기의 끝부분에 있는 종말 단추(terminal button)에 들어 있습니다. 종말 단추에서 시냅스 간극으로 화학 물질이 방출됩니다.

7. 미국 PBS와의 인터뷰 내용.

8. 이 책의 9장 참조.

9. Peter Norvig, 'Brainy Machines'

10. Daniel Dennett, *Consciousness Explained*. 한국어판은 유자화 옮김, 장대익 감수, 《의식의 수수께끼를 풀다》(옥당, 2013).

11. 하버드대학에서 휴가를 얻은 데이비드 달림플(David Dalrymple)은 예쁜꼬마선충의 신경계를 완벽하게 재현하겠다는 목표를 세웠습니다. 예쁜꼬마선충의 신경계를 재현하려면 먼저 신경계를 구성하는 302개 신경세포의 기능과 행동과 생물물리학을 알아야 합니다.(Randal A. Koene, 'How to Copy a Brain', *New Scientist*, 27 October 2012, p. 26) 달림플의 시도는 다른 물질—컴퓨터의 실리콘 같은—로 사람의 뇌를 복제한다는 엄청난 과업을 향한 작은 한 걸음입니다.

12. Edward O. Wilson, *Consilience*. 한국어판은 최재천, 장대익 옮김, 《통섭》(사이언스북스, 2005).

13. Sharon Begley, 'In Our Messy, Reptilian Brains'.

14. Spike Feresten, 'The Reverse Peephole', Seinfeld *season* 9 episode 12, January 1998.

15. 신경 교세포(glial cell)라는 지지 세포로 감싸인 신경세포도 있습니다. 신경 교세포에 해당하는 미엘린 수초(myelin sheath)는 가정에 설치한 전선 밖으로 전류가 새어나오지 않게 막는 플라스틱 피복처럼 축삭 돌기를 흐르는 전류가 주변으로 흘러나오지 못하게 막습니다. 수초는 신경세포의 전류가 먼 길을 갈 때—예를 들어 척추에서 다리에 있는 근육까지 가는 경우에—아주 중요합니다. 미엘린 수초가 흰색이어서 뇌에서 미엘린에 싸인 신경 조직을 백질(white matter)이라고 부릅니다. 미엘린에 덮이지 않은 뇌의 다른 부분은 회백질(grey matter)이라고 부릅니다. 다발성경화증(multiple sclerosis)을 앓는 사람은 백질의 미엘린 수초가 서서히 사라져 점차 팔다리의 기능을 잃습니다. 하지만 회백질이 담당하는 사고 기능은 영향을 받지 않습니다.

16. Gerald D. Fischbach, 'Mind and Brain', *Scientific American*, vol. 267 no. 3 (September 1992), p. 49.

17. Tim Berners-Lee, *Weaving the Web: The Past, Present and Future of the World Wide Web by its Inventor*. 한국어판은 우종근 옮김, 《월드 와이드 웹》(한국경제신문, 2001).

18. Doris Lessing, *The Four-Gated City*.

19. George Johnson, *In the Palaces of Memory: How We Build the Worlds Inside Our Heads*.

20. Marvin Minsky, *The Society of Mind*.

21. James Watson, *Discovering the Brain*.

22. George E. Pugh (son of Emerson Pugh), *The Biological Origin of Human Values*.

6장 2퍼센트 차이가 인간을 만들었다 : 인류의 진화

1. 이 책의 1장 참조.

2. 호미닌은 현재의 침팬지를 포함하는 용어입니다.

3. Richard Dawkins, *The Ancestor's Tale: A Pilgrimage to the Dawn of Evolution*. 한국어판은 이한음 옮김, 《조상 이야기》(까치, 2005).

4. 이 책의 3장 참조.

5. 이 책의 13장 참조.

6. 투투 대주교는 이 말을 다양하게 활용했습니다. 한번은 아파르트헤이트에 관해 말하면서 "사람들이 모이면 악은 흩어진다."라고 했습니다(ABP-News, 14 September 2006, http://tinyurl.com/nue9q6k).

7. 이 책의 12장 참조.

8. 지구는 팽이처럼 흔들리면서 도는데, 자전축의 기울기는 4만 1000년에 한 번씩 22.1도에서 24.5도까지 바뀝니다. 또한 지구의 공전 궤도는 10만 년과 40만 년에 한 번씩 길어집니다. 이런 현상을 합쳐서 '밀란코비치 주기'라고 합니다. 이 책의 13장 참조.

9. Richard Leakey and Roger Lewin, *Origins*.

10. Edward O. Wilson, *The Social Conquest of Earth*. 한국어판은 이한음 옮김, 최재천 감수, 《지구의 정복자》(사이언스북스, 2013).

2부 문명은 어떻게 움직이나

7장 최초의 유전공학자는 농부였다 : 문명

1. 이 책의 10장 참조.

2. 현존하는 수렵 · 채집인 사회는 평등 사회인 것처럼 보이지만, 농부들 때문에 사막 같은 변경 지역으로 몰리고 있습니다. 이와 달리 고대 수렵 · 채집인들은 동식물이 훨씬 풍성한 환경에서 살았습니다. 따라서 현대 수렵 · 채집인과 고대 수렵 · 채집인을 직접 비교할 수는 없습니다.

3. Sigmund Freud, *Das Unbehagen in der Kultur*. 한국어판은 김석희 옮김, 《문명 속의 불만》(열린책들, 2003).

4. Steven Pinker, *The Better Angels of Our Nature: A History of Violence and Humanity*. 한국어판은 김명남 옮김, 《우리 본성의 선한 천사》(사이언스북스, 2014).

5. Pat Shipman, 'Man's Best Friends: How Animals Made Us Human', *New Scientist*, 31 May 2011, p. 32.

6. 브뤼셀의 벨기에왕립자연과학협회의 미체 저몬프레(Mietje Germonpré) 대표 팀이 개의 두개골 화석을 자세히 연구하고 발표한 것입니다(*Journal of Archeological Science*, vol. 36 (2009), p. 473).

7. Jared Diamond, *Guns, Germs, and Steel*. 한국어판은 김진준 옮김, 《총, 균, 쇠》(문학사상사, 2005).

8. Mark Twain, *Following the Equator*. 한국어판은 남문희 옮김, 《마크 트웨인의 19세기 세계일주》(시공사, 2003).

9. Heather Kelly, 'OMG, the text message turns 20', CNN, 3 December 2012, http://tinyurl.com/cgoakdg.

8장 생명을 지탱하는 힘, 문명을 일으키는 힘 : 전기

1. 이 힘은 중력처럼 역제곱 법칙을 따르면서 약해집니다. 즉 두 물체 사이의 거리가 두 배 멀어지면 힘은 네 배 약해집니다. 거리가 세 배 멀어지면 힘은 아홉 배

약해집니다.

2. 좀 더 정확하게 말하면 가장 가벼운 원소인 수소 원자에서 양성자와 양성자 주위를 도는 전자 사이에 작용하는 전기력은 둘 사이에 작용하는 중력보다 10^{40}배—1만에 10억을 네 번 곱한 값—정도 강합니다. (둘 사이에 중력만 존재한다면 원자에서 전자를 핵 주위에 붙들어 둘 수 없습니다. 중력보다 훨씬 강한 힘이 있기에 원자가 존재할 수 있는 것입니다.) 이것은 중력이 원자들 사이에 작용하는 전기적 반발력(척력)을 이기려면 적어도 1만에 10억을 네 번 곱한 만큼의 원자가 모여야 한다는 뜻입니다. 그 정도 원자로 바위를 만들면 지름이 600킬로미터에 달할 테고 바위보다는 덜 단단하고 중력에 좀 더 쉽게 깨지는 얼음을 만들면 지름이 400킬로미터에 달할 것입니다. 이 역치를 넘으면 중력이 전기력을 이기기 때문에 물체의 모든 구성 성분이 중심에 가까이 몰리면서 구형이 됩니다. 태양계에 있는 물체가 이 역치보다 작을 때는 감자처럼 제멋대로 생기지만 역치보다 클 때는 지구처럼 구형인 것은 모두 이 때문입니다.

3. 원자핵 안에 들어 있는 양성자와 원자핵 주위를 도는 전자가 서로를 그렇게 엄청난 힘으로 끌어당긴다면, 어째서 원자의 크기는 거의 0에 가까울 정도로 줄어들지 않는 것일까요? 그 이유는 물질의 기본 구성 요소는 본질적으로 특별한 파동처럼 행동하며, 파동은 기본적으로 **밖으로 퍼져 나가기** 때문입니다. 전자파는 움직일 공간이 많이 필요하기 때문에 전자는 원자핵 가까이 압축되는 것을 격렬하게 거부합니다. 이런 양자 효과가 없었다면 원자는 존재할 수 없었을 것입니다(이 책의 15장 참조).

4. 모기에서 모든 전자를 떼어낼 때 필요한 에너지는 모기가 폭발할 때 나오는 에너지와 같을 것입니다. 왜냐하면 에너지 보존 법칙에 따르면 에너지는 새로 생기거나 사라질 수 없고, 그저 한 에너지에서 다른 에너지 형태로 전환될 뿐이기 때문입니다.

5. 벤저민 프랭클린(Benjamin Franklin)은 '전기의 단일 유체 모형(single fluid model of electricity)'을 옹호했습니다. 물체에 액체가 부족하면 음전하를 띠고 액체가 과하면 양전하를 띤다고 생각한 것입니다. 단일 유체라는 프랭클린의 생각은 옳았지만, 나머지는 틀렸습니다. 보통 전기 유체—전류—는 음전하를

띠는 전자가 만듭니다. 그리고 전자가 부족한 것이 아니라 **과잉**일 때 물체는 음전하를 띠게 됩니다. 전기 회로에서 실제 전자의 흐름은 음극에서 양극으로 갑니다. 하지만 그런 사실이 밝혀졌을 때는 이미 전류는 **양전하의 흐름**이라는 정의가 확고하게 자리를 잡았고, 누구도 잘 기능하는 개념을 바꾸고 싶어 하지 않았습니다. 결국 이런 역사적인 우연 때문에 전류의 방향은 실제로 전자가 흘러가는 방향과 반대로 기술하게 되었습니다. 말이 나와서 하는 말인데, '음'과 '양'이라는 용어를 만든 사람도 프랭클린입니다. '건전지'와 '도체'라는 용어도 프랭클린이 만들었습니다.

6. 고속 사진은 사실 1밀리초 정도만 지속하는 번개의 단일 방전만을 포착하는 것은 아닙니다. 번개가 칠 때는 먼저 지표면에서 구름으로 전하가 이동하는 리더(leader) 현상이 나타납니다. 그다음에는 구름에서 지표면으로 전하가 이동합니다. 번개가 칠 때는 섬광이 여러 번 번득이지만, 사람의 눈에는 단 한 번 번쩍이는 것으로 보입니다.

7. 보통 한 번 친 번개에는 250 가구에서 한 시간 동안 사용할 수 있는 에너지가 들어 있습니다. 전 세계적으로 1초에 100번 정도 발생하는 번개는 대부분 열대 지방에서 생깁니다. 번개 때문에 생기는 전하의 불균형도 공기가 위로 올라가는 주요 이유입니다. 적도 지방은 태양열을 가장 많이 차지하기 때문에 가장 격렬한 상승 기류가 생깁니다.

8. 에디슨은 타지 않고 밝은 빛을 내는 필라멘트를 찾기 위해 수백 가지 물질을 연구한 것으로 유명합니다. 에디슨은 자신의 연구 방식을 언급하면서 "나는 실패하지 않았다. 그저 효과가 없는 1만 가지 방법을 찾은 것뿐이다."라고 했습니다.

9. 뇌우 속에서 전하가 분리되는 원리는 나일론 옷으로 풍선을 문지를 때와 아주 비슷합니다. 습한 공기는 격렬한 상승 기류에 갇혀 위로 올라간 뒤에 온도가 내려가면서 얼음 결정을 만듭니다. 요동치는 난기류 속에서 얼음 결정이 서로 부딪치고 마찰하면서 전자를 주고받기 때문에 구름과 구름, 또는 구름과 지면에 엄청난 전하 차이가 생깁니다.

10. 얼핏 생각하면 음전하와 양전하가 똑같은 비율로 섞여 있는 종이가 전하를 띤 풍선에 달라붙는다는 것은 터무니없게 느껴집니다. 하지만 종이는 다음과 같은

이유로 풍선에 붙습니다. 일단 풍선이 음전하를 띤다고 생각해봅시다. 풍선의 음전하는 종이 표면에 있는 음전하를 띤 전자를 밀어내기 때문에 종이의 전자는 풍선과 먼 쪽으로 쫓겨 갑니다. 그렇게 되면 풍선 가까이 있는 종이에는 양전하만 남습니다. 양전하는 풍선의 음전하에 끌립니다. 머리카락이나 헝겊에 문질러서 전하를 띠게 만든 풍선 같은 물체는 종이처럼 전하를 띠지 않는 물체 내부에서 음전하와 양전하를 분리시켜 대전되게 합니다.

11. 양자 이론에서 역장(force field)은 힘을 전달하는 매개 입자를 교환하기 때문에 생깁니다. 전기력은 빛의 입자인 광자와 밀접한 관계가 있는 가상 광자(virtual photon) 때문에 생깁니다. 전기력을 매개하는 입자는 직접 측정되지 않습니다. 분명 존재하지만 힘을 전달하는 역할을 할 때는 직접 관찰이 되지 않는다는 의미에서 가상 광자라고 부르는 것입니다.

12. 아인슈타인은 "내가 네 살 때인가 다섯 살 때 아버지가 나에게 나침반을 보여주셨는데…… 정말 경이로웠다. 나침반 바늘은 절대로 우연일 수 없는 단호한 방식으로 행동했다. …… 사물의 이면에는 깊이 숨겨진 무언가가 있는 것이 분명했다."라고 했습니다.

13. 전하에 양전하와 음전하라는 두 종류가 있는 것처럼 자하(magnetic charge)에도 북극과 남극이라는 두 종류가 있습니다. 같은 전하끼리는 밀어내고 다른 전하끼리는 끌어당기는 것처럼 자기력의 극도 같은 극은 밀어내고 다른 극은 끌어당깁니다. 하지만 비슷한 것은 여기까지입니다. 완벽하게 분리된 음전하와 양전하는 관찰할 수 있지만 누구도 자기력의 남극과 북극이 분리되는 모습은 보지 못했습니다. 북극은 언제나 남극과 함께 합니다.

14. Walter Elsasser, *Memoirs of a Physicist in the Atomic Age*.

15. 도선은 반드시 도체여야 합니다. 도체란 구리나 은같은 물질인데, 이들의 전자는 원자에 느슨하게 묶여 있기 때문에 전기장이 형성되면 전자가 원자에서 떨어져 나와 물질 내부를 자유롭게 돌아다닙니다.

16. 원자력은 영화 〈몬티 파이튼(Monty Python)〉을 감독한 테리 존스(Terry Jones)의 말처럼 "물을 끓이는 아주 어리석은 방법"입니다(*New Scientist*, 18 June 1987, p. 63).

17. 발전소에서 만들어진 전기장이 전선을 따라 발전소에서 나가 도시를 한 바퀴 돈 다음에 다시 발전소로 들어온다고 생각해봅시다. 전선은 PVC 같은 절연체로 감싸여 있기 때문에 전기장은 전선에만 모여 있고 밖으로 나오지 않습니다. 절연체의 전자는 전기장이 밀어붙여도 쉽게 분리되지 않습니다. 그렇기 때문에 전기장은 절연체 밖으로 빠져나올 수 없고, 공기 중으로 에너지가 흩어지지도 않습니다.

18. 비교해보자면, 일반적으로 번개와 지면의 전압 차는 수억 볼트 정도입니다.

19. 사실 번개에서는 교류 전류에서 나타나는 가열 효과(heating effect)를 확인할 수 있습니다. 번개가 한 번 칠 때 지면과 구름 혹은 구름과 구름 사이에 전류가 수차례 교환되기 때문입니다.

20. 전기장과 자기장이 같은 본질의 다른 측면임을 깨달은 아인슈타인은 자기와 전기에 나타나는 모든 현상을 맥스웰의 방정식보다도 훨씬 더 적은 수의 방정식으로 나타낼 수 있었습니다.

21. 실제로 전기, 자기, 빛의 관계는 그보다 전에 마이클 패러데이가 제시했습니다. 1845년 11월 13일에 쓴 편지에서 패러데이는 이렇게 말합니다. "우연히 자기와 빛의 직접적인 관계와 전기와 빛의 직접적인 관계를 발견했습니다. 그것이 열어놓은 장은 아주 크고, 풍부하다고 생각합니다."(Georg W. A. Kahlbaum and Francis V. Darbishire, eds, *The Letters of Faraday and Schoenbein*, 1836~1862, p. 148) 패러데이는 여러 발견을 했는데, 자기장이 빛 파동의 진동면을 바꾼다는 사실—편광 현상—역시 알아냈습니다. 이 편광 현상은 오늘날 패러데이 회전(Faraday rotation)이라고 부릅니다.

22. *The Feynman Lectures on Physics*, vol. 2, pp. 1~11. 한국어판은 박병철 옮김, 《파인만의 물리학 강의》(승산, 2004).

23. 위의 책, pp. 1~10.

24. 이 책의 2장과 5장 참조.

9장 18개월마다 두 배씩 빨라지는 인공 두뇌 : 컴퓨터

1. 물론 컴퓨터도 단점이 있습니다. 인간과 컴퓨터의 상호작용을 연구한 제프 래

스킨(Jef Raskin, 1943~2005)은 "평소와 다름없이 신발 끈을 묶는데 목요일마다 신발이 폭발한다고 생각해보라. 이게 컴퓨터를 쓰는 우리에게 늘 일어나는 일인데도 누구 하나 불평할 생각이 없다."라고 했습니다(Geoff Tibballs, *The Mammoth Book of Zingers, Quips, and One-Liners*).

2. 컴퓨터의 성능은 **빠른** 속도로 크게 향상되고 있기 때문에 언젠가 **우주**를 시뮬레이션할 날이 올 거라고 믿는 사람들도 있습니다. 철학자 닉 보스트롬(Nick Bostrom, 1973~)은 우주는 어떤 앞선 존재가 이미 수없이 많이 수행한 시뮬레이션들 가운데 하나일 수 있다고 생각합니다. 보스트롬의 말이 옳다면 우리는 컴퓨터가 만든 〈매트릭스〉 같은 가상 현실 속에서 살고 있는지도 모릅니다(Nick Bostrom, 'Are You Living In a Computer Simulation?', *Philosophical Quarterly*, vol. 53 (2003), pp. 243~245).

3. 진정한 만능 컴퓨터는 1837년에 영국의 수학자 찰스 배비지(charles Babbage, 1792~1871)가 처음 고안했습니다. 하지만 그의 '분석 기계(analytical engine)'는 배비지 생전에는 만들 수 없었습니다. 회전판과 톱니바퀴 같은 기계 부품으로 설계한 분석 기계는 만들기도 까다롭고 비용도 많이 들었기 때문입니다. 배비지는 러브레이스 백작 부인이자 시인인 바이런 경의 딸 오거스타 에이다 킹(Augusta Ada King, 1815~1852)과 함께 프로젝트를 진행했습니다. 에이다는 인류 최초의 프로그래머로 평가받고 있으며, 컴퓨터 언어(에이다)에도 이름을 남겼습니다.

4. '계산할 수 없음(uncomputability)'과 '증명할 수 없음(undecidability)'에 대한 튜링의 발견은 수학사의 또다른 위대한 발견과 깊은 관련이 있습니다. 1931년에 오스트리아의 논리학자 쿠르트 괴델(Kurt Gödel, 1906~1978)은 진실인지 거짓인지를 절대로 입증할 수 없는 수학적 진술(정리)이 있음을 증명했습니다. 이 진술은 논증할 수 없습니다. 괴델의 증명할 수 없음 정리—괴델의 불완전성 정리(incompleteness theorem)로 더 많이 알려져 있습니다—는 수학의 역사에서 아주 유명하고 놀라운 결과입니다. 이 책의 6장 참조.

5. 물리학자들은 자연을 그들이 살아가는 기술 세계처럼 생각하는 경향이 있습니다. 예를 들어 석탄이 산업 세계에 동력을 제공했던 19세기에는 태양을 거대한

석탄 덩어리라고 생각했습니다. 지금은 우주를 거대한 컴퓨터라고 생각합니다. 역사가 주는 교훈이라면 이런 생각도 과거 물리학자들의 생각과 마찬가지로 틀린 것 같다는 것입니다.

6. "트랜지스터는 발로 밟은 정원 호스 같다."라는 표현은 런던대학교 퀸 메리 캠퍼스의 조너선 블랙(Jonathan Black), 피터 매코언(Peter McOwan), 폴 커즌(Paul Curzon)이 펴내는 잡지인 〈재미를 위한 컴퓨터 과학(Computer Science for Fun)〉에 나옵니다. http://www.cs4fn.org

7. 이 책의 8장 참조

8. Stan, Augarten, *State of the Art*: *A Photographic History of the Integrated Circuit.*

9. 트랜지스터는 1947년에 미국 뉴저지 주에 있는 벨연구소에서 세 물리학자가 발명했습니다. 그 업적으로 존 바딘(John Bardeen, 1908~1991), 월터 브래튼(Walter Brattain, 1902~1987), 윌리엄 쇼클리(William Shockley, 1910~1989)는 1956년에 노벨상을 탔습니다.

10. 집적 회로는 1959년에 특허 등록을 했습니다.

11. 사실 음성 감광제(negative photoresist)를 사용하면 현상액을 발랐을 때 빛을 쪼인 부분이 아무 변화 없이 그대로 남습니다. 양성 감광제(positive photoresist)를 사용하면 현상액을 발랐을 때 빛을 쪼인 부분이 용해됩니다.

12. 이 책의 15장 참조.

13. Gordon Moore, 'Cramming More Components onto Integrated Circuits', *Electronics*, vol. 38 no. 8 (19 April 1965).

14. 로버트 크링글리는 사실 언론인 마크 스티븐스(Mark Stephens)와 여러 기술 전문 작가들이 컴퓨터 전문지 〈인포월드(InfoWorld)〉에 칼럼을 싣기 위해 만든 필명입니다.

15. Seth Lloyd, 'Ultimate physical limits to computation', *Nature*, vol. 406 no. 6799 (31 August 2000), p. 1047.

16. 이 책의 16장 참조.

10장 세상의 혈관을 내달리는 황금색 피 : 돈

1. John Médaille, 'Friends and Strangers: A Meditation on Money', *Front Porch Republic*, 20 January 2012, http://tinyurl.com/6q3pbsy.

11장 '보이지 않는 손'이라는 오래된 신화 : 자본주의

1. Joseph Stiglitz, 'Inequality is holding back the recovery', in the series 'The Great Divide', *New York Times*, 19 January 2013, http://tinyurl.com/aqxj9ro.

2. 2008년에 경제 위기가 닥치기 전까지 미국과 대부분 유럽 국가들은 규제 완화뿐 아니라 공공 서비스 민영화, 세금 감면을 경제 정책으로 채택했습니다. 많은 정치인이—심지어 빌 클린턴이나 토니 블레어 같은 중도좌파 정치인도—경제사에서 새로운 시대가 열렸고 막대한 빚에 의한 경제가 지속 가능할 것이라고 믿었습니다. 하지만 현실은 18세기 초에 있었던 남해회사 거품 사건(South Sea Bubble, 18세기 초에 영국 남해회사의 주가를 둘러싸고 벌어졌던 투기 사건)부터 1990년대 말에 있었던 닷컴 거품에 이르기까지 수많은 역사가 증언하듯이 '거품'은 터지게 마련입니다. John Gray, *False Dawn: The Delusions of Global Capitalism* 참조.

3. 저자와 장하준의 전화 인터뷰.

4. 위와 같음.

5. Mark Buchanan, 'Mandelbrot Beats Economics in Fathoming Markets', Bloomberg, 5 December 2011, http://tinyurl.com/75n8ecb.

6. Ronald Coase, 'The Problem of Social Cost', *Journal of Law and Economics*, October 1960.

7. Nassim Taleb, *The Black Swan: The Impact Of the Highly Improbable*. 한국어판은 차익종 옮김, 《블랙 스완》(동녘사이언스, 2008).

8. Mark Buchanan, 'Earthquakes and the Mind-Bending Laws of Markets', Bloomberg, 18 March 2013, http://tinyurl.com/coklmem.

9. Karl Polanyi, *The Great Transformation*. 한국어판은 홍기빈 옮김, 《거대한

전환》(길, 2009).

10. David Bollier, 'Why Karl Polanyi still matters', *Commons Magazine*, 24 February 2009, http://tinyurl.com/ctktkt8.

11. Oscar Wilde, *The Picture of Dorian Gray*(도리언 그레이의 초상).

3부 지구는 어떻게 움직이나

12장 대륙이 움직이면 지구가 쉰다 : 지질학

1. James Hutton, 'Theory of the Earth; or an Investigation of the Laws Observable in the Composition, Dissolution, and Restoration of Land upon the Globe', *Transactions of the Royal Society of Edinburgh*, vol. 1 (1788), pp. 209~304.

2. 사실 퇴적암은 대부분 호수가 아니라 바다에서 만들어집니다. 18세기에 활동했던 지질학의 선구자들은 기본적으로 그 사실을 제대로 이해하고 있었습니다.

3. L. P. Hartlry, *The Go-Between*.

4. 대서양을 가로지르는 첫 번째 전신 케이블은 1866년에 영국의 토목 기술자 이점바드 킹덤 브루넬(Isambard Kingdom Brunel)의 배 '그레이트이스턴호'가 설치했습니다. 물리학자 윌리엄 톰슨은 전신 케이블 설치에 공헌한 업적으로 빅토리아 여왕에게 기사 작위를 받고 켈빈 경이 되었습니다. 절대 온도를 도입한 바로 그 켈빈 경입니다.

5. 태양계는 성간 먼지와 가스 구름이 식으면서 중력의 영향을 받아 수축해서 만들어진 것으로 여겨집니다. 성운도 은하처럼 회전합니다. 성운은, 원심력이 중력에 맞서는 허리 둘레보다 양쪽 극 사이에서 더 빨리 수축합니다. 그 때문에 성운은 납작한 원반 모양이 되고, 원반 중심에는 태양이 생기고, 나머지 파편들은 원반 주변을 돕니다. 새로 태어난 항성 즉 태양을 중심으로 하는 원시 행성계 원반 속에서 먼지나 얼음 알갱이 같은 파편들이 서로 뭉쳐서 점점 커지다가 결국 지름이 수 킬로미터가 넘는 물체로 자랍니다. 이렇게 만들어진 미행성(planetesimal)들이 충돌하면서 점차 지구 같은 행성을 만들어 갑니다. 달에 남

은 거대한 충돌 분지는 행성 강착 과정(accretion process)의 마지막 단계에서 남은 흔적입니다.

6. 이 책의 13장 참조.

7. 금성에 지각 판이 없는 이유는 밝혀지지 않았습니다. 그런데 대륙 지각을 이루는 화강암을 만들려면 물이 필요합니다. 금성은 지구보다 태양에 더 가깝기 때문에 생성 초기에 물이 모두 우주로 날아가버린 것으로 추정됩니다.

8. Louis Agassiz, *Geological Sketches*.

13장 가이아를 지켜주는 부드러운 보호막 : 대기

1. Carl Sagan, 'Wonder and Skepticism', *Skeptical Enquirer*, vol. 19 no. 1, January-February 1995.

2. 달 표면에는 후기 운석 대충돌기의 상처가 선명하게 남아 있습니다. 달에 충돌한 물체는 달의 지각을 가르고 땅속 깊은 곳에 있던 마그마를 솟구치게 해 달의 바다(마레 분지)를 만들 정도로 충분히 컸습니다. 후기 운석 대충돌기는 태양계 외곽에서 태양을 향해 뛰어들어온 다량의 얼음 천체들 때문에 일어났다고 여겨집니다. 정확히 무슨 일이 생겼는지는 밝혀지지 않았습니다. 다만, 한 가지 시나리오를 세워보자면, 목성이 카이퍼 벨트(Kuiper Belt)—태양계에서 가장 바깥쪽을 도는 행성인 해왕성의 궤도 너머에 있는 작은 천체들의 집합체인데 태양계를 형성하고 남은 작은 얼음 천체들이 모여 있습니다—와 상호작용해 처음 위치보다 태양계 바깥쪽으로 이동했을 가능성이 있습니다. 목성이 태양을 한 바퀴 도는 데 걸리는 시간은 정확하게 토성의 **절반**이기 때문에 목성과 토성은 주기적으로 태양의 같은 쪽에 나란히 있게 되는데, 그 때문에 두 행성의 중력은 태양계의 다른 천체들을 **끌어당깁니다**. 두 행성이 끌어당기는 힘은 천왕성과 해왕성의 공전 궤도를 바꾸었습니다. 거대한 두 행성이 움직이자 카이퍼 벨트에 있던 얼음 천체들이 자극을 받아 태양계 안으로 밀려들어오면서 행성과 행성의 위성을 강타했습니다. 지구와 달도 예외는 아니었습니다.

3. 태양에서 태어난 생명이 외계에서 왔다는 것을 증명할 가장 좋은 증거는 2011년에 '하틀리2' 혜성에서 얼음을 조사할 때 찾은 것입니다. 물(H_2O)을 구성하는

수소는 두 종류—평범한 수소인 H와 희귀하고 무거우며 수소의 동위원소인 중수소 D—입니다. 중수소가 들어 있는 물(D_2O)은 중수라고 합니다. '하틀리2' 혜성에서 찾은 얼음에 들어 있는 물과 중수의 비율은 정확하게 지구의 대양에 들어 있는 물과 중수의 비율과 같았습니다(Nancy Atkinson, 'Best Evidence Yet that Comets Delieverd Water for Earth's Oceans', *Universe Today*, 5 October 2011, http://tinyurl.com/6zazxwj).

4. 이 책의 2장 참조.

5. 태양이 극지방보다 적도 지방을 더 뜨겁게 가열하는 주요 이유는 적도 지방에서는 태양이 거의 매일 지평선 위로 솟아오르지만 극지방에서는 지평선 가까이 낮게 머물기 때문입니다.(더구나 극지방에서는 태양이 지평선 **아래**에 있어서 보이지 않는 시기도 있습니다.) 그 때문에 극지방은 적도 지방보다 받은 열을 훨씬 넓은 지표면에 분산시켜야 하고 결국 가열 효과는 감소할 수밖에 없습니다.

6. John Tyndall, *In Forms of Water in Clouds and Rivers, Ice and Glaciers*.

7. 금성은 지구 시간으로 243일마다 한 번씩 자전축을 중심으로 회전합니다. 또 225일마다 한 번씩 태양 주위를 돕니다. 따라서 금성은 자전 주기가 공전 주기보다 **더 긴 것처럼** 보입니다. 하지만 실제로 금성은 천왕성을 제외한 다른 모든 행성과 반대 방향으로 자전을 합니다. 역회전과 공전 궤도 때문에 금성에서 태양이 뜨고 지는 하루는 지구 시간으로 117일이 걸립니다. 다시 말해서 금성의 1년은 금성 날짜로 1.92일이 됩니다.

8. 순진하게도 뜨거운 공기가 옆에 있는 차가운 공기를 데우고, 그 공기는 또 옆에 있는 공기를 데우는 식으로 적도의 열기가 극지방까지 이동한다고 생각할 수도 있습니다. 하지만 공기는 그다지 효율이 높지 않은 **열전도체**이기 때문에 대기만으로는 적도에서 극지방까지 충분한 열을 운반할 수 없습니다. 적도의 열을 충분히 극지방으로 옮길 수 있는 방법은 거대한 공기 덩어리가 움직이는 방법, 즉 대류밖에 없습니다.

9. 우리가 빠른 속도로 회전하는 행성 위에 있다는 사실을 깨닫지 못하는 이유는 시속 900킬로미터로 나는 비행기 안에서 날고 있다는 사실을 깨닫지 못하는 이유와 같습니다. 4세기 전에 갈릴레이가 깨달은 것처럼 우리는 속도가 일정한 운

동(등속 운동)은 느낄 수 없습니다. 하지만 **속도가 변하는** 운동(가속 운동)은 분명히 감지합니다. 비행기가 활주로를 달리면서 속도를 높일 때 승객들이 좌석에 찰싹 달라붙어 있는 것은 그 때문입니다.

10. 우리의 보편적 경험(사실은 환상인데)은 땅은 **움직이지 않는다**는 것입니다. 따라서 물리학자들은 적도에서 극지방으로 공기가 이동할 때 휘어지는 현상을 설명하기 위해 **지구가 돌지 않는다고 가정하고** 한 가지 힘을 만들었습니다. 이 코리올리 힘(Coriolis force)은 가상의 힘이지만 계산할 때 편리합니다.

11. 도 단위로 표시하는 위도는 지구 표면 위에 있는 어떤 장소에서 적도까지의 각 거리(angular distance)로 나타냅니다. 관례상 적도의 위도는 0도이고 극지방의 위도는 90도입니다. 다른 지역은 적도의 위나 아래에 있기 때문에 **북위** 34도나 **남위** 52도와 같은 식으로 부릅니다.

12. 지구의 자전 때문에 나타나고 중위도에서 가장 뚜렷하게 볼 수 있는 공기가 북쪽에서 남쪽으로 이동하면서 휘어지는 현상은 다음 두 가지 요인에 달려 있습니다. 특정 위도에서 지구 표면의 자전 속도는 어떻게 되는가? 그리고 그 자전 속도는 얼마나 빨리 변하는가? 극지방에서 가까운 지역을 생각해봅시다. 극지방에서는 고위도에서 저위도로 갈수록 자전 속도가 빠르게 변하지만 그 절대 속도 자체는 빠르지 않아서 바람이 **휘는 정도는 작습니다.** 열대 지방은 반대입니다. 지구가 자전하는 속도는 빠르지만 위도에 따른 자전 속도의 변화는 크지 않기 때문에 바람이 **휘는 정도는 역시 작습니다.** 하지만 중위도에서는 지구의 자전 속도도 빠르게 변하고 자전 속도가 변하는 폭도 큽니다. 따라서 지표면에서 보면 바람은 크게 굴절합니다. 그것이 중위도 순환대가 가장 불안정하고 격동적인 이유입니다. 이것은 또한 극지방과 열대 지방에서 비교적 온화한 해들리 순환이 나타나는 이유이기도 합니다.

13. 기체의 압력은 수많은 원자가 무작위로 날아다니기 때문에 생깁니다. 기체 원자들이 장애물에 부딪치면 자기가 가지고 있던 힘을 장애물에게 넘겨줍니다. 원자들이 장애물에 준 힘의 평균이 바로 압력입니다. 기체의 밀도가 크면 그만큼 장애물에 부딪치는 원자의 수도 늘어나기 때문에 압력도 커집니다. 기체가 뜨겁고 **빠를수록** 장애물을 치는 원자의 수가 늘어나기 때문에 압력도 커집니다. 대

기는 불균등하게 가열되고 출렁거리기 때문에 당연히 평균 압력보다 압력이 낮은 곳도 생기고 높은 곳도 생깁니다.

14. Robert T. Ryan, *The Atmosphere*.

15. Edward Lorenz, 'Does the flap of a butterfly's wings in Brazil set off a tornado in Texas?', paper presented at the 139th Annual Meeting of the American Association for the Advancement of Science on 29 December 1979 (*The Essence of Chaos*, appendix 1), p. 181. 한국어판은 박배식 옮김, 《카오스의 본질》(파라북스, 2006).

16. 남반구가 여름에 받는 태양열은 북반구가 여름에 받는 태양열보다 많기 때문에 남반구의 여름이 북반구의 여름보다 **더 뜨겁다**고 생각할 수도 있습니다. 하지만 놀랍게도 그렇지 않습니다. 남반구에서 여름 동안 내리쬐는 여분의 태양 에너지는 주로 대기의 윗부분을 가열할 뿐이고 지표면으로는 내려오지 않습니다. 한 지역의 지표면 온도는 지표면이 받은 태양열뿐 아니라 대기를 덮은 구름의 양, 그 지역에서 열을 유입하거나 방출하는 대기와 바다가 움직이는 속도 같은 여러 요인이 섞여 결정됩니다.

17. 공간 속에서 회전하는 방향을 고집스럽게 유지하는 것은 지구처럼 회전하는 물체의 특징입니다.(그래서 **주기적으로** 계절이 바뀝니다.) 하지만 장기적으로 보면 태양이 잡아당기는 중력과 달과 다른 행성들이 잡아당기는 중력 때문에 지구는 팽이처럼 기우뚱거립니다. 이 기우뚱거림을 '세차'라고 하는데, 그 때문에 지구의 자전축은—여전히 수직에서 23.5도 기울어진 채로—**2만 6000년에 한 번씩** 수직축을 한 바퀴 돕니다. 현재 북극에서 거의 바로 위—지구의 회전축을 길게 연장했을 때 만나는 지점—에 있는 북극성(Pole Star)은 작은곰자리 α별인 폴라리스(Polaris)입니다. 5000년 전에 이집트 사람들이 피라미드를 세울 때는 폴라리스가 북극성이 아니었습니다. 또한 5000년 뒤에도 북극성은 폴라리스가 아닐 것입니다.

18. 태양의 자기장도 지구의 자기장처럼 깊은 내부에서 순환하는 전하를 띤 물질 때문에 생깁니다. 태양의 적도는 태양의 극보다 빠르게 회전하기 때문에 태양에서 발생한 자기장은 회전하면서 위쪽으로 올라오고 결국 태양 플레어—억눌

려 있던 자기 에너지가 다량의 물질을 우주 공간으로 방출하는 현상—의 형태로 억눌렸던 에너지를 방출합니다. 정확히 왜 그런지는 밝혀지지 않았지만 태양의 자기장이 형성되고 방출될 때까지는 22년 정도 걸립니다. 이 시간을 태양 주기(solar cycle)라고 합니다. 태양 주기가 활동기일 때는 태양 표면에 흑점(sunspot)이 많이 생기고 플레어가 격렬하게 폭발합니다.

19. 자외선은 온도가 아주 높은 물질이 방출하는 빛입니다. 태양의 플레어가 폭발할 때 자외선이 방출됩니다. 태양 플레어의 온도는 쉽게 섭씨 1천만 도에서 섭씨 2천만 도까지 올라갑니다.

20. 이 책의 12장 참조.

21. 태양이 빛나는 이유는 가장 가벼운 원소인 수소의 원자핵이 융합해 두 번째로 가벼운 원소인 헬륨을 만들기 때문입니다. 햇빛은 수소 핵융합 반응의 부산물입니다. 수소보다 무거운 헬륨은 태양의 중심부로 내려가고, 중력 때문에 강하게 압축됩니다. 자전거 바퀴에 공기를 불어넣는 펌프를 눌러본 사람은 알겠지만 압축된 공기는 뜨거워집니다. 따라서 수소를 헬륨으로 만드는 동안 태양의 중심부는—그리고 나머지 모든 부분도—더 뜨거워집니다.

22. 지구가 탄생했을 때 태양의 밝기가 지금보다 30퍼센트 정도 어두웠다면, 어째서 지구는 단단하게 얼어붙지 않았을까요? 이것은 큰 의문입니다. 그런데 '희미한 젊은 태양 역설(faint young sun paradox)'을 설명해줄 수 있는 한 가지 그럴듯한 대답이 있습니다. 막 태어난 지구는 두툼한 온실가스에 둘러싸여 있었기 때문에 온실 효과가 생겨 끝없이 이어지는 빙하기에 들어가지 않을 수 있었다는 것입니다.

23. 태양이 적색 거성이 되면 화성 궤도에 닿을 정도로 부풀어 오르고 결국 지구를 삼켜버린다고 묘사하는 천문학 책이 많습니다. 하지만 패서디나 캘리포니아공과대학의 줄리애나 새크먼이 이끈 대표 팀에 따르면 태양은 지구의 궤도에 이를 정도로 커지겠지만, 그때는 이미 지구가 **사라진 뒤일 것**이라고 합니다. 왜냐하면 적색 거성은 항성풍(stellar wind)을 내뿜으며 격렬한 속도로 구성 물질을 외부로 방출하기 때문입니다. 항성풍을 방출하면서 질량이 줄어든 태양은 지구를 붙잡아둘 힘이 없기 때문에 지구는 서서히 태양에서 멀어집니다. 태양이 지

구 궤도에 도착할 무렵이 되면 태양의 질량은 현재 질량의 60퍼센트밖에 남지 않을 것이며, 지구는 지금 태양까지의 거리보다 70퍼센트 정도 더 멀리 가 있기 때문에 태양에게 잡아먹히지 않을 것입니다. 그런데 볼티모어에 있는 우주망원경과학연구소(Space Telescope Science Institute)의 마리오 리비오(Mario Livio)가 이끈 연구진은 새크먼 연구진과는 상충되는 의견을 내놓았습니다. 리비오 연구진은 태양의 조석력이 커지기 때문에 지구는 결국 태양 쪽으로 이끌려 갈 것이라고 했습니다. 지구는 결국 태양의 껍질로 다가가 천천히 안으로 들어가게 된다는 것입니다. 지구의 궤도 에너지가 붕괴되는 속도는 태양의 껍질을 구성하는 물질의 점성이 결정할 텐데, 그 속도를 정확하게 아는 사람은 아무도 없습니다. 따라서 현재로서는 어떤 결론이 옳은지 입증할 방법도 없으며, 태양이 지구를 삼킬 것인지 말 것인지를 단정할 수 있는 방법도 없다고 하겠습니다.

4부 '보이지 않는 세계'는 어떻게 움직이나

14장 세포, 지구, 우주는 모두 증기 기관이다 : 열역학

1. 지구가 태양의 순에너지를 조금도 간직하지 않는다는 말은 전적으로 사실은 아닙니다. 조금은 간직합니다. 예를 들어 현재 대기에 열을 가두는 온실가스인 이산화탄소의 수치는 증가하고 있습니다. 이 때문에 온실 효과가 나타납니다. 나무도 태양 에너지를 자기 몸에 가둡니다. 나무가 쓰러져 땅에 묻힌 뒤에 수백만 년이 흐르면 석탄으로 변할 수 있습니다. 석탄은 태양 에너지를 간직하고 있습니다. 따라서 석탄을 태우면 과거의 태양 에너지가 밖으로 나옵니다.

2. Peter Atkins, *Four Laws that Drive the Universe*.

3. 열과 온도―물체의 뜨거운 정도―의 차이는 성냥과 중앙 난방식 라디에이터(방열기)를 비교하면 알 수 있습니다. 성냥은 열은 적지만 온도는 사람을 태울 수 있을 만큼 뜨겁습니다. 라디에이터는 열은 많지만 사람이 편하게 기대고 앉을 수 있을 정도로 온도는 낮습니다.

4. 원자는 상호작용하는 전자기력 때문에 한데 모여 분자를 만드는 경향이 있습니다. 예를 들어 수증기 분자는 수소 원자 두 개와 산소 원자 한 개로 이루어져

있습니다(H_2O).

5. 실제로 수증기 분자가 느려지는 이유는 미묘합니다. 만약 피스톤이 움직이지 않는 물체라면 수증기 분자는 고무공에 부딪친 것처럼 튕겨 나오고 속도는 줄 어들지 않을 것입니다. 하지만 피스톤은 분자에게서 멀어져 갑니다. 따라서 수 증기 분자가 피스톤에 맞고 튕겨 나올 때는 가만히 있는 피스톤에 맞고 튕겨져 나올 때보다 속도가 줄어듭니다.

6. 보존 법칙은 심오한 대칭성이 발현된 것뿐입니다. 보존 법칙은 특별한 변화를 겪어도 변하지 않는 세상의 속성을 나타냅니다. 예를 들어 에너지 보존의 법칙 은 오늘 실험해도 내일 실험을 해도 결과가 변하지 않는 시간 변환 대칭의 결과 입니다. 물리 법칙의 저변에는 대칭성이 있다는 사실은 1918년에 독일 수학자 에 미 뇌터가 발견했는데, 과학계를 통틀어 아주 중요한 사실입니다. 이 책의 20장 참조.

7. 수증기의 온도가 T_h이고 주변에 방출해 손실되는 온도가 T_c라면 증기 기관의 에너지 효율은 $1-T_c/T_h$로 구합니다.(이때 온도는 절대 온도로 표시합니다. 아 래 주석 10번 참조.) 이 공식은 19세기 프랑스의 물리학자 사디 카르노(Sadi Carnot, 1796~1832)가 발견했습니다. 예를 들어 증기 기관이 사용하는 수증기 의 온도가 절대 온도 373도이고 주위로 빠져나간 온도가 절대 온도 300도라면 이 증기 기관은 전체 에너지에서 고작 20퍼센트 정도만 유용한 일을 하는 데 사 용한 것입니다.

8. 피스톤 자체는 무시해도 됩니다. 온도와 엔트로피는 미시적인 운동의 무질서 도를 나타내기 때문입니다. 피스톤은 전형적으로 질서 정연한 전체 운동(bulk motion)을 하는 경우입니다.

9. Arthur Eddington, *The Nature of the Physical World*.

10. 물리학자들은 온도를 표기할 때 흔히 절대 온도를 사용합니다. 절대 온도 0도 는 미시적 움직임이 아주 둔화되어 사실상 완전히 멈추는 온도를 뜻합니다. 절 대 온도 0도는 섭씨 영하 273도입니다. 물의 어는점은 섭씨 0도인데, 절대 온도 로 나타내면 273도입니다. 지표면의 평균 온도는 절대 온도 300도 정도입니다.

11. 태양에서 지구로 보내는 빛은 대부분 가시광선—절대 온도 5778도 정도 되는

광원이 방출하는 빛 — 이지만 지구가 우주로 방출하는 복사선은 육안으로는 볼 수 없는 적외선 — 대략 절대 온도 300도인 물체가 방출하는 빛 — 입니다.

12. 태양이 지구로 보낸 광자는 모두 절대 온도 5778도이지만 지구에서 우주로 돌아가는 광자는 모두 절대 온도 300도 정도입니다. 광자는 모두 거의 비슷한 엔트로피를 갖는다고 알려져 있습니다. 따라서 지구는 태양에게 받은 엔트로피보다 20배 정도 큰 엔트로피를 우주에 보냅니다. 늘어난 엔트로피는 지구에서 일어나는 모든 경이로운 일을 위해 우주가 치러야 하는 대가입니다.

13. 우주에서 벌어지는 모든 활동이 항성과 텅 빈 우주 공간의 온도 차이 때문에 생긴다면 분명히 다음과 같은 의문이 생깁니다. 무엇이 온도 차이를 만들까요? 바로 중력입니다. 빅뱅이 있고 얼마 지나지 않아 우주의 물질은 온도가 균일한 공간에서 균일하게 퍼져 나갔습니다. 하지만 평균보다 좀 더 조밀한 지역이 생겼고, 그곳으로 물질이 모이기 시작했습니다. 그 결과 물질은 좀 더 조밀하게 뭉쳐 덩어리가 됐고, 물질이 뭉친 곳의 온도는 올라갔습니다. 중력은 뜨뜻미지근하고 균일한 우주를 뜨거운 물질 — 항성 — 이 가득 찬 우주로 바꾸었습니다.

14. 엔트로피는 한 계(system)에 대한 **정보 부족**과 관계가 있습니다. 다시 말해서 한 계에 대한 무지와 관계가 있는 것입니다. 예를 들어 만일 에너지가 무질서한 수증기 안에 있다면 수많은 분자 중에 어떤 것이 운동 에너지를 갖고 있는지는 알 수 없습니다. 따라서 엔트로피가 높다는 것은 무지한 정도가 높다는 뜻입니다. 피스톤이 움직일 때는 어디에 운동 에너지가 있는지 분명하게 알 수 있습니다. 피스톤 전체가 운동하는 것입니다. 따라서 엔트로피가 낮다는 것은 무지한 정도가 낮다는 뜻입니다.

15. Howard Resnikoff, *The Illusion of Reality*.

16. 실제로 1998년 이후 과학자들은 우주의 팽창 속도가 수수께끼에 싸인 암흑 에너지의 밀어내는 힘 때문에 빨라지고 있다는 사실을 알게 됩니다. 따라서 물질의 운명은 정신없이 빠른 속도로 팽창하는 공간 속에서 그 존재가 묽게 희석되는 것일지도 모릅니다. 어떤 예측보다도 **더 지루한 일**이 전개되고 있는 것입니다.

15장 미시 세계에서 신은 주사위 놀이를 한다 : 양자 이론

1. 이 책의 18장 참조.

2. Werner Heisenberg, *Physics and Philosophy*. 한국어판은 구승희 옮김, 《하이젠베르크의 물리학과 철학》(온누리, 2011).

3. Werner Heisenberg, *Quantum Theory*. 한국어판은 《양자역학이 사고전환을 가져온다》(윤당, 1998).

4. 여기 시공간에 관한 흥미로운 유사점이 있습니다. 우리처럼 3차원 존재는 4차원인 시공간을 제대로 파악할 수 없습니다. 우리가 경험할 수 있는 것은 시공간의 일부 측면인 시간과 공간뿐입니다(이 책의 16장 참조). 마찬가지로 우리가 볼 수 있는 것은 빛의 일부 측면인 입자로서의 측면과 파동으로서의 측면뿐입니다.

5. 우주가 본질적으로 예측할 수 없는 것이 아니라면 우주는 없었습니다. 적어도 우리가 여기에 있는 데 필요한 만큼 복잡성을 지닌 우주는 없었을 것입니다. 왜냐하면 인플레이션이라고 부르는 우주론의 표준 모형에 따르면 우주는 어떠한 정보도 저장할 수 없을 만큼 아주 작은 상태로 시작했기 때문입니다. 현재 우주는 엄청나게 많은 에너지를 저장하고 있습니다. 우주에 있는 모든 원자의 종류와 위치를 서술하려면 얼마나 많은 정보가 필요할지 상상해보십시오. 그 모든 정보가 어디에서 왔는가라는 의문은 양자 이론이 대답해줍니다. 왜냐하면 무작위성은 정보와 아주 밀접한 관련이 있기 때문입니다. 방사성 원자의 붕괴 같은 빅뱅 이후의 양자적 사건은 모두 무작위로 일어나면서 우주에 정보와 복잡성을 주입했습니다. 아인슈타인은 "신은 (우주를 가지고) 주사위 놀이를 하지 않는다."라고 말했는데, 그보다 더 틀릴 수는 없습니다. 신이 주사위를 가지고 놀지 않았다면 우주는 없었을 것입니다. 적어도 흥미로운 정보를 가득 담고 있는 우주는 없었을 것입니다. 내 책《절대 온도에 대하여(We Need to Talk About Kelvin)》10장 '무작위 현실(Random Reality)' 참조.

6. 엄밀히 말해서 특정 위치에서 원자를 찾을 확률은 그 위치에서의 파동 함수의 제곱, 즉 양자 파동의 진폭을 제곱한 값에 따릅니다.

7. 내 트위터 팔로워인 @Katharine_T29m은 "나머지 톰슨 가족들이 모이면 분명

히 재미있을 거예요. 입자야, 파동이야, 아니야 입자야, 하고 서로 싸우지 않을까요?"라고 했습니다.

8. 믿기 힘들겠지만 설사 데이비슨과 저머가 금속 결정에 **전자를 한 번에 하나씩만 쏘았고, 한 번 쏠 때마다 1시간씩 쉰다고 해도** 시간이 지나면 정확하게 같은 패턴이 나타났을 것입니다. 전자가 **나타나는** 방향과 **나타나지 않는** 방향이 교대로 존재하는 것입니다. 따라서 패턴이 생기는 이유는 서로 **다른** 전자들의 양자 파동이 서로 간섭하기 때문이 아닙니다. 단일 전자의 양자 파동이 서로 간섭하기 때문에 패턴이 생기는 것입니다. 각각의 전자는 동시에 모든 방향으로 갈 수 있는 중첩 상태에 있고, 이 중첩의 개별적인 파동이 서로를 간섭합니다. 양자 이론은 정말 끝내주는 이론입니다.

9. 엄밀하게 말해서 스핀이 2분의 1이라는 의미는 한 전자의 스핀이 $1/2 \times (h/2^*\pi)$ 라는 뜻입니다. h는 플랑크 상수입니다.

10. 역사가 다르게 흘렀다면 가장 작은 스핀의 단위는 1이 되었을 뿐 아니라 가장 작은 전하의 단위도 1이 되었을 수도 있습니다. 하지만 역사는 그렇게 흐르지 않았기 때문에 가장 작은 전자의 스핀은 1/2가 되었고 쿼크의 전하량은 1/3과 2/3가 되었습니다.

11. 이 책의 8장 참조.

12. 이 책의 16장 참조.

13. 이 책의 8장 참조.

14. 한 입자의 파장은 1923년에 루이 드브로이가 추정한 것처럼 입자의 운동량에 반비례합니다. 정확하게 말해서 운동량이 p라면 입자의 파장은 $(h/2^*\pi)/p$입니다.

15. 으깨지지 않으려는 전자파의 저항 때문에 전자 축퇴압(electron degeneracy pressure)이 생깁니다. 앞으로 50억 년 안에 태양은 열 공급을 멈추고 중력이 우위를 차지해 결국 지구만 한 크기로 줄어들 것입니다. 태양이 그 이하로 줄어들지 않는 이유는 전자 축퇴압—으깨지지 않으려는 전자파의 저항—때문입니다. 입자의 관점에서 보면—파동의 관점에서 볼 때보다 더 복잡한데—전자 축퇴압은 하이젠베르크의 불확정성 원리 때문에 생깁니다. 하이젠베르크의 불확정성 원리에 따르면 입자가 들어 있는 공간이 작으면 작을수록 운동량은 커짐

니다. 벌을 가둔 상자가 작을수록 벌이 화가 나서 더 격렬하게 움직이는 걸 생각해보면 이해하기 쉬울 겁니다.

16. 이 책의 18장 참조.

17. 내 트위터 팔로윈 @MrDFJBaileyEsq는 "나는 오히려 0.00000000000001퍼센트는 완벽한 사람인 유리예요."라고 했습니다.

18. 태양계에서 행성은 아무 곳에서나 궤도를 돌지 않습니다. 예를 들어 화성과 거대한 목성 사이에 있는 공간에는 작은 소행성들만 있습니다. 목성의 강력한 중력이 발휘하는 파괴적인 영향력 때문에 이곳에서는 제대로 된 행성이 만들어지지 않습니다.

19. 전자의 스핀, 파동적 특성, 입자의 비구분성(indistinguishability)이 어떻게 파울리의 배타 원리와 연결되는지는 내 책 《절대 온도에 대하여》 3장 '한번에 한 콩깍지에 완두콩을 두 개 이상 넣지 마라(No more than Two Peas in a Pod at a Time)'에서 자세히 다루었습니다.

16장 빨리 달릴수록 시간은 천천히 간다 : 특수 상대성 이론

1. 상대성 이론은 관찰자에 대해 상대적으로 운동을 하는 사람은 그가 움직이는 방향으로 몸이 수축되어 보인다고 예측하지만, 그것이 관찰자가 보는 정확한 모습은 아닙니다. 다른 효과도 작용합니다. 운동하는 사람의 먼 부분보다 가까운 부분에서 출발한 빛이 관찰자에게 더 빨리 도달합니다. 그 때문에 관찰자에게는 상대방이 회전하는 것처럼 보입니다. 즉 운동하는 사람이 얼굴을 관찰자에게 향하고 있다면 관찰자는 그 사람의 뒤통수도 조금 볼 수 있는 것입니다. 이 독특한 효과를 상대론적 수차(relativistic aberration) 혹은 상대론적 분사출(relativistic beaming)이라고 합니다.

2. 뮤온의 붕괴 혹은 분해는 예측할 수 없는 무작위 과정입니다. 하지만 물리학자들은 뮤온에 반감기가 있다고 합니다. 반감기를 한 번 지나면 뮤온의 양은 처음 양에서 절반으로 줄어들고, 반감기를 두 번 지나면 다시 반이 줄어들어 처음 양의 4분의 1이 되고, 반감기를 세 번 지나면 다시 반이 줄어들어 처음 양의 8분의 1이 되는 식입니다.

3. 이런 상황은 쉽게 상상할 수 있습니다. 두 폭죽이 동시에 터졌을 때 두 폭죽 사이에 있으면서 두 폭죽이 동시에 터지는 모습을 보는 사람이 있다고 생각해봅시다. 그런데 보는 장소가 달라 한 폭죽이 터진 뒤에 다른 폭죽이 터지는 모습을 보는 사람도 있습니다. 더 먼 곳에서 터진 폭죽의 빛이 나중에 도착하기 때문에 동시에 일어난 사건이 다른 시간에 각각 일어난 사건으로 보이는 것입니다.

4. 이 책의 18장 참조.

5. 1964년에 영국 물리학자 피터 힉스와 다섯 사람이 제안한 생각에 따르면 전자와 같은 기본 입자의 질량은 내재적이 아니라 **외재적**입니다. 기본 입자의 질량은 우주 전역에 퍼져 있는 힉스 장과 상호작용하기 때문에 생깁니다. 힉스 장은 아원자 입자의 진로를 방해하는 눈에 보이지 않는 우주 당밀처럼 작용합니다. 우리가 질량이라고 생각하는 것은 운동에 대한 저항입니다. 꽉 찬 냉장고를 밀면 움직이지 않습니다. 힉스는 그 이유를 우주의 당밀 속에서 냉장고를 밀기 때문이라고 말합니다. 전자가 전기장의 양자(quantum)인 것처럼 힉스 입자는 힉스 장의 양자입니다.

6. 엄밀하게 말해서 시공간 간격은 모든 관찰자에게 동일하게 $\sqrt{(x^2+y^2+z^2-c^2t^2)}$ 입니다. x, y, z는 사건들 사이의 공간 간격을 뜻합니다.

17장 중력은 시공간을 비틀어놓는다 : 일반 상대성 이론

1. 이 책의 16장 참조.

2. 어떤 물체의 속도가 1초당 초속 9.8미터로 가속되고 있다는 것은 그저 1초가 지날 때마다 속도가 초속 9.8미터씩 더 증가한다는 뜻입니다.

3. James Chin-Wen Chou et al., 'Optical Clocks and Relativity', *Science*, 24 September 2010, vol. 329, p. 1630.

4. 블랙홀은 중력이 아주 강해서 심지어 빛조차도 밖으로 빠져나올 수 없는 시공간의 지역입니다. 이곳은 아주 거대한 항성이 생명을 다한 뒤에 자체 중력 때문에 중심으로 엄청나게 수축하고 남은 지역이라고 하겠습니다. 이 책의 22장 참조.

5. 광자는 고유 질량, 즉 정지 질량이 없습니다. 광자에 유효 질량이 있는 이유는

전적으로 광자의 에너지, 즉 운동량 때문입니다. 이를 두고 운동 질량이라고 말합니다.

6. 중력이 가속도와 완벽하게 같지 않다면 일반 상대성 이론을 떠받치는 전체 기반이 약해질 것처럼 보입니다. 하지만 중력과 가속도는 언제나 **국소적으로만** 구별할 수 없을 뿐입니다. 다시 말해서 아주 작은 공간에서만 구별할 수 없습니다. 그러나 작은 공간에서 중력과 가속도가 같다는 등가 원리가 적용되기만 한다면 충분히 일반 상대성 이론을 확립하는 토대가 될 수 있음이 밝혀졌습니다.

7. 달이 태양을 완전히 가리는 개기 일식은 정말 운이 좋은 우연 때문에 생깁니다. 지구에서 태양은 달보다 400배 정도 먼 곳에 있는데, 크기 또한 400배 정도 더 큽니다. 그 때문에 하늘에 떠 있는 달과 태양은 크기가 거의 같아 보입니다. 달은 해마다 4센티미터 정도 지구에서 멀어지고 있습니다. 따라서 1억 년 정도 지나면 개기 일식은 일어나지 않을 것입니다.

8. 아인슈타인이 1915년에 발표한 장(field) 방정식은 $G^{mn} = -(8pG/c^2)T^{mn}$입니다. 이 방정식이 뜻하는 의미는 시공간의 뒤틀림, 즉 기하학 구조(G^{mn})는 물질과 에너지(T^{mn})로 생성된다는 뜻입니다. 위첨자는 각각이 시공간의 네 좌표를 상징하기 때문에 사실상 방정식은 $4 \times 4 = 16$개가 있습니다. 하지만 반복되는 것도 있어서 실제로 방정식은 10개입니다. 그렇다고 해도 여전히 뉴턴의 중력 법칙보다는 10배나 많습니다.

9. 뉴턴은 중력을 **모든** 물체 사이에 작용하는 끌어당기는 힘이라고 했습니다. 태양과 지구 사이에서만 그런 힘이 작용하는 것이 아니라 당신과 당신 옆에 서 있는 사람 사이에도, 당신과 당신 주머니에 있는 동전 사이에도 작용하는 힘입니다. 중력은 극단적으로 약하지만 질량이 클수록 커지기 때문에 길거리를 걷는 사람들은 땅에 찰싹 달라붙지 않지만 지구는 태양에게 붙잡혔습니다. 중력은 상호작용하는 힘입니다. 따라서 지구가 우리를 끌어당기는 힘만큼 우리도 지구를 끌어당깁니다. 지구가 우리에게 발휘하는 영향력이 우리가 지구에 발휘하는 영향력보다 큰 이유는 그저 우리가 작고 더 쉽게 움직이기 때문입니다.(BBC4 과학 코미디 시리즈 〈그저 이론이야(It's Only a Theory)〉의 시범 방송에서 영국 코미디 작가 앤디 해밀턴(Andy Hamilton)은 "그래서 나는 덩치가 큰 여자

한테 끌리는데 덩치가 큰 여자는 왜 나한테 관심이 없는 거야?"라고 했는데, 그
건 정말 중요한 사실을 지적한 것입니다!)

10. 엄밀히 말해서, 다른 물체의 역제곱 힘에 영향을 받으며 운동하는 물체는 타원
이나 포물선이나 쌍곡선 같은 원뿔 곡선의 경로를 따릅니다. 만약 물체가 영향
을 받는 중력을 빠져나갈 힘이 부족하면 물체는 타원을 그리며 돕니다. 중력을
빠져나갈 힘이 충분하면 쌍곡선 경로를 그립니다. 중력장에 갇히는 것과 영원
히 탈출하는 것 사이에서 위태롭게 비틀거릴 때는 포물선 경로로 움직입니다.

11. 스펙트럼은 빛이 개별적인 단색광으로 나누어질 때(혹은 퍼질 때) 생깁니다. 무
지개에서 보이는 몇 가지 색밖에는 구별하지 못하던 우리 인간은 지난 반세기
동안 시력을 인공적으로 향상시켜 감마선부터 라디오파에 이르기까지 엄청나게
많은 빛을 새로 발견했습니다. 이 책의 8장 참조.

12. 중성자별은 초신성이 폭발하고 남은 잔해인데 극도로 밀도가 높습니다. 역설
적이게도 거대한 항성이 수명을 다하면 바깥층은 우주로 날아가버리지만 중심
핵은 폭발하면서 안쪽으로 붕괴합니다. 중성자별은 에베레스트 산맥만 한 크기
에 태양 같은 질량을 담고 있습니다. 따라서 각설탕 하나 크기만 한 중성자별도
지구에 사는 모든 사람들의 질량을 다 더한 것만큼 무겁습니다. 이 책의 18장
참조.

13. 이 책의 22장 참조.

14. 태양 너머에서도 한 줌의 중성미자를 발견했습니다. 따라서 역시 우주선
(cosmic ray)에 속하는 원자핵도 초신성이 폭발할 때 우주로 퍼져 나갈 가능성
은 있는 셈입니다. 하지만 기본적으로 우리가 우주에 관해서 아는 것은 망원경
으로 잡은 빛이 알려주는 정보뿐입니다.

18장 우주 만물의 이론을 품은 가장 작은 세계 : 원자

1. *The Feynman Lectures on Physics*, vol. 1. 한국어판은 박병철 옮김,《파인만
의 물리학 강의》(승산, 2004).

2. 세상의 본질은 단순하다는 생각은 아주 힘이 셉니다. 이 생각은 뉴턴 이후에
물리학을 이끈 무언의 신념이자 원동력이었습니다. 어째서 이 생각이 옳은지는

아무도 모릅니다. 하지만 이 생각 덕분에 자연이 품은 더 심오하고 더 단순한 법칙을 발견하게 된 것은 분명한 사실입니다.

3. 개별적인 원자는 1980년에 이르러서야 **직접** 볼 수 있었습니다. 스위스 취리히 IBM의 게르트 비니히(Gerd Binnig, 1947~)와 하인리히 로러(Heinrich Rohrer, 1933~2013)가 주사형터널현미경(STM, Scanning Tunnelling Microscope)을 발명한 덕분입니다. 주사형터널현미경은 물질의 표면을 지나가는 아주 가는 바늘이 위아래로 움직이면서 물체 표면의 형태를 감지합니다. 눈이 보이지 않는 사람이 손가락으로 상대방의 얼굴을 어루만져 그 사람의 얼굴을 그리는 경우를 생각해보면 이해하기 쉬울 겁니다. 주사형터널현미경을 이용해 비니히와 로러는 원자의 풍경을 '볼' 수 있었습니다. 원자는 데모크리토스가 2천 년도 훨씬 전에 상상했던 것처럼 아주 작은 축구공 모양이었고, 상자에 차곡차곡 담긴 오렌지처럼 가지런하게 배열해 있었습니다. 주사형터널현미경을 발명한 공로로 두 사람은 1986년에 노벨 물리학상을 받았습니다.

4. 이 책의 14장 참조.

5. James Clerk Maxwell, 'On the Motions and Collisions of Perfectly Elastic Spheres', *Philosophical Magazine*, January and July 1860.

6. Tom Stoppard, *Hapgood*.

7. 원자 한 개로 단일 중성미자를 멈추게 할 수는 없지만, 중성미자가 지나가는 경로에 원자를 다량 놓으면 교묘하게 빠져나가는 중성미자를 감지할 수 있습니다. 일본 기후 현의 산속 깊은 곳에 슈퍼카미오칸데(SuperKamiokande)라는 중성미자 관측 장치가 설치되었습니다. 이 장치는 초순수(ultrapure water) 5만 톤을 담은 14층짜리 '통조림통'입니다. 중성미자는 물 분자에 들어 있는 양성자와 가끔 상호작용합니다. 중성미자가 물속을 통과하면서 소닉 붐(sonic boom)에 상응하는 빛을 만들어내는 것입니다. 이 푸른색 체렌코프 빛―다 쓴 핵연료를 저장하는 저수조에서 관찰되는 특유의 빛―을 통조림통 내부를 덮고 있는 빛 감지기가 탐지합니다. 슈퍼카미오칸데는 지금까지 과학의 역사에서 보지 못했던 놀라운 영상을 그려냈습니다. 태양의 모습을 말입니다. 그것도 낮에 하늘을 올려다보는 것이 아니라 밤에 땅속으로 12760킬로미터 떨어진 지구 반대

편을 내려다보면서 빛이 아니라 중성미자로 그렸습니다. http://tinyurl.com/ao4wdny.

8. 중성미자는 2초면 태양을 벗어나고 8분 19초가 지나면 지구에 도달하지만 태양 광선이 태양을 벗어나는 데 걸리는 시간은 3만 년 정도입니다. 결국 오늘 우리가 보는 빛은 3만 년 전에 태양 중심에서 여행을 떠난 빛인 셈입니다. 그때 지구는 마지막 빙하기가 한창 진행 중이었습니다.

9. 이 책의 16장 참조.

10. 이 책의 15장 참조.

11. 이론적으로 파울리의 배타 원리는 전자 같은 입자가 (1) 구별할 수 없고 (2) 파동처럼 행동하고 (3) 페르미온—기술적으로 말해서 반정수 스핀 값을 가진 입자—처럼 행동하기 때문에 생기는 결과입니다. 이 책의 15장 참조.

12. 만약 비활성 상태의 중성미자가 있다면 중성미자의 종류는 더 늘어날 것입니다. 일반적인 중성미자는 사회성이 떨어지지만 약한 핵력 아래에서는 아주 가끔 보통 물질과 **반응합니다**. 하지만 비활성 중성미자는 그런 반응을 하지 않습니다. 비활성 중성미자가 보통 물질과 반응하는 경우는 오직 중력의 영향을 받을 때뿐입니다.

13. 이 책의 16장 참조.

14. 이 책의 17장 참조.

15. 이론적으로 페르미온은 양자 스핀 값이 반정수이고 보손은 정수입니다. 그렇기 때문에 페르미온은 파울리의 배타 원리를 따르고—즉 아주 비사교적이고, 보손은 파울리의 배타 원리를 무시합니다—아주 사교적이라는 뜻입니다. 내 책 《절대 온도에 대하여》 3장 '한번에 한 콩깍지에 완두콩을 두 개 이상 넣지 마라' 참조.

16. 이 책의 21장 참조.

17. Murray Gell-Mann, 'What Is Complexity?', *Complexity*, vol. 1 no. 1, 1995.

18. 내 책 《절대 온도에 대하여》 10장 '무작위 현실' 참조.

19. Forest Ray Moulton (ed.), *The Cell and the Protoplasm*, p. 18.

19장 현재라는 시간은 없다 : 시간

1. Douglas Adams, *The Hitch Hiker's Guide to the Galaxy*. 한국어판은 김선형, 권진아 옮김, 《은하수를 여행하는 히치하이커를 위한 안내서》(책세상, 2005).

2. '최후의 산란면'은 원자핵과 전자가 결합해 최초의 원자들을 만들 수 있을 만큼 빅뱅의 불덩이가 충분히 차가워진 지점을 뜻합니다. 자유 전자는 쉽게 빛을 산란하고 왔던 길로 되돌아 가지만 원자에 묶인 전자는 그럴 수 없습니다. 최후의 산란면 시대 이전에 우주는 빛이 뚫고 지나갈 수 없는, 안개로 가득 찬 듯한 상태에 있었습니다. 그러나 최후의 산란면부터는 빛이 아무런 방해를 받지 않고 곧게 뻗어 나갔고, 우주는 투명해졌습니다. 지금 우리가 보는 우주 배경 복사는 최후의 산란면 시대가 남긴 빛입니다. 이 책의 21장 참조.

3. 우주가 공간이 시간으로 바뀌는 장소라면 반대로 "박물관은 시간이 공간으로 변하는 장소"입니다. (Orhan Pamuk, *The Museum of Innocence*).

4. 이 책의 16장 참조.

5. 이 책의 17장 참조.

6. Charles Misner, Kip Thorne and John Wheeler, *Gravitation*, p. 937.

7. 이 책의 14장 참조.

8. 열역학 제2법칙은 그 모든 세부 사항 때문에 사실상 동어반복이라고 할 수 있습니다. 뉴욕 클라크슨대학의 래리 슐먼(Larry Schulman) 교수의 말처럼 그저 "가장 있을 만한 일이 가장 많이 생긴다."라고 말하고 있을 뿐입니다.

9. 물리학에서는 한 물체의 구성 요소들이 재배열된 뒤에도 여전히 그 물체일 수 있는 길의 수—기술적으로 말해서 '하나의 거시 상태에 상응하는 미시 상태의 수'—는 W로 나타냅니다. 엔트로피 S는 $k \log W$로 구합니다(k는 볼츠만 상수입니다). 이것이 열역학 제2법칙의 최종 진술입니다. 이것은 정말 아름답고 강력한 물리학 방정식이며, 빈에 있는 볼츠만의 무덤 비석에 새겨진 글귀이기도 합니다.

10. 극도로 질서 정연한 상태란 극도로 존재할 법하지 않은 상태라는 말과 같습니다. 그 때문에 물리학자들은 불안해합니다. 그런데 래리 슐먼은 초기 우주가 극도로 질서 정연했던 이유를 이해하는 열쇠는 '최후의 산란면 시대'에 있다고 했

습니다. 우주가 탄생하고 37만 9000년 정도가 흐른 뒤인 최후의 산란면 시대에는 빅뱅 불덩이가 충분히 식었기 때문에 원자핵과 전자가 결합해 우주 최초로 원자들을 만들 수 있었습니다. 결정적으로 자유 전자는 광자와 격렬하게 반응하지만 원자에 묶인 전자는 그렇지 않습니다. 빅뱅 불덩어리 속에는 전자 한 개당 반응할 수 있는 광자가 100억 개 정도 있었습니다. 따라서 우주의 나이가 37만 9000년이 되기 전까지는 중력이 물질을 끌어당기려고 해도 흩어지고 말았습니다. 하지만 37만 9000년이 흐른 뒤에는 중력도 더는 방해받지 않았습니다. 중력이 핵심 열쇠입니다. 차가워진 빅뱅의 불덩어리 속에서 물질은 모든 공간에 극단적으로 고르게 퍼져 있었습니다. 그런데 중력이 없는 상태가 무질서하다는 것은 가장 그럴 듯한 일이지만 중력이 있을 때 질서가 생긴다는 것은 가장 있을 수 없는 상태입니다.(중력이 있을 때 물질이 취할 수 있는 가장 그럴 듯한 상태는 덩어리를 만드는 것입니다. 오늘날 우주에서 볼 수 있는 은하나 항성 같은 덩어리 말입니다.) 그런데 최후의 산란면 시대에는 물질 분포는 바뀌지 않았지만 중력의 스위치를 켜는 순간 우주는 갑자기 극단적으로 있을 수 없을 것 같은 상태인 질서를 찾았습니다.(다음을 참조하라. L. S. Schulman, 'Source of the Observed Thermodynamic Arrow', *Journal of Physics: Conference Series*, vol. 174 no. 1 (2009), 12,022.)

11. James Hartle, 'The Physics of Now', *American Journal of Physics*, vol. 73, issue 2 (February 2005), p. 101; http://arxiv.org/abs/grqc/0403001.

20장 어떻게 무에서 우주가 생겨났을까? : 물리 법칙

1. Philip Anderson, 'More Is Different', *Science*, vol. 177 no. 4047 (4 August 1972).

2. 'Laws of Physics for Cats', http://funny2.com/catlaws.htm.

3. 실제로 뉴턴의 중력 법칙은 가장 일반적인 상황에서, 그러니까 중력이 비교적 약한 상태일 때만 옳다는 사실이 밝혀졌습니다. 중력이 약할 때와 강할 때를 모두 설명하는 중력 법칙은 아인슈타인의 일반 상대성 이론입니다. 이 책의 17장 참조.

4. 과학 법칙으로 압축되는 과학 이론의 두드러진 특징은 **입력보다 많은 출력을 얻는 다는 것입니다.** 비과학(pseudoscience)은 모두 이 조건을 넘지 못합니다. 예를 들어 우주를 설명하기 위해 도입한 창조론은 우주—신이라는 이름으로 불리는—그 자체보다 훨씬 복잡한 요소를 전제로 해야 합니다. 출력보다 입력이 훨씬 큰 창조론은 과학과는 정반대에 있습니다.

5. 논란의 여지가 있지만, 수학이 물리학을 위한 완벽한 은유(metaphor)일 수 있는 이유는 수학이 곧 과학이기 때문이라고 설명하는 사람들이 있습니다. 스웨덴 출신의 미국 물리학자 맥스 테그마크(Max Tegmark, 1967~)는 점점 더 인기를 얻고 있는 '우리는 수많은 우주(다중 우주)와 앙상블을 이루는 한 우주에 살고 있다.'는 의견을 받아들인 뒤부터 다중 우주를 연구하고 있습니다. 테그마크는 우주마다 별개의 수학적 구조를 따른다고 주장합니다. 다시 말해서 평면 기하학(2차원 기하학)이 구현된 우주도 있고 불연산(Boolean logic, 0과 1 또는 참과 거짓의 값을 이용하는 논리학의 한 분야)이 구현된 우주도 있는 것입니다. 하지만 이런 우주들은 대부분 죽은 상태입니다. 지능을 출현시키기에 충분할 정도로 복잡한 수학과 물리학을 채택한 우주만이 지능을 만들어낼 수 있습니다. 테그마크는 우리가 바로 그런 우주에서 산다고 했습니다. 사실 그럴 수밖에 없지 않을까요?(Max Tegmark, 'Is the "Theory of Everything" Merely the Ultimate Ensemble Theory?', *Annals of Physics*, vol. 270, issue 1 (20 November 1998), pp. 1~55.)

6. Neil deGrasse Tyson, *Death by Black Hole: And Other Cosmic Quandaries*. 한국어판은 박병철 옮김, 《타이슨이 연주하는 우주 교향곡》(승산, 2008).

7. Alan Sokal, 'A Physicist Experiments with Cultural Studies', *Lingua Franca*, May/June 1996; http://tinyurl.com/mvow.

8. 기초 물리학은 우리가 얼마나 빨리 움직이는지 혹은 중력이 얼마나 강하게 작용하는지와 같은 관찰자의 관점에 좌우되지 않는 법칙을 찾습니다. 즉 누구나 인정할 수 있는 법칙을 찾는 것입니다. 상대성 이론에서는 관찰자에 좌우되지 않는 이런 법칙을 '공변(covariant)'이라고 부릅니다.

9. 사실 나는 2012년에 오스트레일리아 서부에 있는 브룸(Broome)에서 팔이 네 개인 불가사리를 봤습니다.

5부 우주는 어떻게 움직이나

21장 우주는 어떻게 시작되었는가 : 우주론

1. 처음에는 비교적 크기가 작은 은하가 생겼습니다. 하지만 지난 100억 년 동안 작은 은하들은 서로 합병하거나 한쪽이 다른 쪽을 집어삼키면서 점점 커졌고, 마침내 오늘날 볼 수 있는 커다란 은하가 되었습니다.

2. John Haines, 'Little Cosmic Dust Poem' (1983); http://tinyurl.com/crwo3y4.

3. 엄밀하게 말해서 우주 배경 복사는 원적외선의 파장인 1밀리미터 영역에서 가장 밝습니다. 하지만 가장 먼저 발견된 형태는 쉽게 관측할 수 있는 전자파의 파장인 수 센티미터 영역에서였습니다.

4. 엄밀하게 말해서 빅뱅의 잔열로 빛나는 우주를 보려면 아주 높은 고도로 올라가거나 우주로 나가야 합니다. 대기에서는 수증기가 원적외선 형태로 오는 우주 배경 복사를 흡수하기 때문입니다. 높은 고도에서는 수증기가 얼어붙습니다.

5. 한때는 빅뱅의 경쟁 이론도 있었습니다. 1948년에 프레드 호일과 헤르만 본디와 토머스 골드는 우주는 팽창하지만 새로운 은하를 만들기 위해 무(無)에서 새로운 물질이 끊임없이 튀어나오기 때문에 우주는 절대로 묽어지지 않고 항상 같은 모습을 유지한다고 발표했습니다. 이 정상 상태 우주론은, 멀리 있는 고대 우주는 현대 우주와 상당히 다르게 생겼다는 사실이 밝혀지고 1965년에 우주 배경 복사가 발견되면서 역사의 뒤안길로 사라졌습니다.

6. 수소의 원자핵들이 서로 충분히 가까이 가면 강력한 핵력의 영향을 받습니다. 폭발한 폭탄에서 퍼져 나가는 파편이 다시 한곳으로 모이는 것처럼 수소 원자핵은 서로를 향해 떨어져 내리기 시작합니다. 떨어지는 속도는 점점 빨라지고 마침내 수소의 원자핵들은 서로 합쳐집니다. 그런데 수소 원자핵이 결합하기

위해 밑으로 떨어질 때는 엄청난 운동 에너지를 획득합니다. 따라서 원자핵이 결합할 때 밖으로 튕겨나가지 않고 서로 붙으려면 반드시 이 운동 에너지를 외부로 버려야 합니다. 수소가 결합해 헬륨이 될 때 남는 잉여 에너지는 고에너지 입자, 즉 감마선의 형태로 밖으로 방출됩니다. 여기서 자세한 내용은 중요하지 않습니다. 중요한 것은 수소의 원자핵으로 헬륨의 원자핵을 만들 때는 막대한 양의 에너지를 버려야 한다는 것입니다. 이것이 햇빛의 근본적인 기원입니다. 내 책《마법의 용광로: 원자의 기원을 찾아서(The Magic Furnace)》(이정모 옮김, 사이언스북스, 2001) 참조.

7. 절대 영도(섭씨 영하 273도)는 존재할 수 있는 가장 낮은 온도입니다. 양자 이론이 등장하기 전까지 고전 물리학은 온도가 낮아지면 원자의 움직임은 점점 둔해진다고 예측했습니다. 절대 영도에서 원자는 완전히 멈춥니다.

8. 우주가 탄생하고 37만 9000년 정도 흘렀을 때 우주 배경 복사가 물질의 자유를 깨뜨렸습니다. 우주 배경 복사는 그 전에도 있었지만 자유 전자 때문에 공간을 쭉 뻗어 나가지 못하고 흩어지거나 왔던 길을 되돌아가야 했습니다. 하지만 우주 탄생 이후 37만 9000년 정도가 흐르면 우주는 충분히 식었기 때문에 전자가 원자핵과 결합해 최초의 원자들이 되었습니다. 자유 전자가 길을 막지 않자 빅뱅 불덩어리 속에 있는 광자들은 갑자기 자유롭게 우주 공간으로 뻗어나갔습니다. 우리는 그 빛을 우주 배경 복사라는 형태로 직접 관찰할 수 있습니다. 우주 배경 복사는 최후의 산란면 시대에서 곧바로 우리를 향해 날아왔습니다.

9. 1905년에 발표한 아인슈타인의 특수 상대성 이론은 우주의 한계 속도는 빛의 속도라고 했습니다. 아인슈타인이 1915년에 발표한 일반 상대성 이론에 따르면 우주는 어떤 속도든 자신이 원하는 속도로 팽창할 수 있습니다. 우주가 빛보다 빠른 속도로 팽창했다는 증거는 관찰할 수 있는 우주의 크기를 보면 알 수 있습니다. 우주의 나이는 138억 년밖에 안 됐지만, 우주의 지름은 빛이 840억 년을 가로지른 크기입니다.

10. 양자 이론에 따르면 진공은 텅 비어 있지 않습니다. 텅 빈 것과는 전혀 거리가 멉니다. 일상의 세계에서는 에너지 보존의 법칙이 에너지가 무(無)에서 생기는 것을 금지하지만, 아원자의 세계에서 자연은 그 법칙을 무시합니다. 아원자 세

계에서는 에너지가 무에서 생길 수 있습니다. **단, 곧바로 다시 무로 돌아가기만 한다면 말입니다.** 아버지 몰래 아버지의 차를 타고 밤에 외출한 십 대 소년을 생각해 보세요. 소년이 아버지가 알기 전에 차를 다시 돌려놓기만 한다면 아무 일도 없을 겁니다. 마찬가지로 자연도 극도로 짧은 시간 동안만이라면 아무것도 없는 상태에서 에너지가 생겨나도 신경 쓰지 않습니다. 그 때문에 텅 빈 것과는 전적으로 거리가 먼 양자 진공에서는 끊임없이 에너지가 요동칩니다.

11. 아인슈타인의 중력 방정식에 따르면 에너지의 밀도가 u이고 에너지의 압력이 P일 때 중력의 원천(근원)은 $u+3P$입니다. 일반적으로 두 번째 항은 무시하는데, 그 이유는 일반적인 상황에서라면 물질의 에너지 밀도와 비교했을 때 물질 주위를 부산하게 돌아다니는 미시적 구성 요소 때문에 생기는 물질의 압력은 무시할 수 있을 정도이기 때문입니다. 하지만 압력을 무시하면 안 되는 미지의 물질은 언제나 존재할 가능성이 있습니다. 또한 물질의 압력 P가 음수이고 그 값이 $-u/3$보다 작다면 중력의 원천 값($u+3P$)은 음수가 되기 때문에 중력은 **밀어내는 힘을 갖게 됩니다. 끌어당기는 중력이 아니라 밀어내는 중력이 생기는 것입니다.** 인플레이션 때 가짜 진공은 바로 이 때문에 생겼습니다. 그런데 사실 음의 압력(부압negative pressure)은 바깥으로 미는 힘이 아니라 진공에서 모든 곳에서 수축하는 힘을 뜻합니다. 하지만 기이하게도 중력에서는 밀어내는 힘으로 작용하고, 그 결과 인플레이션이 생겼습니다. 그 이유는 음의 압력은 직접적인 영향을 주지 않기 때문입니다. 수축하는 진공 덩어리는 모두 수축하는 진공 덩어리들에 둘러싸여 있기 때문에 음의 압력은 상쇄됩니다. 그 대신 음의 압력은 아인슈타인의 방정식에 전적으로 간접적으로만 영향을 끼쳐 밀어내는 중력을 만듭니다.

12. 전형적인 양자의 모습입니다. 붕괴할 것이냐 말 것이냐 같은 양자의 행동은 전적으로 무작위적이며 전적으로 예측 불가능합니다. 우주는 태어난 직후에는 양자적 존재였습니다. **원자보다 작았기 때문입니다.**

13. 공정하게 말하면 양자 이론과 아인슈타인의 일반 상대성 이론을 한데 합친 사람은 아직 없습니다. 중력에 관한 양자 이론은 잘 알려진 것처럼 암흑 에너지를 관찰하면 에너지 밀도를 **정확하게** 예측할 수 있을지도 모릅니다. 우주의 탄생

을 정확하게 이해하려면 반드시 아주 작은 것들의 이론인 양자 이론과 아주 큰 것들의 이론인 일반 상대성 이론을 합쳐야 합니다. 두 이론이 합쳐지면 아주 큰 것은 또한 아주 작은 것이 될 것입니다.

14. 빅뱅 불덩어리가 충분히 식어 전자가 원자핵과 결합해 우주에서 최초로 원자가 탄생한 뒤에야 은하를 형성할 물질들이 덩어리지기 시작했습니다. 그 전까지는 자유 전자가 광자와 격렬하게 반응했기 때문에 광자는 흩어졌습니다. 빅뱅의 불덩어리 속에서 광자는 대략 전자 한 개당 100억 개의 비율로 존재했습니다. 광자는 중력이 덩어리로 만든 물질 사이를 뚫고 나가면서 물질을 흐트러뜨렸습니다. 하지만 일단 전자가 원자에 묶이자 중력이 우주를 지배했습니다. 은하가 만들어지기 시작한, 우주 탄생 이후의 37만 9000년 무렵을 최후의 산란면 시대라고 합니다. 우주 배경 복사에는 이 시대를 말해주는 아주 귀중한 정보가 새겨져 있습니다.

15. 암흑 물질의 증거도 은하 내부에서 찾았습니다. 우리 은하처럼 회전하는 나선 은하의 바깥 부분에 있는 항성들은 **아주 빠른 속도로** 움직입니다. 따라서 이런 항성들은 회전하는 놀이기구 위에서 점점 더 빠른 속도로 도는 아이들이 그렇듯이 은하와 은하 사이의 빈 공간으로 날아가버려야 합니다. 하지만 그런 일은 생기지 않는데, 천문학자들은 그 이유를 막대한 양의 암흑 물질이 중력을 행사해 항성을 붙잡고 있기 때문이라고 설명합니다. 눈에 보이는 항성보다 훨씬 많은 양의 암흑 물질은 동그랗게 뭉쳐서 나선 은하의 평평한 원반에 박혀 있다고 여겨집니다.

16. 앞에서 우주에 존재하는 물질의 질량 25퍼센트를 헬륨이 차지하고 있다는 사실은 빅뱅이 있었다는 중요한 증거라고 했습니다. 헬륨은 **일반적인 물질의 절대 질량의 25퍼센트**를 차지하고 있습니다.

17. 내 책 《문 옆 우주(The Universe Next Door)》의 6장 '하늘에 뚫린 구멍들(The Holes in the Sky)' 참조.

18. 이전에는 우주의 나이나 팽창 속도 같은 우주의 매개 변수가 거의 알려져 있지 않았습니다. 그러나 2001년에 미우주항공국에서 빅뱅의 잔열을 찾기 위해 쏘아 올린 윌킨슨마이크로파이방성우주탐지기(WMAP, Wilkinson Microwave

Anisotropy Probe) 덕분에 상황이 바뀌었습니다. WMAP는 우주의 나이를 정확하게 측정할 수 있게 해주었습니다.

19. 거품을 두 가지 의미로 사용한 점을 사과드립니다. 인플레이션 진공을 형성하는 각각의 거품 안에는 사실 각각이 우리가 관측할 수 있는 우주 같은 빅뱅 지역(더 작은 거품)이 **무한히** 많이 들어 있습니다. 경계가 있는 무언가가 어떻게 무한대일 수 있는지 이해할 수 없는 사람도 있을 텐데, 무한대일 수 있는 이유는 인플레이션 진공이 믿을 수 없는 속도로 **빠르게** 팽창한다는 데 있습니다. 거품 안에 있는 관찰자는 절대로 경계에 **닿을 수 없기** 때문에 결과적으로 거품은 무한대가 됩니다.

20. Arthur C. Clarke, 'The Wall of Darkness', *The Other Side of the Sky*.

22장 모든 은하의 중심에는 블랙홀이 있다 : 블랙홀

1. 이 책의 17장 참조.

2. Kenneth Ford and John Wheeler, *Geons, Black Holes and Quantum Foam*.

3. 흔히 '블랙홀'이라는 용어를 존 휠러가 만들었다고 생각하지만 사실 휠러는 '블랙홀'이라는 용어를 널리 알린 사람입니다. 휠러는 《기하소자, 블랙홀, 양자 거품(Geons, Black Holes and Quantum Foam)》에서 "1967년 가을에…… 펄서에 관해 논의하는 학회에 (초대받아) 갔다. 내가 발표할 때, 나는 펄서의 중심은 '중력적으로 완벽하게 무너져 내린 물체(gravitationally completely collapsed object)'일 수도 있을 가능성을 고려해야 한다고 주장했다. 하지만 나는 그 개념을 설명하기 위해 '중력적으로 완벽하게 무너져 내린 물체'라는 말을 반복할 수는 없다고 했다. 그 개념을 간단하게 표현할 말이 필요했던 것이다. 그러자 한 청중이 '블랙홀이라고 부르는 건 어때요?'라고 제안했다. 그 전까지 나는 몇 달 동안이나 침대에서도, 욕조에서도, 내 차 안에서도, 내가 고요하게 있을 수 있을 때마다 적당한 용어를 찾기 위해 고민했다. '블랙홀'이라는 말을 듣자마자 그거야말로 완벽한 용어라고 생각했다. 1967년 12월 29일에 열린 좀 더 격식을 차려야 하는 시그마 Xi-파이 베타 카파 강연에 갔을 때, 나는 블랙홀이라는 용

어를 사용했고, 1968년에 그때 강의한 내용을 정리해 발표한 글에 그 용어를 실었다."라고 했습니다.(나중에 펄서는 블랙홀이 아니라 그저 '중성자별' 때문에 생긴다는 사실이 밝혀졌습니다.)

4. David Elbaz et al., 'Quasar Induced Galaxy Formation: A New Paradigm', *Astronomy and Astrophysics*, vol. 507 no. 3 (1 Decomber 2009), pp. 1359~1374; http://arxiv.org/abs/0907.2923.

5. 물리학은 미래를 예측하는 안내서입니다. 고전물리학에는 100퍼센트 확실한 미래가 하나 있습니다. 그러나 양자역학에는 각기 다른 확률을 가진 다양한 미래가 존재합니다. 예를 들어 뉴턴의 중력 법칙을 이용하면 물리학자들은 달이 오늘 있는 위치에서 내일 이동할 위치를 예측할 수 있습니다. 어떻게 생각하면 달의 내일 위치는 **오늘 위치에 포함되어 있다**고 생각할 수도 있는 것입니다. 내일의 위치를 예측하기 위해 새로운 정보를 구할 필요가 없기 때문입니다. 물리학에서 정보는 새로 생성되지도 않고 사라지지도 않습니다. 역설적이게도 스티븐 호킹은 실제로 호킹 복사는 블랙홀이 자연의 경향을 거스르는 예외적인 물체임을 보여주는 증거라고 믿었습니다. 호킹은 "나는 정보가 블랙홀 안에서 파괴된다고 믿었다. 그것이 내 최대 실수였다. 적어도 과학에서는 최대 실수였다."라고 했습니다.

6. 이 책의 14장 참조.

Adams, Douglas, *The Hitch Hiker's Guide to the Galaxy* (Macmillan, 2009)

Agassiz, Louis, *Geological Sketches* (Ticknor and Fields, 1866)

Anderson, Philip, 'More Is Different', *Science*, vol. 177 no. 4047 (4 August 1972)

Atkins, Peter, *Four Laws that Drive the Universe* (Oxford University Press, 2007)

Atkinson, Nancy, 'Best Evidence Yet That Comets Delivered Water for Earth's Oceans', *Universe Today*, 5 October 2011, http://tinyurl.com/6zazxwj

Augarten, Stan, *State of the Art: A Photographic History of the Integrated Circuit* (Houghton Mifflin, 1983)

Bais, Sander, *Very Special Relativity* (Harvard University Press, 2007)

Barash, David, *Homo Mysterious: Evolutionary Puzzles of Human Nature* (Oxford University Press, 2012)

Begley, Sharon, 'In Our Messy, Reptilian Brains', *Newsweek*, 9 April 2007

Berners-Lee, Tim, *Weaving the Web: The Past, Present and Future of the World Wide Web by its Inventor* (Orion Business, 1999)

Bierce, Ambrose, *The Devil's Dictionary* (1911)

Bollier, David, 'Why Karl Polanyi still matters', *Commons Magazine*, 24 February 2009, http://tinyurl.com/ctktkt8

Bostrom, Nick, 'Are You Living In a Computer Simulation?', *Philosophical Quarterly*, vol. 53 (2003), pp. 243 – 255

Buchanan, Mark, 'Mandelbrot Beats Economics in Fathoming Markets', Bloomberg, 5 December 2011, http://tinyurl.com/75n8ecb

_____, *Forecast: What Physics, Meteorology and the Natural Sciences Can Teach Us about Economics* (Bloomsbury Publishing, 2013)

_____, 'Earthquakes and the Mind-Bending Laws of Markets', Bloomberg, 18 March 2013, http://tinyurl.com/coklmem

Butler, Samuel, *Life and Habit* (1878)

Chang, Ha-Joon, *23 Things They Don't Tell You About Capitalism* (Penguin, 2010)

Chin-Wen Chou, James, et al., 'Optical Clocks and Relativity', *Science*, 24 September 2010, vol. 329, p. 1630

Chown, Marcus, *The Magic Furnace* (Vintage, 2000)

_____, *The Universe Next Door* (Headline, 2002)

_____, *The Never-Ending Days of Being Dead* (Faber and Faber, 2007)

_____, *Quantum Theory Cannot Hurt You* (Faber and Faber, 2008)

_____, *We Need to Talk About Kelvin* (Faber and Faber, 2009)

Clarke, Arthur C., *The Other Side of the Sky* (Penguin, 1987)

Coase, Ronald, 'The Problem of Social Cost', *Journal of Law and Economics*, October 1960, pp. 1-44

Curzon, Paul, Peter McOwan and Jonathan Black, *Computer Science for Fun*, http:// www.cs4fn.org/

Darwin, Charles, *The Origin of the Species* (Oxford World Classics, 2008)

Dawkins, Richard, 'The Ultraviolet Garden', Royal Institution Christmas Lecture No. 4, 1991

_____, *The Ancestor's Tale: A Pilgrimage to the Dawn of Evolution* (Phoenix, 2005)

_____, *The Blind Watchmaker* (Penguin, 2006)

_____, *The Greatest Show on Earth: The Evidence for Evolution* (Free

Press, 2009)

Dennett, Daniel, *Consciousness Explained* (Back Bay Books, 1992)

Diamond, Jared, *Guns, Germs and Steel* (Vintage, 2005)

Eddington, Arthur, *The Nature of the Physical World* (1915)

Elbaz, David, et al., 'Quasar Induced Galaxy Formation: A New Paradigm?', *Astronomy and Astrophysics*, vol. 507 no. 3 (1 December 2009), pp. 1359-1374; http://arxiv.org/abs/0907.2923

Elsasser, Walter, *Memoirs of a Physicist in the Atomic Age* (Watson, 1978)

Evans, Dylan, and Howard Selina, *Evolution: A Graphic Guide* (Icon Books, 2010)

Feresten, Spike, 'The Reverse Peephole', *Seinfeld* season 9 episode 12, 15 January 1998

Feynman, Richard, *QED: The Strange Theory of Light and Matter* (Penguin, 1990)

_____, *The Feynman Lectures on Physics*, edited by Robert Leighton and Matthew Sands, vols I and II (Addison-Wesley, 1989)

Fischbach, Gerald D., 'Mind and Brain', *Scientific American*, vol. 267 no. 3 (September 1992), p. 49

Ford, Kenneth, and John Wheeler, *Geons, Black Holesand Quantum Foam* (W. W. Norton, 2000)

Freud, Sigmund, *Civilisation and Its Discontents* (1929).

Germonpré, Mietje, et al., 'Fossil Dogs and Wolves from Palaeolithic Sites in Belgium, the Ukraine and Russia: Osteometry, Ancient DNA and Stable Isotopes', *Journal of Archaeological Science*, vol. 36 (2009), pp. 473-490

Gill-Mann, Murray, 'What Is Complexity?', *Complexity*, vol. 1 no. 1, 1995

Gleick, James, *Chaos* (Vintage, 1997)

Gould, Stephen Jay, *Wonderful Life* (Vintage, 2000)

Grabianowski, Ed, 'Why slime molds can solve mazes better than robots, www.io9. com, 12 October 2012 http://tinyurl.com/9ud95jx

Gray, John, *False Dawn*: *The Delusions of Global Capitalism* (Granta Books, 2009) 'Great Names in Computer Science' (http://www.madore. org/~david/computers/greatnames.html)

Gwynne, Peter, Sharon Begley and Mary Hager, 'The Secrets of the Human Cell', *Newsweek*, 20 August 1979, p. 48

Harford, Tim, *The Undercover Economist* (Random House, 2007)

Hartle, James, 'The Physics of Now', *American Journal of Physics*, vol. 73, issue 2 (February 2005), p. 101; http://arxiv.org/abs/gr-qc/0403001

Hartley, L. P., *The Go-Between* (Penguin Classics, 2004)

Heisenberg, Werner, *Quantum Theory* (1930)

_____, *Physics and Philosophy* (1963)

Hodges, Andrew, *Alan Turing*: *The Enigma* (Vintage, 1992)

How evolution REALLY works, http://tinyurl.com/brbpqod

Hutton, James, 'Theory of the Earth; or an Investigation of the Laws Observable in the Composition, Dissolution, and Restoration of Land upon the Globe', *Transactions of the Royal Society of Edinburgh*, vol. 1 (1788), pp. 209–304.

Johnson, George, *In the Palaces of Memory*: *How We Build the Worlds Inside Our Heads* (Vintage, 1992)

Jones, Terry, 'A Very Silly Way to Boil Water', *New Scientist*, 18 June 1987, p. 63

Kahlbaum, Georg W. A., and Francis V. Darbishire (eds), *The Letters of Faraday and Schoenbein*, 1836–1862 (Williams and Norgate, 1899)

Kelly, Heather, 'OMG, the text message turns 20', CNN, 3 December 2012, http://tinyurl.com/cgoakdg.

Koene, Randal A., 'How to Copy a Brain', *New Scientist*, 27 October 2012, p. 26

Lane, Nick, *Life Ascending* (Profile, 2010)

Larkin, Philip, *High Windows* (Faber and Faber, 1967)

'Laws of Physics for Cats', http://www.funny2.com/catlaws.htm

Le Page, Michael, 'A Brief History of the Genome', *New Scientist*, 15 September 2012, p. 30

Leakey, Richard, and Roger Lewin, *Origins* (Penguin, 1982)

Leitch, Ilea, et al., 'Evolution of DNA Amounts Across Land Plants (Embryophyta)', *Annals of Botany*, vol. 95 issue 1 (January 2005), pp. 207–217

Lessing, Doris, *The Four-Gated City* (Flamingo Modern Classics, 2012)

Lewis, Gilbert Newton, *The Anatomy of Science* (Oxford University Press, 1926)

Lloyd, Seth, 'Ultimate physical limits to computation', *Nature*, vol. 406 no. 6799 (31 August 2000), p. 1047

Lockwood, Michael, *The Labyrinth of Time* (Oxford University Press, 2005)

Lorenz, Edward, *The Essence of Chaos* (Routledge, 1998)

Luther, Martin, *The Table Talk of Martin Luther*, translated by William Hazlitt (1872)

Maxwell, James Clerk, 'On the Motions and Collisions of Perfectly Elastic Spheres', *Philosophical Magazine*, January and July 1860

Médaille, John, 'Friends and Strangers: A Meditation on Money', *Front Porch Republic*, 20 January 2012; http://tinyurl.com/6q3pbsy

Minsky, Marvin, *The Society of Mind* (Simon & Schuster, 1988)

Misner, Charles, Kip Thorne and John Wheeler, *Gravitation* (W. H. Freeman, 1973)

Moore, Gordon, 'Cramming More Components onto Integrated Circuits', *Electronics*, vol. 38 no. 8 (19 April 1965)

Morran, Levi, et al., 'Running with the Red Queen: Host-Parasite Coevolution

Selects for Biparental Sex', *Science*, 8 July 2011, vol. 333, pp. 216–218

Moulton, Forest Ray (ed.), *The Cell and the Protoplasm*, Publication of the American Association for the Advancement of Science, No. 14 (Science Press, 1940)

Norvig, Peter, 'Brainy Machines', *New Scientist*, 3 November 2012, p. vii

'The Origin of the Brain', http://tinyurl.com/d7sbhpk 'The Origin of Sexual Reproduction', http://tinyurl.com/ca8sjwg

Pamuk, Orhan, *The Museum of Innocence* (Faber and Faber, 2008)

Pinker, Steven, *The Better Angels of Our Nature*: *A History of Violence and Humanity* (Penguin, 2010)

Polanyi, Karl, *The Great Transformation* (Rinehart, 1944)

Pugh, George E., *The Biological Origin of Human Values* (Basic, 1977)

Rees, Martin, and Mitchell Begelman, *Gravity's Fatal Attraction* (Cambridge University Press, 2009)

Resnikoff, Howard, *The Illusion of Reality* (Springer–Verlag, 1989)

Ridley, Matt, *The Red Queen*: *Sex and the Evolution of Human Nature* (Penguin, 1994)

_____, *The Rational Optimist* (Fourth Estate, 2010)

Ryan, Robert T., *The Atmosphere* (Prentice Hall, 1982)

Rutherford, Adam, *Creation* (Penguin, 2013)

Sagan, Carl, 'Wonder and Skepticism', *Skeptical Enquirer*, vol. 19 no. 1 (January – February 1995)

Scharf, Caleb, *Gravity's Engines* (Allen Lane/Penguin, 2012)

Schulman, L. S., 'Source of the Observed Thermodynamic Arrow', *Journal of Physics*: *Conference Series*, vol. 174 no. 1 (2009), 12,022

Shipman, Pat, 'Man's Best Friends: How Animals Made Us Human', *New Scientist*, 31 May 2011, p. 32

Sokal, Alan, 'A Physicist Experiments with Cultural Studies', *Lingua Franca*,

May/ June 1996; http://tinyurl.com/mv0w

Stenger, Victor, *Timeless Reality: Symmetry, Simplicity, and Multiple Universes* (Prometheus Books, 2000)

Stiglitz, Joseph, 'Inequality is holding back the recovery', in the series 'The Great Divide', *New York Times*, 19 January 2013, http://tinyurl.com/aqxj9ro

Stoppard, Tom, *Hapgood* (Faber and Faber, 1988)

Stringer, Chris, *The Origin of Our Species* (Allen Lane, 2011)

_____, and Peter Andrews, *Complete World of Human Evolution* (Thames & Hudson, 2011)

Taleb, Nassim, *The Black Swan: The Impact of the Highly Improbable* (Penguin, 2008)

Tegmark, Max, 'Is the "Theory of Everything" Merely the Ultimate Ensemble Theory?', *Annals of Physics*, vol. 270, issue 1 (20 November 1998), pp. 1–51

Thomas, Lewis, *The Lives of a Cell* (Penguin, 1978)

_____, *The Medusa and the Snail* (Penguin, 1995)

Tibballs, Geoff, *The Mammoth Book of Zingers, Quips, and One-Liners* (Running Press, 2004)

Twain, Mark, *Following the Equator* (1897)

Tyndall, John, *In Forms of Water in Clouds and Rivers, Ice and Glaciers* (1872)

Tyson, Neil deGrasse, *Death by Black Hole: And Other Cosmic Quandaries* (W. W. Norton, 2007)

Van Valen, Leigh, 'A New Evolutionary Law', *Evolutionary Theory*, vol. 1 (1973–76), pp. 1–30

Watson, James, *Discovering the Brain* (National Academy Press, 1992)

_____, *The Double Helix* (Phoenix, 2010)

Wilde, Oscar, *The Picture of Dorian Gray* (1890)

_____, *De Profundis* (1905)

Wilson, Edward O., *Consilience* (Vintage, 1999)

_____, *The Social Conquest of Earth* (W. W. Norton & Co., 2012)

Wolpert, Lewis, 'Shaping Life', *New Scientist*, 1 September 2012

Young, Louise, *Earth's Aura* (Random House, 1977)

|더 읽을거리|

1부 생명은 어떻게 움직이나

David Barash, *Homo Mysterious: Evolutionary Puzzles of Human Nature*.

Charles Darwin, *The Origin of the Species*. 한국어판은 송철용 옮김, 《종의 기원》
(동서문화동판, 2013)/ 김관선 옮김, 《종의 기원》(한길사, 2015).

Richard Dawkins, *The Blind Watchmaker*. 한국어판은 이용철 옮김, 《눈먼 시계
공》(사이언스북스, 2004).

Dylan Evans and Howard Selina, *Evolution: A Graphic Guide*.

How evolution REALLY works, http://tinyurl.com/brbpqod.

Nick Lane, *Life Ascending*. 한국어판은 김정은 옮김, 《생명의 도약》(글항아리,
2011).

Chris Stringer, *The Origin of Our Species*.

Chris Stringer and Peter Andrews, *The Complete World of Human Evolution*.

James Watson, *The Double Helix*. 한국어판은 최돈찬 옮김, 《이중나선》(궁리,
2006).

2부 문명은 어떻게 움직이나

Mark Buchanan, *Forecast: What Physics, Meteorology and the Natural
Sciences Can Teach Us about Economics*. 한국어판은 이효석, 정형채 옮김,
《내일의 경제》(사이언스북스, 2014).

Ha-Joon Chang, *23 Things They Don't Tell You About Capitalism*. 한국어판
은 김희정, 안세민 옮김, 《그들이 말하지 않는 23가지》(부키, 2010).

Jared Diamond, *Guns, Germs and Steel*. 한국어판은 김진준 옮김, 《총, 균, 쇠》 (문학사상사, 2013).

Richard Feynman, *QED: The Strange Theory of Light and Matter*. 한국어판 은 박병철 옮김, 《일반인을 위한 파인만의 QED 강의》(승산, 2001).

Richard Feynman, Robert Leighton and Matthew Sands, *The Feynman Lectures on Physics*, vol. II. 한국어판은 김인보 옮김, 이상민 감수, 《파인만 의 물리학 강의 Volume 2》(승산, 2006).

'Great Names in Computer Science', http://www.madore.org/~david/ computers/greatnames.html

Tim Harford, *The Undercover Economist*. 한국어판은 김명철, 이진원 옮김, 《경 제학 콘서트》(웅진지식하우스, 2006).

Andrew Hodges, *Alan Turing: The Enigma*. 한국어판은 김희주, 한지원 옮김, 고양우 감수, 《앨런 튜링의 이미테이션 게임》(동아시아, 2015).

Steven Pinker, *The Better Angels of Our Nature: A History of Violence and Humanity*. 한국어판은 김명남 옮김, 《우리 본성의 선한 천사》(사이언스북스, 2014).

Matt Ridley, *The Rational Optimist*. 한국어판은 조현욱 옮김, 《이성적 낙관주의 자》(김영사, 2010).

3부 지구는 어떻게 움직이나

James Gleick, *Chaos*. 한국어판은 박래선 옮김, 김상욱 감수, 《카오스》(동아시아, 2013).

Edward Lorenz, *The Essence of Chaos*. 한국어판은 박배식 옮김, 《카오스의 본 질》(파라북스, 2006).

Louise Young, *Earth's Aura*.

4부 '보이지 않는 세계'는 어떻게 움직이나

Peter Atkins, *Four Laws that Drive the Universe*.

Sander Bais, *Very Special Relativity*. 한국어판은 김혜원 옮김, 《특, 특수 상대성
이론》(에코리브르, 2008).

Marcus Chown, *Quantum Theory Cannot Hurt You*. 한국어판은 정병선 옮김,
《현대과학의 열쇠, 퀀텀 유니버스》(마티, 2009).

Marcus Chown, *We Need to Talk About Kelvin*.

Richard Feynman, *QED: The Strange Theory of Light and Matter*. 한국어판
은 박병철 옮김, 《일반인을 위한 파인만의 QED 강의》(승산, 2001).

Michael Lockwood, *The Labyrinth of Time*.

Charles Misner, Kip Thorne and John Wheeler, *Gravitation*.

Victor Stenger, *Timeless Reality: Symmetry, Simplicity, and Multiple
Universes*.

5부 우주는 어떻게 움직이나

Marcus Chown, *The Never-Ending Days of Being Dead*. 한국어판은 김희원
옮김, 《네버엔딩 유니버스》(영림카디널, 2008).

Martin Rees and Mitchell Begelman, *Gravity's Fatal Attraction*.

Caleb Scharf, *Gravity's Engines*.

인명

용어

김소정

어떻게 해도 알지 못하는 많은 분야를 제외한 모든 분야를 알고 배우고 싶은 번역가. 특히 과학과 역사를 좋아한다. 한 달에 많은 시간을 독서회와 번역 스터디를 함께 할 동료를 모으는 데 할애하며, 나머지 시간은 읽고 번역하고 쓰는 데 보내고 있다. 과학책 편집자에게는 "소설도 번역하세요?"라는 말을 듣고 소설 편집자에게는 "과학도 번역하세요?"라는 말을 듣는 잡식 번역가로 《닐스 보어》, 《허즈번드 시크릿》, 《원더풀 사이언스》, 《크기의 과학》, 《에덴 추적자들》 외 여러 권을 번역했다.

만물 과학

2016년 1월 10일 초판 1쇄 발행
2017년 2월 15일 초판 3쇄 발행

- ■ 지은이 ———————— 마커스 초운
- ■ 옮긴이 ———————— 김소정
- ■ 펴낸이 ———————— 한예원
- ■ 편집 ———————— 이승희, 조은영, 윤슬기
- ■ 본문 조판 ———————— 성인기획
- ■ 펴낸곳 **교양인**

　　　　우 04020 서울 마포구 포은로 29 신성빌딩 202호
　　　　전화 : 02)2266-2776 팩스 : 02)2266-2771
　　　　e-mail : gyoyangin@naver.com
　　　　출판등록 : 2003년 10월 13일 제2003-0060

이 도서의 국립중앙도서관 출판예정도서목록(CIP)은 서지정보유통지원시스템 홈페이지(http://seoji.nl.go.kr)와 국가자료공동목록시스템(http://www.nl.go.kr/kolisnet)에서 이용하실 수 있습니다.(CIP제어번호: CIP2015034934)